令和**6**年度 **2024**年版

図解でよくわかる

1級土木
施工管理技術検定
第1次検定

JN012842

井上國博　渡辺 彰　吉田勇人　共著

誠文堂新光社

図解でよくわかる 1級土木 施工管理技術検定 第1次検定 まえがき

　「1級土木施工管理技術検定」は，建設業法に基づき，建設工事に携わる者にとって，業種，職種及び工種に関わらず必携の資格であります。特に近年，公共工事における経営事項審査では，本資格の有無による点数加算及び工事における「監理技術者」，「専任技術者」の配置の義務が強化されてきております。

　本検定は，中長期的な担い手の確保・育成を図るため，受検資格が見直され，今年度から **19歳以上**（当該年度末時点）であれば受検可能となります。本試験の出題分野は，「**土木一般**」，「**専門土木**」のみならず，「**施工管理**」，「**共通工学**」から「**法規**」までの多岐に亘るものであり，体系的な学習努力が重要なポイントとなります。

　本書は，それぞれの専門分野である3人の著者によって，過去の問題から重点的に「**出題傾向**」を分析，「**チェックポイント**」では**図解を含めた解説**で編集いたしました。

　過去の問題を繰り返し学習し，本書に示された例題について7割程度の正解率を目指せば，合格は手の届くものとなるでしょう。

　本書を有効に活用され，検定に合格されることを心よりお祈りいたします。

　なお，「**第1次検定**」合格者のための，**図解でよくわかる「1級土木施工管理技術検定　第2次検定　2024年版」**も是非参考にしてください。

共著者：井上國博／渡辺彰／吉田勇人

図解でよくわかる

1級土木施工管理技術検定 第1次検定

2024年版

CONTENTS 目次

《巻末付録》令和5年度 第1次検定試験 問題・解説・解答

5

Lesson 3 法規

共通工学 4

GNSS測量機
GPS衛星
衛星は4個以上必要
データ送信
受信機
移動局／未知点
受信機
移動局／既知点

建設機械 5

7

Lesson 6 施工管理

図解でよくわかる
1級土木 施工管理技術検定
第1次検定
受検の概要

　「1級土木施工管理技術検定」は，建設業法に基づき，建設工事に従事する施工技術の確保，向上を図ることにより，資質を向上し，建設工事の適正な施工の確保に資するもので，国土交通大臣指定試験機関である一般財団法人 全国建設研修センターが実施する国家試験です。

　「1級土木施工管理技術検定」は，「第1次検定」及び「第2次検定」によって行われ，第1次検定合格者は所定の手続き後 **「1級土木施工管理技士補」** となり，「監理技術者」を補佐することができます。なお，**必要な実務経験年数を経て，**「第2次検定」の受検資格が得られます。第2次検定に合格すれば所定の手続き後 **「1級土木施工管理技士」** と称することができます。

（令和5年度「受検の手引」より一部引用）

■1級土木施工管理技術検定「第1次検定」受検資格要件
19歳以上（当該年度末時点）

■1級土木施工管理技術検定「第1次検定」の一部免除の対象等

免除を受けることができる者	免除の範囲
大学の土木工学の専門課程卒業者（大学改革支援・学位授与機構により専攻分野を土木工学とする学士の学位認定を受けた者，大学院に飛び入学した者を含む）	土木種目の1級の1次検定のうち工学基礎に関する問題

※いずれも，**令和6年度以降の入学者又は学位認定者**に限り，**令和11年度以降の検定**が対象

※当該学科（またはコース等）が高度な専門教育を行うもの（所要の専門課程等の単位数が卒業条件となっていること）であることについて学校が証明し試験機関に届け出たもの（詳細は検討中）を適用対象とする。（個人の申請による個別認定は行わない。）

（国土交通省／令和5年5月12日発表より引用）

■検定試験科目と試験問題の内容（令和5年度（2023年）第1次検定の場合）

検定試験は、「**第1次検定**（4肢択一式問題，穴埋め問題）」と，第1次検定に合格した者に行われる「**第2次検定**（施工体験についての記述）」があります。

■第1次検定：問題A（選択問題）

出 題 分 類	出題数	問題番号	選択解答数
土木一般	15		12
土 工	5	No. 1～No. 5	
コンクリート	5	No. 6～No.10	
基 礎 工	5	No.11～No.15	
専門土木	34		10
鋼構造物・コンクリート構造物	5	No.16～No.20	
河川	3	No.21～No.23	
砂防	3	No.24～No.26	
道路・舗装	6	No.27～No.32	
ダム	2	No.33～No.34	
トンネル	2	No.35～No.36	
海岸	2	No.37～No.38	
港湾	2	No.39～No.40	
鉄道	3	No.41～No.43	
地下構造物	1	No.44	
鋼橋塗装	1	No.45	
上下水道・推進・薬液注入	4	No.46～No.49	
法規	12		8
労働基準法	2	No.50～No.51	
労働安全衛生法	2	No.52～No.53	
建設業法	1	No.54	
火薬類取締法	1	No.55	
道路関係法	1	No.56	
河川関係法	1	No.57	
建築基準法	1	No.58	
騒音規制法	1	No.59	
振動規制法	1	No.60	
港則法	1	No.61	
合 計	61		30

■第1次検定：問題B（必須問題）

出題分類	出題数	問題番号
共通工学	4	全問必須解答
測量	1	No. 1
契約約款・設計	2	No. 2～No. 3
建設機械	1	No. 4
施工管理	16	全問必須解答
施工計画	1	No. 5
工程管理	1	No. 6
安全管理	7	No. 7～No.13
品質管理	3	No.14～No.16
環境保全対策	2	No.17～No.18
建設副産物・廃棄物	2	No.19～No.20
施工管理法（応用能力）	15	全問必須解答
施工計画	4	No.21～No.24
工程管理	3	No.25～No.27
安全管理	4	No.28～No.31
品質管理	4	No.32～No.35
合 計	35	

※出題分類及び出題数，試験問題番号は，試験年度により変更されることがありますが，第1次検定の問題合計数には変更はありません。

■令和5年度「第1次検定」の実績
受検者数：32,931人
合格者数：16,311人
合 格 率：49.5%
合格基準：65問のうち37問以上正解で，かつ施工管理法（応用能力）の15問のうち9問以上正解を合格とする。

■「1級土木施工管理技術検定試験」受検手続

- 試 験 日：「**第1次検定**」は**令和6年 7月7日（日）**
  「**第2次検定**」は**令和6年10月6日（日）**
- 試 験 地：札幌，釧路，青森，仙台，東京，新潟，名古屋，大阪，岡山，広島，高松，福岡，鹿児島，那覇（※近郊都市も含む）
- 申込受付期間：令和6年3月22日～4月5日
- 合 格 発 表：「第1次検定」は令和6年8月15日
  「第2次検定」は令和7年1月10日
- 受検申込用紙等の販売：令和6年2月中旬（予定）

詳細は全国建設研修センターのホームページ(https://www.jctc.jp/)を参照してください。

土木施工管理技術検定試験に関する申込書類提出先及び問合せ先

〒187-8540　東京都小平市喜平町2-1-2
一般財団法人　全国建設研修センター　土木試験部
TEL　042-300-6860　https://www.jctc.jp/

（試験年度により変更されることがあります。受検年度の「受検の手引」でご確認ください。）

Lesson 1

1 土 工

出題傾向

1. 「土質調査・試験」毎年出題されており，その中で出題率の高い原位置試験の目的と内容を確実に理解する。
2. 「土工量の計算」過去7年間で4回出題。ほとんどが土量変化率から出題されているので変化率の計算パターンを理解して，土量計算を実際に行ってみる。
3. 「土工作業と建設機械」過去7年間で1回出題。土の締固め，土工作業と建設機械の選定を理解しておく。
4. 「盛土の施工」毎年出題されている。現場条件による盛土の施工方法と品質管理の方法を理解する。（最近の傾向として地下排水工，建設発生土の再利用も）
5. 「のり面施工」過去7年間で3回出題。のり面保護の工法とその目的・特徴を理解しておく。
6. 「軟弱地盤対策工法」毎年出題されている。各種工法の目的，施工方法，軟弱地盤の処理方法なので，各種対策工法の特徴を理解しておく。
7. 「情報化施工」過去7年間で5回出題。最近は連続して出題されている。ここで使われる用語の意味，概念，代表的な技術を理解する。

チェックポイント

■原位置試験の目的と内容

原位置試験の結果から求められるもの，その利用及び内容について，下表に示す。

試験の名称	求められるもの	利用方法	試験内容
単位体積質量試験	湿潤密度 ρt 乾燥密度 ρd	締固めの施工管理	砂置換法，カッター法など各種方法があるが，基本は土の重量を体積で除す。
標準貫入試験	N 値	土の硬軟，締まり具合の判定	重さ 63.5 kg のハンマーにより，30 cm 打ち込むのに要する打撃回数。
スウェーデン式サウンディング試験	Wsw 及び Nsw 値	土の硬軟，締まり具合の判定	6種の荷重を与え，人力によるロッド回転の貫入量に対応する半回転数を測定。
オランダ式二重管コーン貫入試験	コーン指数 qc	土の硬軟，締まり具合の判定	先端角 60° 及び底面積 10 cm² のマントルコーンを，速度 1 cm/s により，5 cm 貫入し，コーン貫入抵抗値を算定する。

試験の名称	求められるもの	利用方法	試験内容
ポータブル コーン貫入試験	コーン指数 q_c	トラフィカビリティの判定	先端角 30° 及び底面積6.45 cm²のコーンを，人力により貫入させ，貫入抵抗値は貫入力をコーン底面積で除した値で表す。
ベーン試験	粘着力 c	細粒土の斜面や基礎地盤の安定計算	ベーンブレードを回転ロッドにより押込み，その抵抗値を求める。
平板載荷試験	地盤係数 K	締固めの施工管理	直径30 cm の載荷板に荷重をかけ，時間と沈下量の関係を求める。
現場透水試験	透水係数 k	透水関係の設計計算 地盤改良工法の設計	ボーリング孔を利用して，地下水位の変化により，透水係数を求める。
弾性波探査	地盤の弾性波速度 V	地層の種類，性質 成層状況の推定	火薬により弾性波を発生させ，伝波状況の観測により，弾性波速度を解明する。
電気探査	地盤の比抵抗値	地層・地質 構造の推定	地中に電流を流し，電位差を測定し，比抵抗値を算定する。

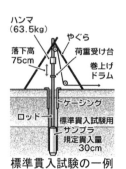

標準貫入試験の一例

スウェーデン式
サウンディング試験

オランダ式二重管コーン貫入試験

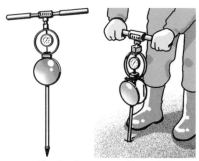

ポータブルコーン貫入試験

平板載荷試験

■土工量計算

(1)土の状態と土量変化率

- ・地山の土量（地山にある，そのままの状態）……… 掘削土量
- ・ほぐした土量（掘削され，ほぐされた状態）……… 運搬土量
- ・締固めた土量（盛土され，締固められた状態）…… 盛土土量

$$L = \frac{\text{ほぐした土量（m}^3\text{）}}{\text{地山の土量（m}^3\text{）}} \qquad C = \frac{\text{締固めた土量（m}^3\text{）}}{\text{地山の土量（m}^3\text{）}}$$

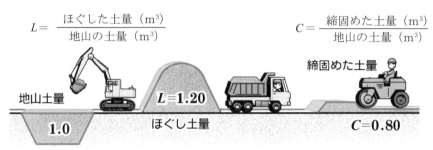

(2)土工計算（計算例）

次の①〜③に記述された土量（イ），（ロ），（ハ）を求める。

（条　件）　盛土する現場内の発生土，切土及び土取場の土量の変化率は

$$L = 1.20, \quad C = 0.80 \text{ とする。}$$

① 10,000 m³ の盛土の施工にあたって，現場内で発生する 3,600 m³（ほぐし量）を流用するとともに，不足土を土取場から補うものとすると，土取場で掘削する地山土量は ┌──（イ）──┐ m³ となる。

② 10,000 m³ の盛土の施工にあたって，現場内の切土 5,000 m³（地山土量）を流用するとともに，不足土を土取場から補うものとすると，土取場で掘削する地山土量は ┌──（ロ）──┐ m³ となる。

③ 10,000 m³ の盛土の施工にあたって，現場内で発生する 2,400 m³（ほぐし土量）と切土 2,000 m³（地山土量）を流用するとともに，不足土を土取場から補うものとすると，土取場で掘削する地山土量は ┌──（ハ）──┐ m³ となる。

（解　答）

- **（イ）**・施工盛土量　10,000 m³
  - ・流用盛土量　（現場内ほぐし土量）× C ÷ L = 3,600×0.8÷1.2 = 2,400 m³
  - ・土取場からの補充盛土量　10,000−2,400 = 7,600 m³
  - ・土取場での掘削地山土量　7,600÷C = 7,600÷0.8 = 9,500 m³

- **（ロ）**・施工盛土量　10,000 m³
  - ・流用盛土量　（現場内地山土量）× C = 5,000×0.8 = 4,000 m³
  - ・土取場からの補充盛土量　10,000−4,000 = 6,000 m³
  - ・土取場での掘削地山土量　6,000÷C = 6,000÷0.8 = 7,500 m³

- **（ハ）**・施工盛土量　10,000 m³
  - ・流用盛土量　（現場内ほぐし土量）× C ÷ L ＋（現場地山土量）× C
    = 2,400×0.8÷1.2＋2,000×0.8 = 3,200 m³
  - ・土取場からの補充盛土量　10,000−3,200 = 6,800 m³
  - ・土取場での掘削地山土量　6,800÷C = 6,800÷0.8 = 8,500 m³

■土工作業と建設機械の選定

(1)土質条件による適応建設機械

・**トラフィカビリティ**：建設機械の土の上での走行性を表すもので，締め固めた土を，コーンペネトロメータにより測定した値，コーン指数 q_c で示される。

建設機械の走行に必要なコーン指数

建設機械の種類	コーン指数 q_c (kN/m²)	建設機械の接地圧 (kN/m²)
超湿地ブルドーザ	200以上	15〜23
湿地ブルドーザ	300以上	22〜43
普通ブルドーザ（15 t 級程度）	500以上	50〜60
普通ブルドーザ（21 t 級程度）	700以上	60〜100
スクレープドーザ	600以上（超湿地形は400以上）	41〜56 (27)
被けん引式スクレーパ（小型）	700以上	130〜140
自走式スクレーパ（小型）	1,000以上	400〜450
ダンプトラック	1,200以上	350〜550

・**リッパビリティ**：岩の掘削は一般に発破によるが，軟岩や硬土はリッパ装置付ブルドーザによって行われる。リッパ作業のできる程度をリッパビリティという。地山弾性波速度とリッパ装置付ブルドーザの規格の関係は下表のとおりである。

地山弾性波速度とリッパ装置付ブルドーザの規格及びリッパの爪の数

地山弾性波速度 (m/sec)		爪 数	
A 群の岩（比較的かたい岩）	B 群の岩（比較的もろい岩）	21 t 級	31 t 級
600未満	900未満	3 本	3 本
600以上〜1,000未満	900以上〜1,400未満	2 本	3 本
1,000以上〜1,400未満	1,400以上〜1,800未満	1 本	2 本
1,400以上〜1,700未満	1,800以上〜2,100未満	—	1 本

(2)運搬距離等と建設機械の選定

・**運搬距離**：建設機械ごとの適応運搬距離を下表に示す。

運搬機械と土の運搬距離

建設機械の種類	適応する運搬距離
ブルドーザ	60 m 以下
スクレープドーザ	40〜250 m
被けん引式スクレーパ	60〜400 m
自走式スクレーパ	200〜1,200 m

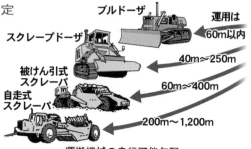

・**勾　配**：運搬機械は登り勾配のときは走行抵抗が増し，下り勾配のときは危険が生じる。

運搬機械の走行可能勾配

運搬機械の種類	運搬路の勾配
普通ブルドーザ	3 割（約20°）〜2.5 割（約25°）
湿地ブルドーザ	2.5 割（約25°）〜1.8 割（約30°）
被けん引式スクレーパ	15〜25%
ダンプトラック	10%以下
自走式スクレーパ	（坂路が短い場合15%以下）

■盛土の品質管理

(1)基準試験の最大乾燥密度，最適含水比を利用する方法

品質規定方式の一つで，最も一般的な方法である。現場で締固めた土の乾燥密度と基準の締固め試験の最大乾燥密度との比を締固め度と呼び，この値を規定する方法である。乾燥側から加水する場合と湿潤側から乾燥させる場合とで，締固め曲線が異なるのは，火山灰質粘性土のような土質であり，基準となる最大乾燥密度が定めにくく，適用はできない。

(2)空気間隙率又は飽和度を施工含水比で規定する方法

品質規定方式の一つで，締固めた土が安定な状態である条件として，空気間隙率又は飽和度が一定の範囲内にあるように規定する方法である。同じ土に対してでも突固めエネルギーを変えると，異なった突固め曲線が得られる。

(3)締固めた土の強度あるいは変形特性を規定する方法

品質規定方式の一つで，締固めた盛土の強度あるいは変形特性を貫入抵抗，現場CBR，支持力，プルーフローリングによるたわみの値によって規定する方法である。岩塊，玉石等の乾燥密度の測定が困難なものに適している。水の浸入により，強度が変化する粘性土には適さず，安定性は確認できない。

(4)工法規定方式

使用する締固め機械の種類，締固め回数などの工法を規定する方法である。あらかじめ現場締固め試験を行って，盛土の締固め状況を調べる必要があり，盛土材料の土質，含水比が変化しない現場では便利な方法である。

■盛土の施工

(1)基礎地盤の処理

- ・伐開除根：草木や切株を残すことによる，腐食や有害な沈下を防ぐ。
- ・表土処理：表土が腐植土の場合，盛土に悪影響を防ぐために，表土をはぎ取り，盛土材料と置き換える。

(2)水田など軟弱層の処理

- ・排水溝：基礎地盤に溝を掘り盛土敷の外に排水し，乾燥させる。
- ・サンドマット：厚さ0.5〜1.2mの敷砂層を設置し，排水する。

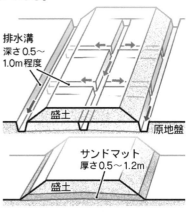

排水溝
深さ0.5〜
1.0m程度

盛土
原地盤

サンドマット
厚さ0.5〜1.2m
盛土

(3)段差の処理

- ・かきならし：基礎地盤に凹凸や段差がある場合，均一でない盛土を防ぐため，できるだけ平坦にかきならす必要がある。特に盛土が低い場合には，田のあぜなどの小規模のものでもかきならしを行う。

(4)敷均し及び締固め

- ・敷均し及び締固めの厚さ：盛土の種類により締固め厚さ及び敷均し厚さを下表のとおりとする。

盛土の種類による締固め厚さ及び敷均し厚さ

盛土の種類	締固め厚さ（1層）	敷均し厚さ
路体・堤体	30 cm 以下	35〜45 cm 以下
路　　床	20 cm 以下	25〜30 cm 以下

- **一般盛土材料の敷均し**：盛土の敷均し厚さは，薄く，均等にすることにより，安定性が保たれる。ブルドーザの場合は連続作業のため，土量の確認が困難であり，オペレーターの技術にも左右され，厚さの確認が困難となる。ダンプトラックやスクレーパの場合は，運搬土量が明らかになるので，厚さの把握が容易である。
- **高含水比盛土材料の敷均し**：高含水比粘性土を盛土材料として使用するときは，運搬機械によるわだち掘れができやすくなる。スクレーパ及びショベル＋ダンプトラック施工の場合には盛土の荷下ろし箇所に直接運搬機械を入れることができず，運搬路付近より盛土箇所まで材料を二次運搬する必要がある。

■のり面施工

(1)切土のり面

切土に対する標準のり面勾配

地　山　の　土　質	切土高	勾　配
硬　　岩		1：0.3〜1：0.8
軟　　岩		1：0.5〜1：1.2
砂（密実でない粒度分布の悪いもの）		1：1.5〜
砂質土（密実なもの）	5 m 以下	1：0.8〜1：1.0
	5〜10 m	1：1.0〜1：1.2
砂質土（密実でないもの）	5 m 以下	1：1.0〜1：1.2
	5〜10 m	1：1.2〜1：1.5
砂利又は岩塊まじり砂質土（密実，又は粒度分布のよいもの）	10 m 以下	1：0.8〜1：1.0
	10〜15 m	1：1.0〜1：1.2
砂利又は岩塊まじり砂質土（密実，又は粒度分布の悪いもの）	10 m 以下	1：1.0〜1：1.2
	10〜15 m	1：1.2〜1：1.5
粘性土	10 m 以下	1：0.8〜1：1.2
岩塊又は玉石まじりの粘性土	5 m 以下	1：1.0〜1：1.2
	5〜10 m	1：1.2〜1：1.5

注）① 土質構成などにより単一勾配としないときの切土高及び勾配の考え方は図のようにする。

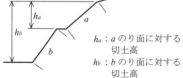

h_a：aのり面に対する
　　　切土高
h_b：bのり面に対する
　　　切土高

・勾配は小段を含めない。
・勾配に対する切土高は当該切土のり面から上部の全切土高とする。

② シルトは粘性土に入れる。
③ 上表以外の土質は別途考慮する。

(2)盛土のり面

盛土材料及び盛土高に対する標準のり面勾配

盛　土　材　料	盛土高（m）	勾　配
粒度の良い砂，礫及び細粒分混じり礫	5 m 以下	1：1.5〜1：1.8
	5〜15 m	1：1.8〜1：2.0
粒度の悪い砂	10 m 以下	1：1.8〜1：2.0
岩塊（ずりを含む）	10 m 以下	1：1.5〜1：1.8
	10〜20 m	1：1.8〜1：2.0
砂質土，硬い粘質土，硬い粘土（洪積層の硬い粘質土，粘土，関東ロームなど）	5 m 以下	1：1.5〜1：1.8
	5〜10 m	1：1.8〜1：2.0
火山灰質粘性土	5 m 以下	1：1.8〜1：2.0

(3)のり面保護工

のり面保護工の主な工種と目的

分類		工　種	目　的
のり面緑化工（植生工）	播種工	種子散布工 客土吹付工 植生基材吹付工（厚層基材吹付工） 植生シート工 植生マット工	浸食防止，凍上崩落抑制，植生による早期全面被覆
		植生筋工	盛土で植生を筋状に成立させることによる浸食防止，植物の侵入・定着の促進
		植生土のう工	植生基盤の設置による植物の早期生育
		植生基材注入工	厚い生育基盤の長期間安定を確保
	植栽工	張芝工	芝の全面張り付けによる浸食防止，凍上崩落抑制，早期全面被覆
		筋芝工	盛土で芝の筋状張り付けによる浸食防止，植物の侵入・定着の促進
		植栽工	樹木や草花による良好な景観の形成
	苗木設置吹付工		早期全面被覆と樹木等の生育による良好な景観の形成
構造物工		金網張工 繊維ネット張工	生育基盤の保持や流下水によるのり面表層部のはく落の防止
		柵工 じゃかご工	のり面表層部の浸食や湧水による土砂流出の抑制
		プレキャスト枠工	中詰の保持と浸食防止
		モルタル・コンクリート吹付工 石張工 ブロック張工	風化，浸食，表流水の浸透防止
		コンクリート張工 吹付枠工 現場打ちコンクリート枠工	のり面表層部の崩落防止，多少の土圧を受けるおそれのある箇所の土留め，岩盤はく落防止
		石積，ブロック積擁壁工 かご工 井桁組擁壁工 コンクリート擁壁工 連続長繊維補強土工	ある程度の土圧に対抗して崩壊を防止
		地山補強土工 グラウンドアンカー工 杭工	すべり土塊の滑動力に対抗して崩壊を防止

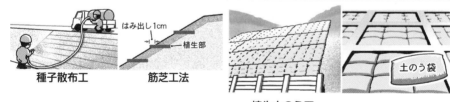

種子散布工　　　　筋芝工法

植生土のう工

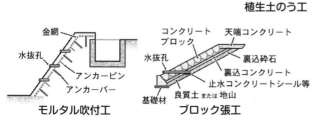

モルタル吹付工　　　　ブロック張工

コンクリート張工及びグラウンドアンカー

17

(4)のり面排水工

　切土のり面安定のために設ける排水工には，下図のようなものがあり，その目的
は大きく分けて3つある。
① のり面への流下を防止する。
② のり面を流下する表面水を排除する。
③ 浸透水を排除し，路盤への浸水を抑制する。

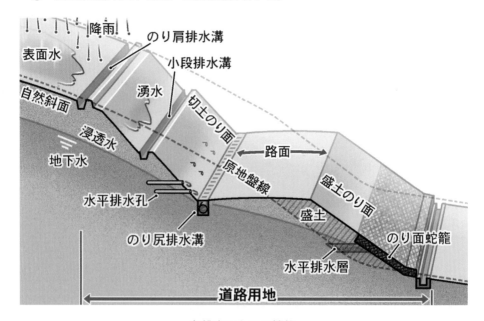

各排水工とその機能

排 水 工	機　能　（目　的）
のり肩排水溝	自然斜面からの流水が，のり面に流れ込まないようにする。
小段排水溝	上部のり面からの流水が，下部のり面に流れ込まないようにし，縦排水溝へ導く。
縦排水溝	のり肩排水溝，小段排水溝の流水を集水し流下させ，のり尻排水溝へ導く。
水平排水孔	湧水によるのり面崩壊を防ぐために，地下水の水抜きを行う。
のり尻排水溝	のり面からの流水及び縦排水溝からの流水を集水し流下させる。

■軟弱地盤対策工法

軟弱地盤対策工の種類

工　法		工法の説明	工　法		工法の説明
表層処理工法	敷設材工法 表層混合処理工法 表層排水工法 サンドマット工法	基礎地盤の表面を石灰やセメントで処理したり，排水溝を設けて改良したりして，軟弱地盤処理工や盛土工の機械施工を容易にする。	振動締固め工法	バイブロフローテーション工法	バイブロフローテーション工法は，棒状の振動機を入れ，振動と注水の効果で地盤を締固める。
載荷重工法	盛土荷重載荷工法 大気圧載荷工法 地下水低下工法	盛土や構造物の計画されている地盤にあらかじめ荷重をかためて計画された構造物を造り，構造物の沈下を軽減させる。		ロッドコンパクション工法	ロッドコンパクション工法は，棒状の振動体に上下振動を与え，締固めを行いながら引き抜くものである。
バーチカルドレーン工法	サンドドレーン工法 カードボードドレーン工法	地盤中に適当な間隔で鉛直方向に砂柱などを設置し，水平方向の圧密排水距離を短縮し，圧密沈下を促進し併せて強度増加を図る。	固結工法	石灰パイル工法 深層混合処理工法 薬液注入工法	吸水による脱水や化学的結合によって地盤を固結させ，地盤の強度を増すと同時に沈下を減少させる。
			押え盛土工法	押え盛土工法 緩斜面工法	盛土の側方に押え盛土をしたり，法面勾配をゆるくしたりして，すべりに抵抗するモーメントを増加させて，盛土のすべり破壊を防止する。
サンドコンパクション工法	サンドコンパクションパイル工法	地盤に締固めた砂杭を造り，軟弱層を締固めるとともに，砂杭の支持力によって安定を増し，沈下量を減ずる。	置換工法	掘削置換工法 強制置換工法	軟弱層の一部または全部を除去し，良質材で置き換える工法である。置き換えによってせん断抵抗が付与され，安全率が増加し，沈下も置き換えた分だけ小さくなる。

■情報化施工

(1)情報化施工で使われる用語

用　語	説　明
ICT	情報通信技術（Information and Communication Technology）
TS	トータルステーション。1台の器械で角度（鉛直角・水平角）と距離を同時測定できる電子式測距測角儀のこと
GNSS	人工衛星を用いた測位システム

(2)ICTを用いた情報化施工の概念

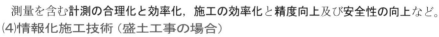

設　計 — 施工計画
調　査 — 施工 → 施工現場
電子納品完成図書
計　画 — 維持管理
設計データ提供
現場事務所

(3)ICT導入のメリット

測量を含む計測の合理化と効率化，施工の効率化と精度向上及び安全性の向上など。

(4)情報化施工技術（盛土工事の場合）

グレーダやブルドーザ等のマシンガイダンス技術	3次元データを入力し，TS，GNSSを用いた計測技術により，所要の施工精度となるようにオペレータに指示するもの。
ローラの軌跡管理による締固め管理技術	締固めローラの走行軌跡をTSやGNSSにより自動的に追跡し，転圧を面的に管理する。工法規定方式の締固め管理に用いられる。
TS・GNSSを用いた出来形管理技術	施工管理データを搭載したTSを用いて出来形管理を行う。

問題1 土質試験結果の活用に関する次の記述のうち，**適当でない**ものはどれか。

(1) 土の含水比試験結果は，水と土粒子の質量の比で示され，切土，掘削にともなう湧水量や排水工法の検討に用いられる。

(2) 土の粒度試験結果は，粒径加積曲線で示され，その特性から建設材料としての適性の判定に用いられる。

(3) CBR 試験結果は，締め固められた土の強さを表す CBR で示され，設計CBR はアスファルト舗装の舗装厚さの決定に用いられる。

(4) 土の圧密試験結果は，圧縮性と圧密速度が示され，圧縮ひずみと粘土層厚の積から最終沈下量の推定に用いられる。

R元年ANo.1

土質試験結果の活用

(1) 土の含水比試験結果は，水と土粒子の質量の比（含水比）で示される。土層の連続性と土質分類及び路床・裏込め材料としての適用性（盛土材料に関する各種試験）について調査する場合，乾燥密度と含水比の関係から盛土の締固めの管理，盛土の沈下（圧縮性）に用いられる。 **よって，適当でない。**

(2) 土の粒度試験結果は，粒径加積曲線で示され，その特性から建設材料としての適性の判定に用いられる。粒径加積曲線は下のグラフ②のように，立っているような曲線の土は粒径の範囲が狭く，土の締固めでは締固め特性の悪い土として判断される。

①は細粒分が多く，③が粒径が広い範囲にわたって分布する（粒径幅の広い）締固め特性のよい土とされている。 **よって，適当である。**

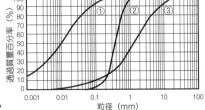

(3) CBR 試験結果は，締め固められた土の強さを表す CBR で示され，設計CBR はアスファルト舗装の舗装厚さの決定に用いられる。また，材料の規定，締固め度の管理，トラフィカビリティーの判定，土の力学的性質を知る手段としても利用される。 **よって，適当である。**

(4) 地盤の沈下に関する検討を行うためには圧密試験を実施する。土の圧密試験結果は，圧縮性と圧密速度が示され，圧縮ひずみと粘土層厚の積から最終沈下量の推定に用いられる。

よって，適当である。

解答 (1)

 土質試験における「試験の名称」，「試験結果から求められるもの」及び「試験結果の利用」の組合せとして，次のうち**適当なもの**はどれか。

	[試験の名称]	[試験結果から求められるもの]	[試験結果の利用]
(1)	土の粒度試験	粒径加積曲線	土の物理的性質の推定
(2)	土の液性限界・塑性限界試験	コンシステンシー限界	地盤の沈下量の推定
(3)	突固めによる土の締固め試験	締固め曲線	盛土の締固め管理基準の決定
(4)	土の一軸圧縮試験	最大圧縮応力	基礎工の施工法の決定

R4年ANo.1

試験の名称・求めるもの・結果の利用

[試験の名称]　　　　[試験結果から求められるもの]　[試験結果の利用]

(1) 土の粒度試験 ……………………… **均等係数** ………………… **土の分類**
　　　　　　　　　　　　　　　　　　　　　　　よって，**適当でない。**

(2) 土の液性限界・塑性限界試験 … **液性限界，塑性限界** …… **細粒土の安定**
　　　　　　　　　　　　　　　　　　　　　　　よって，**適当でない。**

(3) 突固めによる土の締固め試験 … 締固め曲線 ……………… 盛土の締固め管理
　　　　　　　　　　　　　　　　　　　　　　　基準の決定
　　　　　　　　　　　　　　　　　　　　　　　よって，適当である。

(4) 土の一軸圧縮試験 ……………… **一軸圧縮強さ** …………… **土の支持力，盛土
　　　　　　　　　　　　　　　　　　　　　　　のり面の安定，安
　　　　　　　　　　　　　　　　　　　　　　　定処理試験**
　　　　　　　　　　　　　　　　　　　　　　　よって，**適当でない。**

解答
(3)

 問題3

土の原位置試験における「試験の名称」、「試験結果から求められるもの」及び「試験結果の利用」の組合せとして、次のうち**適当なもの**はどれか。

[試験の名称]	[試験結果から求められるもの]	[試験結果の利用]
(1) RI 計器による土の密度試験	土の含水比	地盤の許容支持力の算定
(2) 平板載荷試験	地盤反力係数	地層の厚さの確認
(3) ポータブルコーン貫入試験	貫入抵抗	建設機械のトラフィカビリティーの判定
(4) 標準貫入試験	N 値	盛土の締固め管理の判定

R2年ANo.1

 解説

土質試験結果の活用

(1) RI 計器による土の密度試験は「土の密度，含水比」を求め，「**盛土の締固め管理の判定**」などに利用される。　　　　　　　　　　よって，**適当でない**。

(2) 平板載荷試験は「地盤反力係数」を求め，「**締め固めの施工管理**」に利用される。
　　　　　　　　　　　　　　　　　　　　　　　　　　　よって，**適当でない**。

(3) ポータブルコーン貫入試験は，「貫入抵抗」を求め，「建設機械の走行性（トラフィカビリティー）の判定」に利用される。他に「貫入抵抗」を求める試験はスウェーデン式サウンディング試験などがあり，「土層の硬軟や締まり具合の判定」に用いられる。　　　　　　　　　　　　　　　よって，適当である。

(4) 標準貫入試験は，「N 値」を求め「**土層の硬軟や締まり具合の判定**」に利用される。「盛土の締固め管理」を求める試験は突き固めによる土の締固め試験などで，試験結果から求められるものは「締固め曲線」である。
　　　　　　　　　　　　　　　　　　　　　　　　　　　よって，**適当でない**。

 解答 (3)

土工における土量の変化率に関する次の記述のうち，**適当でないもの**はどれか。

(1) 土の掘削・運搬中の損失及び基礎地盤の沈下による盛土量の増加は，原則として変化率に含まれない。

(2) 土量の変化率 C は，地山の土量と締め固めた土量の体積比を測定して求める。

(3) 土量の変化率は，実際の土工の結果から推定するのが最も的確な決め方で類似現場の実績の値を活用できる。

(4) 地山の密度と土量の変化率 L がわかっていれば，土の配分計画を立てることができる。

R元年ANo.2

土量の変化率

(1) 土の掘削・運搬中の損失及び基礎地盤の沈下による盛土量の増加は，原則として変化率に含まれない。運搬中の土量の損失や基礎地盤の沈下が明白な場合は原則どおりでよいが，避けられない土量の損失や，予想される程度の少量の地盤沈下に基づく土量の増加は変化率に含ませるほうが合理的である。

よって，**適当である。**

(2) 土量の変化率 C は，地山の土量と締め固めた土量の体積比を測定して求める。

$$C = \frac{締め固めた土量}{地山の土量}$$

よって，**適当である。**

(3) 土量の変化率は，実際の土工の結果から推定するのが，最も的確な決め方で類似現場の実績の値を活用できる。特に変化率 C を用いる場合は，各種の損失量も含めた変化率として類似現場の実績の値の活用を考えたほうがよい。

よって，**適当である。**

(4) 地山の密度と土量の変化率 L は，土工の運搬計画を立てる上で重要であり，土の密度が大きい場合にはダンプトラックの規格，積載重量によって運搬量が求められる。 よって，適当でない。

地山土量　ほぐした土量 (L)　締固め後の土量 (C)

解答 (4)

 **問題5** 盛土の情報化施工に関する次の記述のうち，**適当でないも**のはどれか。

(1) 情報化施工を実施するためには，個々の技術に適合した3次元データと機器・システムが必要である。

(2) 基本設計データの間違いは出来形管理に致命的な影響を与えるので，基本設計データが設計図書を基に正しく作成されていることを必ず確認する。

(3) 試験施工と同じ土質，含水比の盛土材料を使用し，試験施工で決定したまき出し厚，締固め回数で施工した盛土も，必ず現場密度試験を実施する。

(4) 盛土のまき出し厚や締固め回数は，使用予定材料の種類ごとに事前に試験施工で表面沈下量，締固め度を確認し，決定する。

R元年ANo.3

盛土の情報化施工

(1) 情報化施工を実施するためには，個々の技術に適合した3次元データ（設計，測量データ等）と基地局，移動局，管理局に設置される機器，管理に必要な諸機能を有しているシステムが必要である。　　　　　　　　よって，**適当である。**

(2) 情報化施工は，設計データ（3次元設計データ等），測量データ（現地盤データ等），機械稼働データ（稼働時間，走行軌跡等），品質データ（計測データ，転圧回数等），出来形・出来高データ（計測データと設計データとの差分等）などの電子データを有効活用するので，この基本設計データの間違いは出来形管理に致命的な影響を与える。したがって基本設計データが設計図書を基に正しく作成されていることを必ず確認する。　　　　　　　よって，**適当である。**

(3) 試験施工と同じ土質，含水比の盛土材料を使用し，試験施工で決定したまき出し厚，締固め回数で施工した盛土は，現場密度試験を実施しなくてもよい。TS・GNSS を用いた締固め管理技術は，締固め機械の走行軌跡を計測し，締固め回数をリアルタイムにオペレータ画面に表示することで締固め不足の防止と均一な施工の支援を行うシステムである。TS・GNSS を用いた締固め管理要領に準拠した場合，試験施工で得られた目標の締固め回数を確実に実施・管理できることから，このように規定されている。　　　　　よって，適当でない。

(4) 施工仕様（盛土のまき出し厚や締固め回数）は，使用予定材料の種類ごとに事前に試験施工で表面沈下量，締固め度を確認し，決定する。試験施工に使用するまき出し機械は，バックホウを用いることとし，締固め機械は本施工で主に使用する機械を用いることを原則とする。試験施工での確認項目は右表である。

よって，**適当である。**

調査項目	測定方法の例
表面沈下量	丁張からの下がり
締固め度	砂置換法・RI 計法

 解答 (3)

※TS・GNSS を用いた盛土の締固め管理要領より

問題 6　TS（トータルステーション）・GNSS（衛星測位システム）を用いた盛土の情報化施工に関する次の記述のうち，**適当でないもの**はどれか。

(1)　盛土の締固め管理技術は，工法規定方式を品質規定方式にすることで，品質の均一化や過転圧の防止などに加え，締固め状況の早期把握による工程短縮がはかられるものである。

(2)　マシンガイダンス技術は，TS や GNSS の計測技術を用いて，施工機械の位置情報・施工情報及び施工状況と三次元設計データとの差分をオペレータに提供する技術である。

(3)　まき出し厚さは，試験施工で決定したまき出し厚さと締固め回数による施工結果である締固め層厚分布の記録をもって，間接的に管理をするものである。

(4)　盛土の締固め管理は，締固め機械の走行位置を追尾・記録することで，規定の締固め度が得られる締固め回数の管理を厳密に行うものである。　　R2年ANo.3

TS・GNSSを用いた盛土の情報化施工

(1)　盛土の品質規定方式では，要求する性能に対応した力学特性を設定する。工法規定方式は，締固め回数等の工法そのものを規定する方法である。したがって，盛土の締固め管理技術は，工法規定方式のほうが締固め状況の早期把握による工程短縮がはかられるものである。　　　　　　　　　よって，**適当でない。**

(2)　マシンガイダンス技術は，TSや GNSS の計測技術を用いて，施工機械の位置情報・施工情報及び施工状況と三次元設計データとの差分をオペレータに提供する技術である。また，マシンコントロール技術は，施工箇所の設計データと現地盤データとの差分に基づき自動制御するもので，操作をオペレータが行うかどうかの違いがある。　　　　　　　　　　　　　　よって，**適当である。**

(3)　まき出し厚さは，試験施工で決定したまき出し厚さと締固め回数による施工結果である締固め層厚分布の記録をもって，間接的に管理をするものである。まき出し厚の確認方法は，写真撮影を行い，締固め回数管理時の走行位置による面的な標高データを記録するものとする。　　　　　　　よって，**適当である。**

(4)　盛土の締固め管理は，締固め機械の走行位置を追尾・記録することで，規定の締固め度が得られる締固め回数の管理を厳密に行うものである。なお，過転圧が懸念される土質においては，締固め回数分布図で警告するような設定を施すとともに，施工機械の走行経路にも配慮する。　　　　　　　　　　　　　　　　よって，**適当である。**

解答
(1)

25

問題 7 道路の盛土に用いる締固め機械に関する次の記述のうち，**適当なもの**はどれか。

(1) 振動ローラは，締固めによっても容易に細粒化しない岩塊などの締固めに有効である。

(2) ブルドーザは，細粒分は多いが鋭敏比の低い土や低含水比の関東ロームなどの締固めに有効である。

(3) タイヤローラは，単粒度の砂や細粒度の欠けた切込砂利などの締固めに有効である。

(4) ロードローラは，細粒分を適度に含み粒度が良く締固めが容易な土や山砂利などの締固めに有効である。

H29年 A No.3

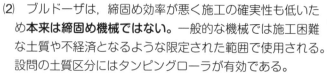

道路の盛土締固め機械

(1) 振動ローラは，ローラに起振機を組み合わせ，振動によって土の粒子を密な配列に移行させ，小さな重量で大きな締固め効果を得ようとするものである。締固めによっても容易に細粒化しない岩塊などの締固めに有効である。

よって，適当である。

振動ローラ

(2) ブルドーザは，締固め効率が悪く施工の確実性も低いため**本来は締固め機械ではない**。一般的な機械では施工困難な土質や不経済となるような限定された範囲で使用される。設問の土質区分にはタンピングローラが有効である。

よって，**適当でない**。

ブルドーザ

(3) タイヤローラは，空気入りのタイヤの特性を利用して締固めを行うもので，**細粒分を適度に含んだ粒度の良い締固めが容易な土，まさ，山砂利**などの締固めに有効である。設問の土質区分には振動ローラが有効である。

よって，**適当でない**。

タイヤローラ

(4) ロードローラは，表面が滑らかな鉄輪によって締固めを行うものである。舗装，路盤用として多く用いられ，土工では「**路床面**」等の仕上げに用いることがある。設問にある盛土・路体の土質区分には大型のタイヤローラが有効である。

よって，**適当でない**。

ロードローラ

解答

(1)

問題 8 建設発生土の利用に関する次の記述のうち, **適当でない** ものはどれか。

(1) 建設発生土を工作物の埋戻し材に用いる場合は, 供用開始後に工作物との間 にすきまや段差が生じないように圧縮性の小さい材料を用いなければならない。

(2) 建設発生土を安定処理して裏込め材として利用する場合は, 安定処理された 土は一般的に透水性が高くなるので, 裏面排水工は, 十分な排水能力を有する ものを設置する。

(3) 道路の路体盛土に第 1 種から第 3 種建設発生土を用いる場合は, 巨礫などを 取り除き粒度分布に留意すれば, 一般的な場合そのまま利用が可能である。

(4) 道路の路床盛土に第 3 種及び第 4 種建設発生土を用いる場合は,締固めを行っ ても強度が不足するおそれがあるので, 一般的にセメントや石灰などによる安 定処理が行われる。

H30年ANo.4

 解説

建設発生土の利用

(1) 建設発生土を工作物の埋戻し材に用いる場合は, 供用開始後に工作物との間 に隙間や段差が生じないように圧縮性の小さい材料を用いなければならない。 また, 透水性があり, 締固めが容易で, 水の浸入による強度低下が少ないもの が望ましい。 よって, **適当である。**

(2) 建設発生土を安定処理して裏込め材として利用する場合は, 安定処理された 土は一般的に透水性が低くなるので, 裏面排水工は, 十分な排水能力を有する ものを設置する。 よって, 適当でない。

(3) 道路の路体盛土に第 1 種から第 3 種建設発生土を用いる場合は, 巨礫などを 取り除き粒度分布に留意すれば, 一般的な場合そのまま利用が可能である。道 路の路床では第 2 種建設発生土までがそのまま使用可能である。

よって, **適当である。**

(4) 道路の路床盛土に第 3 種及び第 4 種建設発生土を用いる場合は, 締固めを行 っても強度が不足するおそれがあるので, 一般的にセメントや石灰などによる 安定処理が行われる。安定処理材を使用する場合は変形特性, セメント分の流 出等の可能性があることに留意する必要がある。

よって, **適当である。** **解答** (2)

建設発生土を工作物の埋戻しに利用する際の留意点に関する次の記述のうち，**適当でないもの**はどれか。

(1) 発生土を安定処理して使う場合は，改良土の品質や強度を画一的に定めるのではなく，埋戻し後の機能や原地盤の土質性状などの諸条件を幅広く検討して柔軟な対応をする。

(2) 埋設管の近傍など狭あいな箇所は，締め固めにくく，道路では埋戻し材の上部に路盤，路床と同等の支持力を要求される場合もあるので，使用場所に応じた材料を選定する。

(3) 埋戻し材の最大粒径に関する基準は，所定の締固め度が得られるとともに，埋設物への損傷防止のための配慮も含まれているため，埋設物の種類にかかわらず同じ基準を用いる。

(4) 埋設管などの埋戻しに用いる土は，埋設管下部への充てん性，埋設物への影響を考慮するとともに，道路の供用開始後に工作物との間にすきまや段差が生じないように圧縮性の小さい材料を用いる。

H29年ANo.4

建設発生土の埋戻し利用

(1) 発生土を安定処理して使う場合は，改良土の品質や強度を画一的に定めるのではなく，埋戻し後の機能や原地盤の土質性状などの諸条件を幅広く検討して柔軟な対応をする。一般に安定処理に用いられる固化材は，石灰・石灰系固化材やセメント・セメント系固化材である。　　　　　よって，**適当である。**

(2) 埋設管の近傍など狭あいな箇所は，締め固めにくく，道路では埋戻し材の上部に路盤，路床と同等の支持力を要求される場合もある。使用場所に応じた材料を選定し，必要に応じ安定処置等を行う。　　　　　よって，**適当である。**

(3) 埋戻し材の最大粒径に関する基準は，所定の締固め度が得られるとともに，埋設物への損傷防止のための配慮も含まれているため，埋設物等の用途により利用可能な基準が定められている。　　　　　よって，適当でない。

(4) 埋設管などの埋戻しに用いる土は，埋設管下部への充てん性，埋設物への影響を考慮するとともに，道路の供用開始後に工作物との間に隙間や段差が生じないように圧縮性の小さい透水性の良い材料を用いる。
　　　　　よって，**適当である。**

 解 答

(3)

問題10 法面保護工(のりめんほごこう)の施工(せこう)に関する次の記述のうち，**適当でない**ものはどれか。

(1) 種子散布工は，各材料を計量した後，水，木質材料，浸食防止材，肥料，種子の順序でタンクへ投入し，十分攪拌(かくはん)して法面へムラなく散布する。

(2) 植生マット工は，法面が平滑だとマットが付着しにくくなるので，あらかじめ法面に凹凸を付けて設置する。

(3) モルタル吹付工は，吹付けに先立ち，法面の浮石，ほこり，泥等を清掃した後，一般に菱形金網(ひしがたかなあみ)を法面に張り付けてアンカーピンで固定する。

(4) コンクリートブロック枠工は，枠の交点部分に所定の長さのアンカーバー等を設置し，一般に枠内は良質土で埋め戻し，植生で保護する。

R3年ANo.2

法面保護工の施工

(1) 種子散布工は，各材料を計量した後，水，木質材料，浸食防止材，肥料，種子の順序でタンクへ投入し，十分攪拌して法面へムラなく散布する。植生工の施工は法面に表面水，湧水がないことを確認したうえで施工する。

よって，適当である。

(2) 植生マット工・植生シート工は，法面の凸凹が大きいと浮き上がったり風に飛ばされやすくなるため，あらかじめ法面の凹凸をならして設置する。

よって，適当でない。

(3) モルタル吹付工は，吹付けに先立ち，法面の浮石，ほこり，泥等を清掃した後，一般に菱形金網を法面に張り付けてアンカーピンで固定する。吹付けは一般に上部から行い，吹付け厚が厚くてモルタルが垂れ下がるおそれがある場合は，反復して吹き付ける。　　　　**よって，適当である。**

(4) コンクリートブロック枠工は，枠の交点部分には滑り止めのために所定の長さのアンカーバー等を設置し，一般に枠内は良質土で埋め戻し，植生で保護する。コンクリートブロック枠工で崩壊のおそれがあるある場合には，現場打ちコンクリート枠工を用いる。　　　　**よって，適当である。**

解答

(2)

 軟弱地盤対策工法に関する次の記述のうち，**適当でない**ものはどれか。

(1) 緩速載荷工法は，構造物あるいは構造物に隣接する盛土などの荷重と同等又はそれ以上の盛土荷重を載荷したのち，盛土を取り除いて地盤の強度増加をはかる工法である。

(2) サンドマット工法は，地盤の表面に一定の厚さの砂を敷設することで，軟弱層の圧密のための上部排水の促進と施工機械のトラフィカビリティーの確保をはかる工法である。

(3) 地下水位低下工法は，地盤中の地下水位を低下させ，それまで受けていた浮力に相当する荷重を下層の軟弱地盤に載荷して，圧密を促進するとともに地盤の強度増加をはかる工法である。

(4) 荷重軽減工法は，土に比べて軽量な材料で盛土を施工することにより，地盤や構造物にかかる荷重を軽減し，全沈下量の低減，安定確保及び変形対策をはかる工法である。

R元年ANo.5

軟弱地盤対策工法

(1) 緩速載荷工法は，地盤が破壊しない範囲に盛土速度を制御することで，軟弱地盤の処理を行わず地盤の圧密促進を期待する工法である。設問は，載荷重工法の記述である。 よって，適当でない。

(2) サンドマット工法は，地盤の表面に一定の厚さの砂を敷設することで，軟弱層の圧密のための上部排水の促進と施工機械のトラフィカビリティーの確保をはかる工法である。軟弱地盤の表層部分の土とセメント系や石灰系などの添加材を撹拌混合することにより，地盤の変形抑制や施工機械のトラフィカビリティーを確保するのは表層混合処理工法である。 よって，**適当である。**

(3) 地下水位低下工法は，地盤中の地下水位を低下させ，それまで受けていた浮力に相当する荷重を下層の軟弱地盤に載荷して，圧密を促進するとともに地盤の強度増加をはかる工法である。地下水位低下の方法としては，ウェルポイントやディープウェル等が一般的に用いられる。 よって，**適当である。**

(4) 荷重軽減工法は，土に比べて軽量な材料で盛土を施工することにより，地盤や構造物にかかる荷重を軽減し，全沈下量の低減，安定確保及び変形対策をはかる工法である。軽量な盛土材料を用いる軽量盛土工法や軽量材を用いた，発泡スチロールブロック工法，気泡混合軽量土工法，発泡ビーズ混合軽量土工法などがある。よって，**適当である。**

解答 (1)

問題12 道路土工に用いられる軟弱地盤対策工法に関する次の記述のうち，**適当でないもの**はどれか。

(1) 締固め工法は，地盤に砂などを圧入又は動的な荷重を与え地盤を締め固めることにより，液状化の防止や支持力増加をはかるなどを目的とするもので，振動棒工法などがある。

(2) 固結工法は，セメントなどの固化材を土とかくはん混合し地盤を固結させることにより，変形の抑制，液状化防止などを目的とするもので，サンドコンパクションパイル工法などがある。

(3) 荷重軽減工法は，軽量な材料による荷重軽減や地盤の挙動に対応しうる構造体をつくることにより，全沈下量の低減，安定性確保などを目的とするもので，カルバート工法などがある。

(4) 圧密・排水工法は，地盤の排水や圧密促進によって地盤の強度を増加させることにより，道路供用後の残留沈下量の低減をはかるなどを目的とするもので，盛土載荷重工法などがある。

R2年ANo.5

道路土工に用いる軟弱地盤対策工法

(1) 締固め工法は，緩い砂質土を締め固めて地盤の密度を増大させることにより支持力の増大，変形の抑制，液状化防止を目的とする。ロッドに取り付けた振動機を地中に貫入させて締固めを行う「振動棒工法」などがある。

よって，**適当である。**

(2) 固結工法は，セメントなどの添加材を土と混合し，化学反応を利用して地盤の固結をはかる。支持力の増大，変形の抑制，液状化の防止を目的とし，「表層混合処理工法，深層混合処理工法，高圧噴射撹拌工法」などがある。設問のサンドコンパクションパイル工法は，締固め工法に分類される。　よって，適当でない。

(3) 荷重軽減工法は，土に比べて軽量な材料で盛土を施工することにより地盤や構造物にかかる荷重を軽減するもので，全沈下量の低減，安定確保，変形対策を目的として施工される。構造物による工法で「カルバート工法」などがあり，橋台背面の荷重を軽減させるために採用されることもある。よって，**適当である。**

(4) 圧密・排水工法には，トラフィカビリティを確保する工法として，「表面排水工法，サンドマット工法」があり，地盤の強度増加や圧密を促進させる工法として，「緩速載荷工法，盛土載荷重工法，真空圧密工法，地下水低下工法」がある。　よって，**適当である。**

解答 (2)

Lesson 1

2 コンクリート

出題傾向

1. 「コンクリートの品質管理」過去 7 年間で 5 問出題されている。その中で出題率の高いコンクリートの配合設計について「水セメント比，単位水量，スランプ，空気量」をキーワードに理解する。
2. 「コンクリートの材料」毎年 2～3 問は出題。セメント，骨材の種類・特徴，混和材・剤の種類を理解しておく。（近年出題率が高いのは骨材と混和材・剤）
3. 「コンクリートの施工」毎年 3～4 問程度出題。施工全般（運搬，打込み，締固め，打継目，鉄筋，型枠，支保，養生），暑中・寒中・マスコンクリートの特徴について十分理解する。暑中，寒中コンクリートからの出題率が高い。
4. 「コンクリートの工場製品」ほとんど出題されていないが，過去に出題されたコンクリート工場製品の規定を理解しておく。

チェックポイント

■ コンクリートの品質規定

(1) **圧縮強度**：1 回の試験結果は，呼び強度の強度値の 85％以上で，かつ 3 回の試験結果の平均値は，呼び強度の強度値以上とする。

(2) **空気量**：下表のとおりとする。

加圧

供試体

(単位：％)

コンクリートの種類	空気量	空気量の許容差
普通コンクリート	4.5	
軽量コンクリート	5.0	±1.5
舗装コンクリート	4.5	

(3) **スランプ**：
右表のとおりとする。

(単位：cm)

スランプ	2.5	5及び6.5	8～18	21
スランプの誤差	±1	±1.5	±2.5	±1.5

(4) **塩化物含有量**：塩化物イオン量として 0.30 kg/m³ 以下とする。（承認を受けた場合は 0.60 kg/m³ 以下とする）

(5) **アルカリ骨材反応の防止対策**

- アルカリシリカ反応性試験で無害と判定された骨材を使用して防止する。
- コンクリート中のアルカリ総量を 3.0 kg/m³ 以下に抑制する。
- 高炉セメント（B種，C種），混合セメント（B種，C種）を使用して抑制する。

■コンクリートの材料

(1)セメント

・ポルトランドセメント

普通・早強・超早強・中庸熱・低熱・耐硫酸塩ポルトランドセメント（低アルカリ形）の6種類

・高炉セメント

A種・B種・C種の3種類

・フライアッシュセメント

A種・B種・C種の3種類

(2)骨　材

・骨材の種類

砕石及び砕砂，スラグ骨材（高炉スラグ粗骨材，高炉スラグ細骨材，フェロニッケルスラグ細骨材，銅スラグ細骨材），人工軽量骨材並びに砂利及び砂とする。

（JIS　A 5308　附属書A）

・吸水率及び表面水率

骨材の含水状態による呼び名は「絶対乾燥（絶乾）状態」，「空気中乾燥（気乾）状態」，「表面乾燥飽水（表乾）状態」，「湿潤状態」の4つで表す。示方配合では，「表面乾燥飽水（表乾）状態」が吸水率や表面水率を表すときの基準とされる。

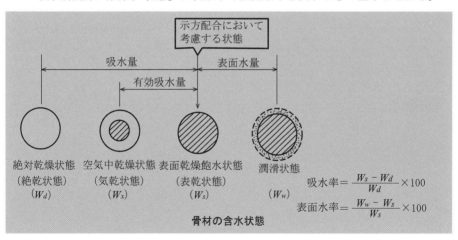

$$吸水率 = \frac{W_s - W_d}{W_d} \times 100$$

$$表面水率 = \frac{W_w - W_s}{W_s} \times 100$$

骨材の含水状態

(3)混和材料

・**混和材**：代表的なものとしてフライアッシュがあり，コンクリートのワーカビリティーを改善し，単位水量を減らし，水和熱による温度上昇を小さくすることができる。

・**混和剤**：AE剤，AE減水剤などがあり，ワーカビリティー，凍霜害性，単位水量及び単位セメント量を減少させる。

■コンクリートの施工

(1)現場内での運搬

- **コンクリート**：管径は大きいほど圧送負荷は小さいが，
  ポンプ 作業性は低下する。配管経路は短く，
  曲がりを少なくする。
- **バケット**：材料分離の起こしにくいものとする。
- **シュート**：縦シュートを使用する。コンクリートが1
  箇所に集まらない。使用前後に水洗いし，
  使用に先がけてモルタルを流下させる。

バケット

縦シュート

分離しない

コンクリートポンプ車

(2)打込み

- 鉄筋の配置や型枠を乱さない。
- 目的の位置に近いところにおろし，型枠内
  で横移動させない。
- 一区画内では完了するまで連続で打ち込む。
- 一区画内ではほぼ水平に打ち込む。
- 2層の場合は各層のコンクリートが一体となるようにする。
- 表面にブリーディング水がある場合は，これを取り除く。

(3)締固め

- 原則として内部振動機を使用する。
- 下層のコンクリート中に10cm程度挿入する。
- 鉛直に挿入し，間隔は50cm以下とする。
- 横移動に使用してはならない。

50cm以下　上層　横移動　垂直に　斜め

10cm程度　下層

(4)打継目

- 旧コンクリート面をワイヤブラシ，チッピングなどで粗にする。
- 十分に吸水させ，セメントペースト，モルタルを塗る。
- 型枠を強固に締め直す。

(5)鉄筋工

- 鉄筋の継手位置は，できるだけ応力の大きい断面を避け，同一断面に集めないことを原則とする。
- 鉄筋は，常温で加工することを原則とする。
- 組立用鋼材は，鉄筋の位置を固定するために必要なばかりでなく，組立を容易にする点からも有効である。
- 鉄筋は，原則として，溶接してはならない。やむを得ず溶接し，溶接した鉄筋を曲げ加工する場合には溶接した部分を避けて曲げ加工しなければならない。
- かぶりとは，鋼材（鉄筋）の表面からコンクリート表面までの最短距離で計測したコンクリートの厚さである。
- 曲げ加工した鉄筋の曲げ戻しは一般に行わないのがよい。

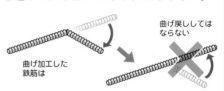

曲げ加工した鉄筋は

曲げ戻ししてはならない

(6)型枠・支保工

- 型枠を取り外してよい時期は，下表のように規定されている。

型枠及び支保工の取外しに必要なコンクリートの圧縮強度の参考値

部材面の種類	例	コンクリートの圧縮強度 (N/mm²)
厚い部材の鉛直に近い面，傾いた上面，小さいアーチの外面	フーチングの側面	3.5
薄い部材の鉛直に近い面，45°より急な傾きの下面，小さいアーチの内面	柱，壁，はりの側面	5.0
スラブ及びはり，45°より緩い傾きの下面	スラブ，はりの底面，アーチの内面	14.0

- 型枠に作用するコンクリートの側圧は，打上り速度が同じ場合，温度が低いときに大きくなる。

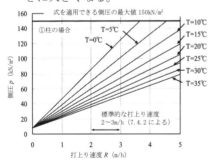

スランプが 10 cm 程度以下のコンクリートの側圧（柱の場合）

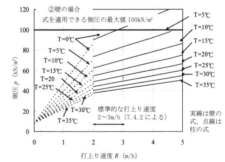

スランプが 10 cm 程度以下のコンクリートの側圧（壁の場合）

（コンクリート標準示方書）

- スランプが大きいコンクリートは流動性が高く，コンクリートの側圧は液圧に近い側圧分布を示し，一般の場合より大きな値となる。
- 型枠（せき板）は，転用して使用することが前提となり，一般に転用回数は，合板の場合 5 回程度，プラスチック型枠の場合 20 回程度，鋼製型枠の場合 30 回程度を目安とする。

(7)養　　生
・表面を荒らさないで作業ができる程度に硬化したら，下表に示す養生期間を保たなければならない。

養生期間の標準

日平均気温	普通ポルトランドセメント	混合セメントB種	早強ポルトランドセメント
15℃以上	5日	7日	3日
10℃以上	7日	9日	4日
5℃以上	9日	12日	5日

・せき板は乾燥するおそれのあるときは，これに散水し湿潤状態にしなければならない。
・膜養生は，コンクリート表面の水光りが消えた直後に行い，散布が遅れるときは，膜養生剤を散布するまではコンクリートの表面を湿潤状態に保ち，膜養生剤を散布する場合には，鉄筋や打継目などに付着しないようにする必要がある。
・寒中コンクリートの保温養生あるいは給熱養生が終わった後，温度の高いコンクリートを急に寒気にさらすと，コンクリートの表面にひび割れが生じるおそれがあるので，適当な方法で保護し表面が徐々に冷えるようにする。
・暑中コンクリートの養生について，直射日光や風にさらされると急激に乾燥してひび割れを生じやすい。打ち込み後は速やかに養生する必要がある。

■コンクリートの工場製品

(1)コンクリートの強度
・一般の工場製品では，材齢14日における圧縮強度の試験値で表す。
・オートクレーブ養生などの特殊な促進養生を行う工場製品では，14日以前の適切な圧縮強度の試験値で表す。
・促進養生を行わない工場製品では，材齢28日における圧縮強度の試験値で表す。

(2)骨　　材
・工場製品に用いる粗骨材の最大寸法は，工場製品の厚さの 2/5 以下でかつ鋼材の最小あきの4/5 以下とする。
・プレストレストコンクリート製品の場合，再生骨材を使用しない。

(3)養　　生
・使用する型枠の数を少なくして製造の効率を上げるため，コンクリートの硬化促進を目的とする常圧蒸気養生が広く用いられる。
・練り混ぜた後，2～3時間以上経ってから蒸気養生を行う。
・蒸気養生における温度の上昇温度は1時間につき20℃以下とし，最高温度は65℃とする。
・養生室の温度は徐々に下げ，外気の温度と大差がないようになってから製品を取り出す。

問題1 コンクリートの品質に関する次の記述のうち，**適当でないもの**はどれか。

(1) コンクリートポンプを用いる場合には，管内閉塞が生じないように，単位粉体量や細骨材率をできるだけ小さくする。

(2) 単位セメント量が増加しセメントの水和に起因するひび割れが問題となる場合には，セメントの種類の変更や，石灰石微粉末等の不活性な粉体を用いることを検討する。

(3) 所要の圧縮強度を満足するよう配合設計する場合は，セメント水比と圧縮強度の関係がある程度の範囲内で直線的になることを利用する。

(4) 所要の水密性を満足するよう配合設計する場合は，水セメント比を小さくし，単位水量を低減させる。

R4年A No.7

コンクリートの品質

(1) コンクリートポンプを用いる場合には，管内閉塞が生じないように，一定以上の単位粉体量や適切な細骨材率を設定する必要がある。よって，適当でない。

(2) 単位セメント量が増加しセメントの水和に起因するひび割れが問題となる場合には，セメントの種類の変更や，石灰石微粉末等の不活性な粉体を用いることを検討する。ただし，石灰石微粉末の品質規格はまだ整備されていないため，使用にあたっては十分に注意する必要がある。よって，**適当である。**

(3) 所要の圧縮強度を満足するよう配合設計する場合は，セメント水比と圧縮強度の関係がある程度の範囲内で直線的になることを利用する。ただし，圧縮強度とセメント水比との関係は試験によって定めることを原則とする。

よって，**適当である。**

(4) 所要の水密性を満足するよう配合設計する場合は，水セメント比を小さくし，単位水量を低減させる。水セメント比は65%以下で，かつ設計図書に記載された参考値に基づき，コンクリートの所要の強度，耐久性及び水密性から必要となる各々の水セメント比のうちで，最も小さい値とする。よって，**適当である。**

解答 (1)

 コンクリートの配合に関する次の記述のうち, **適当なもの**はどれか。

⑴ 締固め作業高さによる打込み最小スランプは, 締固め作業高さが 2 m と 0.5 m では, 2 m の方の値を小さく設定する。

⑵ 荷卸しの目標スランプは, 打込みの最小スランプに対して, 品質のばらつき, 時間経過に伴うスランプの低下, ポンプ圧送に伴うスランプの低下を考慮して設定する。

⑶ 圧送において管内閉塞を生じることなく円滑な圧送を行うためには, できるだけ単位粉体量を減らす必要がある。

⑷ 高性能 AE 減水剤を用いたコンクリートは, 水セメント比及びスランプが同じ通常の AE 減水剤を用いたコンクリートに比較して, 細骨材率を 1〜2％小さく設定する。

H29年A No.8

解説 コンクリートの配合

⑴ 締固め作業高さによる打込み最小スランプは, 締固め作業高さが 2 m と 0.5 m では, 2 m の方の値を**大きく設定**する。

施工条件		打込みの最小スランプ
締固め作業高さ	コンクリートの打込み箇所間隔	(cm)
0.5 m 未満	任意の箇所から打込み可能	5
0.5 m 以上 1.5 m 以下	任意の箇所から打込み可能	7
3 m 以下	2〜3 m	10
	3〜4 m	12

(2017 年制定 コンクリート標準示方書〔施工編〕 73 ページ スラブ部材における打込みの最小スランプの目安) より

よって, **適当でない**。

⑵ 荷卸しの目標スランプは, 打込みの最小スランプに対して, 品質のばらつき, 時間経過に伴うスランプの低下, ポンプ圧送に伴うスランプの低下を考慮して設定する。これは「打込み及び締固め」の段階において適切な充填性が確保される必要がある。 よって, 適当である。

⑶ 圧送において管内閉塞を生じることなく円滑な圧送を行うためには, できるだけ単位粉体量を**一定以上確保**する必要がある。ここで, 粉体とはセメント, 高炉スラグ微粉末, フライアッシュ, シリカフューム, 石灰石微粉末等のことである。一定以上確保するのは, スランプに応じた単位粉体量が確保されていないと材料分離が生じやすくなるためである。 よって, **適当でない**。

⑷ 高性能 AE 減水剤を用いたコンクリートは, 水セメント比及びスランプが同じ通常の AE 減水剤を用いたコンクリートに比較して, 細骨材率を 1〜2％**大きく設定**する。細骨材率は所要のワーカビリティが得られる範囲内で単位水量ができるだけ小さくなるように試験によって定める。 よって, **適当でない**。

解答
(2)

コンクリート用セメントに関する次の記述のうち，**適当でないもの**はどれか。

(1) 高炉セメント B 種は，アルカリシリカ反応や塩化物イオンの浸透の抑制に有効なセメントの 1 つであるが，打込み初期に湿潤養生を行う必要がある。

(2) 早強ポルトランドセメントは，初期強度を要するプレストレストコンクリート工事などに使用される。

(3) 普通ポルトランドセメントとフライアッシュセメント B 種の生産量の合計は，全セメントの 90%を占めている。

(4) 普通エコセメントは，塩化物イオン量がセメント質量の 0.1%以下で，一般の鉄筋コンクリートに適用が可能である。

H27年ANo.6

コンクリート用セメント

(1) 高炉セメント B 種は，アルカリシリカ反応や塩化物イオンの浸透の抑制に有効なセメントの 1 つであるが，打込み初期に湿潤養生を行う必要がある。これは，初期強度を高めるためにスラグ混合率及び粉末度等が調整されたことにより，温度応力によるひび割れが発生する事例があるからである。

よって，**適当である。**

(2) 早強ポルトランドセメントは，初期強度を要するプレストレストコンクリート工事などに使用される。他には，寒中コンクリートや工期が短い工事にも用いられる。早強ポルトランドセメントを使用する場合の注意点は，高温環境下では凝結が早いため，コンクリートにこわばりが生じて均しが困難になったり，コールドジョイントが発生しやすくなる。また，水和熱が大きいため，温度ひび割れが発生しやすい等がある。　　　　　　　　　　よって，**適当である。**

(3) 普通ポルトランドセメントと高炉セメントB種の生産量の合計は，全セメントの 90%以上を占めている。　　　　　　　　　　　　　　　よって，適当でない。

(4) 普通エコセメントは，塩化物イオン量がセメント質量の 0.1%以下で，普通ポルトランドセメントと類似の性質をもつので，一般の鉄筋コンクリートに適用が可能である。　　　　　　　　　　　　　　　　　　　　　　よって，**適当である。**

解答
(3)

問題 4　コンクリート用骨材に関する次の記述のうち，**適当でないものはどれか。**

(1)　アルカリシリカ反応を生じたコンクリートは特徴的なひび割れを生じるため，その対策としてアルカリシリカ反応性試験で区分 A「無害」と判定される骨材を使用する。

(2)　細骨材中に含まれる多孔質の粒子は，一般に密度が小さく骨材の吸水率が大きいため，コンクリートの耐凍害性を損なう原因となる。

(3)　JIS に規定される再生骨材 H は，通常の骨材とほぼ同様の品質を有しているため，レディーミクストコンクリート用骨材として使用することが可能である。

(4)　砕砂に含まれる微粒分の石粉は，コンクリートの単位水量を増加させ，材料分離が顕著となるためできるだけ含まないようにする。

H30年ANo.6

コンクリート用骨材

(1)　アルカリシリカ反応を生じたコンクリートは特徴的なひび割れを生じるため，その対策としてアルカリシリカ反応性試験で区分 A「無害」と判定される骨材を使用する。また，区分B「無害でない」と判定された骨材を用いる場合は抑制対策を行った上で，供用中に外部からアルカリ金属イオンや水分の浸入を抑制するための表面被覆工法等を行うなど対策が必要である。　よって，**適当である。**

(2)　細骨材中に含まれる多孔質の粒子は，一般に密度が小さく骨材の吸水率が大きいため，コンクリートの耐凍害性を損なう原因となる。また，「密度が小さく吸水率が大きい」とは骨材粒子の強度が小さいことを意味し，所要の強度を得るためには，単位セメント量が増加する傾向にある。他に，コンクリートの乾燥収縮が大きくなり予想される強度より小さくなる等，一般的には推奨されていない場合がある。　　　　　　　　　　　　　　　よって，**適当である。**

(3)　JIS に規定される再生骨材 H は，通常の骨材とほぼ同様の品質を有しているため，レディーミクストコンクリート用骨材として使用することが可能である。再生骨材 H とは，コンクリート塊に粉砕，磨砕，分級等高度な処理を行って造成したもので，通常の骨材とほぼ同等の品質を有している。よって，**適当である。**

(4)　砕砂に含まれる微粒分の石粉は，コンクリートの単位水量を増加させるが，材料分離を抑制する効果もある。このため，砕砂の場合には3～5％の石粉が混入しているほうが望ましい場合もある。
よって，適当でない。

解答
(4)

問題5 コンクリート用細骨材に関する次の記述のうち，**適当でないものはどれか。**

(1) 高炉スラグ細骨材は，粒度調整や塩化物含有量の低減などの目的で，細骨材の一部として山砂などの天然細骨材と混合して用いられる場合が多い。

(2) 細骨材に用いる砕砂は，粒形判定実績率試験により粒形の良否を判定し，角ばりの形状はできるだけ小さく，細長い粒や偏平な粒の少ないものを選定する。

(3) 細骨材中に含まれる粘土塊量の試験方法では，微粉分量試験によって微粒分量を分離したものを試料として用いる。

(4) 再生細骨材 L は，コンクリート塊に破砕，磨砕，分級等の処理を行ったコンクリート用骨材で，JIS A 5308 レディーミクストコンクリートの骨材として用いる。

R元年A No.6

コンクリート用細骨材

(1) 高炉スラグ細骨材は，単独で用いられることもあるが，粒度調整や塩化物含有量の低減などの目的で，細骨材の一部として山砂などの天然細骨材の 20〜60%を高炉スラグ細骨材で置き換えて用いられる場合が多い。よって，**適当である。**

(2) 細骨材に用いる砕砂は，粒形判定実績率試験により粒形の良否を判定し，角ばりの形状はできるだけ小さく，細長い粒や偏平な粒が少ないものを選定する。JIS A 5005「コンクリート用砕石及び砕砂」では，粒形の良否の判定に実積率を用いることを規定している。砕石の粒形の良否を判定する粒形判定実積率の値は，コンクリート用砕石に対しては 56%以上でなければならない。また，石粉等微粒分量の最大値は 3.0%以下と規定されている。ただし，粒形判定実積率 58%以上の場合は，微粒分量の最大値を 5.0%としてよい。砕砂の場合の粒形判定実積率は，54%以上でなければならない。よって，**適当である。**

(3) 骨材中の粘土塊は，一定限度を超えるとコンクリートの湿潤乾燥，耐凍害性及び強度の面で有害である。このことから，細骨材中に含まれる粘土塊量の試験方法を行う場合，微粉分量試験によって微粒分量を分離したものを試料として用いる。よって，**適当である。**

(4) 再生細骨材Lは，コンクリート塊に破砕，磨砕，分級等の処理を行ったコンクリート用骨材で，JIS A 5308 レディーミクストコンクリートの骨材として使用することができない。再生骨材は，品質によって，再生骨材 H（高品質），再生骨材 M（中品質），再生骨材 L（低品質）の3種類に分類される。再生骨材Hは，その品質から普通コンクリートに使用できる。再生骨材 M は，杭，耐圧版，基礎梁，鋼管充填コンクリートなどが主な用途で，再生骨材 L は，高い強度や耐久性が要求されないものに使用される。よって，適当でない。

解答 (4)

問題6 コンクリートの打込みに関する次の記述のうち，**適当なも
のはどれか。**

(1) コンクリートの1層当たりの打込み高さは，棒状バイブレータの振動部分の
長さよりも大きくなるようにする。

(2) コンクリートを2層に打ち重ねる部位の締固めについて，下層側のコンクリー
トの過剰締固めを起こさぬようにするため，上層側のコンクリートの締固めで
は，振動機を下層側のコンクリートに入らないようにする。

(3) コールドジョイントの発生を防止するため，壁とスラブの連続した部分のコ
ンクリートを連続して打ち込むようにする。

(4) コンクリートを2層以上に分けて打ち込む場合，上層と下層が一体となるよ
うに施工し，コールドジョイントが発生しないよう外気温による許容打重ね時
間間隔を定めるようにする。

H30年No.8

コンクリートの打込み

(1) コンクリート1層あたりの打込み高さは，40〜50cm以下を標準とする。
これは，棒状バイブレータの**振動部分の長さよりも小さく**，コンクリートの横
移動も抑制できるため標準とされている。 　　　　よって，**適当でない。**

(2) コンクリートを2層に打ち重ねる部位の締固めについて，下層側のコンクリー
トと一体になるように振動機を下層側のコンクリートに **10cm 程度挿入しな
ければならない。** 　　　　　　　　　　　　　　　　　よって，**適当でない。**

(3) 梁やスラブが壁や柱のコンクリートと連続している場合には，沈みひび割れ
を防止しコンクリートの沈下が収まってから打込むことを標準とするため，壁
とスラブの連続した部分のコンクリートを**連続して打ち込まない。**

　　　　　　　　　　　　　　　　　　　　　　　　よって，**適当でない。**

(4) コンクリートを2層以上に分けて打ち込む場合，上層と下層が一体となるよ
うに施工し，コールドジョイントが発生しないよう外気温によ
る許容打重ね時間間隔を定めるようにする。許容打ち重ね時間
は「外気温25℃以下で2.5時間」，「外気温が25℃を超える場
合は2.0時間」とする。 　　　　　　　よって，適当である。

解答
(4)

42

問題 7 コンクリートの締固めに関する次の記述のうち，**適当でないもの**はどれか。

(1) 呼び強度 50 以上の高強度コンクリートは，通常のコンクリートと比較して，粘性が高くバイブレータの振動が伝わりやすいので，締固め間隔を広げてもよい。

(2) コンクリートを打ち重ねる場合には，上層と下層が一体となるよう，棒状バイブレータを下層のコンクリート中に 10 cm ほど挿入する。

(3) 鉄筋のかぶり部分のかぶりコンクリートの締固めには，型枠バイブレータの使用が適している。

(4) 再振動を行う場合には，コンクリートの締固めが可能な範囲でできるだけ遅い時期がよい。

H29年A No.10

コンクリートの締固め

(1) 呼び強度 50 以上の高強度コンクリートは，通常のコンクリートと比較して，粘性が高い。この場合に締固め間隔を広げてもよいといった規定はない。

よって，**適当でない。**

(2) コンクリートを打ち重ねる場合には，上層と下層が一体となるよう，下層コンクリートの上部に振動を与えておくことが重要である。棒状バイブレータを下層のコンクリート中に 10 cm ほど挿入する。 よって，**適当である。**

(3) 鉄筋のかぶり部分のかぶりコンクリートの締固めには，棒状バイブレータの使用が困難で型枠バイブレータの使用が適している。 よって，**適当である。**

(4) 再振動を行う場合には，コンクリートの締固めが可能な範囲でできるだけ遅い時期がよい。再振動を適切な時期に行うと，コンクリート内にできた空隙や余剰水が少なくなり，コンクリート強度及び鉄筋との付着強度が増加する等の効果がある。 よって，**適当である。**

型枠バイブレータ

分岐コード

解答 (1)

問題 8 鉄筋の継手に関する次の記述のうち，**適当なもの**はどれか。

(1) 重ね継手の重ね合せの部分は，焼なまし鉄線によりしっかりと緊結し，焼なまし鉄線を巻く長さはできるだけ長くするのがよい。

(2) ガス圧接継手における鉄筋の圧接端面は，軸線に直角とせず傾斜させて切断するのがよい。

(3) ガス圧接継手において直近の異なる径の鉄筋の接合は，可能である。

(4) フレア溶接継手は，ガス圧接継手や重ね継手に比較して安定した品質が得やすい。

H29年ANo.11

鉄筋の継手

(1) 重ね継手の重ね合せの部分は，焼なまし鉄線によりしっかりと緊結し，焼なまし鉄線を巻く長さは**必要以上に長くしない。** よって，**適当でない。**

(2) ガス圧接継手における鉄筋の圧接端面は，軸線に**直角に切断**し，かつ平滑に加工する。圧接端面が直角でない場合は，鉄筋冷間直角切断機を使用して切断する。 よって，**適当でない。**

(3) ガス圧接継手において，直近の異なる径の鉄筋の接合は可能である。ただし，SD 490 において異なるメーカーの鉄筋を圧接する場合は，継手の性能が確保できていることを確認する必要がある。 よって，**適当である。**

(4) フレア溶接継手は，鉄筋と鉄筋を接触配置した際にできる円弧状の末広がり隙間（フレア開先）をアーク溶接により接合する継手である。この方法では，ガス圧接継手や重ね継手に比較して**安定した品質が得にくく**十分な配慮が必要である。 よって，**適当でない。**

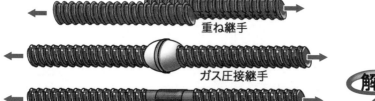

重ね継手

ガス圧接継手

溶接継手

解答 (3)

コンクリートの養生に関する次の記述のうち，**適当なもの**はどれか。

(1) 混合セメント B 種を用いたコンクリートの湿潤養生期間の標準は，普通ポルトランドセメントを用いたコンクリートと同じ湿潤養生期間である。

(2) 日平均気温が 4℃以下になることが予想されるときは，初期凍害を防止できる強度が得られるまでコンクリート温度を 0℃以上に保つ。

(3) コンクリートの露出面に対して，まだ固まらないうちに散水やシート養生などを行う場合には，コンクリート表面を荒らさないで作業ができる程度に硬化した後に開始する。

(4) マスコンクリート構造物において，打込み後に実施するパイプクーリング通水用の水は，0℃を目処にできるだけ低温にする。

R2年ANo.11

コンクリートの養生

(1) 混合セメント B 種を用いたコンクリートの湿潤養生期間の標準は，普通ポルトランドセメントを用いたコンクリートより**長い湿潤養生期間**が必要である。湿潤養生期間の標準はコンクリート標準示方書［施工編］より下表である。

日平均気温	普通ポルトランドセメント	混合セメントB種	早強ポルトランドセメント
15℃以上	5日	7日	3日
10℃以上	7日	9日	4日
5℃以上	9日	12日	5日

よって，**適当でない。**

(2) 日平均気温が 4℃以下になる場合は寒中コンクリートとして取り扱う必要がある。初期凍害を防止できる**強度が得られた後も**コンクリートの急冷を防ぐために，その後 2 日間はコンクリートの温度を 0℃以上に保つことを標準としている。

よって，**適当でない。**

(3) コンクリートの露出面に対して，まだ固まらないうちに散水やシート養生などを行うと，コンクリート表面近くの品質や仕上がりを低下させる可能性がある。コンクリート表面を荒らさないで作業ができる程度に硬化した後に開始する。 よって，適当である。

(4) マスコンクリート構造物において，打込み後に実施するパイプクーリング通水用の水は，**通水温度が低すぎないよう注意**が必要である。また，パイプ周りのコンクリート温度と通水温度との差は 20℃程度以下にする。 よって，**適当でない。**

解答 (3)

Lesson 12 コンクリート

45

 **問題10** 　暑中コンクリートに関する次の記述のうち，**適当でないも**のはどれか。

(1)　暑中コンクリートでは，練上がり温度の 10℃の上昇に対し，所要のスランプを得るめの単位水量が 2〜5%増加する傾向にある。

(2)　暑中コンクリートでは，練混ぜ後できるだけ早い時期に打ち込まなければならないことから，練混ぜ開始から打ち終わるまでの時間は，1.5 時間以内を原則とする。

(3)　暑中コンクリートは，最高気温が 25℃を超える時期に施工することが想定される場合に適用される。

(4)　暑中コンクリートは，運搬中のスランプの低下，連行空気量の減少，コールドジョイントの発生防止のため打込み時のコンクリート温度の上限は 35℃以下を標準としている。

H30年ANo.9

暑中コンクリートの施工

(1)　暑中コンクリートでは，練上がり温度 10℃の上昇に対し，所要のスランプを得るための単位水量が 2〜5%増加する傾向にある。また，コンクリート温度が高くなると，スランプや空気量の経時変化も大きくなる場合が多い。

よって，**適当である。**

(2)　暑中コンクリートでは，練混ぜ後できるだけ早い時期に打ち込まなければならないことから，練混ぜ開始から打ち終わるまでの時間は，1.5 時間以内を原則とする。一般的に練混ぜから 1.5 時間以内であれば，スランプの低下量も小さく，問題なく打ち込むことができる。　　　　よって，**適当である。**

(3)　暑中コンクリートは，日平均気温が 25℃を超える時期に施工することが想定される場合に適用される。最高気温ではないことに注意すること。

よって，適当でない。

(4)　暑中コンクリートは，運搬中のスランプの低下，連行空気量の減少，コールドジョイントの発生防止のため打込み時のコンクリート温度の上限は 35℃以下を標準としている。コンクリート温度がこの上限を超える場合は，所要の品質を確保できることを確認する必要がある。

解　答

(3)

よって，**適当である。**

 **問題11** 施工条件が同じ場合に，型枠に作用するフレッシュコンクリートの側圧に関する次の記述のうち，**適当でないもの**はどれか。

(1) コンクリートの温度が高いほど，側圧は小さく作用する。
(2) コンクリートの単位重量が大きいほど，側圧は大きく作用する。
(3) コンクリートの打上がり速度が大きいほど，側圧は大きく作用する。
(4) コンクリートのスランプが大きいほど，側圧は小さく作用する。

R4年ANo.11

 解 説

型枠に作用するフレッシュコンクリートの側圧

(1) 側圧と打込み速度及びコンクリートの温度はコンクリート標準示方書で関係式が示されており，コンクリートの温度が高いほど，側圧は小さく作用する。
よって，**適当である。**

(2) コンクリートの単位重量が大きいほど，側圧は大きく作用する。コンクリート側圧は，コンクリートの単位重量と打込み高さを乗じて求める。
よって，**適当である。**

(3) 側圧と打込み速度及びコンクリートの温度はコンクリート標準示方書で関係式が示されており，コンクリートの打上がり速度が大きいほど，側圧は大きく作用する。
よって，**適当である。**

(4) コンクリートのスランプが大きいほど，側圧は大きく作用する。
よって，適当でない。

 解答
(4)

Lesson 1

3 基 礎 工

1. 「基礎杭の施工」毎年出題。既製杭の各種工法について理解する。プレボーリング工法と鋼管杭は出題率が高い。
2. 「場所打ち杭」毎年出題。「鉄筋かご，孔底処理，掘削土の処理」をキーワードに場所打ち杭の各種工法の特徴を理解する。
3. 「直接基礎の施工」過去7年間で4回出題。施工方法について理解しておく。
4. 「土留め工法」過去7年間で6回出題。工法の特徴と安全性の確保について理解しておく。
5. 「ニューマチックケーソン」，「地中連続壁基礎」近年出題はないが，過去，「道路橋で用いられる基礎形式の種類とその特徴について」と，基礎工全般的な知識を問われる問題が出題された。出題率が下がっているものも理解しておく。

チェックポイント

■ 既製杭の施工 (道路橋示方書・同解説　下部構造編)

(1)基本事項

・**杭 の 配 列**：各工法による杭の最小中心間隔は右図のとおりである。

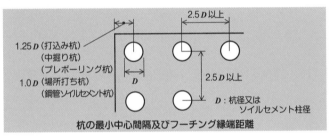

杭の最小中心間隔及びフーチング縁端距離

- 1.25 D（打込み杭）
- （中掘り杭）
- （プレボーリング杭）
- 1.0 D（場所打ち杭）
- （鋼管ソイルセメント杭）
- 2.5 D 以上
- D：杭径又はソイルセメント柱径

・**作業地盤の整備**：一般に使用されている杭打ち機械の接地圧は 0.1～0.2 N/mm² (100～200 kpa/m²) であり，これに耐え得るようにあらかじめ原地盤の整備を行う。

・**試　　験　　杭**：規格が本杭と同一のものを使用して，試験杭の施工を行うのを原則とする。試験杭は構造物の基礎ごとに適切な位置を選定し，本杭より1～2m長いものを用いる。

・**建　　込　　み**：打込みを正確に行うには，杭軸方向を設計で想定した角度で建込む必要がある。建込み後は杭を直交する2方向から検測する。

(2)鋼管杭

・**現　場　継　手**：所要の強度を有し，施工性を考慮した構造とする。一般には継手金具を用いたアーク溶接継手とし，全周全厚突合わせ溶接とする。

・**杭　頭　処　理**：鋼管杭の切りそろえにあたっては，できるだけ平滑に切断し，ずれ止めなどを取り付けるときは，確実に施工する。

(3)打撃工法

- **打 込 み 順 序**：群杭において周辺から中央部へ打ち進むと，締固めの影響が増大し，抵抗が大きくなったり，貫入不能となる。杭群の中央部から周辺へ打ち進むのが望ましい。

- **打 止 め**：杭の打止め時一打あたり貫入量は，杭の種類，長さ，形状，地盤の状況などにより異なるため，一義的に定めることは不可能であるが，既往の資料などを参考にして，2〜10 mm を目安とする。

- **動的支持力算定**：日本道路協会編「道路橋示方書・同解説　IV下部構造編」により，動的支持力算定式には下式をもちいる。

$$Ra = \frac{1}{3}\left(\frac{AEK}{e_0 l_1} + \frac{\overline{N} U l_2}{e_f}\right)$$

Ra：杭の許容支持力（kN）
A：杭の純断面積（m²）
E：杭のヤング係数（kN/m²）
l_1：動的先端支持力算定上の杭長で，e_0の値により補正する（m）
l_2：地中に打込まれた杭の長さ（m）
l：杭の先端からハンマ打撃位置までの長さ（m）
l_m：杭の先端からリバウンド測定位置までの長さ（m）
U：杭の周長（m）
$\overline{N}$：杭周面の平均 N 値
K：リバウンド量（m）
e_0, e_f：補正係数であり，杭種により定まる。

(4)中掘工法

- **打 設 方 法**：杭の中空部にオーガーやバケットを入れ，先端部を掘削しながら，支持地盤まで圧入する工法である。杭体に孔壁を保護する役割をもたせる。

- **先 端 処 理**：最終打撃方式・セメントミルク噴出撹拌方式・コンクリート打設方式の３工法がある。

(5)プレボーリング工法

- **打 設 方 法**：あらかじめ掘削機械によってボーリングを行い，既製杭を建込み，最後に支持力確保のために打撃，根固めを行う工法である。

- **根 固 め**：圧縮強度 $\sigma_{28} \geqq 20$ N/mm² のセメントミルクを注入する。

- **孔壁崩壊防止**：ベントナイト泥水に逸泥防止剤を添加した掘削液を用いるとともに，孔内水位低下によるボイリングの影響に注意する。

(6)ジェット工法

- **打 設 方 法**：高圧水をジェットとして噴出し，自重により摩擦を切って圧入する工法であり，砂質地盤に適用する。

- **先 端 処 理**：先端支持力を確保するために，最後に打撃あるいは圧入により打ち止める。

(7)圧入工法

- **打 設 方 法**：圧入機械あるいはアンカーによる反力を利用して静的に圧入するもので，無振動，無騒音の低公害の既製杭打設工法である。

- **先端支持力**：反力の荷重の確認により支持力の算定をする。

■場所打ち杭 <small>(道路橋示方書・同解説　下部構造編)</small>

(1)オールケーシング工法

- **掘削・排土方法**：チュービング装置によるケーシングチューブの揺動圧入とハンマグラブなどにより行う。
- **孔壁保護方法**：掘削孔全長にわたるケーシングチューブと孔内水による。

(2)リバース工法

- **掘削・排土方法**：回転ビットにより土砂を掘削し，孔内水を逆循環する方式で排土する。
- **孔壁保護方法**：外水位＋2 m 以上の孔内水位を保つことにより孔壁を保護する。

(3)アースドリル工法

- **掘削・排土方法**：回転バケットにより土砂を掘削し，バケット内部の土砂を地上に排出する。
- **孔壁保護方法**：安定液によって孔壁を保護する。

(4)深礎工法

- **掘削・排土方法**：掘削全長にわたる山留めを行いながら，主として人力により掘削する。
- **孔壁保護方法**：ライナープレートや波形鉄板などの山留め材を用いて保護する。

■ニューマチックケーソン <small>(道路橋示方書・同解説　下部構造編)</small>

(1)本　体

- **構　造**：作業室部は一体構造として水密かつ気密な構造体とするため，連続してコンクリートを打込む。
- **養生・脱型**：養生期間は長くとれない。脱型時期の目安としては，作業室部（圧縮強度…14 N/mm²，打込み後…3日），本体及び躯体接続部（圧縮強度…10 N/mm²，打込み後…3日）となっている。

(2)掘削及び沈設

- **沈下防止**：根入れの比較的浅い時期(1〜2リフト)には，抵抗力が小さいので急激な沈下を生じるおそれがある。ケーソンのリフト長を短くしたり，作業室内にサンドル等を設けて沈下を調整する。
- **移動，傾斜の修正**：通常，沈下中の根入れがケーソン短辺長の 2 倍以上になると困難なので，根入れの比較的浅い時期(1〜2リフト)に修正する。
- **周面地盤**：強度回復や密着性確保のために，沈設完了後，地盤とケーソン壁面間の空隙に地盤と同等以上の強度を有するセメントペーストやセメントベントナイト等の充填材を注入するコンタクトグラウトを行う。
- **掘起こし**：刃口下端面より下方は掘起こさないのが原則である。地盤によっては，掘削しないと沈設が困難となる場合があるが，0.5 m 以上掘下げてはならない。
- **摩擦抵抗低減**：最も一般的なものは，ケーソン刃口部に設けられるフリクションカットである。その寸法は一般に 50 mm 程度である。

(3)支持地盤の確認

- **平板載荷試験**：地盤の支持力と変形特性の確認は，一般的に作業室天井スラブを利用した平板載荷試験による。
- **ボーリング**：支持力に不安があると考えられる場合は，ケーソン位置でボーリングを行い確認する。

■ 直接基礎の施工 （道路橋示方書・同解説　下部構造編）

(1)支持層の選定

- **砂　質　土**：砂層及び砂礫層においては十分な強度が得られる，N値が30程度以上あれば良質な支持層とみなしてよい。
- **粘　性　土**：N値が20程度以上（一軸圧縮強度quが0.4 N/mm²程度以上）あれば圧密のおそれのない良質な支持層と考えてよい。

(2)安定性の検討

- **設計の基本**：その安定性を確保するために，支持，転倒及び滑動に対して所要の安全率を確保しなければならない。
- **転　　　倒**：転倒に関しては，浅い基礎形式に対しては，原則として照査が必要であるが，深い基礎形式に対しては不要である。
- **滑　　　動**：基礎に作用する水平力を基礎底面のせん断地盤反力と基礎前面の水平地盤反力とで分担して抵抗する。
- **合力の作用位置**：常時は底面の中心より底面幅の1/6以内，地震時は1/3以内とする。

(3)基礎底面の処理及び埋戻し材料

- **砂　地　盤**：栗石や砕石とのかみあいが期待できるようにある程度の不陸を残して基礎底面地盤を整地し，その上に栗石や砕石を配置する。
- **岩　　　盤**：基礎地盤と十分かみあう栗石を設けられない場合には，ならしコンクリートにより，基礎地盤と十分かみあうように，基礎底面地盤にはある程度の不陸を残し，平滑な面としない。
- **底 面 処 理**：基礎が滑動する際のせん断面は，床付け面の極浅い箇所に生じることから，施工時に過度の乱れが生じないよう配慮する。
- **突　　　起**：滑動抵抗を持たせるために付ける突起は，割栗石，砕石などで処理した層を貫いて十分に支持地盤に貫入させるものとする。
- **埋戻し材料**：基礎岩盤を切込んで，直接基礎を施工する場合，切込んだ部分の岩盤の横抵抗を期待するには岩盤と同程度のもの，すなわち貧配合コンクリートなどで埋戻す必要がある。"ずり"などで埋戻すと，ほとんど抵抗は期待できない。

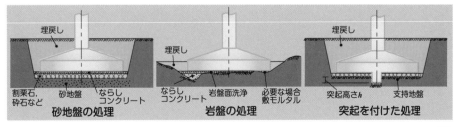

割栗石，砕石など　砂地盤　ならしコンクリート　**砂地盤の処理**

ならしコンクリート　岩盤面洗浄　必要な場合敷モルタル　**岩盤の処理**

埋戻し　突起高さh　支持地盤　**突起を付けた処理**

■土留め工法

(1)工法の形式と特徴

- **必　要　性**：土質に見合った勾配を確保できる場合を除いて，掘削深さが 1.5 m を超える場合には，土留め工が必要となる。

- **自　立　式**：掘削側の地盤の抵抗によって土留め壁を支持する工法であり，掘削側に支保工がないので，掘削は容易であるが土留め壁の変形は大きくなる。

- **切ばり式**：切ばり，腹起し等の支保工と掘削側の地盤の抵抗によって土留め壁を支持する工法であり，現場の状況に応じて支保工の数，配置等の変更が可能であるが，機械掘削には支保工が障害となる。

- **アンカー式**：土留めアンカーと掘削側の地盤の抵抗によって土留め壁を支持する工法であり，掘削面内に切ばりがないので機械掘削が容易であり，偏土圧が作用する場合や任意形状の掘削にも適応が可能である。

- **控え杭タイロッド式**：控え杭と土留め壁をタイロッドでつなぎ，これと地盤の抵抗により土留め壁を支持する工法であり，自立式では変位が大きくなる場合に用いられる。

土留め工法の形式

自立式土留め — 土留め壁

切ばり式土留め — 切ばり／土留め壁／腹起し

アンカー式土留め — 腹起し／土留めアンカー／定着層／土留め壁

控え杭タイロッド式土留め — タイロッド／腹起し／控え杭／土留め壁

(2)杭，鋼矢板の根入れ長

- **根入れ長の決定**：安定計算，支持力の計算，ボイリングの計算及びヒービングの計算により決定する。ただし，杭の場合は1.5 m，鋼矢板などの場合は3.0 mを下回らない。

- **ボ イ リ ン グ**：地下水位の高い砂質土地盤の掘削の場合，掘削面と背面側の水位差により，掘削面側の砂が湧きたつ状態となり，土留めの崩壊のおそれが生じる現象である。

- **ヒ ー ビ ン グ**：掘削底面付近に軟らかい粘性土がある場合，土留め背面の土や上載荷重等により，掘削底面の隆起，土留め壁のはらみ，周辺地盤の沈下により，土留めの崩壊のおそれが生じる現象である。

(3)構　　造
- ・切 ば り：座屈のおそれがないよう十分な断面と剛性を有するものを使用する。切ばりが長くなる場合には，中間杭，継材等により緊結固定すること。
- ・継　　手：切ばりには原則として継手を設けてはならない。やむを得ず設けるときは，突合せ継手とし，座屈に対しては，水平縦材，垂直縦材又は中間杭で切ばり相互を緊結固定する。
- ・腹 起 し：部材を極力連続させて外力を均等に負担する必要がある。H－300を最小部材とし，継手間隔は6m以上とする。
- ・火 打 ち：腹起しの隅角部や切ばりとの接続部に45°の角度で対称に取り付けるもので，切ばりの水平間隔を広くしたり，腹起しの補強のために用いられる。
- ・中 間 杭：掘削幅が広いときに，切ばりの座屈防止のためと，覆工受桁からの鉛直方向荷重を受けるためのものであり，軸方向圧縮応力度の算定は行うが，曲げモーメントを部材としては設計しない。

■ 地中連続壁基礎（道路橋示方書・同解説　下部構造編）

(1)掘　　削
- ・掘　　削：土質に応じ，所定の精度を確保できる適切な掘削速度で施工する。
- ・安 定 液：掘削中の溝壁の安定を保つことと，良質な水中コンクリートを打設するための良好な置換流体となることである。
- ・スライム処理：掘削完了後，一定時間放置した後に行う一次処理（大ざらえ）と，鉄筋かご建込み直前に行う二次処理に分けられる。一次処理は掘削機で行われ，二次処理は専用処理機で行われる。二次処理の管理は，砂分率（1％以下を目安）により行うのが望ましい。

(2)構　　造
- ・コンクリート：打設にはトレミーを使用する。トレミーの配置は，エレメントの長手方向3m程度に1本以上とし，トレミーをコンクリート上面から最低2m以上貫入させて，打込み面付近のレイタンスや押し上げられてくるスライムを巻き込まないように管理する。
- ・鉄 筋 か ご：必要な精度を確保し，堅固となるように組み立て，建て込みには適切なクレーンを選定し，吊り金具等を使用して所定の精度となるように施工する。

ワンポイントアドバイス
令和元年度には「道路橋で用いられる基礎形式の種類とその特徴について」といった基礎工全般的な知識を問われる問題が出題された。出題率が下がっているケーソンなども手を抜かないように。

問題1　道路橋で用いられる基礎形式の種類とその特徴に関する次の記述のうち，**適当でないもの**はどれか。

(1)　直接基礎は，一般に支持層位置が浅い場合に用いられ，側面摩擦によって鉛直荷重を分担支持することは期待できないため，その安定性は基礎底面の鉛直支持力に依存している。

(2)　杭基礎は，摩擦杭基礎として採用されることもあるが支持杭基礎とするのが基本であり，杭先端の支持層への根入れ深さは，少なくとも杭径程度以上を確保するのが望ましい。

(3)　鋼管矢板基礎は，主に井筒部の周面抵抗を地盤に期待する構造体であり，鉛直荷重は基礎外周面と内周面の鉛直せん断地盤反力のみで抵抗させることを原則とする。

(4)　ケーソン基礎は，沈設時に基礎周面の摩擦抵抗を低減する措置がとられるため，鉛直荷重に対しては周面摩擦による分担支持を期待せず基礎底面のみで支持することを原則とする。

R元年ANo.12

道路橋で用いられる基礎形式の種類

(1)　直接基礎は，一般に支持層位置が浅い場合に用いられ，側面摩擦によって鉛直荷重を分担支持することは期待できないため，その安定性は基礎底面の鉛直支持力に依存している。一般に良質な支持地盤とは，粘性土でN値が 20 程度以上，砂層，砂れき層でN値が 30 程度以上及び岩盤である。　　　　　　　　よって，**適当である。**

(2)　杭基礎は，摩擦杭基礎として採用されることもあるが支持杭基礎とするのが基本である。杭先端の支持層への根入れ深さは，少なくとも杭径程度以上を確保するのが望ましい。支持杭基礎には，打ち込み杭，中掘り杭，プレボーリング杭などがある。　　　　　　　　　　　　　　　　　　　　よって，**適当である。**

(3)　鋼管矢板基礎は，主に先端地盤の支持層，井筒部の周面抵抗を地盤に期待する構造体である。鉛直荷重は基礎底面地盤の鉛直地盤反力，基礎外周面と内周面の鉛直せん断地盤反力で抵抗させることを原則とする。　よって，適当でない。

(4)　ケーソン基礎は，沈設時に基礎周面の摩擦抵抗を低減する措置がとられるため，鉛直荷重に対しては周面摩擦による分担支持を期待せず基礎底面のみで支持することを原則とする。一般に施工法から，オープンケーソン基礎，ニューマチックケーソン基礎及び設置ケーソンに，使用材料からは鉄筋コンクリート製，プレキャストコンクリート製及び鋼製に分類される。　　　　　　　　　　　　　　　　　よって，**適当である。**

解答
(3)

打込み杭工法による鋼管杭基礎の施工に関する次の記述の
うち，**適当でないもの**はどれか。

(1) 杭の打止め管理は，試験杭で定めた方法に基づき，杭の根入れ深さ，リバウンド量（動的支持力），貫入量，支持層の状態などより総合的に判断する必要がある。

(2) 打撃工法において杭先端部に取り付ける補強バンドは，杭の打込み性を向上させることを目的とし，周面摩擦力を増加させる働きがある。

(3) 打撃工法においてヤットコを使用したり，地盤状況などから偏打を起こすおそれがある場合には，鋼管杭の板厚を増したりハンマの選択に注意する必要がある。

(4) 鋼管杭の現場溶接継手は，所要の強度及び剛性を有するとともに，施工性にも配慮した構造とするため，アーク溶接継手を原則とし，一般に半自動溶接法によるものが多い。

H30年A No.12

打込み杭工法による鋼管杭基礎の施工

(1) 杭の打止め管理は，試験杭で定めた方法に基づき，杭の根入れ深さ，リバウンド量（動的支持力），貫入量，支持層の状態などにより総合的に判断する必要がある。試験杭で定めた方法として，動的支持力算定式を用いて支持力を推定し，打ち止め管理を行う場合は，算定式で得られた値が一つの目安であることに注意しなければならない。　　　　　よって，**適当である。**

(2) 打撃工法において杭先端部に取り付ける補強バンドは，杭の補強及び杭の打込み性を向上させることを目的とする。周面摩擦力を増加させる働きはない。
　　　　　よって，適当でない。

(3) 打撃工法においてヤットコを使用したり，地盤状況などから偏打を起こすおそれがある場合，硬い中間層の打ち抜きには，鋼管杭の板厚を増したりハンマの選択に注意する必要がある。　　　　　よって，**適当である。**

(4) 鋼管杭の現場溶接継手は，所要の強度及び剛性を有するとともに，施工性にも配慮した構造とするため，アーク溶接継手を原則とし，一般に半自動溶接法によるものが多い。鋼管杭の現場溶接継手は，原則として，板厚の異なる鋼管を接合する箇所には用いてはならないことにも留意する。　　　　　よって，**適当である。**

解答 (2)

55

問題3 中掘り杭工法及びプレボーリング杭工法に関する次の記述のうち，**適当なもの**はどれか。

(1) プレボーリング杭工法では，地盤の掘削抵抗を減少させるため，掘削液を掘削ビットの先端部から吐出させるとともに，孔内を泥土化して孔壁の崩壊を防止する。

(2) 中掘り杭工法では，杭の沈設後，負圧の発生によるボイリングを引き起こさないよう，スパイラルオーガや掘削用ヘッドは急速に引き上げるのがよい。

(3) プレボーリング杭工法では，根固液は掘削孔の先端部から杭頭部までの孔壁周囲の砂質地盤と十分にかくはんしながら，所定の位置まで確実に注入する。

(4) 中掘り杭工法では，中間層が比較的硬質で沈設が困難な場合は，フリクションカッターを併用するとともに杭径以上の拡大掘りを行うのがよい。

H29年A No.12

中掘り杭工法及びプレボーリング杭工法

(1) プレボーリング杭工法では，地盤の掘削抵抗を減少させるため，掘削液を掘削ビットの先端部から吐出させるとともに，孔内を泥土化して孔壁の崩壊を防止する。掘削孔内は根固め液，杭周辺固定液を注入し撹拌混合してソイルセメント状にした後，既製コンクリート杭を沈設する。　　　よって，適当である。

(2) 中掘り杭工法では，杭の沈設後，負圧の発生によるボイリングを引き起こさないよう，スパイラルオーガや掘削用ヘッドは**十分注意して徐々に**引き上げるのがよい。また，必要に応じて杭中空部の水位を地下水より高くなるよう，注水しながら引き上げるなどの工夫をする。　　　よって，**適当でない**。

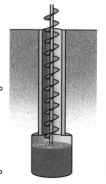

(3) プレボーリング杭工法では，**根固液は根固め球根形状例より算出された注入量を注入し**，**根固め球根部を築造する**。根固液を所定量注入後，杭周固定液を注入撹拌混合しながら掘削孔を築造する。　　　よって，**適当でない**。

(4) 中掘り杭工法では，中間層が比較的硬質で沈設が困難な場合等でフリクションカッターを併用するが，**杭径以上の拡大掘りや先掘りを行ってはならない**。　　　よって，**適当でない**。

解答 (1)

問題 **4**　　場所打ち杭の鉄筋かごの施工に関する次の記述のうち，**適当でないもの**はどれか。

(1)　鉄筋かごに取り付けるスペーサーは，鉄筋のかぶりを確保するためのもので同一深さ位置に 4〜6 個で取り付けるのが一般的である。
(2)　鉄筋かごの組立は，一般に鉄筋かご径が大きくなるほど変形しやすくなるので，組立用補強材はできるだけ剛性の大きいものを使用する。
(3)　鉄筋かごの組立は，鉄筋かごの鉛直度を確保できるように鋼材や補強筋を溶接により仮止めし，本組立にはなまし鉄線を用い堅固に結合する。
(4)　鉄筋かごを移動する際は，水平につり上げるため，ねじれ，たわみなどがおきやすいので，これを防止するため 2〜4 点でつるのがよい。

H29年A No.13

場所打ち杭の鉄筋かごの施工

(1)　鉄筋かごに取り付けるスペーサーは，鉄筋のかぶりを確保するためのもので，同一深さ位置に 4〜6 個，深さ方向に杭頭部とそこから 3〜5 m 間隔で取り付けるのが一般的である。また，コンクリート打込みによる振動やケーシングチューブなどの引き抜き時に欠落しないよう取り付ける必要がある。

よって，適当である。

(2)　鉄筋かごの組立は，一般に鉄筋かご径が大きくなるほど変形しやすくなるので，組立用補強材はできるだけ剛性の大きいものを使用する。円形保持のため，鉄筋かごの内側に十字か井桁状の補強材を設置することがあるが，孔底処理やコンクリート打込みなどに支障となる場合は挿入時に取り除く。

よって，適当である。

(3)　鉄筋かごの組立，主鉄筋と帯鉄筋との接合は，溶接やなまし鉄線により行う。鋼材や補強筋を溶接により仮止めするようなことは行わない。

よって，適当でない。

(4)　鉄筋かごを移動する際は，水平につり上げるため，ねじれ，たわみなどがおきやすいので，これを防止するため 2〜4 点でつるのがよい。1 かご当たりの重量が大きいときや長尺になる場合は，円形保持材などによって補強する。

よって，適当である。

鉄筋かご

(3)

Lesson 13 基礎工

 **問題 5** 　場所打ち杭工法の施工に関する次の記述のうち，**適当でないもの**はどれか。

(1) オールケーシング工法では，コンクリート打込み時に，一般にケーシングチューブの先端をコンクリートの上面から所定の深さ以上に挿入する。

(2) オールケーシング工法では，コンクリート打込み完了後，ケーシングチューブを引き抜く際にコンクリートの天端が下がるので，あらかじめ下がり量を考慮する。

(3) リバース工法では，安定液のように粘性があるものを使用しないため，泥水循環時においては粗粒子の沈降が期待でき，一次孔底処理により泥水中のスライムはほとんど処理できる。

(4) リバース工法では，ハンマグラブによる中掘りをスタンドパイプより先行させ，地盤を緩めたり，崩壊するのを防ぐ。

R2年A No.14

場所打ち杭工法の施工

(1) オールケーシング工法でケーシングチューブを圧入・引き抜きを行う掘削機には，揺動式機と回転式機がある。コンクリート打込み時に，一般にケーシングチューブの先端をコンクリートの上面から所定の深さ以上に挿入する。

　　　　　　　　　　　　　　　　　　　　　　よって，**適当である。**

(2) オールケーシング工法では，コンクリート打込み完了後，ケーシングチューブを引き抜く際にコンクリートの天端が下がるので，ケーシングチューブの先端位置，コンクリートの天端の下降状態，トレミー先端位置及びコンクリート打ち込み量を計測，管理し，あらかじめ下がり量を考慮する。よって，**適当である。**

(3) リバース工法では，安定液のように粘性があるものを使用しないため，泥水循環時においては粗粒子の沈降が期待でき，一次孔底処理により泥水中のスライムはほとんど処理できる。二次処理は鉄筋かごを建て込んだのち，コンクリート打ち込み直前までに沈設したものを処理する。　　　　よって，**適当である。**

(4) リバース工法では，スタンドパイプを一定の長さに建て込んだ後，スタンドパイプ内の土砂をハンマグラブで除去する。ハンマグラブによる先行掘りを行ってはならない。

　　　　　　　　　　　　　　　　　　よって，適当でない。

解答
(4)

問題 6　　擁壁の直接基礎の施工に関する次の記述のうち，**適当でないもの**はどれか。

(1)　基礎の施工にあたっては，擁壁の安定性を確保するため，掘削時に基礎地盤を緩めたり，必要以上に掘削することのないように処理しなければならない。

(2)　基礎地盤が岩盤のときには，擁壁の安定性を確保するため，掘削面にある程度の不陸を残し，平滑な面としないように施工する。

(3)　基礎地盤を現場で安定処理した改良土の強度は，一般に同じ添加量の室内配合における強度よりも大きくなることを考慮して施工しなければならない。

(4)　基礎地盤をコンクリートで置き換える場合には，底面を水平に掘削して岩盤表面を十分洗浄し，その上に置換えコンクリートを直接施工する。

H30 年 A No.14

解説

直接基礎の施工

(1)　基礎の施工にあたっては，擁壁の安定性を確保するため，掘削時に基礎地盤を緩めたり，必要以上に掘削することのないように処理しなければならない。また，基礎底面は支持地盤に密着し，十分なせん断抵抗を有するよう処理しなければならない。　　　　　　　　　　　　　　　　　**よって，適当である。**

(2)　基礎地盤が岩盤のときには，基礎地盤と十分にかみ合う栗石を設けられない場合が多いことから，均しコンクリートが用いられる。このとき，擁壁の安定性を確保するため，掘削面にある程度の不陸を残し，平滑な面としないように施工する。　　　　　　　　　　　　　　　　　　　　　**よって，適当である。**

(3)　基礎地盤を現場で安定処理した改良土の強度は，一般に同じ添加量の室内配合における強度よりも小さくなることを考慮して施工しなければならない。
　　　　　　　　　　　　　　　　　　　　　　　　　　よって，適当でない。

(4)　基礎地盤をコンクリートで置き換える場合には，底面を水平に掘削して岩盤表面を十分洗浄し，その上に置換えコンクリートを直接施工する。掘削底面が階段状になる場合は，特に地盤の緩みがないことを確認する必要がある。　　　　　　　　　　　　　　　　　　**よって，適当である。**

解答 (3)

 道路橋下部工における直接基礎の施工に関する次の記述のうち、**適当でないもの**はどれか。

(1) 基礎地盤が岩盤の場合は、構造物の安定性を確保するため、底面地盤の不陸を整正し平滑な面に仕上げる。

(2) 基礎地盤が砂地盤の場合は、ある程度の不陸を残して底面地盤を整地し、その上に割ぐり石や砕石を敷き均す。

(3) 基礎地盤をコンクリートで置き換える場合は、所要の支持力を確保するため、底面地盤を水平に掘削し、浮き石は完全に除去する。

(4) 一般に基礎が滑動するときのせん断面は、基礎の床付け面のごく浅い箇所に生じることから、施工時に地盤に過度の乱れが生じないようにする。

H29年ANo.14

道路橋下部工の直接基礎の施工

(1) 基礎地盤が岩盤の場合は、掘削面にある程度の不陸を残し、平滑な面としないよう配慮する。また、浮石等は完全に排除し、岩盤表面を十分洗浄する。
よって、**適当でない**。

(2) 基礎地盤が砂地盤の場合は、栗石や砕石とのかみ合いが期待できるように、ある程度の不陸を残して底面地盤を整地し、その上に割ぐり石や砕石を敷き均す。
よって、**適当である**。

(3) 基礎地盤をコンクリートで置き換える場合は、所要の支持力を確保するため、底面地盤を水平に掘削し、浮き石は完全に除去する。また、岩盤表面を十分に洗浄し、その上に置換えコンクリートを直接施工する。　よって、**適当である**。

(4) 基礎地盤は滑動や支持に対する抵抗力が十分に確保できるよう処理しなければならない。一般に基礎が滑動するときのせん断面は、基礎の床付け面のごく浅い箇所に生じることから、施工時に地盤に過度の乱れが生じないようにする。このため、特に掘削時に基礎地盤をゆるめたり、必要以上に掘削することのないよう処理する。　よって、**適当である**。

解答
(1)

問題 8

土留め工の施工に関する次の記述のうち，**適当でないも**のはどれか。

(1) 自立式土留めは，掘削側の地盤の抵抗によって土留め壁を支持する工法で，掘削面内に支保工がないので掘削が容易であり，比較的良質な地盤で浅い掘削に適する。

(2) 切ばり式土留めは，支保工と掘削側の地盤の抵抗によって土留め壁を支持する工法で，現場の状況に応じて支保工の数，配置などの変更が可能である。

(3) 控え杭タイロッド式土留めは，控え杭と土留め壁をタイロッドでつなげ，これと地盤の抵抗により土留め壁を支持する工法で，軟弱で深い地盤の掘削に適する。

(4) アンカー式土留めは，土留めアンカーと掘削側の地盤の抵抗によって土留め壁を支持する工法で，掘削面内に切ばりがないので掘削が容易であるが，良質な定着地盤が必要である。

H30年A No.15

解説

土留め工の施工

(1) 自立式土留めは，掘削側の地盤の抵抗によって土留め壁を支持する工法である。掘削面内に支保工がないので掘削が容易であり，比較的良質な地盤で浅い掘削に適する。ただし，切ばり式土留めに比べ，土質条件や背面側荷重の影響を受けやすく，軟弱な地盤での使用には注意が必要である。よって，**適当である。**

(2) 切ばり式土留めは，支保工と掘削側の地盤の抵抗によって土留め壁を支持する工法で，現場の状況に応じて支保工の数，配置などの変更が可能である。ただし，機械掘削に際して支保工が障害となりやすいので支保工の配置計画には注意する必要がある。よって，**適当である。**

(3) 控え杭タイロッド式土留めは，控え杭と土留め壁をタイロッドでつなげ，これと地盤の抵抗により土留め壁を支持する工法で，良質で浅い地盤の掘削に適している。よって，適当でない。

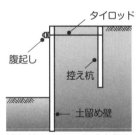

控え杭タイロッド式土留め

(4) アンカー式土留めは，土留めアンカーと掘削側の地盤の抵抗によって土留め壁を支持する工法である。掘削面内に切ばりがないので掘削が容易であるが，良質な定着地盤が必要である。ただし，土留め施工終了後アンカーを地中に残した場合，将来障害になるなど問題が発生するので注意が必要である。よって，**適当である。**

解答 (3)

 **問題9** 各種土留め工の特徴と施工に関する次の記述のうち，**適当でないもの**はどれか。

(1) アンカー式土留めは，土留めアンカーの定着のみで土留め壁を支持する工法で，掘削周辺にアンカーの打設が可能な敷地が必要である。

(2) 控え杭タイロッド式土留めは，鋼矢板等の控え杭を設置し土留め壁とタイロッドでつなげる工法で，掘削面内に切梁がないので機械掘削が容易である。

(3) 自立式土留めは，切梁，腹起し等の支保工を用いずに土留め壁を支持する工法で，支保工がないため土留め壁の変形が大きくなる。

(4) 切梁式土留めは，切梁，腹起し等の支保工により土留め壁を支持する工法で，現場の状況に応じて支保工の数，配置等の変更が可能である。

R4年ANo.15

各種土留め工の特徴と施工

(1) アンカー式土留めは，タイロッドと控え板などで，土留め壁を安定させる工法で，掘削周辺にアンカーの打設が可能な敷地が必要である。

よって，**適当でない。**

(2) 控え杭タイロッド式土留めは，鋼矢板等の控え杭を設置し土留め壁とタイロッドでつなげる工法で，掘削面内に切梁がないので機械掘削が容易である。ただし，背面側に打設する控え杭の用地が必要である。　よって，**適当である。**

(3) 自立式土留めは，切梁，腹起し等の支保工を用いずに土留め壁を支持する工法で，支保工がないため土留め壁の変形が大きくなる。一方，掘削面内に切梁がなく機械掘削が容易である。　　　　　　　よって，**適当である。**

(4) 切梁式土留めは，切梁，腹起し等の支保工により土留め壁を支持する工法で，深さによって複数段設置する。この工法は現場の状況に応じて支保工の数，配置等の変更が可能である。　　　　　　　よって，**適当である。**

解答
(1)

Lesson 2

1 構造物 ①鋼材の力学的性質

出題傾向

1. 過去7年間で3回出題。
2. 鋼材の性質，力学的特性，試験方法，鋼材の規格，加工や取扱い上の留意点，特に出題率の高い耐候性鋼材の特徴などを理解しておく。

チェックポイント

■ 鋼材の種類

鋼 材 の 種 類 と 記 号 の 例

分　類	種　　類	記号	例	数値の意味	備　　考
構造用鋼材	一般構造用圧延鋼材	S S	S S 400	引張強度	鋼板，鋼帯，形鋼，平鋼及び棒鋼
	溶接構造用圧延鋼材	S M	SM 400 A SM 490 A SM 490 B SM 520 C	引張強度	鋼板，鋼帯，形鋼及び平鋼 溶接性に優れる
	溶接構造用耐候性熱間圧延鋼材	SMA	SMA 400 W	引張強度	耐候性をもつ鋼板，鋼帯，形鋼 防食性に優れる
			SMA 490 W		耐候性に優れた鋼板，鋼帯，形鋼
鋼管	一般構造用炭素鋼鋼管	STK	STK 400 STK 490	引張強度	
接合用鋼材	摩擦接合用高力六角ボルト	－	F 8 T F 10 T	引張強度	継手用鋼材
棒鋼	熱間圧延棒鋼	S R	SR 235	降伏点強度	鉄筋コンクリート用丸鋼
	熱間圧延異形棒鋼	S D	SD 295 A	降伏点強度	鉄筋コンクリート用異形棒鋼

※記号の説明　SS400 ：鋼材の引張強度が 400 N/mm² 以上の一般構造用圧延鋼材（主にボルト接合用）。
　　　　　　　　　　　　S（Steel：鋼材），S（Structure：構造用）

　　　　　　SM材 ：A，B，Cの種類の区分は，シャルピー衝撃試験の結果によって定められている。
　　　　　　　　　　（主に溶接接合用）M（Marine）

　　　　　　SMA材 ：塗装しなくてもさびにくい性質。A（Atmospheric：耐候性）
　　　　　　　　　　鋼材の表面に発生した錆が緻密層（安定錆）を形成し腐食を防止する。

　　　　　　F 8 T ：引張強度 780 N/mm² 以上の摩擦接合用高力ボルト。

　　　　　　S R235 ：降伏点強度 235 N/mm² 以上の熱間圧延棒鋼。R（Round：丸），D（Deformed：異形）

■鋼材の性質

力学特性など鋼材の性質の確認のため，引張試験，衝撃試験，曲げ試験，繰返し試験などが行われる。

(1)引張試験

鋼材に破断に至るまでの引張力を与え，引張強さ，降伏点，伸び率などを測定すると下図のような応力-ひずみ曲線が得られる。鋼材の強度は最大応力度点 **M** での応力度，棒鋼の場合は上降伏点 **Yᵤ** での応力度で示される。

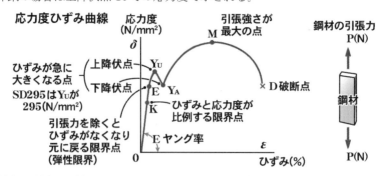

(2)鋼材の種類と性質

・鋼材は，一般に荷重が作用すると，伸びて**延性**を示す。

・鋼材の伸び，絞りを伴った通常の破断を**延性破断**といい，低温下や鋭い切欠がある場合などでの伸びを伴わず突発的な破断を示す現象を**脆性破断**という。

・**溶接鋼材**については，一般にシャルピー衝撃試験を行い**靭性**を調べる。

・高強度の鋼材が高い応力条件下で一定のひずみを与えておくと，時間経過とともに応力度が低下する**リラクセーション**や，ある時間の経過後に静的に突然破壊する**遅れ破壊**が生ずることがある。

・鉄道橋のように繰返し荷重が作用すると，静的強さ以下でも破壊する**疲労破壊**が生ずる。

・一定の持続荷重を与えておくと，時間経過に伴ってひずみが増加する**クリープ**が生ずることがある。

写真提供：photolibrary

 鋼橋に用いる耐候性鋼材に関する次の記述のうち，**適当でないもの**はどれか。

(1) 耐候性鋼材の利用にあたっては，鋼材表面の塩分付着が少ないこと等が条件となるが，近年，塩分に対する耐食性を向上させた耐候性鋼材も使用されている。

(2) 桁の端部等の局部環境の悪い箇所に耐候性鋼材を適用する場合には，橋全体の耐久性を確保するため，塗装等の防食法の併用等も検討することが必要である。

(3) 耐候性鋼材で緻密なさび層が形成されるには，雨水の滞留等で長い時間湿潤環境が継続しないこと，大気中において乾湿の繰返しを受けないこと等の条件が要求される。

(4) 耐候性鋼材には，耐候性に有効な銅やクロム等の合金元素が添加されており，鋼材表面を保護し腐食を抑制するという性質を有する。

R4年ANo.17

鋼橋に用いる耐候性鋼材

(1) 耐候性鋼材の利用にあたっては，鋼材表面の塩分付着が少ないこと等が条件となる。また，飛来塩分量が多い場所での保管も避けなければならないが，近年，塩分に対する耐食性を向上させた耐候性鋼材も使用されている。

よって，**適当である。**

(2) 桁の端部等の局部環境の悪い箇所に耐候性鋼材を適用する場合には，橋全体の耐久性を確保するため，塗装等の防食法の併用等も検討することが必要である。ただし，トラス部材の箱断面や鋼床板の閉断面縦リブのように，完全に密閉されている場合は塗装の必要はない。よって，**適当である。**

(3) 耐候性鋼材で緻密なさび層が形成されるには，雨水の滞留等で長い時間湿潤環境が継続しないこと，大気中において乾湿を繰り返すことで緻密なさびが形成される。よって，適当でない。

(4) 耐候性鋼材には，普通鋼に耐候性に有効な銅やクロム等の合金元素が添加されている。鋼材表面に緻密なさび層を形成させ，鋼材表面を保護し腐食を抑制するという性質を有する防食工法である。よって，**適当である。**

解答
(3)

 鋼道路橋に用いる耐候性鋼材に関する次の記述のうち，**適当でないもの**はどれか。

(1) 耐候性鋼用表面処理剤は，耐候性鋼材表面の緻密なさび層の形成を助け，架設当初のさびむらの発生やさび汁の流出を防ぐことを目的に使用される。

(2) 耐候性鋼材の箱桁の内面は，気密ではなく結露や雨水の浸入によって湿潤になりやすいと考えられていることから，通常の塗装橋と同様の塗装をするのがよい。

(3) 耐候性鋼材は，普通鋼材に適量の合金元素を添加することにより，鋼材表面に緻密なさび層を形成させ，これが鋼材表面を保護することで鋼材の腐食による板厚減少を抑制する。

(4) 耐候性鋼橋に用いるフィラー板は，肌隙などの不確実な連結を防ぐためのもので，主要構造部材ではないことから，普通鋼材が使用される。

R2年ANo.17

鋼道路橋に用いる耐候性鋼材

(1) 耐候性鋼用表面処理剤は，耐候性鋼材表面の緻密なさび層の形成を助け，架設当初のさびむらの発生やさび汁の流出を防ぐことを目的に使用される。流出したさび汁により周辺を汚すことを抑制する必要がある場合には，耐候性鋼材用表面処理も有効である。　　　　　　　　　　　　よって，**適当である。**

(2) 耐候性鋼材の箱桁の内面は，気密ではなく結露や雨水の浸入によって湿潤になりやすいと考えられていることから，通常の塗装橋と同様の塗装をするのがよい。ただし，トラス部材の箱断面や鋼床版の閉断面縦リブのように完全に密閉されている場合は，塗装橋と同様に内面を塗装しないでよい。

よって，**適当である。**

(3) 耐候性鋼材は，普通鋼材に適量の合金元素を添加することにより，鋼材表面に緻密なさび層を形成させる。これが鋼材表面を保護することで以降のさびの進展が抑制され，腐食速度が普通鋼材に比べ低下することにより，鋼材の腐食による板厚減少を抑制する。　　　　　　　　　　　　よって，**適当である。**

(4) 耐候性鋼橋に用いるフィラー板は，母材が耐候性鋼材を用いていることから，防錆・防食上，原則として同種の鋼材（耐候性鋼材）を用いる。　　　　　　　　　　　よって，適当でない。

解答
(4)

Lesson 2
1 構造物
専門土木
②高力ボルトの締付け方法

チェックポイント

■高力ボルト接合の機能

基本的にナットを回転させることにより，必要な軸力を得る。ボルトで締付けられた継手材間の**摩擦力**による**摩擦接合**，**支圧抵抗**による**支圧接合**，軸方向外力の作用する引張接合の3形式がある。

■接合面の処置

接合母材の厚さが異なる場合は，図のようにテーパをつけるかフィラー（填材）を用いて接合厚さをそろえる。接触面は浮錆，油，泥などの汚れを除き，黒皮を除去し一定の粗さを持つようにする。

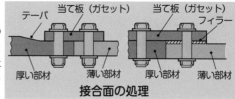

接合面の処理

■ボルトの締付け方法と検査

① **ナット回転法（回転法）**：ボルトの軸力を伸びによって管理し，伸びはナットの回転角で表す。一般に降伏点を超えるまで軸力を与える。締付け検査はボルト全本数についてマーキングで外観検査する。

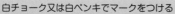

白チョーク又は白ペンキでマークをつける

(a) 予備締め後のマーキング (b) 本締め後の適切な状態 (c) ナットとボルトが共まわりした状態 (d) ナットと座金が共まわりした状態

② **トルクレンチ法（トルク法）**：事前にレンチのキャリブレーションを行い，60%導入の予備締め，110%導入の本締めを行う。予備締め後マーキングし，締付け検査はボルト群の10%について行う。

③ **耐力点法**：導入軸力とボルトの伸びの関係が非線形を示す点をセンサーで感知し，締付けを終了させる。全数マーキングとボルト5組についての軸力平均が，所定の範囲にあるかどうかを検査する。

④ **トルシア形高力ボルト**：図のように，破断溝がトルク反力で切断できる機構になっており，専用の締付け機を用いて締付ける。検査は全数についてピンテールの切断とマーキングの確認による。

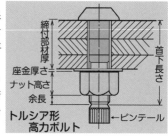

トルシア形高力ボルト

67

問題1 鋼道路橋における高力ボルトの締付け作業に関する次の記述のうち，**適当なもの**はどれか。

(1) 曲げモーメントを主として受ける部材のフランジ部と腹板部とで，溶接と高力ボルト摩擦接合をそれぞれ用いるような場合には，高力ボルトの締付け完了後に溶接する。

(2) トルシア形高力ボルトの締付けは，予備締めには電動インパクトレンチを使用してもよいが，本締めには専用締付け機を使用する。

(3) 高力ボルトの締付けは，継手の外側のボルトから順次中央のボルトに向かって行い，2度締めを行うものとする。

(4) 高力ボルトの締付けをトルク法によって行う場合には，軸力の導入は，ボルト頭を回して行うのを原則とし，やむを得ずナットを回す場合にはトルク計数値の変化を確認する。

R元年ANo.18

鋼道路橋の高力ボルトの締付け作業

(1) 曲げモーメントを主として受ける部材のフランジ部と腹板部とで，溶接と高力ボルト摩擦接合をそれぞれ用いるような場合には，**溶接の完了後に高力ボルトの締付けを行う**ほうがよい。　　　　　　　よって，**適当でない。**

(2) トルシア形高力ボルトの締付けは，予備締めには電動インパクトレンチを使用してもよいが，本締めには所定のトルク値に対応した専用締付け機を使用する。　　　　　　　　　　　　　　　よって，適当である。

(3) 高力ボルトの締付けは，継手の**中央のボルトから順次外側のボルト**に向かって行い，二度締めを行うものとする。（右図参照）　　よって，**適当でない。**

(4) 高力ボルトの締付けをトルク法によって行う場合には，軸力の導入は，**ナットを回して行う**のを原則とする。やむを得ずボルトの頭を回す場合には，トルク計数値の変化を確認する。　　　　　　　　　よって，**適当でない。**

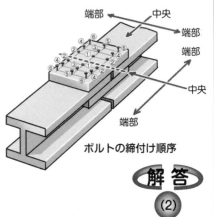

ボルトの締付け順序

解答

(2)

 **問題2** 鋼道路橋における高力ボルトの施工及び検査に関する次の記述のうち，**適当でないもの**はどれか。

(1) 溶接と高力ボルトを併用する継手は，それぞれが適切に応力を分担するよう設計を行い，応力に直角なすみ肉溶接と高力ボルト摩擦接合とは併用してはならない。

(2) フィラーは，継手部の母材に板厚差がある場合に用いるが，肌隙等の不確実な連結を防ぐため2枚以上を重ねて用いてはならない。

(3) トルク法による締付け検査において，締付けトルク値がキャリブレーション時に設定したトルク値の10%を超えたものは，設定トルク値を下回らない範囲で緩めなければならない。

(4) トルシア形高力ボルトの締付け検査は，全数についてピンテールの切断の確認とマーキングによる外観検査を行わなければならない。

R3年ANo.18

 解説

鋼道路橋における高力ボルトの施工と検査

(1) 溶接と高力ボルトを併用する継手は，それぞれが適切に応力を分担するよう設計を行い，応力に直角なすみ肉溶接と高力ボルト摩擦接合とは併用してはならない。これは，両者の変形性状や応力分担の関係が未検討なため，併用をしないこととされている。 よって，**適当である。**

(2) フィラーは，継手部の母材に板厚差がある場合に用いるが，肌隙等の不確実な連結を防ぐためフィラー枚数は少ないほうが望ましく，原則として1枚とする。2枚以上を重ねて用いてはならない。 よって，**適当である。**

(3) トルク法による締付け検査において，締付けトルク値がキャリブレーション時に設定したトルク値の10%を超えた（締めすぎた）もの，あるいは軸部が降伏していると思われるものは，ボルトを交換する必要がある。

よって，適当でない。

(4) トルク法によって締め付けられたトルシア形高力ボルトの締付け検査は，全数についてピンテールの切断の確認とマーキングによる外観検査を行わなければならない。 よって，**適当である。**

解答
(3)

Lesson 2

1 構造物

専門土木

③鋼橋の架設方法

出題傾向

1. 過去7年間で6回出題。
2. 過去に出題された問題は，鋼橋の架設工法名とその特徴，使用機械・設備，適用される橋梁形式，架設作業ついての留意点などである。

チェックポイント

■鋼橋の架設工法

　架橋場所の地形条件や橋の種類によって適用される架設工法は異なるが，主に6通りに分類される。最も一般的なのはベント工法で，橋梁の下部空間が利用可能であればこの工法がとられる。

(1)ベント工法

　自走式クレーンを用いて部材を吊りこみ，桁下に設置した支持台（ベント，ステージング）で支持させて接合し架設する。

　キャンバー（そり）の調整が容易である。

ベント工法の一例

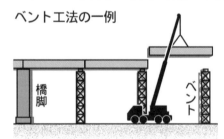

写真提供：photolibrary

(2)ケーブルエレクション工法

　深い谷地形の場所でランガー橋などのアーチ橋を架設する場合に用いられることが多い。

　ケーブルを張り，主索，吊索とケーブルクレーンにより架設する。キャンバーの調整が難しく，管理が必要。

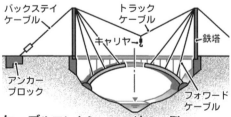

ケーブルエレクション工法の一例

(3)架設桁工法

架設場所が深い谷部や軌道上でベントが組めない場所や，高い安定度が必要な曲線橋の架設に用いられる。

あらかじめ架設桁を設置し，橋桁を吊込み又は引出して架設する。

架設桁

曲線橋

架設桁工法の一例

(4)片持式工法

河川上や山間部でベントが組めない場合に適用される。主に連続トラスの架設に用いられる。

トラスの上面にレールを敷きトラベラクレーンを用いて部材を運搬し，組立てていく。

片持式工法の一例

トラベラ
クレーン

(5)引出し（送出し）工法

軌道や道路又は河川を横断して架設する場合に用いられる。手延べ機などを用いて隣接場所で組立てた橋桁を送り出して架設する方法。

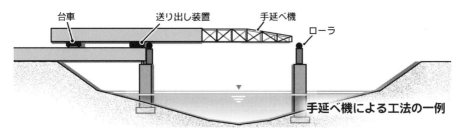

台車　　　　送り出し装置　　　手延べ機　　　ローラ

手延べ機による工法の一例

(6)フローティング
　　　　　　クレーン
　（大ブロック式）工法

海上又は河川橋梁などで，組立済みの橋梁の大ブロックを台船等で移動し，フローティングクレーンを用いて架設する。

フローティング工法の一例

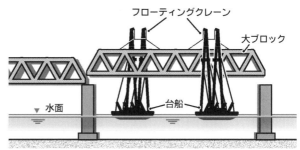

フローティングクレーン

大ブロック

水面　　　　　　　台船

71

問題 1 鋼道路橋の架設上の留意事項に関する次の記述のうち、**適当でないもの**はどれか。

(1) 同一の構造物では、ベント工法で架設する場合と片持ち式工法で架設する場合で、鋼自重による死荷重応力は変わらない。

(2) 箱桁断面の桁は、重量が重く吊りにくいので、事前に吊り状態における安全性を確認し、吊金具や補強材を取り付ける場合には工場で取り付ける。

(3) 連続桁をベント工法で架設する場合においては、ジャッキにより支点部を強制変位させて桁の変形及び応力調整を行う方法を用いてもよい。

(4) 曲線桁橋は、架設中の各段階において、ねじれ、傾き及び転倒等が生じないように重心位置を把握し、ベント等の反力を検討する。

R4年ANo.16

鋼道路橋の架設上の留意事項

(1) 同一の構造物では、ベント工法で架設する場合と片持ち式工法で架設する場合とでは、鋼自重による死荷重応力は片持ち式工法のほうが大きい。

よって、適当でない。

(2) 箱桁断面の桁は、重量があり吊りにくい。事前に吊り状態における安全性を確認し、吊金具や補強材を取り付ける場合には工場製作段階で取り付ける。

よって、**適当である。**

(3) 連続桁をベント工法で架設する場合においては、ジャッキアップ、ジャッキダウンにより支点部を強制変位させて桁の変形及び応力調整を行う方法を用いてもよい。 よって、**適当である。**

(4) 曲線桁橋は、曲率の影響のため直線桁と比較すると横倒れ座屈を起こしやすい。架設中の各段階において、ねじれ、傾き及び転倒等が生じないように重心位置を把握し、ベント等の反力を検討する。 よって、**適当である。**

解答

(1)

鋼道路橋の架設作業に関する次の記述のうち，**適当なもの**はどれか。

(1) 部材の組立に使用する仮締めボルトとドリフトピンは，架設応力に十分耐えるだけの本数を用いるものとし，片持ち式架設の場合の本数の合計はその箇所の連結ボルト数の10%を原則とする。

(2) I形断面部材を仮置きする場合は，転倒ならびに横倒れ座屈に対して十分に配慮し，汚れや腐食に対する養生として地面から5cm以上離すものとする。

(3) 部材を横方向に移動する場合には，その両端における作業誤差が生じやすいため，移動量及び移動速度を施工段階ごとに確認しながら行うものとする。

(4) 部材を縦方向に移動する場合には，送出し作業に伴う送出し部材及び架設機材の支持状態は変化しないので，架設計算の応力度照査は不要である。

H29年 A No.16

鋼道路橋の架設作業

(1) 部材の組立に使用する仮締めボルトとドリフトピンは，架設応力に十分耐えるだけの本数を用いるものとし，本数の合計はその箇所の連結ボルト数の **1/3を標準**とする。この目的は，ドリフトピンは位置決めに使用し，ボルトは肌合わせに使用するためである。 よって，**適当でない。**

(2) I形断面部材を仮置きする場合は，転倒ならびに横倒れ座屈に対して十分に配慮する。汚れや腐食に対する養生として，発錆防止のため地面から **20cm以上離す**ものとする。 よって，**適当でない。**

(3) 部材を横方向に移動する場合には，その両端における作業誤差が生じやすい。したがって，移動量及び移動速度が計画量に適合しているかを施工段階ごとに確認しながら行うものとする。 よって，適当である。

(4) 部材を縦方向に移動する場合には，送出し作業に伴う送出し部材及び架設機材の**支持状態は変化する**ので，架設計算の**応力度照査は必要**である。 よって，**適当でない。**

(3)

Lesson 2
1 構造物

出題傾向

1. 過去7年間で1回出題。
2. コンクリートの輸送及び打設，床版の構造系に適した打設順序，打継目の施工などについての留意点を理解しておく。

チェックポイント

■コンクリートの輸送及び打設

・コンクリートは原則として，輸送時間を含めて練り混ぜから打ち込み終了までの時間は，外気温が25℃以上のときは1.5時間以内，25℃未満でも2時間を超えないことが望ましい。

・コンクリートの設計基準強度は，鋼桁との合成を考慮しない場合24 N/mm² 以上とし，レディーミクストコンクリートを用いる場合，原則としてスランプ試験は全運搬車に対して実施する。スランプ値は8 cm を標準とする。

・コンクリートの打込み温度は寒中の場合で5～20℃とし，日平均気温が4℃以下となる場合は最低でも10℃程度は確保する。暑中の場合では原則的に30℃以下とし，やむを得ない場合でも35℃未満とする。

・鉄筋のかぶりを確保するため，コンクリート製又はモルタル製のスペーサを用いる。

■打設順序

・コンクリートの打設順序は，一般に変形の大きいスパン中央から始める。連続桁の場合，中間支点（③部材）上では負の曲げモーメントが作用するので，中央部材の後に打設する。

単純桁 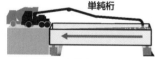　　連続桁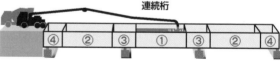

・傾斜面や片勾配になっている場合は材料の分離を避けるため，低い方から打設していく。

■打継目

・打継目はなるべく作らないようにし，床版の主応力が主桁を支点として橋軸の直角方向に作用するので，橋軸方向の打継目は基本的に作らない。

・打継目はせん弾力の小さなところで，圧縮力に対して直角方向に設ける。

■防水層

・合成桁の床版及び連続桁の中間支点の床版では，ひび割れが生じやすいので，劣化防止のために防水層を設けることが望ましい。

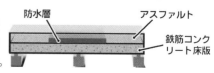

防水層　アスファルト　鉄筋コンクリート床版

問題

　下図は 3 径間連続非合成鋼板桁におけるコンクリート床版の打設ブロックⓐ～ⓓを示したものである。一般的なブロックごとのコンクリートの打設順序として，**適当なもの**は次のうちどれか。

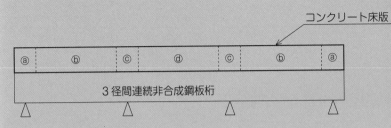

コンクリート床版

| ⓐ | ⓑ | ⓒ | ⓓ | ⓒ | ⓑ | ⓐ |

3 径間連続非合成鋼板桁

△：支承

(1)　ⓐ→ⓑ→ⓒ→ⓓ
(2)　ⓑ→ⓐ→ⓓ→ⓒ
(3)　ⓓ→ⓑ→ⓒ→ⓐ
(4)　ⓓ→ⓒ→ⓐ→ⓑ

Lesson 2
1
構
造
物

解説

連続非合成鋼板桁の打設順序

　連続非合成鋼板桁は，下図のようにⓓⓑの中央部，次にⓒの中央支承，最後にⓐの両端支承部の順に施工するのが一般的である。
　したがって，ⓓ→ⓑ→ⓒ→ⓐとなる。

よって，⑶が適当である。

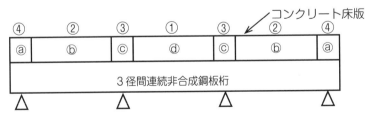

コンクリート床版

| ④ | ② | ③ | ① | ③ | ② | ④ |
| ⓐ | ⓑ | ⓒ | ⓓ | ⓒ | ⓑ | ⓐ |

3 径間連続非合成鋼板桁

△：支承

解答
(3)

Lesson 2

1 構造物

⑤プレストレスト
コンクリートの施工

チェックポイント

　プレストレストコンクリートは，PC鋼材を用いてコンクリートにあらかじめ圧縮力を与えておき，見かけの引張強度が発現するようにした工法である。

■ プレストレストコンクリートの方式

(1)プレテンション方式

　はじめにピアノ線に緊張力を与えておき，型枠を設置してコンクリートを打設する。コンクリートの硬化後に緊張力を解き，コンクリートとピアノ線との付着力によって，コンクリートにプレストレスを導入する。

　製品には，工場生産によるPC擁壁，PC杭，PC枕木などがある。

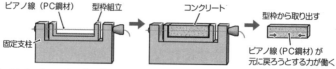

(2)ポストテンション方式

　現場で用いられる方式で，型枠，鉄筋を組みダクト（シース）をあらかじめ設置しておきコンクリートを打設し，硬化後に，PC鋼材に緊張力を導入しプレストレスを与える。

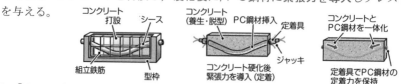

■ プレストレッシングの管理方式

・摩擦係数によって管理する場合：PC鋼材の導入本数の少ない場合に適用する。現場における試験緊張で得られた摩擦係数と，見かけの弾性係数により管理する。
・荷重計の示度と伸び量の両方で管理する場合：ディビダーク工法や横締用PC鋼材など導入PC鋼材本数が多いときに適用される。両方の場合とも，鋼材1本ごと及びグループ平均値について管理する。

■ ポストテンション方式のグラウトの管理

・グラウトは，PC鋼材とコンクリートとの一体化のため，また，PC鋼材の腐食防止のため，ダクト内に確実に充てんされなければならない。

- グラウトにあたっては，ダクト内は**湿潤状態**にしておく。
- グラウトは1.2 mm 程度のふるいを通し，低いところから高いところに向かって注入する。
- **ダクトが長い場合は**，途中に排気口を設置して気泡やブリージング水を除く。

問題

プレストレストコンクリートの施工に関する次の記述のうち，**適当でないもの**はどれか。

(1) 内ケーブル工法に適用する PC グラウトは，PC 鋼材を腐食から保護することと，緊張材と部材コンクリートとを付着により一体化するのが目的である。

(2) 鋼材を保護する性能は，一般に練混ぜ時に PC グラウト中に含まれる塩化物イオンの総量で設定するものとし，その総量はセメント質量の 0.08% 以下としなければならない。

(3) ポストテンション方式の緊張時に必要なコンクリートの圧縮強度は，一般に緊張により生じるコンクリートの最大圧縮応力度の 1.7 倍以上とする。

(4) 外ケーブルの緊張管理は，外ケーブルに与えられる引張力が所定の値を下回らないように，外ケーブル全体を結束し管理を行わなければならない。　　H24年A No.17

解説

プレストレストコンクリートの施工

(1) 内ケーブル工法に適用する PC グラウトは，ダクト内を完全に充填して緊張材を包み，PC 鋼材を腐食から保護しさびさせないことと，緊張材と部材コンクリートとを付着により一体化させなければならない。　よって，**適当である。**

(2) プレストレストコンクリート部材，及びオートクレーブ養生を行う製品における許容塩化物量は，0.30 kg/m³ 以下とする。鋼材を保護する性能は，一般に練混ぜ時に PC グラウト中に含まれる塩化物イオンの総量で設定するものとし，その総量はセメント質量の 0.08% 以下としなければならない。

よって，**適当である。**

(3) ポストテンション方式の緊張時に必要なコンクリートの圧縮強度は，一般に緊張により生じるコンクリートの最大圧縮応力度の 1.7 倍以上とする。また，プレテンション方式では 30 N/mm² 以上，ポストテンション方式では 20 N/mm² 以上とする。　　　　　　　　　　　　　　　よって，**適当である。**

(4) 外ケーブルの緊張管理は，外ケーブルに所定の引張力が与えられるように管理する。外ケーブル全体を結束することはない。
よって，適当でない。

解答
(4)

77

1 構造物

⑥溶接合及び鉄筋コンクリートの鉄筋の継手

出題傾向

1. 過去7年間で5回出題。
2. 溶接合及び溶接方法の種類，溶接合の施工時の留意点及び鉄筋加工，継手の施工などについて理解しておく。

チェックポイント

■溶接合

(1)溶接合の種類

・**すみ肉溶接**：ほぼ直交するふたつの接合面（すみ肉）に溶着金属を盛って溶接合する方法で，片側溶接と両側溶接がある。

・**グルーブ（突合せ）溶接**：接合する部材間に間隙（グルーブ，開先）を作り，その部分に溶着金属を盛って溶接合する。

(2)溶接方法の種類

・**手溶接（被覆アーク溶接）**：溶着金属の酸化，窒化を防ぐフラックスを被覆した溶接棒を用いて行う溶接で，溶接棒の乾燥が重要である。

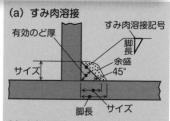

(a) すみ肉溶接

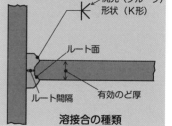

(b) 突合せ溶接（グルーブ溶接）K形の例

溶接合の種類

・**半自動溶接（ガスシールドアーク溶接）**：溶着金属ワイヤ（溶接棒）の送りを自動化し炭酸ガスのシールドにより大気を遮断し，溶着金属の酸化，窒化を防ぐ，主に現場に適用される。

・**全自動溶接**：サブマージアーク溶接が一般的で，溶着金属ワイヤ（溶接棒）の送りと移動速度が連動して自動化されている。工場溶接に適用される。

(3)溶接の施工

・**現場溶接の禁止条件**：雨天，雨上がり直後。強風時。気温が5℃以下のとき。

・**溶接の欠陥**：ひび割れ，のど厚やサイズ不足，アンダーカット，オーバーラップなどと内部的なブローホール，スラグの巻込みなどがある。

のど厚不足

サイズ不足

アンダーカット

オーバーラップ

■鉄筋の継手

(1)**鉄筋の加工**：鉄筋の加工は，原則として常温で行う。

(2)**鉄筋の継手**：通常は鉄筋を重ねて結束する重ね継手が用いられる。断面形により
ガス圧接継手，溶接継手，機械式継手などが適用されるが，これらの
場合は継手としての所要の性能を満足するものでなければならない。

曲げ加工標準図

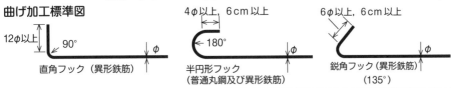

12φ以上　90°　直角フック（異形鉄筋）　φ

4φ以上，6cm以上　←180°　半円形フック（普通丸鋼及び異形鉄筋）　φ

6φ以上，6cm以上　鋭角フック（異形鉄筋）（135°）　φ

問題1

鋼道路橋に用いる溶接に関する次の記述のうち，**適当で
ないもの**はどれか。

(1)　外観検査の結果が不合格となったスタッドジベルは全数ハンマー打撃による
曲げ検査を行い，曲げても割れ等の欠陥が生じないものを合格とし，元に戻さず，
曲げたままにしておく。

(2)　現場溶接において，被覆アーク溶接法による手溶接を行う場合には，溶接施
工試験を行う必要がある。

(3)　エンドタブは，溶接端部において所定の品質が確保できる寸法形状の材片を使
用し，溶接終了後は，ガス切断法によって除去し，その跡をグラインダ仕上げする。

(4)　溶接割れの検査は，溶接線全体を対象として肉眼で行うのを原則とし，判定
が困難な場合には，磁粉探傷試験，又は浸透探傷試験を行う。

R3年ANo.17

解説

鋼道路橋の溶接

(1)　外観検査の結果が不合格となったスタッドジベルは，全数ハンマー打撃によ
る曲げ検査を行う。曲げても割れ等の欠陥が生じないものを合格とし，元に戻
さず，曲げたままにしておく。また，外観検査に合格したものの中から1%に
ついて抜き取り曲げ検査を行う。　　　　　　　　　　**よって，適当である。**

(2)　現場溶接において，被覆アーク溶接法による手溶接を行う場合には，溶接施
工試験を行う必要はない。　　　　　　　　　　　　　**よって，適当でない。**

(3)　開先溶接及び主桁のフランジと腹板のすみ肉溶接は，原則としてエンドタブ
を取り付け，溶接の始端及び終端が溶接する部材上に入らないようにしなけれ
ばならない。エンドタブは，溶接端部において所定の品質が確保できる寸法形
状の材片を使用する。溶接終了後は，ガス切断法によって除去し，その跡をグ
ラインダ仕上げする。　　　　　　　　　　　　　　　**よって，適当である。**

(4)　溶接ビード及びその近傍にはいかなる場合も溶接割れがあっ
てはならないことから，溶接割れの検査は溶接線全体を対象と
して肉眼で行うのを原則とする。判定が困難な場合には，磁粉
探傷試験，又は浸透探傷試験を行う。　　　　**よって，適当である。**

解答

(2)

問題2 鋼道路橋の溶接の施工に関する次の記述のうち，**適当なもの**はどれか。

(1) 溶接を行う部分は，溶接に有害な黒皮，さび，塗料，油などを取り除いた後，溶接線近傍を十分に湿らせる必要がある。

(2) エンドタブは，部材の溶接端部の品質を確保できる材片を使用するものとし，溶接終了後，除去しやすいように，エンドタブ取付け範囲の母材を小さくしておく方法がある。

(3) 組立溶接は，組立終了時までにスラグを除去し溶接部表面に割れがある場合には，割れの両端までガウジングをし，舟底形に整形して補修溶接をする。

(4) 部材を組み立てる場合の材片の組合せ精度は，継手部の応力伝達が円滑に行われ，かつ継手性能を満足するものでなければならない。

H30年ANo.17

鋼道路橋の溶接の施工

(1) 溶接を行う部分は，溶接に有害な黒皮，さび，塗料，油などを取り除いた後，溶接線近傍を十分に**乾燥させる**必要がある。 よって，**適当でない。**

(2) エンドタブは，部材の溶接端部の品質を確保できる材片を使用するものとし，溶接終了後，除去しやすいように，エンドタブ取付け範囲の母材を**大きくしておく**方法がある。よって，**適当でない。**

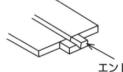

エンドタブ

(3) 組立溶接は，組立終了時までにスラグを除去し，溶接部表面に割れがある場合には，**その原因を究明し適当な対策を講じなければならない。**

よって，**適当でない。**

(4) 部材を組み立てる場合の材片の組合せ精度が悪いと，完成した部材の精度を低下させるので，継手部の応力伝達が円滑に行われ，かつ継手性能を満足するものでなければならない。 よって，適当である。

解答
(4)

Lesson 2

1 構 造 物

⑦コンクリート構造物の耐久性照査及び維持管理

出題傾向

1. 毎年2問出題。劣化機構の種類，対策工法の種類も多く学習範囲が広い。
2. コンクリートの補修方法と補強方法について理解しておく。
3. 劣化機構の分類と損傷の外観上の特徴について確実に理解しておく。

チェックポイント

■コンクリート構造物の耐久性照査

(1)要求性能

　コンクリート構造物の設計の基本として，構造物には施工中及び設計耐用期間内において，その使用目的に適合するために要求される全ての性能を設定することとされている。一般に，耐久性，安全性，使用性，復旧性，環境及び景観などに関する要求性能を設定することとされている。

(2)コンクリート構造物の耐久性に関する照査

　コンクリート構造物の所要性能の確保を目的として，設計段階で行う耐久性照査の項目に塩害及び中性化による鋼材腐食，凍害，化学的侵食によるコンクリートの劣化があげられ，施工段階での照査項目としてアルカリ骨材反応（アルカリシリカ反応）及び練混ぜ時よりコンクリート中に存在する塩化物による塩害があげられている。

■コンクリート構造物の維持管理

(1)維持管理と性能照査

　維持管理では，現状の構造物の要求性能を継続的に照査し，構造物の予定供用期間を通じ，要求性能を満足しなくなる状況が考えられると評価，判定された場合には，性能の回復あるいは保持のための対策を講じることになる。

(2)劣化機構と損傷の外観上の特徴の例

劣化機構	損傷の外観上の特徴
中性化	鉄筋軸方向のひび割れ，剥離
塩害	鉄筋軸方向のひび割れ，錆汁，コンクリートや鉄筋の断面欠損
凍害	微細ひび割れ，スケーリング，ポップアウト，変形
化学的侵食	変色，剥離
アルカリ骨材反応	膨張ひび割れ（拘束方向，亀甲状），ゲル，変形
疲労（道路橋床版）	格子状ひび割れ，角落ち，遊離石灰
すり減り	モルタルの欠損，粗骨材の露出，コンクリートの断面欠損

右縦書き：Lesson2 ① 構 造 物

問題1 コンクリート構造物の劣化とその特徴に関する次の記述のうち，**適当でないもの**はどれか。

(1) 凍害による劣化のうち，スケーリングは，ペースト部分の品質が劣る場合や適切な空気泡が連行されていない場合に発生するものである。

(2) 塩害による劣化は，コンクリート中の塩化物イオンの存在により鋼材の腐食が進行し，腐食生成物の体積膨張によりコンクリートのひび割れやはく離・はく落や鋼材の断面減少が起こる。

(3) 中性化による劣化は，大気中の二酸化炭素がコンクリート内に侵入しコンクリートの空げき中の水分の pH を上昇させ鋼材の腐食により，ひび割れの発生，かぶりのはく落が起こる。

(4) アルカリシリカ反応による劣化のうち，膨張にともなうひび割れは，コンクリートにひび割れが顕在化するには早くても数年かかるので，竣工検査の段階で目視によって劣化を確認することはできない。

H30年A No.19

コンクリート構造物の劣化

(1) 凍害による劣化のうち，スケーリングは，ペースト部分の品質が劣る場合や適切な空気泡が連行されていない場合に発生するものである。また，凍害で生じるポップアウトは，骨材の品質が悪い場合によく観察される。
　　　　　　　　　　　　　　　　　　　　　　　　　よって，**適当である。**

(2) 塩害による劣化は，コンクリート中の塩化物イオンの存在によりコンクリート中の鋼材の腐食が進行し，腐食生成物の体積膨張によりコンクリートのひび割れや剥離・剥落や鋼材の断面減少が生じ，構造物の性能低下につながる現象である。　　　　　　　　　　　　　　　　　　　よって，**適当である。**

(3) 中性化による劣化は，大気中の二酸化炭素がコンクリート内に侵入し，水酸化カルシウムなどのセメント水和物と炭酸化反応を起こす。これにより，コンクリートの空隙中の水分の pH を低下させ，鋼材の不動態被膜が失われ腐食によりひび割れの発生，かぶりの剥落が起こる。　　　　よって，適当でない。

(4) アルカリシリカ反応による劣化のうち，膨張に伴うひび割れは，潜伏期，進展期，加速期，劣化期に分けられる。コンクリートにひび割れが顕在化するには早くても数年かかるので，竣工検査の段階で目視によって劣化を確認することはできない。
　　　　　　　　　　　　　　　　　　　　　　　　　よって，**適当である。**

解答 (3)

 コンクリートのアルカリシリカ反応の抑制対策に関する次の記述のうち，**適当なもの**はどれか。

(1) JIS R 5211「高炉セメント」に適合する高炉セメント B 種の使用は，アルカリシリカ反応抑制効果が認められない。

(2) 鉄筋腐食を防止する観点からも，単位セメント量を増やしてコンクリートに含まれるアルカリ総量をできるだけ多くすることが望ましい。

(3) アルカリシリカ反応では，有害な骨材を無害な骨材と混合した場合，コンクリートの膨張量は，有害な骨材を単独で用いるよりも小さくなることがある。

(4) 海洋環境や凍結防止剤の影響を受ける地域で，無害でないと判定された骨材を用いる場合は，外部からのアルカリ金属イオンや水分の侵入を抑制する対策を行うのが効果的である。

R元年A No.19

アルカリシリカ反応の抑制対策

(1) JIS R 5211「高炉セメント」に適合する高炉セメント B 種又は C 種の使用は，**アルカリシリカ反応抑制効果がある。** よって，**適当でない。**

(2) 鉄筋腐食を防止する観点からも，単位セメント量を増やし，コンクリートに含まれるアルカリ総量をできるだけ**減らす**ことが望ましい。

よって，**適当でない。**

(3) アルカリシリカ反応では，有害な骨材を無害な骨材と混合した場合，コンクリートの膨張量は，有害な骨材を単独で用いるよりも**大きくなる**ことがある。

よって，**適当でない。**

(4) 海洋環境や凍結防止剤の影響を受ける地域で，無害でないと判定された骨材を用いる場合は，外部からのアルカリ金属イオンや水分の浸入を抑制する表面被覆工法等の対策を行うのが効果的である。 よって，適当である。

(4)

鉄筋コンクリート構造物の中性化に関する次の記述のうち，**適当でないもの**はどれか。

(1) 中性化に伴う鋼材腐食は，通常の環境下において，中性化残り 10 mm 以上あれば軽微な腐食にとどまる。

(2) 中性化深さは，一般的に構造物完成後の供用年数の 2 乗に比例すると考えてよい。

(3) 同一水結合材比のコンクリートにおいては，フライアッシュを用いたコンクリートの方が，中性化の進行は速い。

(4) 中性化の進行は，コンクリートが比較的乾燥している場合の方が速い。

H29年ANo.19

鉄筋コンクリート構造物の中性化

(1) 中性化に伴う鋼材腐食は，通常の環境下において，中性化残り 10 mm 以上あれば軽微な腐食にとどまる。ただし，コンクリート標準示方書［維持管理編］では中性化残り 10 mm 以上であることが，どのような場合においても鋼材が腐食しないことを保証するものではないと記述されていることに注意する。
　　　　　　　　　　　　　　　　　　　　　　　　　　よって，**適当である。**

(2) 中性化深さは，一般的に構造物完成後の供用年数の平方根に比例すると考えてよい。これは「$\sqrt{t}$ 則」で，中性化の進行予測に用いる手法のひとつである。
　$y = b\sqrt{t}$　　　ここに　y：中性化深さ (mm)
　　　　　　　　　　　　　　b：中性化速度係数 (mm/$\sqrt{}$ 年)
　　　　　　　　　　　　　　t：中性化期間（年）　　　　　よって，**適当でない。**

(3) 同一水結合材比のコンクリートにおいては，フライアッシュを用いたコンクリートの方が，中性化の進行は速い。これは，混合セメントの材料であるフライアッシュ，高炉スラグ等を使用すると，コンクリート中の普通ポルトランドセメント量が少なくなるためである。　　　　　　　よって，**適当である。**

(4) 中性化の進行は，コンクリートが比較的乾燥している場合の方が速い。これは，中性化の進行速度はコンクリート中における二酸化炭素の移動速度と空隙中の水分 pH 保持能力によって決まるからである。空隙が水分で満たされている状態では，二酸化炭素の移動速度は極めて遅くなるため，中性化の進行は無視できる。　　　よって，**適当である。**

解 答
(2)

84

 **問題 4** アルカリシリカ反応を生じたコンクリート構造物の補修・補強に関する次の記述のうち，**適当でないもの**はどれか。

(1) 塩害とアルカリシリカ反応による複合劣化が生じ，鉄筋の防食のために電気防食工法を適用する場合は，アルカリシリカ反応を促進させないように配慮するとよい。

(2) 予想されるコンクリート膨張量が大きい場合には，プレストレス導入やFRP巻立て等の対策は適していないので，他の対策工法を検討するとよい。

(3) アルカリシリカ反応によるひび割れが顕著になると，鉄筋の曲げ加工部に亀裂や破断が生じるおそれがあるので，補修・補強対策を検討するとよい。

(4) アルカリシリカ反応の補修・補強の時には，できるだけ水分を遮断しコンクリートを乾燥させる対策を講じるとよい。

R4年ANo.19

コンクリート建造物の補修・補強

(1) 塩害とアルカリシリカ反応による複合劣化が生じ，鉄筋の防食のために電気化学的防食工法（電気化学的脱塩，電気防食）を適用する場合は，アルカリシリカ反応を促進させないように配慮するとよい。　　　　　よって，**適当である。**

(2) 予想されるコンクリート膨張量が大きい場合には，プレストレス導入やFRP巻立て，鋼板，PC等による対策を検討する。　　　　　よって，適当でない。

(3) アルカリシリカ反応によるひび割れが顕著になると，ひび割れを通じた水や酸素などの供給により鋼材腐食が発生し，鉄筋の曲げ加工部に亀裂や破断が生じるおそれがある。したがって，補修・補強対策を検討するとよい。

よって，**適当である。**

(4) アルカリシリカ反応の補修・補強のときには，できるだけ水分を遮断する水処理（止水処理，排水処理）を行い，コンクリートを乾燥させる対策を講じるとよい。　　　　　よって，**適当である。**

解答
(2)

 **問題 5**　コンクリート構造物の補強工法に関する次の記述のうち，**適当でないもの**はどれか。

(1)　道路橋の床版に対する接着工法では，死荷重等に対する既設部材の負担を減らす効果は期待できず，接着された補強材は補強後に作用する車両荷重に対してのみ効果を発揮する。

(2)　橋梁の耐震補強では，地震後の点検や修復作業の容易さを考慮し，橋脚の曲げ耐力を基礎の曲げ耐力より大きくする。

(3)　耐震補強のために装置を後付けする場合には，装置本来の機能を発揮させるために，その装置が発現する最大の強度と，それを支える取付け部や既存部材との耐力の差を考慮する。

(4)　連続繊維の接着により補強を行う場合は，既設部材の表面状態が直接確認できなくなるため，帯状に補強部材を配置する等点検への配慮を行う。

R3年A No.20

コンクリート構造物の補強工法

(1)　道路橋の床版に対する接着工法である鋼板接着工法，連続繊維シート接着工法等では，死荷重等に対する既設部材の負担を減らす効果は期待できない。接着された補強材は，補強後に作用する車両荷重に対してのみ効果を発揮する。
　　　　　　　　　　　　　　　　　　　　　　　　　よって，**適当である。**

(2)　橋梁の耐震補強では，地震時の基礎への影響を小さくするために，橋脚の曲げ耐力を基礎の曲げ耐力より小さくする。　　　　　　よって，適当でない。

(3)　耐震補強のために落橋防止システム等の装置を後付けする場合には，装置本来の機能を発揮させるために，その装置が発現する最大の強度と，それを支える取付け部や既存部材との耐力の差を考慮する。　　　　　よって，**適当である。**

(4)　連続繊維として用いられる炭素繊維シート又はアラミド繊維シートの接着により補強する場合は，既設部材の表面状態が直接確認できなくなる。帯状に補強部材を配置する等，点検に配慮する。　　　　　　よって，**適当である。**

解答
(2)

問題 6

コンクリート構造物の補修対策に関する次の記述のうち，**適当なもの**はどれか。

(1) シラン系表面含浸材を用いた表面含浸工法を適用すると，コンクリートの細孔を塞ぐため，コンクリートの吸水性を低下させるとともに，コンクリート内部からの水蒸気透過も防止する。

(2) 吹付け工法による断面修復工法は，型枠の設置が不要であり断面修復面積が比較的大きい部位に適している。

(3) 塩害に起因して鉄筋の腐食による顕著なさび汁やかぶりコンクリートのはく離が発生したコンクリート構造物に対しては，有機系被覆材による表面被覆工法だけを施せばよい。

(4) 電気防食工法は，コンクリート中の塩化物イオンを除去する目的で適用する電気化学的補修工法である。

R元年A No.20

解説　コンクリート構造物の補修対策

(1) シラン系表面含浸材を用いた表面含浸工法を適用すると，コンクリートの表面や空隙壁面に固着し，吸水抑制機能を発揮する。このとき細孔は**塞がない**ため，コンクリート内部からの水蒸気透過も**保持**される。　　　　よって，**適当でない。**

(2) 吹付け工法による断面修復工法は，既存コンクリートのはつり，鉄筋の処理，吸水防止処理，養生等の補修材料の施工が含まれるが，型枠の設置が不要であり断面修復面積が比較的大きい部位に適している。　　　　よって，適当である。

(3) 塩害に起因して鉄筋の腐食による顕著なさび汁やかぶりコンクリートのはく離が発生したコンクリート構造物に対しては，「鋼材の腐食因子の供給量の低減＝表面処理」，「鋼材の腐食因子の除去＝断面修復」，「鋼材の腐食進行の抑制＝電気防食・防錆処理」等の対策を行うものである。有機系被覆材による**表面被覆工法だけを施せばよいものではない。**　　　　よって，**適当でない。**

(4) 電気防食工法は，コンクリート中の鋼材表面へマイナスの直流電流を流入させる工法で，**腐食が開始した鉄筋の腐食進行を抑制する**目的で適用する電気化学的補修工法である。よって，**適当でない。**

解答　(2)

Lesson 2

2 河 川 ①河川堤防の施工

出題傾向

1. 河川堤防の施工及び締固めについての問題は，過去7年間で6回出題されている。
2. 河川堤防の種類，河川堤防の断面，築堤材料，築堤地盤，築堤形態及び築堤工に関わる施工上の留意点などについて理解しておく。

チェックポイント

■河川堤防の種類

① 堤内地への氾濫を防止するために，連続して河川の両岸に設ける**本堤**。
② 本堤の決壊に備える控え堤，又は堤外地高水敷を守る前堤などの**副堤**。
③ 急流河川で，洪水を一部堤内地に導き洪水調節をする**かすみ堤**。
④ 河川の合流点の堤防を下流に延ばし，水位差調整を図る**背割堤**。
⑤ 河川の合流点，河口部などで，流れの方向を安定させるために設ける**導流堤**。
⑥ 河川に囲まれた集落などを守る**輪中堤**。
⑦ 洪水調節のため，遊水池や分水路へ越流させる**越流堤**。

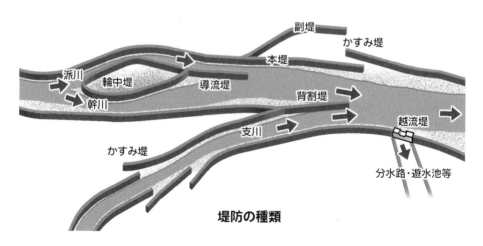

堤防の種類

■ 河川堤防の断面

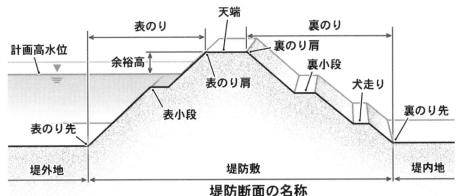

堤防断面の名称

■ 築堤材料の条件

飽和状態になっても，のり面にすべりが起きにくく，水に溶解する成分や草，木の根などの有機物を含まない。せん断抵抗角が大きく，掘削，運搬，締固めなどの施工性がよく，乾湿変化による膨張，収縮が小さい。締固め後の**透水係数が小さい**。

単独ではこれらの条件を満足しない場合でも，**異種材料の混合**によって，必要とされる性質と安定性の確保が可能である。

■ 築堤工（堤体盛土の締固め）の留意点

堤体盛土の場合道路と異なり，支持力などの耐荷性より**耐水性**が要求され，空隙などのない均一性が重要である。

① 築堤にあたっては，軟弱地盤対策，滞水・湧水処理，草木の排除・除根，地盤のかき越しなどの準備工を行う。

② 一層毎の締固め後の仕上がり厚さが30 cm以下になるようにし，盛土材を35〜45 cmの厚さに敷きならし，堤体の法線方向に締固める。

③ 締固め機械は，ブルドーザ，振動ローラ，タイヤローラなどが用いられ，のり面部ではランマやタンパなど小型機械も用いられる。

④ 腹付けにより拡堤する場合は，下図のように**段切り**を行う。

⑤ 築堤後における基礎地盤の厚密沈下や堤体盛土の圧縮を考慮して，**余盛**を行う。

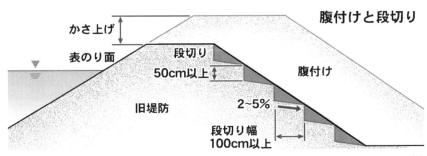

腹付けと段切り

問題1 河川堤防の施工に関する次の記述のうち, **適当なもの**はどれか。

(1) 築堤盛土の締固めは, 堤防横断方向に行うことが望ましく, 締固めに際しては締固め幅が重複するように常に留意して施工する。

(2) 築堤盛土の施工中は, 法面の一部に雨水が集中して流下すると法面侵食の主要因となるため, 堤防横断方向に3～5%程度の勾配を設けながら施工する。

(3) 築堤盛土の敷均しをブルドーザで施工する際は, 高まきとならないように注意し, 一般的には1層当たりの締固め後の仕上り厚さが 50 cm 以下となるように敷均しを行う。

(4) 築堤盛土の施工において, 高含水比粘性土を敷き均す際は, 接地圧の大きいブルドーザによる盛土箇所までの二次運搬を行う。

R2年ANo.21

河川堤防の盛土の施工

(1) 築堤盛土の締固めは, **堤防法線方向**に行うことが望ましく, 締固めに際しては締固め幅が重複するように常に留意して施工する。締固め機械は, 対象とする土質に応じてブルドーザ, タイヤローラ, 振動ローラなどが用いられ, 構造物との隣接箇所や狭い箇所では振動コンパクタ, タンパなどを用いる。

よって, **適当でない。**

(2) 築堤盛土の施工中は, 法面の一部に雨水が集中して流下すると法面侵食の主要因となるため, 堤防横断方向に3～5%程度の勾配を設けながら施工する。また, 法面に適当な間隔で仮排水溝を設ける方法もある。

よって, 適当である。

3～5%
3～5%

盛土施工中における のり面の保護

(3) 築堤盛土の敷均しをブルドーザで施工する際は, 高まきとならないように注意し, 一般的には1層当たりの締固め後の仕上り厚さが **30 cm 以下**となるように敷均しを行う。 よって, **適当でない。**

(4) 盛土材料が高含水比粘性土の場合, 運搬機械によるわだち掘れができやすく, こね返しによって著しい強度低下をきたすことがある。築堤盛土の施工において, 高含水比粘性土を敷き均す際は, 運搬路を別に設ける方法や**接地圧の小さい**ブルドーザによる盛土箇所までの二次運搬を行う方法がとられる。 よって, **適当でない。**

解答
(2)

 河川堤防の施工に関する次の記述のうち，**適当でないも**
のはどれか。

(1) 築堤土は，粒子のかみ合せにより強度を発揮させる粗粒分と，透水係数を小
さくする細粒分が，適当に配合されていることが望ましい。

(2) トラフィカビリティーが確保できない土は，地山でのトレンチによる排水，
仮置きによる曝気乾燥等により改良することで，堤体材料として使用が可能に
なる。

(3) 石灰を用いた土質安定処理工法は，石灰が土中水と反応して，吸水，発熱作
用を生じて周辺の土から脱水することを主要因とするが，反応時間はセメント
に比較して長時間が必要である。

(4) 嵩上げや拡幅に用いる堤体材料は，表腹付けには既設堤防より透水性の大き
い材料を，裏腹付けには既設堤防より透水性の小さい材料を使用するのが原則
である。 R3年ANo.21

河川堤防の施工

(1) 築堤土は，粒子のかみ合せにより強度を発揮させる粗粒分と，透水係数を小
さくする細粒分が，適当に配合されていることが望ましく，土質分類上は粘性土，
砂質土，礫質土を適度に含んでいる材料がよい。 よって，**適当である。**

(2) トラフィカビリティーが確保できない土は，地山でのトレンチによる排水，
仮置きによる曝気乾燥や，他の土質との混合による粒度調整等により土質改良
することで，堤体材料として使用が可能になる。 よって，**適当である。**

(3) 石灰を用いた土質安定処理工法は，石灰が土中水と反応して，吸水，発熱作
用を生じて周辺の土から脱水することを主要因とするが，反応時間はセメント
に比較して長時間が必要であり，強度発現も遅い。 よって，**適当である。**

(4) 嵩上げや拡幅に用いる堤体材料は，河川水の浸入を防ぐため，表腹付けには
既設堤防より透水性の小さい材料を，裏腹付けには堤防内に浸入した河川水を
速やかに排水できるように既設堤防より透水性の大きい材料を使用するのが原
則である。拡幅時の施工によって，従前の堤防より安定性が低
下するようなことのないよう注意する必要がある。

よって，適当でない。

(4)

Lesson 2

2 河 川 ②河川掘削，堤防基礎及び堤防のり面の施工

専門土木

出題傾向

1. 過去7年間では，堤防の開削工事に関する問題が4回，河川堤防の基礎における軟弱地盤対策に関する問題が2回，柔構造樋門の施工及び河道内と低水路の掘削に関する問題が各1回出題されている。
2. 堤防開削にともなう仮締切工の施工方法，基礎地盤の処理方法，軟弱地盤対策，耐震（液状化）対策，のり面部の締固め方法，使用機械，軟弱地盤上に設ける柔構造樋門の施工及びその支持方式などについて理解しておく。

チェックポイント

■河川掘削の留意点

(1)準備・仮設

- 土工事を行う場合の基準となる丁張りは，通常直線部では10m，曲線部では5m程度の間隔で設置するが，掘削仕上げ面は流水に対して計画上の機能をもつものであり注意が必要である。掘削仕上がり面の許容誤差が一般に±10cmとされているので，施工にあたっては丁張り間隔をできるだけ短くする。
- 出水時の対策として，走行速度の遅い掘削機械を安全に退避できるように退避場所をあらかじめ設けておく。

(2)河道掘削

- 河道，特に低水路部の掘削にあたっては，流水の流向を大きく変えないようにし，一連区間の掘削は下流から上流に向かって行う。

■基礎地盤の処理

基礎地盤の処理の目的は，基礎地盤と盛土のなじみを良くすること，地盤の安定を図り支持力を増加させることなどである。

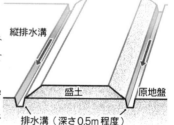

素掘り排水溝

①基礎地盤が軟弱な場合は，盛土を数次に分けて圧密を図る方法やサンドコンパクションなどの地盤改良又は置換処置などの軟弱地盤対策が計画される。

②草木などの有機物が残っていると，腐食によって堤体に緩みや沈下が生じる危険性があり，基礎地盤面下約1mまでの地盤にある木根などの有害物は除去する。

③湧水や水溜りは締固めや堤体盛土に悪影響を及ぼすので，堤内側への湧水処理や表面水の堤敷外への排水処理を施す。

■のり面部の締固め

のり面及びのり肩部は通常の方法では締固めが不足するが，降雨や洪水時の水流のエネルギーを直接受ける部分であり，のり面崩壊を防ぐために十分な締固めが必要である。一般的に次のような方法がとられる。

①小型の**振動ローラ**を用いて，盛土天端から巻き上げて転圧する。

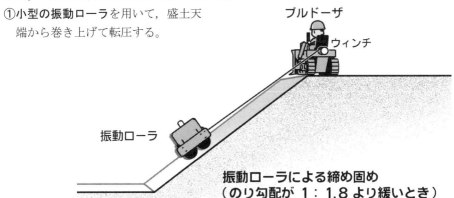

振動ローラによる締め固め
（のり勾配が 1：1.8 より緩いとき）

②**ブルドーザ**を堤体の横断方向に走行させて締固める。

水平に締固めた層

ブルドーザによる締固め
（のり勾配が1：2より緩いとき）

③重機施工で堤体幅より広く**余盛**を行い，端部を掘削し整形する。

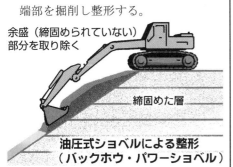

余盛（締固められていない）部分を取り除く

締固めた層

油圧式ショベルによる整形
（バックホウ・パワーショベル）

④小規模な場合，盛土造成後に**ランマ**などの**小型機械**を用いて用土を補給しながら締固め，のり面は**土羽打ち**により整形する。

ランマ

振動コンパクタ

土羽板の一例

土羽打ち作業

■河川堤防の耐震対策（液状化対策）

(1)堤防被災の特徴

- ・地震による大規模な堤防被災の原因は，液状化である。
- ・被災パターンには，基礎地盤の液状化による被災に加え，これまで主眼が置かれていなかった堤体の液状化による被災も多数発生している。

(2)被災プロセスの分析（推定される堤体の液状化の被災プロセス）

- ・軟弱粘性土に築堤した場合，堤体下部の軟弱層の上面が凹状態となり，その過程で堤体下部に緩みが生じていると考えられる。
- ・凹部の材料が砂質土の場合には降雨等の浸透水が滞留し，堤体内に飽和した領域を形成する。
- ・この領域が地震動によって液状化し，剛性・強度が低下することで，堤体のすべりや天端の亀裂・陥没等の変状が生じる。

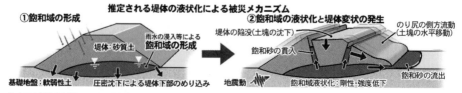

推定される堤体の液状化による被災メカニズム

①飽和域の形成　②飽和域の液状化と堤体変状の発生

(3)耐震対策工の検討

①**基礎地盤の液状化に対する対策**：これまでに基礎地盤の液状化による沈下・変形に対する対策工が施工された堤防では大規模な変状が確認されておらず，施工実績のある対策工を当面の主要な手段とする。

②**堤体の液状化に対する対策**：浸透対策としてドレーン工が施工された堤防では大規模な沈下，変形が発生していない状況から，当面，「堤体内の水位を低下させる対策」等としてドレーン工が主な対策になると考えられる。

③**耐震対策工を堤防に施工する際の留意事項**：川表側に，水を引き込みやすくするようなドレーンタイプ（グラベルドレーン等）を適用すること，また，裏のり尻付近で行き止まり型地盤を形成するような止水壁タイプ（固化工法，矢板工法等）を適用することは堤体の耐浸透機能を低下させるので，原則として避けなければならない。

（以上，平成23年9月財団法人国土技術センター報告書『東日本大震災を踏まえた今後の河川堤防の耐震対策の進め方について』より）

(4)施工されてきた基礎地盤の液状化による沈下・変形に対する対策工

①**液状化そのものを防止する対策**：地盤改良により，地盤そのものを液状化しにくい性質に変える工法，間隙水圧の発生や地盤の変形を抑制するなど，液状化の発生条件をコントロールする工法がある。（密度増大工法，固結工法，置換工法，有効応力増大，間隙水圧消散工法など）

②**堤防の被害を軽減する対策**

液状化は許すが，液状化後の変位の抑制をはかる方法がある。（矢板工法，押え盛土，高水敷，緩傾斜堤など）

河川の柔構造樋門の施工に関する次の記述のうち，**適当でないもの**はどれか。

(1) キャンバー盛土の施工は，キャンバー盛土下端付近まで掘削し，新たに適切な盛土材を用いて盛土することが望ましい。

(2) 樋門本体の不同沈下対策としての可とう性継手は，樋門の構造形式や地盤の残留沈下を考慮し，できるだけ土圧の大きい堤体中央部に設ける。

(3) 堤防開削による床付け面は，荷重の除去にともなって緩むことが多く，乱さないで施工するとともに転圧によって締め固めることが望ましい。

(4) 基礎地盤の沈下により函体底版下に空洞が発生した場合は，その対策としてグラウトが有効であることから，底版にグラウトホールを設置する。

R元年A No.23

河川の柔構造樋門の施工

(1) 樋門本体の不同沈下対策として，残留沈下量の一部に対応する適切な高さのキャンバー盛土を行う方法である。キャンバー盛土の施工は，キャンバー盛土下端付近まで掘削し，新たに適切な盛土材を使用して盛土することが望ましい。
よって，**適当である。**

(2) 樋門本体の不同沈下対策としての可とう性継手は，樋門の構造形式や地盤の残留沈下分布に対応できるスパン割を検討して適切な位置に設けるが，土圧の大きい堤防断面の中央部付近をできるだけ避ける必要がある。
よって，**適当でない。**

(3) 堤防の開削に際しては，掘削底面のヒービング，ボイリング，盤ぶくれ及び湧水の可能性を検討し，適切な対処方法をとる。堤防開削による床付け面は，荷重の除去にともなって緩むことが多く，乱さないで施工するとともに，転圧によって締め固めることが望ましい。よって，**適当である。**

(4) 基礎地盤の沈下により函体底版下に空洞が発生した場合は，その対策として底版上からグラウトによって空洞を充填することが有効である。このことから，底版にグラウトホールを設置しておくことが望ましい。よって，**適当である。**

解 答
(2)

Lesson 2 ② 河 川

問題2 堤防の開削をともなう構造物の施工に関する次の記述のうち，**適当でないもの**はどれか。

(1) 強度が十分発揮された構造物の埋戻しを行う場合は，構造物に偏土圧を加えないように注意し，構造物の両側から均等に締固め作業を行う。

(2) 安定している既設堤防を開削して樋門・樋管を施工する場合は，既設堤防の開削は極力小さくすることが望ましい。

(3) 軟弱な基礎地盤で堤防の拡築工事にともなって新規に構造物を施工する場合は，盛土による拡築部分の不同沈下が生じることは少ない。

(4) 堤防拡築にともなって既設構造物に継足しを行う場合は，既設構造物とその周辺の堤体を十分調査し，変状があれば補修や空洞充てんなどを行う。

H29年ANo.23

堤防の開削をともなう構造物の施工

(1) 樋門などの河川構造物と盛土の接続部分には不同沈下による段差が生じやすく，クラックが生じたり，漏水の原因ともなる。構造物の強度が十分に発揮しないうちに取付け盛土によって構造物に土圧を与えないように注意する。強度が発揮された後においても，構造物に偏土圧を加えないように注意し，構造物の両側から均等に締固め作業を行う。　　　　　　　　よって，**適当である。**

(2) 既設堤防を開削して樋門・樋管を施工する場合は，既設堤防を大きく開削して構造物及び取付け盛土が容易に施工できるようにすることが望ましい。一方，河川管理の面からは安定している既設堤防の開削は，極力小さくすることが望ましい。　　　　　　　　　　　　　　　　　　　　　　よって，**適当である。**

(3) 拡築工事にともなう構造物の施工では，既設堤防によるプレロード効果によって開削部では新堤の築造にともなうものより沈下は大きくない。軟弱な基礎地盤で，堤防の拡築工事にともなって新規に構造物を施工する場合は，盛土による拡築部分の不同沈下が生じることが多い。軟弱地盤の場合には，新設の場合と同様に拡築部にプレロードを行うなどの配慮が必要である。よって，適当でない。

(4) 堤防拡築にともなって既設構造物に継足しを行う場合は，構造物とその周辺の堤体を十分調査し，変状があれば補修や空洞充填などを行う必要がある。開削時の法勾配についても既設堤防の土質を十分に考慮した勾配とし，既設堤防に亀裂が発生することのないように注意することが大切である。　　　　　　　　よって，**適当である。**

解答 (3)

問題 3 河川堤防における軟弱地盤対策工に関する次の記述のうち，**適当でないもの**はどれか。

(1) 段階載荷工法は，基礎地盤がすべり破壊や側方流動を起こさない程度の厚さでゆっくりと盛土を行い，地盤の圧密の進行にともない，地盤のせん断強度の減少を期待する工法である。

(2) 押え盛土工法は，盛土の側方に押え盛土を行いすべりに抵抗するモーメントを増加させて盛土のすべり破壊を防止する工法である。

(3) 掘削置換工法は，軟弱層の一部又は全部を除去し，良質材で置き換えてせん断抵抗を増加させるもので，沈下も置き換えた分だけ小さくなる工法である。

(4) サンドマット工法は，軟弱層の圧密のための上部排水の促進と，施工機械のトラフィカビリティーの確保をはかる工法である。 R2年ANo.22

河川堤防における軟弱地盤対策工

(1) 段階載荷工法は，基礎地盤がすべり破壊や側方流動を起こさない程度の厚さでゆっくりと盛土を行い，地盤の圧密の進行にともない，地盤のせん断強度の増加を期待する工法である。この工法は，特別な材料や施工機械を必要としないので，工期を十分にとることが可能であれば経済的な工法といえる。
　　　　　　　　　　　　　　　　　　　　　　　　よって，適当でない。

(2) 押え盛土工法は，盛土の側方に押え盛土を行いすべりに抵抗するモーメントを増加させて盛土のすべり破壊を防止する工法である。ただし，この方法を採用すると用地及び土工量が増加するため，用地や盛土材料の取得が容易な場合に限られる。　　　　　　　　　　　　　　　　　　　　よって，**適当である。**

(3) 掘削置換工法は，軟弱層が浅く薄い場合に軟弱層の一部又は全部を除去し，良質材で置き換えてせん断抵抗を増加させるもので，沈下も置き換えた分だけ小さくなる工法である。　　　　　　　　　　　　　　　　　よって，**適当である。**

(4) サンドマット工法は，透水性の砂又は砂礫を軟弱地盤の表面に一定厚さに敷設し，軟弱層の圧密のための上部排水の促進と，施工機械のトラフィカビリティーの確保をはかる工法である。　　　　　よって，**適当である。**

解答
(1)

Lesson 2
2 河　川 ③護岸の施工

専門土木

出題傾向

1. 過去7年間では，護岸の構造・計画又は施工に関する問題が6回，護岸前面に設置する根固工の施工に関する問題が1回出題されている。
2. 護岸の種類と名称，護岸の構成と役割，護岸の施工，根固工の施工及び多自然川づくりにおける護岸に関する留意点などについて理解しておく。

チェックポイント

■護岸の種類

護岸は，流水から河岸や堤防を保護するための構造物で，図に示すように，河岸及び堤防のり面を保護する**高水護岸**，低水路を保護し高水敷の洗掘防止をする**低水護岸**及び高水護岸で低水路が接近しているため，低水部を含めて施されている**堤防護岸**の3種に分類される。

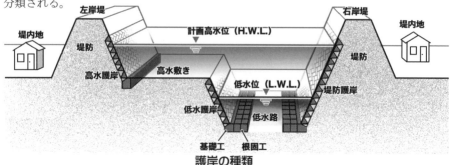

護岸の種類

■護岸の構成

護岸は右図に示すように，のり覆工，基礎工（のり留工）及び根固工によって構成されている。

護岸表面は流水の速度を落とすために，適当な粗面とする。

低水護岸の一般的構造

① **のり覆工**：のり面を被覆して，流水の洗掘から保護するもので，堤体や河岸の変形に対して，ある程度の追随性を持っていることが望ましい。のり覆工には植生工，石張（積）工，コンクリートブロック張（積）工，コンクリートのり枠工，蛇籠工などがある。

98

② **基礎工（のり留工）**：のり覆工を支持し，滑動や崩壊を防止する。低水護岸の基礎は，計画河床面より 0.5〜1.5 m 程度埋め込む。

③ **根固工**：護岸の前面付近の河床の洗掘を防ぐために，基礎工の前に設置して基礎工の安定を図る。**根固工と基礎工とは絶縁し**，根固工の破壊が基礎工の破壊を引き起こさないようにし，絶縁部は間詰めを行う。また，根固工前面の河床の洗掘に対しては，その変形に追従できるように屈撓性（くっとう）と幅を持たせておくことが必要である。根固工には捨石工，沈床工，コンクリートブロック張工などがある。

■水制・床止め工

水制工は，護岸及び堤防を洪水時の浸食から保護するために設置され，流水方向及び流速を制御し河床の洗掘防止や流路の安定化を図る。床止め工は河床の洗掘を防止し安定を図るため河川を横断して設置され，落差工と落差のない帯工がある。

問題 1　河川護岸前面に設置する根固工に関する次の記述のうち，**適当なもの**はどれか。

(1) 根固工は，流体力に耐える重量であり，護岸基礎前面の河床の洗掘を生じさせない敷設量とし，耐久性が大きく，河床変化に追随できる屈とう性構造とする。

(2) 根固工の敷設天端高は，平均河床高と同じ高さとすることを基本とし，根固工と法覆工との間に間げきを生じる場合には，適当な間詰工を施すものとする。

(3) 根固工のブロック重量は，平均流速及び流石などに抵抗できる重さを有する必要があることから，現場付近の河床にある転石類の平均重量以上とする。

(4) 根固工に用いる異形コンクリートブロックの乱積みは，河床整正を行って積み上げるので，水深が深くなると層積みと比較して施工は困難になる。　R元年A No.22

解説　**河川護岸前面に設置する根固工**

(1) 根固工は，流体力に耐える重量であり，護岸基礎工の前面に設置して河床を直接覆うことによりその地点の流勢を減じ，護岸基礎前面の河床の洗掘を生じさせない敷設量とする。また，耐久性が大きく，河床変化に追随できる屈とう性構造とする。　　　　　　　　　　　よって，**適当である**。

(2) 根固工の敷設天端高は，**基礎工天端高**と同じ高さとすることを基本とするが，根固工を基礎工よりも上として洗掘を防止する方法もある。根固工と法覆工との間に間隙を生じる場合には，適当な間詰工を施すものとする。よって，**適当でない**。

(3) 根固工のブロック重量は，**最大**流速及び流石などに抵抗できる重さを有する必要があることから，現場付近の河床にある転石類の**最大級**の重量以上とする。　　　　　　　　　　よって，**適当でない**。

(4) 根固工に用いる異形コンクリートブロックの**層積み**は，河床整正を行って積み上げるので，水深が深くなると水中作業量が多くなり，**乱積み**と比較して施工は困難になる。よって，**適当でない**。

解答
(1)

問題2 多自然川づくりにおける護岸に関する次の記述のうち，**適当でないもの**はどれか。

(1) 石系護岸の材料を現地採取で行う場合は，採取箇所の河床に点在する径の大きい材料を選択的に採取すると，河床の土砂が移動しやすくなり，河床低下の原因となるので注意が必要である。

(2) 石系護岸は，石と石のかみ合わせが重要であり，空積みの石積みや石張りでは，石のかみ合わせ方に不備があると構造的に安定しないので注意が必要である。

(3) かご系護岸は，屈とう性があり，かつ空げきがある構造のため生物に対して優しいが，かごの上に現場発生土を覆土しても植生の復元が期待できないので注意が必要である。

(4) コンクリート系護岸は，通常，彩度は問題にならないことが多いが，明度は高いため周辺環境との明度差が大きくならないよう注意が必要である。

R2年ANo.23

多自然川づくりにおける護岸

(1) 「多自然川づくり基本指針」では「多自然型川づくり」から「多自然川づくり」に展開が図られ，単に自然のものや，自然に近いものを多く寄せ集めるのではなく，可能な限り自然の特性やメカニズムを活用することが求められている。石系護岸の材料を現地採取で行う場合は，採取箇所の河床に点在する径の大きい材料を選択的に採取すると，河床の土砂が移動しやすくなり，河床低下の原因となるので注意が必要である。　　　　　　　　　**よって，適当である。**

(2) 石系護岸は，石と石のかみ合わせが重要であり，空積みの石積みや石張りでは，石のかみ合わせ方に不備があると構造的に安定しないので注意が必要である。個々の石の隙間に砂利を詰めたものを空積み（張り），コンクリートを充填したものを練積み（張り）という。　　　　　　　**よって，適当である。**

(3) かご系護岸は，屈とう性があり，かつ空げきがある構造のため生物に対して優しい構造で，かごの上に現場発生土を覆土することにより，植生の復元が期待できる。　　　　　　　　　　　　　　　　　　　　よって，適当でない。

(4) コンクリート系護岸は，通常，彩度は問題にならないことが多いが，明度は高いため，周辺環境との明度差が大きくならないよう注意が必要である。コンクリート系の護岸が露出する場合には，護岸の明度は6以下を目安とするとされている。（『多自然川づくりポイントブックⅢ』）　　　　　　　　　　　　　　　　よって，**適当である。**

解答
(3)

100

河川護岸に関する次の記述のうち，**適当でないもの**はどれか。

(1) 護岸には，一般に水抜きは設けないが，掘込河道等で残留水圧が大きくなる場合には，必要に応じて水抜きを設けるものとする。

(2) 縦帯工は，護岸の法肩部の破損を防ぐために施工され，横帯工は，護岸の変位や破損が他に波及しないよう絶縁するために施工する。

(3) 現地の残土や土砂等を利用して植生の回復を図るかご系の護岸では，水締め等による空隙の充填を行い，背面土砂の流出を防ぐために遮水シートを設置する。

(4) 河床が低下傾向の河川において，護岸の基礎を埋め戻す際は，可能な限り大径の材料で寄石等により，護岸近傍の流速を低減する等の工夫を行う。

R3年ANo.22

河川護岸の構造及び特徴

(1) 護岸には，一般に水抜きは設けないが，掘込河道等で残留水圧が大きくなる場合の護岸には，必要に応じて水抜きを設けるものとする。その場合，堤体材料等の細粒土が排出されないよう考慮する。 よって，**適当である。**

(2) 帯工は縦帯工と横帯工に大別される。縦帯工は，護岸の法肩部の破損を防ぐために法肩部に施工され，横帯工は，護岸の変位や破損が他に波及しないよう絶縁するために，法覆工の延長方向の一定区間ごとに施工する。

よって，**適当である。**

(3) 現地の残土や土砂等を利用して覆土することにより，植生の回復を図るかご系の護岸は，空隙が多く環境の面で優れた機能を有するが，接する地盤で土砂の吸出し現象が発生するので，背面土砂の流出を防ぐために吸出し防止材を設置する。 よって，適当でない。

(4) 河床が低下傾向の河川において，護岸の基礎を埋め戻す際は，可能な限り大径の材料を用いて，河川環境等も配慮のうえ，寄石等により護岸近傍の流速を低減する等の工夫を行う。 よって，**適当である。**

解答
(3)

101

Lesson 2
3 砂 防

専門土木

①砂防施設

出題傾向

1. 砂防施設については過去7年間で，砂防えん堤の計画・構造に関する問題が6回，渓流保全工に関する問題が5回，砂防工事における施工上の留意点に関する問題が1回出題されている。
2. 砂防えん堤の構造と機能，計画や施工に関する留意点を理解しておく。
3. 床固工など，渓流保全工各工種の構造と機能，計画及び施工についての留意点，山腹保全工の種類などについて整理しておく。

チェックポイント

■砂防施設配置計画と砂防の工種

砂防施設配置計画例

```
砂防施設配置計画 ─┬─ 土砂生産抑制施設配置計画
                ├─ 土砂流送制御施設配置計画
                ├─ 流木対策施設配置計画
                └─ 火山砂防施設配置計画
```

主な砂防計画と砂防の工種例

土砂生産・流送の場	砂防の工種	砂防施設配置計画
山　腹	山腹基礎工，山腹緑化工，山腹斜面補強工，山腹保育工	土砂生産抑制施設
渓床・渓岸	砂防えん堤，床固工，帯工，護岸工，渓流保全工	
渓流・河川	砂防えん堤，床固工，帯工，護岸工，水制工，渓流保全工，導流工，遊砂工	土砂流送制御施設

■砂防えん堤

(1)砂防えん堤の主な機能

①土砂生産抑制施設としての砂防えん堤：山脚固定による山腹崩壊などの発生又は拡大の防止又は軽減。渓床の縦侵食の防止又は軽減。渓床に堆積した不安定土砂の流出の防止又は軽減。

②土砂流送総制御施設としての砂防えん堤：土砂の流出制御又は調節。土石流の捕捉又は減勢。①の機能に加えて計画される場合が多い。

(2)砂防えん堤の構造と留意点

　重力式コンクリートのものが多い。天端部には水通しを設け，堆積土砂による土圧軽減のために水抜きをつける。水通しを落下する流水や土砂による洗掘や侵食を防ぐため，下流部には水叩き工と側壁を設置し，水叩き工先端には副えん堤又は垂直壁を設置する。

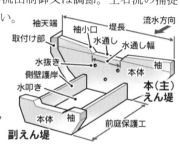

102

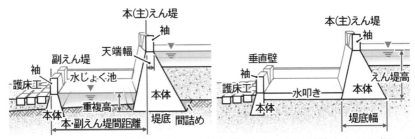

① **水 通 し**：水通しは対象流量に対して十分な断面とし，幅は越流高さを配慮してなるべく広くする。水通し幅は，流木や土石流を考慮して**最小限 3 m** とする。

② **袖**：袖は洪水を越流させないように**両岸に向かって上り勾配**をつける。

③ **側壁護岸**：水叩きに落下する越流水による側部のり面の侵食を防止する。

④ **前庭保護工**：えん堤からの越流水が前庭部の河道を洗掘し，えん堤基礎を破壊するのを防ぐために**水叩き工又は水褥池（ウォータクッション）**を設ける。

⑤ **副えん堤**：主えん堤下流部の洗掘防止のための止水堰で，**主えん堤高が 15 m 以上の場合は硬岩基礎でも併用する**のが一般的である。副えん堤を設けない場合は，水叩き下流部に**垂直壁**を設ける。

⑥ **護 床 工**：護床工は副えん堤，垂直壁の下流部に設け，河床の洗掘を防止しうる構造とする。

■ **砂防えん堤の施工**（コンクリートの打設）

　コンクリートの打設にあたっては，えん堤の規模により**ブロック割り**（えん堤軸方向の横目地を兼ねて **9〜15 m**）を行う。1 リフトの高さは，硬化熱を考慮して通常 **0.75 〜2.0 m** とする。水叩き工及び副えん堤併用の場合の施工順序を図に示す。

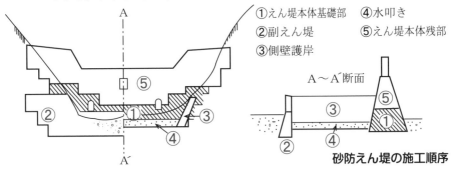

①えん堤本体基礎部　　④水叩き
②副えん堤　　　　　　⑤えん堤本体残部
③側壁護岸

A〜A´断面

砂防えん堤の施工順序

■ **その他の砂防施設**

(1)渓流保全工

①**構造と機能**：渓流保全工は，山間部の平地や扇状地を流下する渓流などにおいて，乱流・偏流を制御することにより，渓岸の侵食・崩壊などを防止するとともに，縦断勾配の規制により渓床・渓岸侵食などを防止することを目的として設置するもので，床固工，帯工と護岸工，水制工などの組合せから構成される。

103

②**計画と施工**：渓流保全工は上流部の砂防施設により土砂の生産，流出が十分制御され低減されてから実施することが望ましい。また，原則として渓流保全工計画域の上流端には流出土砂抑制・調整効果のある砂防えん堤か床固工を設置する。渓流保全工の施工にあたっては，上流側から下流側に向かって進めることを原則とする。

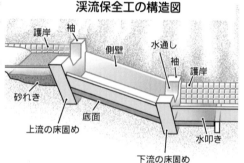

渓流保全工の構造図

■床固工

① 構造と機能

床固工は，渓流において縦侵食と河床堆積物の流出を防止することにより河床の安定をはかり，水路を固定させることを目的としている。一般に高さは5mまでとし，2～3m程度のものが多く，渓岸侵食や崩壊発生箇所もしくは縦侵食が問題視される区間延長が長い場合は，単独ではなく階段状に設置されることが多い。構造や安定計算は砂防えん堤に準ずるが，土砂の貯留能力はない。

② 留意点

床固工の方向は，計画箇所下流部の流心線に対して直角とし，階段式の場合水通しの中心は直上流の流心線上とする。

側壁護岸は，山脚の固定，横侵食防止の目的で設置し，勾配は河床勾配が急なほど急勾配とする。護岸の形式は背面地盤条件により，もたれ式又は自立式とする。

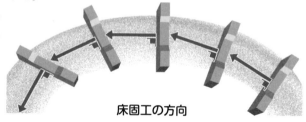

床固工の方向

■山腹保全工

山腹保全工は，禿斜地や崩壊地などの荒廃地において切土・盛土などの土木工事や構造物による斜面の安定化をはかり，植生を導入することにより表層土の風化，侵食，崩壊などの発生や拡大の防止又は軽減をはかる**山腹工**と，導入植生の保育などをはかる**山腹保育工**からなる。代表的な工種は次に示すが，これらの組み合わせにより効果を得る。

山腹保全工の体系と工種

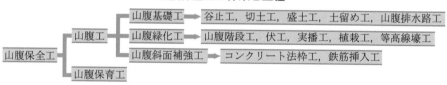

 砂防えん堤の施工に関する次の記述のうち，**適当でないも
のはどれか。**

(1) 岩盤にコンクリートを打ち込む場合は，基礎掘削によって緩められた岩盤を
取り除き岩屑や泥を十分洗い出し，たまり水をふき取る作業が必要である。

(2) 砂礫の上にコンクリートを打ち込む場合は，転石などの泥を洗浄し，基礎面
は十分水切りを行って泥濘によるコンクリート汚染が起こらないようにしなけ
ればならない。

(3) 砂防えん堤の上下流の岩盤余掘部をコンクリートで充てんするための間詰め
は，風化していない岩盤までコンクリートを打ち上げる。

(4) コンクリートの打継ぎ面は，砂防えん堤の堤体の一体化をはかるため，コン
クリート打込み時には乾燥した状態でなければならない。 R元年A No.24

砂防えん堤の施工

(1) 岩盤にコンクリートを打ち込む場合は，基礎掘削によって緩められた岩盤を
取り除き岩屑，泥，ちり等を十分洗い出し，たまり水をふき取る作業が必要である。
よって，適当である。

(2) 砂礫の上にコンクリートを打ち込む場合は，打設前に転石などの泥を洗浄し
漏水，湧水の処理を行い，基礎面は十分水切りを行って泥濘によるコンクリー
ト汚染や水セメント比の変化が起こらないようにしなければならない。
よって，適当である。

(3) 砂防えん堤の上下流の岩盤余掘部及び堤体と岩盤掘削線の空間をコンクリー
トで充填するための間詰めは，風化していない岩盤までコンクリートを打ち上
げる。 **よって，適当である。**

(4) コンクリートの打継ぎ面は，砂防えん堤の堤体の一体化をはかるため，コン
クリート打込み時には旧コンクリート面をワイヤーブラシ等で十分清掃し，湿
潤した状態にして 1.5 cm 程度のモルタルを敷いてからコンクリートを打設す
る。 **よって，適当でない。**

(4)

 砂防えん堤の基礎の施工に関する次の記述のうち，**適当でないもの**はどれか。

(1) 基礎掘削は，砂防えん堤の基礎として適合する地盤を得るために行われ，えん堤本体の基礎地盤へのかん入による支持，滑動，洗掘などに対する抵抗力の改善や安全度の向上がはかられる。

(2) 基礎掘削の完了後は，漏水や湧水により，水セメント比が変化しないように処理を行った後にコンクリートを打ち込まなければならない。

(3) 砂礫基礎の仕上げ面付近の掘削は，掘削用重機のクローラ（履帯）などによって密実な地盤がかく乱されることを防止するため0.5 m程度は人力掘削とする。

(4) 砂礫基礎の仕上げ面付近にある大転石は，その 1/2 以上が地下にもぐっていると予想される場合は取り除く必要はないので存置する。

R2年ANo.24

砂防えん堤の基礎地盤の施工

(1) 基礎掘削は，砂防えん堤の基礎として適合する地盤を得るために行われ，えん堤本体の基礎地盤へのかん入による支持，滑動，洗掘などに対する抵抗力の改善や安全度の向上がはかられ，一般に，岩盤基礎の場合は 1 m 以上，砂礫基礎では最低 2 m の掘削が行われている。　　　　　　よって，**適当である。**

(2) 基礎掘削の完了後は，漏水や湧水により，打設するコンクリートの水セメント比が変化しないように，仕上げ面の処理を行った後にコンクリートを打ち込まなければならない。　　　　　　　　　　　　　よって，**適当である。**

(3) 砂礫基礎の仕上げ面付近の掘削は，掘削用重機のクローラ（履帯）などによって密実な地盤がかく乱されることを防止するため，一般に 0.5 m 程度は人力掘削とする。砂礫基礎で支持力が不足する場合は，えん堤の堤底幅を広くして応力を分散させる方法，杭基礎，ベノト，セメント混合による土質改良を行う方法などを計画する。　　　　　　　　　　　よって，**適当である。**

(4) 砂礫基礎の仕上げ面付近にある大転石の除去にあたっては，なるべく発破作業は避けるべきで，その 2/3 以上が地下にもぐっていると予想される場合は，その石を取り除く必要はないので存置する。
よって，**適当でない。**

解 答
(4)

 渓流保全工に関する次の記述のうち，**適当なもの**はどれか。

(1) 渓流保全工は，洪水流の乱流や渓床高の変動を抑制するための縦工，及び側岸侵食を防止するための横工を組み合わせて設置される。

(2) 護岸工は，渓岸の侵食や崩壊を防止すること，及び床固め工の袖部の保護などを目的として設置される。

(3) 床固め工は，同一の勾配が長い距離で続く場合，その区間の中間部において過度の渓床変動を抑制するために設置される。

(4) 帯工は，渓床の勾配変化点で落差を設けることにより，上流の勾配による物理的な影響をできる限り下流に及ぼさないように設置される。

H30年ANo.25

渓流保全工

(1) 渓流保全工は，洪水流の乱流や渓床高の変動を抑制するための**横工**（床固工，帯工等），及び側岸侵食を防止するための**縦工**（護岸工，水制工等）を組み合わせて設置することにより，対象区間の流路を安定化させる。

よって，**適当でない。**

(2) 護岸工は，渓岸の侵食や崩壊の防止，及び床固め工の袖部の保護などを目的として設置される。護岸の計画は治水の安全上必要最小限の範囲とし，渓流の横断的な連続性を可能な限り確保するように計画する。　よって，**適当である。**

(3) **帯工**は，同一の勾配が長い距離で続く場合，その区間の中間部において過度の渓床変動を抑制するために１基，又は数基設置される。その際，渓床に露岩部が存在すれば，適切に活用するようにする。　　　　　よって，**適当でない。**

(4) **床固工**は，渓床の勾配変化点で落差を設けることにより，上流の勾配による物理的な影響をできる限り下流に及ぼさないように設置される。その他，渓流保全工の上下流端，流路底張り部の上下流端，計画河床の決定において必要な箇所などに設けられる。　　　　　よって，**適当でない。**

解答
(2)

 砂防工事における施工に関する次の記述のうち，**適当でないもの**はどれか。

(1) 樹木を伐採する区域においては，幼齢木や苗木となる樹木はできる限り保存するとともに，抜根は必要最小限とし，萌芽が期待できる樹木の切株は保存する。

(2) 砂防工事を行う箇所は，土砂流出が起こりやすいことから，切土や盛土，掘削残土の仮置き土砂はシート等で保護する等，土砂の流出に細心の注意を払う必要がある。

(3) 材料運搬に用いる索道を設置する際に必要となるアンカーは，樹木の伐採を少なくする観点から，既存の樹木を利用することを基本とする。

(4) 工事に伴い現場から発生する余剰コンクリートやコンクリート塊等の工事廃棄物は，工事現場内に残すことなく搬出処理する。

R3年ANo.24

砂防工事の施工上の留意点

(1) 砂防工事の環境面での留意事項の基本として，本来自然環境を保全すべき砂防工事が自然環境の改変につながらないように，細心の注意を払う必要があるとされている。工事のために樹木を伐採する区域においては，幼齢木や苗木となる樹木はできる限り保存するとともに，抜根は必要最小限とし，萌芽が期待できる樹木の切株は保存する。 よって，**適当である。**

(2) 砂防工事を行う箇所は，土砂流出が起こりやすく，かつその影響が大きいことから，土工事における切土や盛土，掘削残土の仮置き土砂はシート等で保護する等，土砂の流出に細心の注意を払う必要がある。また，仮置き場所については，伐木が生じないように位置及び施工法を検討する。よって，**適当である。**

(3) 資材や建設機械の搬出入においては，周辺の樹木等に傷をつけないように留意する必要がある。材料運搬に用いる索道を設置する際に必要となるアンカーは，既存の樹木を利用せず埋設アンカーを用いることを基本とする。

よって，適当でない。

(4) 工事に伴い現場から発生する余剰コンクリートはその都度持ち帰って処理し，コンクリート塊等の工事廃棄物はすべて持ち帰り，工事現場内に残すことなく搬出処理する。 よって，**適当である。**

解 答
(3)

Lesson 2
3 砂 防

専門土木
②地すべり防止工及び
急傾斜地崩壊防止工

出題傾向

1. 過去 7 年間では，地すべり防止工に関する問題が 2 回，急傾斜地崩壊防止工（がけ崩れ防止工を含む）に関する問題が 7 回出題されている。

2. 地すべり防止工の抑制工と抑止工の工種それらの計画と施工上の留意点，及び急傾斜地崩壊防止工の種類と留意点などについて理解しておく。

チェックポイント

■地すべり防止工

(1)地すべり防止工の分類

地すべり防止工は，地すべり災害の防止又は軽減を目的として実施され，抑制工と抑止工に大別される。

・**抑制工**は，地すべり発生地における地形，地下水位などの**自然条件を変化**させることによって地すべり運動を止めるか，又は緩和させる方法である。

地すべり防止工の分類

		工　種　名		
地すべり防止工	抑制工	地表水排除工	地表水路工，浸透防止工	
		地下水排除工	浅層地下水排除工	暗渠工
				明暗渠工
				横ボーリング工
				地下水遮断工
			深層地下水排除工	横ボーリング工
				集水井工
				排水トンネル工
				立体排水工
		排土・盛土工	排土工，押え盛土工	
		河川構造物	堰堤工，床固工，水制工，護岸工	
	抑止工	杭工，シャフト工，グラウンドアンカー工，擁壁工		

・**抑止工**は構造物を設置し，構造物自体が持つせん断強度などの**抵抗力**により，地すべり運動の一部分，又はすべてを止める方法である。

(2)計画にあたっての留意点

・地すべりの要因に配慮して，抑制工と抑止工双方の特性を組み合わせ，合理的な計画とする。

・防止対策工法の主体的な部分は抑制工とし，直接的に人家や施設などを守るために特定された運動ブロックの安定を図る場合は抑止工を計画する。

・地すべり運動が活発に継続している場合は，原則的に抑止工は用いず，抑制工を先行させることによって運動が軽減，又は停止した後に抑止工を導入する。

(3)抑制工の工種とその特徴

①地表水排除工：水路工は集水路と排水路に区分され，盛土の上には設置しないことを原則とし，活動中の地すべり地域内では，柔軟性を備えたものを標準とする。亀裂の発生箇所では，シート皮膜などの**浸透防止工**を行う。

②**浅層地下水排除工**：暗渠工は深さを地表から2m程度までとし，1本あたり長さ20m程度の直線とし地下水を排除する。

　明暗渠工は，凹地で暗渠工と水路工を併用する。横ボーリング工は，表層部の帯水層に横ボーリングにて集水管を挿入して排水する。角度は上向き5〜10度とし長さは50m程度までが標準で，帯水層又はすべり面に5m程度貫入させる。

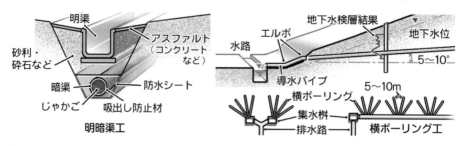

明暗渠工

横ボーリング工

③**深層地下水排除工**：横ボーリング工は，仕様は浅層と同様であるが，地すべり深部の地下水を対象とし，すべり面を越えて5〜10m基盤に貫入させる。集水井工は，地すべり地域内に直径3.5〜4.0mの井筒を10〜30m程度の深度まで下ろし，一般には横ボーリングを併用して集水する。排水ボーリングは80m程度までである。排水トンネル工は，原則として安定地盤に設置し，主に構内からの集水ボーリングにて基盤付近の深層地下水を排除する。**立体排水工**は垂直ボーリングと排水トンネル工又は横ボーリング工を併用して集水する。

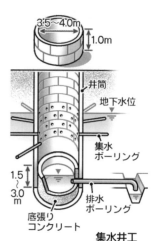

集水井工

④**排土工及び押え盛土工**：排土工は，地すべり頭部の排土により滑動力を減少させ，**押え盛土工**は地すべりの末端部に盛土を施し抵抗力を増加させる。

⑷**抑止工の工種とその特徴**

①**杭　工**：地すべり斜面に鋼管杭などを挿入し，滑動力に対して杭の剛性によって抵抗するものである。杭を不動土塊まで挿入することによって，せん断抵抗力や，曲げ抵抗力を付加する。

②**シャフト工**：滑動力が大きく，杭工では所定の安全度が得られない場合に計画する。深礎工などにより直径2.5〜6.5mの縦坑を不動土塊まで掘削し，鉄筋コンクリートのシャフトを杭として滑動力に対抗させる。

③**グラウンドアンカー工**：基盤に定着させたPC鋼材を利用して，その引張強さをもって滑動力に対抗させるもの。

④**擁壁工**：地すべり末端部斜面の，のり先崩壊対策や押え盛土の土留として用いられる。抑止工としての効果は小さいものである。

■急傾斜地崩壊防止工

(1)急傾斜地崩壊防止工事の分類

　急傾斜地崩壊防止工事は，斜面に直接的に実施して安全度を現状より高める工事と，崩壊が発生した場合でも崩壊土砂の到達を防止・軽減することにより被害を軽減するための工事に分類される。斜面の地形や地下水などの自然条件を変化させて抑制をはかる工法と，構造物の抵抗によって抑止をはかる工法などを組み合わせて計画する。

(2)急傾斜地崩壊対策工法の種類

　急傾斜地崩壊対策工法には，排水工，植生工，吹付工，張工，法枠工，切土工，擁壁工，アンカー工，落石対策工，杭工，土留柵工，編柵工等がある。

(3)各対策工法の特徴及び留意点

①**排水工**：がけ崩れの主要因となる地表水，地下水の斜面への流入を防止することにより，斜面の安全性を高めるとともに，崩壊防止施設の安全性を増すために設けられ，**地表水排除工と地下水排除工**に分類される。

・地表水排除工は，一般に集水のための**横排水路**（法肩排水路工，小段排水路工）と排水のための縦排水路を組み合わせて施工する。

②**切土工**：斜面を構成している不安定な土層や土塊をあらかじめ切り取るか，斜面を安定な勾配まで切り取るように施工し，一般に切土面には法面保護工を施す。

③**擁壁工**：急傾斜地崩壊対策工に用いられる擁壁工の種類は，石積擁壁工及びブロック積擁壁工，コンクリート擁壁工（重力式擁壁，待受式擁壁，**もたれ式擁壁**，コンクリート枠擁壁）等があり，斜面脚部の安定，斜面上部からの崩壊土砂の待受けなどをはかる工法である。施工に際しては，施工中及び施工後の斜面の安定に大きな影響を及ぼすので，**基礎掘削及び斜面下部の切土**を極力最小限にとどめる。

・擁壁に作用する土圧は湿潤状態の土に応じたものとし，通常は水圧を考慮せずに安定計算されているので，擁壁背面の水を排除する**排水孔**を設ける必要がある。

・基礎地盤が岩盤の場合，基礎の不陸整正には，原則として**コンクリート**を使用するものとし，擁壁躯体の伸縮継目は，一般に，10〜20 m に 1 箇所程度設ける。

・**もたれ式コンクリート擁壁**は擁壁背面が比較的良好な地山に用いられる。重力式コンクリート擁壁に比べ，崩壊を**比較的小さな壁体で抑止**できるが，もたれ効果による安定を期待する工法であり，擁壁自体に自立性がないので**擁壁背面と地山とを密着**させるようにする。また，コンクリートの打継ぎ面は法面と**直角**にする。

④**法枠工**：斜面に枠材を設置し，法枠内を植生工や吹付け工，コンクリート張り工などで被覆し，斜面の風化や侵食の**防止**をはかる工法である。

⑤**グラウンドアンカー工**：岩盤斜面で節理や亀裂があり，表面の岩盤が崩落又は剥落するおそれがある場合や不安定な土層を直接安定した岩盤に緊結する場合などに用いられる。

・グラウンドアンカーの削孔は，水掘り削孔を行う場合は**清水**を使用し，削孔終了後の孔内は，**清水又はエア**などによりスライムを除去して洗浄する。

 地すべり防止工に関する次の記述のうち、**適当なもの**はどれか。

(1) アンカーの定着長は、地盤とグラウトとの間及びテンドンとグラウトとの間の付着長について比較を行い、それらのうち短いほうを採用する。

(2) アンカー工は基本的には、アンカー頭部とアンカー定着部の2つの構成要素により成り立っており、締付け効果を利用するものとひき止め効果を利用するものの2つのタイプがある。

(3) 杭の基礎部への根入れ長さは、杭に加わる土圧による基礎部破壊を起こさないように決定し、せん断杭の場合は原則として杭の全長の1/4～1/3とする。

(4) 杭の配列は、地すべりの運動方向に対して概ね平行になるように設計し、杭の間隔は等間隔で、削孔による地盤の緩みや土塊の中抜けが生じるおそれを考慮して設定する。

R3年ANo.25

地すべり防止工

(1) アンカーの定着長は、地盤とグラウトとの間及びテンドンとグラウトとの間の付着長について比較を行い、それらのうち**長い**ほうを採用する。

よって、**適当でない**。

(2) アンカー工は基本的には、**アンカー頭部、アンカー引張部及びアンカー定着部の3つの構成要素**により成り立っており、締付け効果を利用するものとひき止め効果を利用するものの2つのタイプがある。 よって、**適当でない**。

(3) 杭の基礎部への根入れ長さは、杭に加わる土圧による基礎部破壊を起こさないように決定し、せん断杭の場合は原則として杭の全長の1/4～1/3とする。また、基礎地盤のN値が50以下の場合の根入れ長さは、杭の全長の1/3以上とする。 よって、適当である。

(4) 杭の配列は、地すべりの運動方向に対して**概ね直角**になるように設計する。杭の間隔は等間隔で、所定の安全率を得るために必要な抑止力と杭1本あたり許容応力から求めるが、削孔による地盤の緩みや土塊の中抜けが生じるおそれを考慮して設定する。 よって、**適当でない**。

問題2 地すべり防止工に関する次の記述のうち，**適当でないも**のはどれか。

⑴ 排土工は，排土による応力除荷にともなう吸水膨潤による強度劣化の範囲を少なくするため，地すべり全域に渡らず頭部域において，ほとんど水平に大きな切土を行うことが原則である。

⑵ 地表水排除工は，浸透防止工と水路工に区分され，このうち水路工は掘込み水路を原則とし，合流点，屈曲部及び勾配変化点には集水ますを設置する。

⑶ 杭工は，原則として地すべり運動ブロックの中央部より上部を計画位置とし，杭の根入れ部となる基盤が強固で地盤反力が期待できる場所に設置する。

⑷ 地下水遮断工は，遮水壁の後方に地下水を貯留し地すべりを誘発する危険があるので，事前に地質調査などによって潜在性地すべりがないことを確認する必要がある。

R2年ANo.25

地すべり防止工

⑴ 排土工は地すべりの滑動力を低減させるための工法である。排土による応力除荷にともなう吸水膨潤による強度劣化の範囲を少なくするため，地すべり全域にわたらず頭部域において，ほとんど水平に大きな切土を行うことが原則である。 　　　　　　　　　　　　　　　　　　　　　　　よって，**適当である。**

⑵ 地表水排除工は，降水等の浸透防止工と地表の水を速やかに地域外に集水・排除する水路工に区分される。このうち水路工は掘込み水路を原則とし，合流点，屈曲部及び勾配変化点には集水ますを設置する。よって，**適当である。**

⑶ 杭工は，鋼管杭などをすべり面を貫いて不動の基盤まで挿入することにより，地すべり滑動力に対して直接抵抗する工法である。杭工の設置位置については，原則として地すべり運動ブロックの中央部より下部を計画位置とし，杭の根入れ部となる基盤が強固で地盤反力が期待できる場所に設置する。

　　　　　　　　　　　　　　　　　　　　　　　よって，適当でない。

⑷ 地下水遮断工は，地すべり地域外に遮水壁を設けて地下水を遮断するとともに，地下水排除工を設けて排水するものである。遮水壁の後方に地下水を貯留し地すべりを誘発する危険があるので，事前に地質調査などによって潜在性地すべりがないことを確認する必要がある。 　　　　　　　　　　　　　　　　　　　　　　　よって，**適当である。**

解 答 ⑶

 **問題3** 急傾斜地崩壊防止工に関する次の記述のうち，**適当なも**のはどれか。

(1) もたれ式コンクリート擁壁工は，重力式コンクリート擁壁と比べると崩壊を比較的小規模な壁体で抑止でき，擁壁背面が不良な地山において多用される工法である。

(2) 落石対策工は，落石予防工と落石防護工に大別され，落石予防工は斜面上の転石の除去などにより落石を未然に防ぐものであり，落石防護工は落石を斜面下部や中部で止めるものである。

(3) 切土工は，斜面の不安定な土層，土塊をあらかじめ切り取ったり，斜面を安定勾配まで切り取る工法であり，切土した斜面への法面保護工が不要である。

(4) 現場打ちコンクリート枠工は，切土法面の安定勾配が取れない場合や湧水をともなう場合などに用いられ，桁の構造は一般に無筋コンクリートである。

R2年ANo.26

 **解説**

急傾斜地崩壊防止工

(1) もたれ式コンクリート擁壁工は，重力式コンクリート擁壁と比べると崩壊を比較的小規模な壁体で抑止でき，擁壁背面が**比較的良好な**地山において多用される工法であるが，それ自体の自立性がないので，背面と地山との密着に配慮する必要がある。 よって，**適当でない。**

(2) 落石対策工は，落石予防工と落石防護工に大別され，落石予防工は，斜面上の転石の除去などにより落石を未然に防ぐものであり，落石防護工は，落石を斜面下部や中部で止めるものである。地形条件などから落石除去の施工が困難な場合や，落石の発生箇所が限定できない場合などに落石防護工を計画する。 よって，適当である。

(3) 切土工は，斜面の不安定な土層，土塊をあらかじめ切り取ったり，斜面を安定勾配まで切り取るもので，がけ崩れ防止という観点からは確実で重要な工法である。切土した斜面の表面には，侵食防止・風化防止のため植生工，法枠工等の法面保護工が**必要である。** よって，**適当でない。**

(4) 現場打ちコンクリート枠工は，切土法面の安定勾配が取れない場合や湧水をともなう場合などに用いられ，桁の構造は一般に**鉄筋コンクリート**である。 よって，**適当でない。**

 解答
(2)

問題4 がけ崩れ防止工に関する次の記述のうち，**適当でないも のはどれか。**

(1) 排水工は，がけ崩れの主要因となる地表水，地下水の斜面への流入を防止することにより，斜面の安全性を高めるとともに，がけ崩れ防止施設の安全性を増すために設けられる。

(2) 法枠工は，斜面に枠材を設置し，法枠内を植生工や吹付け工，コンクリート張り工などで被覆し，斜面の風化や侵食の防止をはかる工法である。

(3) 落石対策工のうち落石予防工は，発生した落石を斜面下部や中部で止めるものであり，落石防護工は，斜面上の転石の除去など落石の発生を未然に防ぐものである。

(4) 擁壁工は，斜面脚部の安定や斜面上部からの崩壊土砂の待受けなどをはかる工法で，基礎掘削や斜面下部の切土は，斜面の安定に及ぼす影響が大きいので最小限になるように検討する。

H29年ANo.26

がけ崩れ防止工の目的等

(1) 排水工は，がけ崩れの主要因となる地表水，地下水の斜面への流入を防止し，斜面内の水を速やかに集め斜面外の安全な場所に排除する。それによって，斜面の安全性を高めるとともに，がけ崩れ防止施設の安全性を増すために設けられる。 よって，**適当である。**

(2) 法枠工は，斜面に枠材を設置し，法枠内を植生工や吹付け工，コンクリート張り工などで被覆し，斜面の風化や侵食の防止をはかるとともに，法面表層の崩壊をも制御するために用いられる工法である。 よって，**適当である。**

(3) 落石対策工計画は落石予防工と落石防護工に大別され，落石予防工による落石源の除去を原則とするが，それが不適当又は困難な場合には落石防護工を計画する。落石対策工のうち落石予防工は，斜面上の転石の除去や固定により落石の発生を未然に防ぐものである。落石防護工は，発生した落石を斜面下部や中部でくい止めるものである。 よって，適当でない。

(4) 擁壁工は，斜面脚部の安定，斜面中段での小規模な崩壊の防止，斜面上部からの崩壊土砂の待受け，法枠工等の法面保護工の基礎などのための工法である。擁壁工設置のための基礎掘削や斜面下部の切土は，斜面の安定に及ぼす影響が大きいので最小限になるように施工方法や設置位置を検討する。 よって，**適当である。**

解 答
(3)

115

Lesson 2

4 道路・舗装

専門土木

①路床・路体盛土

出題傾向

1. 過去7年間では路床に関する問題が7回出題され，路体に関する問題は出題されていない。
2. 路体盛土及び路床の一層あたりの仕上がり厚さ，路床の構築厚さ，路床の安定処理及び排水処理などについて理解しておく。

チェックポイント

■ **アスファルト舗装道路の構造**

表層・基層，路盤までを舗装という。

①**表層**：交通荷重を受け下層に分散伝達するもので，流動，磨耗，ひび割れに対する抵抗と，滑りにくさや平坦さなど快適な走行を可能にする機能がある。

②**基層**：役割は路盤の不陸を補正し，表層からの荷重を均一に路盤に伝えること。

③**路盤**：上層から伝えられた荷重を，分散させて路床に伝える。一般に上層，下層の2層に分けて施工され，上層路盤には上質の材料が用いられる。

④**路床**：舗装の支持層として構造計算に用いる層をいい，舗装の下の厚さ約1mの部分で，舗装と一体となって荷重を支持し路体に伝達，分散する。

⑤**路体**：路床の下部で，舗装と路床を支持する役割がある。

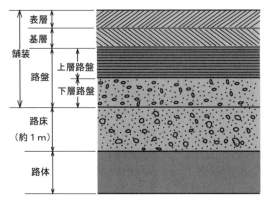

アスファルト舗装道路の構造

■路体盛土の施工

①仕 上 が り 厚 さ：路体は，切土又は盛土によって造成される。路体盛土の締
固めは，一般に 一層あたり敷均し厚さを 35〜45 cm 程度と
し，締固め後の仕上がり厚さは 30 cm以下としている。

②路体施工中の排水対策：盛土の横断方向に 4%程度の勾配をつけて，雨水による滞
水がないように配慮する。

■路床の施工

①構 築 路 床：構築路床の工法は，切土，盛土，安定処理工法及び置換え工法が
ある。

②路床の支持力：路床の支持力は，舗装厚さの基準となるもので CBR 試験の結果
から評価する。

■路床の施工の留意点

①切 土 の 施 工：粘性土や高含水比土の場合こね返しや過転圧にならないようにす
る。また路床表面から 30 cm 程度以内の木根，転石など路床の均
一性を損なうものは取り除いて仕上げる。切り下げ後，安定処理
工や置換え工法を併用する場合がある。

②盛 土 の 施 工：一層あたりの敷均し厚さは 25〜30cm 程度，締固め後の仕上がり
厚さは 20 cm 以下としている。降雨排水対策として，縁部に仮排
水溝を設けておくことが望ましい。

③安定処理工の施工：CBR が 3 未満の軟弱土に対して現状路床土の有効利用を目的と
して適用する場合と，舗装厚の低減や舗装の長寿命化を目的とし
てCBRが 3 以上の良質土に適用する場合があり，現状土の支持
力の改善を行う。一般に，路床土が砂質系の場合セメントが，粘
性土系には石灰が有効である。

④六価クロム溶出量：セメント及びセメント系安定材を使用して安定処理した改良土は，
六価クロムの溶出量が「土壌環境基準」に適合していることを確
認する必要がある。

⑤置 換 え 工 法：切土部分で軟弱な現状地盤がある場合等に，その一部又は全部を
掘削し良質土で置換える工法。

⑥プルーフローリング：路床，路盤の締固めが適当かどうか，不良箇所があるかどうかを
調べるため，施工時の転圧機械と同等以上の締固め効果を有する
ローラやトラックなどで締固め終了面を数回にわたり走行し，た
わみ量をチェックする。

117

 道路のアスファルト舗装における路床に関する次の記述のうち、**適当でないもの**はどれか。

(1) 凍上抑制層は、凍結深さから求めた必要な置換え深さと舗装の厚さを比較し、置換え深さが大きい場合に、路盤の下にその厚さの差だけ凍上の生じにくい材料で置き換えたものである。

(2) 切土路床は、表面から 30 cm 程度以内に木根、転石などの路床の均一性を損なうものがある場合はこれらを取り除いて仕上げる。

(3) 安定処理材料は、路床土とセメントや石灰などの安定材を混合し路床の支持力を改善する場合に用いられ、一般に粘性土に対してはセメントが適している。

(4) 安定処理工法は、現状路床土と安定材を混合し構築路床を築造する工法で、現状路床土の有効利用を目的とする場合は CBR が 3 未満の軟弱土に適用される。

R元年A No.27

アスファルト舗装における路床

(1) 凍上抑制層は積雪寒冷地における舗装に関し、路面から地中温度 0℃までの深さである凍結深さから求めた必要な置換え深さと舗装の厚さを比較し、置換え深さが大きい場合に、路盤の下にその厚さの差だけ凍上の生じにくい材料で置き換えたものである。　　　　　　　　　　　よって、**適当である。**

(2) 切土路床は、表面から 30 cm 程度以内に木根、転石などの路床の均一性を著しく損なうものがある場合は、これらを取り除いて仕上げる。

　　　　　　　　　　　　　　　　　　　　　　　　　よって、**適当である。**

(3) 安定処理材料は、路床土とセメントや石灰などの安定材を混合し路床の支持力を改善する場合に用いられる。一般に安定処理の対象土が粘性土の場合には石灰が適しており、対象が砂質系材料の場合は瀝青材料及びセメントが有効である。　　　　　　　　　　　　　　　　　　　　よって、適当でない。

(4) 安定処理工法は、現状路床土と安定材を混合し構築路床を築造する工法である。現状路床土の有効利用を目的とする場合は CBR が 3 未満の軟弱土に、舗装の長寿命化や舗装厚の低減などを目的とする場合は、CBR が 3 以上の良質土に適用されることがある。よって、**適当である。**

解答
(3)

 道路のアスファルト舗装における路床の施工(せこう)に関する次の記述のうち，**適当でないもの**はどれか。

(1) 構築路床は，適用する工法の特徴を把握した上で現状路床の支持力を低下させないように留意しながら，所定の品質，高さ及び形状に仕上げる。

(2) 置換え工法は，軟弱な現地盤を所定の深さまで掘削し，良質土を原地盤の上に盛り上げて構築路床を築造する工法で，掘削面以下の層をできるだけ乱さないよう留意して施工する。

(3) 安定処理工法では，安定材の散布を終えたのち，適切な混合機械を用いて所定の深さまで混合し，混合むらが生じた場合には再混合する。

(4) 盛土路床は，使用する盛土材の性質をよく把握して均一に敷き均(し)(なら)し，過転圧により強度増加が得られるように締め固めて仕上げる。

R3年ANo.27

アスファルト舗装における路床の施工

(1) 構築路床の施工は，適用する工法の特徴を把握した上で現状路床の支持力を低下させないように留意しながら，所定の品質，高さ及び形状に仕上げる。構築路床の施工終了後から舗装の施工までに相当の期間がある場合には，仕上げ面の保護や仮排水の設置などの配慮が必要である。　　　よって，**適当である。**

(2) 置換え工法は，軟弱な現地盤を所定の深さまで掘削し，良質土や安定処理した材料を原地盤の上に盛り上げ，締め固めて構築路床を築造する工法で，掘削面以下の層をできるだけ乱さないよう留意して施工する。よって，**適当である。**

(3) 安定処理工法では，安定材の散布を終えたのち，適切な混合機械を用いて安定処理材と路床土を所定の深さまで混合する。混合中は混合深さの確認を行い，混合むらが生じた場合には再混合する。　　　　　よって，**適当である。**

(4) 盛土路床は，使用する盛土材の性質をよく把握して均一に敷き均し，過転圧による強度低下を招くことのないように締固めて仕上げる。

よって，適当でない。

解答
(4)

出題傾向

1. 過去7年間では、下層路盤・上層路盤に関する問題が7回出題されている。また、路盤には限らないがTS（トータルステーション）を用いた舗装工事の出来高管理に関する問題が1回出題されている。
2. 下層路盤・上層路盤工法とそれらに用いられる材料と必要とされる品質、安定処理工法とその特徴及び施工上の留意点などについて理解しておく。

チェックポイント

　路盤は下層路盤と上層路盤に分けられ上層ほど大きな荷重を受けるので、上層路盤には下層路盤に比べて支持力の高い材料が用いられる。

■ 下層路盤

①**下層路盤工法と材料**：下層路盤の築造工法には、現場近くで経済的に入手できる材料による粒状路盤工法並びにセメント安定処理工法及び石灰安定処理工法があり、安定処理に用いる骨材の品質の目安と使用材料の品質規格の概要を下表に示す。

工　法	安定処理に用いる骨材の望ましい品質（概要）	下層路盤材料の品質規格（概要）	備　考
セメント安定処理	修正CBR：10%以上 PI　　：9以下	一軸圧縮強さ（7日）：0.98 MPa	
石灰安定処理	修正CBR：10%以上 PI　　：6〜18	一軸圧縮強さ（10日）：0.7 MPa	アスファルト舗装の場合
		一軸圧縮強さ（10日）：0.5 MPa	コンクリート舗装の場合
粒　状　路　盤		修正CBR：20%以上 PI　　：6以下	クラッシャラン鉄鋼スラグの場合は別途

②**下層路盤の施工**：粒状路盤工法の場合、一層の仕上がり厚さは20 cm以下を標準とし、敷均しはモータグレーダで行う。セメント、石灰安定処理工法の場合は一般に路上混合方式をとり、一層の仕上がり厚さは15〜30 cmを標準とする。

■上層路盤

①**上層路盤工法と材料**：上層路盤工法には，粒度調整工法，セメント安定処理工法，石灰安定処理工法，瀝青安定処理工法及びセメント・瀝青安定処理工法があり，安定処理に用いる骨材の品質の目安と使用材料の品質規格の概要を下表に示す。

工　法	安定処理に用いる骨材の望ましい品質（概要）	上層路盤材料の品質規格（概要）		備　考
セメント安定処理	修正ＣＢＲ：20％以上 ＰＩ　　：9以下	一軸圧縮強さ（7日）：2.9MPa		アスファルト舗装の場合
		一軸圧縮強さ（7日）：2.0MPa		コンクリート舗装の場合
石灰安定処理	修正ＣＢＲ：20％以上 ＰＩ　　：6～18	一軸圧縮強さ（10日）：0.98MPa		
瀝青安定処理	ＰＩ　　：9以下	安定度　　：3.43kN以上		加熱混合
		安定度　　：2.45kN以上		常温混合
セメント・瀝青安定処理	修正ＣＢＲ：20％以上 ＰＩ　　：9以下	一軸圧縮強さ　：1.5～2.9MPa		
粒度調整		修正ＣＢＲ　：80％以上 ＰＩ　：4以下		

②**粒度調整工法**：一層の仕上がり厚は15cm以下を標準とするが，振動ローラを使用する場合は20cm以下としてよい。

③**セメント，石灰安定処理工法**：安定処理路盤材料を中央混合方式又は路上混合方式で製造する。一層の仕上がり厚は10～20cmを標準とするが，振動ローラを使用する場合は30cm以下としてよい。

④**瀝青安定処理工法**：一般には加熱アスファルト安定処理路盤材料を用い，一層の仕上がり厚が10cm以下の「一般工法」と，それを超える「シックリフト工法」がある。敷均しは一般にアスファルトフィニッシャを用い，シックリフト工法の場合敷均し時の混合物温度は110℃を下回らないようにする。

⑤**セメント・瀝青安定処理工法**：舗装発生材，地域産材料又はこれらに補足材を加えたものを骨材とし，セメント及び瀝青材料を添加して安定処理する。主に「路上路盤再生工法」の安定処理に使用される。

現場CBR
検査機の一例

室内CBR
試験器の一例

121

 **問題1** 道路のアスファルト舗装における路盤の施工に関する次の記述のうち、**適当でないもの**はどれか。

(1) 上層路盤の安定処理に用いる骨材の最大粒径は、60 mm 以下でかつ1層の仕上り厚の1/2 以下がよい。

(2) 下層路盤の粒状路盤工法では、締固め前に降雨などにより路盤材料が著しく水を含み締固めが困難な場合には、晴天を待って曝気乾燥を行う。

(3) 下層路盤の粒状路盤の施工にあたっては、1層の仕上り厚さは 20 cm 以下を標準とし、敷均しは一般にモータグレーダで行う。

(4) 上層路盤にセメントや石灰による安定処理を施工する場合には、施工終了後、アスファルト乳剤などでプライムコートを施すとよい。

R元年A No.28

アスファルト舗装における路盤の施工

(1) 上層路盤の安定処理に用いる骨材の最大粒径は、**40 mm** 以下でかつ1層の仕上り厚の1/2 以下がよい。　　　　　　　　　　　**よって、適当でない。**

(2) 下層路盤の粒状路盤工法では、締固め前に降雨などにより路盤材料が著しく水を含み締固めが困難な場合には、晴天を待って曝気乾燥を行う。少量の石灰又はセメントを散布し混合して締め固めることもある。　**よって、適当である。**

(3) 粒状路盤の施工にあたっては、材料分離に留意しながら均一に敷均し、締固めて仕上げる。粒状路盤材の敷均しは、1層の仕上り厚さ 20 cm 以下を標準とし、敷均しは一般にモータグレーダで行う。転圧は 10〜20 t のロードローラと 8〜20 t のタイヤローラで行うが、これらと同等以上の効果を持つ振動ローラを用いてもよい。　　　　　　　　　　　　**よって、適当である。**

(4) 上層路盤にセメントや石灰による安定処理を施工する場合には、締固め終了後直ちに交通開放しても差し支えないが、含水比を一定に保つとともに表面を保護するために、必要に応じて施工終了後、アスファルト乳剤などでプライムコートを施すとよい。　　　　　　　　　　　　　　**よって、適当である。**

解答
(1)

問題 2 道路のアスファルト舗装における路盤の施工に関する次の記述のうち，**適当でないもの**はどれか。

(1) 下層路盤の施工において，粒状路盤材料が乾燥しすぎている場合は，適宜散水し，最適含水比付近の状態で締め固める。

(2) 下層路盤の路上混合方式による安定処理工法は，1層の仕上り厚は 15～30 cm を標準とし，転圧には2種類以上の舗装用ローラを併用すると効果的である。

(3) 上層路盤の粒度調整工法では，水を含むと泥濘化することがあるので，75 μm ふるい通過量は締固めが行える範囲でできるだけ多いものがよい。

(4) 上層路盤の瀝青安定処理路盤の施工でシックリフト工法を採用する場合は，敷均し作業は連続的に行う。

R2年ANo.28

アスファルト舗装における路盤の施工

(1) 下層路盤の施工において，粒状路盤材料が乾燥しすぎている場合は，適宜散水し，最適含水比付近の状態で締め固める。粒状路盤工法はクラッシャラン，クラッシャラン鉄鋼スラグ，砂利あるいは砂などを使用するもので，材料分離や含水比管理に留意する必要がある。　　　　　よって，**適当である。**

(2) 下層路盤の路上混合方式による安定処理工法は，骨材と安定材を均一に混合した後にモータグレーダなどで粗均しを行い，タイヤローラで軽く締め固め，再度モータグレーダなどで整形し，舗装用ローラで転圧して仕上げる。締固め終了後の1層の仕上り厚は 15～30 cm を標準とし，転圧には2種類以上の舗装用ローラを併用すると効果的である。　　　　　よって，**適当である。**

(3) 上層路盤の粒度調整工法は良好な粒度に調整した骨材を用いる工法で，水を含むと泥濘化することがあるので，75 μm ふるい通過量は締固めが行える範囲でできるだけ少ないものがよい。　　　　　よって，適当でない。

(4) 上層路盤の瀝青安定処理路盤の施工方法には，1層の仕上り厚が 10 cm 以下の「一般工法」と，それを超える「シックリフト工法」があり，シックリフト工法を採用する場合は，敷均し作業は連続的に行う。
よって，**適当である。**

解答
(3)

4 道路・舗装

出題傾向 ③アスファルトの表・基層の舗装

1. 過去7年間では，表・基層などの舗装に関する加熱アスファルト混合物の施工に関する問題が7回，排水性舗装などに使用するポーラスアスファルト混合物の施工に関する問題が5回，半たわみ性舗装や保水性舗装などの各種の舗装の特徴に関する問題が1回出題されている。
2. アスファルト混合物の敷均し，締固め，打ち継目，温度管理など施工の特徴，締固め機械などについて整理しておく。各種の舗装については，適用箇所，機能，材料，構造による分類や特徴，排水，透水，騒音低減などの機能を有する舗装に関する施工上の留意点，環境負荷軽減効果などを理解しておく。

チェックポイント

■アスファルト混合物の敷均しと締固め

⑴敷均し

　アスファルト混合物はダンプカーで運搬し，所定の厚さが得られるように通常アスファルトフィニッシャにより敷均す。作業中に降雨があった場合は，敷均しを中止し，敷均し済みの混合物は速やかに締固める。

⑵締固め

- **締固め作業順序**：継目転圧 → 初転圧 → 二次転圧 → 仕上げ転圧
- **ローラと転圧**：ローラはアスファルトフィニッシャ側に駆動輪を向けて，横断勾配の低いところから高いところへ向かい，順次幅寄せをしながら転圧する。初転圧は一般に10〜12 t のロードローラ（速度2〜6 km/h）で2回（1往復）程度行う。二次転圧は，8〜20 t のタイヤローラ（速度6〜15km/h），又は6〜10 t の振動ローラ（速度3〜8 km/h）を用いる。

　　　　　　　　仕上げ転圧は，タイヤローラ又はロードローラを用いて2回（1往復）程度行うとよい。二次転圧に振動ローラを用いた場合は，タイヤローラを用いることが望ましい。

⑶アスファルト混合物の温度

　敷均し時の混合物の温度は粘度にもよるが，110℃を下回らないようにする。一般に初転圧温度は110〜140℃，二次転圧終了温度は70〜90℃である。交通開放時の舗装表面温度はおおむね50℃以下とする。寒冷期（5℃以下）の施工の場合，舗装現場の状況に応じて，混合物製造時の温度を普通の場合より若干高めとする。

■ 継目の施工

　舗装の継目部は締固めが不十分となりがちで，弱点となりやすく施工継目はなるべく少なくする。

(1)横継目：道路横断方向の継目であり平坦性が要求されるので，あらかじめ型枠を置いて所定の高さに正確に施工する。**上層と下層の継目は重ねないようにずらす。**

(2)縦継目：表層の縦継目の位置は，原則として**レーンマーク（センターライン）**に合わせるようにする。また，下層の継目と重ねないようにする。縦継目部の施工は図のように粗骨材を取り除いた新しい混合物を既設舗装に5cm程度重ねて敷均し，直ちにローラの駆動輪を15cm程度かけて転圧する。

縦継目部の施工

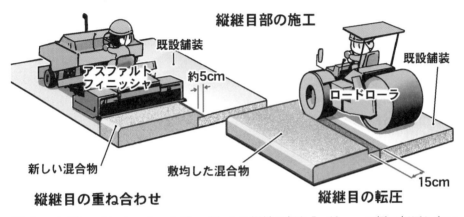

既設舗装

アスファルトフィニッシャ

約5cm

既設舗装

ロードローラ

新しい混合物

敷均した混合物

15cm

縦継目の重ね合わせ

縦継目の転圧

(3)ホットジョイント：ホットジョイントの縦継目部を5〜10cmの幅で転圧しないでおき，後続の混合物の締固め時に同時に転圧する。

ホットジョイントの施工

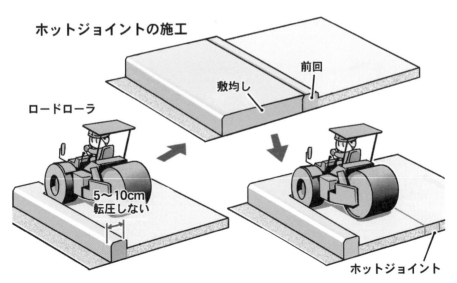

敷均し

前回

ロードローラ

5〜10cm
転圧しない

ホットジョイント

■ プライムコート

(1)施工方法

　瀝青安定処理を除く路盤の仕上がり後，速やかに路盤仕上がり面に瀝青材料を均一に散布する。瀝青材料は通常，アスファルト乳剤（ＰＫ-3）を用い，散布量は1〜2 L/m² が標準である。

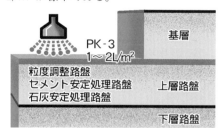
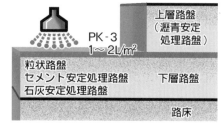

(2)プライムコートの役割と留意点

・路盤の上にアスファルト混合物を施工する場合は，路盤と混合物とのなじみをよくする。路盤の上にコンクリートを施工する場合は，路盤によるコンクリート中の水の吸収を防止する。

・路盤表面に浸透し，その部分を安定させるとともに路盤からの水分の蒸発を遮断する。

・降雨による路盤の洗掘または表面水の浸透などを防止する。

・寒冷期などには養生期間を短くするため，アスファルト乳剤を加温するとよい。

・アスファルト乳剤が路盤に浸透せず厚い皮膜ができたり養生が不十分な場合，上層の施工時にブリージングが生じたり，層間でくずれてひび割れが生じることがあるので留意する。

・散布後のアスファルト乳剤のはがれ及び施工機械などへの付着を防ぐために，必要最小限の砂を散布するとよい。

▲スプレーヤによるアスファルト乳剤の散布　▲ディストリビュータによるアスファルト乳剤の散布

■タックコート

(1)施工方法

　タックコートは，舗設するアスファルト混合物層下部層の瀝青安定処理層（路盤），基層表面などに瀝青材料を均一に散布するもので，瀝青材料は通常，アスファルト乳剤（PK-4）を用い，散布量は 0.3〜0.6 L/m² が標準である。

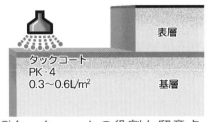
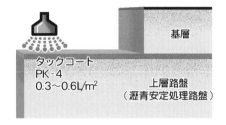

(2)タックコートの役割と留意点

・舗設するアスファルト混合物層と瀝青安定処理層（路盤），中間層及び基層表面との接着ならびに継目部や構造物との付着をよくする。

・寒冷期や急速施工の場合，アスファルト乳剤を加温する方法，所定量を 2 回に分けて散布する方法などがとられる。

・開粒度アスファルト混合物や改質アスファルト混合物を舗設する場合などで，特に強い層間接着力が必要な場合は，ゴム入りアスファルト乳剤（PKR-T）を用いる。

■各種の舗装

(1)概要と分類

　各種の舗装は，適用箇所，機能，構造によって分類することができ，その例を下表に示す。

分　類	名　　称
適用箇所別の分類	橋面舗装，トンネル内舗装，岩盤上の舗装，歩道及び自転車道等の舗装
機能別の分類	排水機能を有する舗装，透水機能を有する舗装，騒音低減機能を有する舗装，明色機能を有する舗装，色彩機能を有する舗装，すべり止め機能を有する舗装，凍結抑制機能を有する舗装，路面温度上昇抑制機能を有する舗装
材料別の分類	半たわみ性舗装，グースアスファルト舗装，ロールドアスファルト舗装，フォームドアスファルト舗装，砕石マスチック舗装，大粒径アスファルト舗装，ポーラスアスファルト舗装，インターロッキングブロック舗装，保水性舗装，遮熱性舗装，瀝青路面処理，表面処理，プレキャストコンクリート版舗装，薄層コンクリート舗装，小粒径骨材露出舗装，ポーラスコンクリート舗装，土系舗装
構造別の分類	フルデプスアスファルト舗装，サンドイッチ舗装，コンポジット舗装

(2)舗装の例とその特徴及び施工上の留意点概要

①**橋面舗装**：交通荷重や気候条件などに対する床版の保護と，交通車両の快適な走行性の確保を目的として設置される。一般にアスファルト混合物を用いることが多く，舗装構成は原則として基層及び表層の 2 層であり，床版と基層の間には接着層や防水層を設ける。

　　・グースアスファルト混合物は，一般に床版防水機能を有する舗装として鋼床版の基層に用いられ，この場合，防水層は省略することができる。

②**排水機能を有する舗装**：雨水などを路面に滞らせることなく，路側あるいは路肩等に排水する機能を有する舗装で，路面の凹凸やポーラスアスファルト混合物のような空隙率の高い材料を表層又は表・基層に用いる排水性舗装によって排水する。

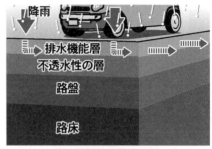

排水性舗装の構造の例

③**透水機能を有する舗装**：透水性を有する材料を用い，雨水を表層から基層，路盤に浸透させる構造の舗装であり，下水や河川への雨水流出抑制効果を有し，さらに，路床浸透型のものは地下水涵養効果も期待できる。

透水性舗装の構造の例

④**半たわみ性舗装**：空隙率の高い開粒度タイプの半たわみ性舗装用アスファルト混合物に，浸透用セメントミルクを浸透させたもので，耐流動性，明色性，耐油性等の性能がある。

  ・セメントミルクの注入は，一般に母体となるアスファルト混合物層の表面温度が50℃程度以下になってから行う。

⑤**保水性舗装**：保水機能を有する表層や表・基層に保水された舗装体内の水分の蒸発時に，気化潜熱を奪うことを利用して，路面温度上昇と蓄熱を抑制する舗装である。

⑥**ポーラスアスファルト舗装**：ポーラスアスファルト混合物を表層又は表・基層などに用いる舗装で高い空隙率を有する。雨水の路面下への速やかな浸透機能や路面騒音の発生抑制機能などがあり，**排水機能**を有する舗装，**透水機能**を有する舗装，**低騒音舗装**などに用いられる。

  ・ポーラスアスファルト舗装の仕上げ転圧には，タンデムローラとタイヤローラを用いる場合があるが，表面のきめを整えて混合物の飛散を防止するといった効果も期待して，**タイヤローラ**を使用することが多い。

 道路のアスファルト舗装の各種舗装の特徴に関する次の記述のうち，**適当でないもの**はどれか。

(1) 半たわみ性舗装は，空隙率の大きな開粒度タイプの半たわみ性舗装用アスファルト混合物に，浸透用セメントミルクを浸透させたものである。

(2) グースアスファルト舗装は，グースアスファルト混合物を用いた不透水性やたわみ性等の性能を有する舗装で，一般に鋼床版舗装等の橋面舗装に用いられる。

(3) ポーラスアスファルト舗装は，ポーラスアスファルト混合物を表層あるいは表・基層等に用いる舗装で，雨水を路面下に速やかに浸透させる機能を有する。

(4) 保水性舗装は，保水機能を有する表層や表・基層に保水された水分が蒸発する際の気化熱により路面温度の上昇を促進する舗装である。

R3年ANo.31

アスファルト舗装の各種舗装の特徴

(1) 半たわみ性舗装は，空隙率の大きな開粒度タイプの半たわみ性舗装用アスファルト混合物に，浸透用セメントミルクを浸透させたものであり，耐流動性，耐油性，明色性等の性能を有し，交差点部，バスターミナル，料金所付近等に適用される。　　　　　　　　　　　　　　　　　　よって，**適当である。**

(2) グースアスファルト舗装は，グースアスファルト混合物を用いた不透水性やたわみ性等の性能を有する舗装で，一般に鋼床版舗装等の橋面舗装に用いられるが，この場合，防水層を省略することができる。　よって，**適当である。**

(3) ポーラスアスファルト舗装は，ポーラスアスファルト混合物を表層あるいは表・基層等に用いる舗装で，空隙率が高いことから，雨水を路面下に速やかに浸透させる機能，路面とタイヤとの間で発生する音を低減させる機能等を有する。　　　　　　　　　　　　　　　　　　よって，**適当である。**

(4) 保水性舗装は，保水機能を有する表層や表・基層に保水された水分が蒸発する際の気化熱により，路面温度の上昇と蓄熱を抑制する効果のある舗装である。保水性舗装には，アスファルト舗装系保水性舗装の他に，コンクリート舗装系保水性舗装及びブロック舗装系保水性舗装がある。　　　　　　　　　よって，適当でない。

解答
(4)

道路のアスファルト舗装における表層及び基層の施工に関する次の記述のうち，**適当でないもの**はどれか。

(1) アスファルト混合物の敷均しは，使用アスファルトの温度粘度曲線に示された最適締固め温度を下回らないよう温度管理に注意する。

(2) アスファルト混合物の二次転圧は，適切な振動ローラを使用すると，タイヤローラを用いた場合よりも少ない転圧回数で所定の締固め度が得られる。

(3) 締固めに用いるローラは，横断勾配の高い方から低い方へ向かい，順次幅寄せしながら低速かつ一定の速度で転圧する。

(4) 施工の継目は，舗装の弱点となりやすいので，上下層の継目が同じ位置で重ならないようにする。

H30年ANo.29

アスファルト舗装における表層及び基層の施工

(1) アスファルト混合物の敷均しは，使用アスファルトの温度粘度曲線に示された最適締固め温度を下回らないよう温度管理に注意する。最適締固め温度より低い温度の状態で敷き均した場合，混合物層の密度不足が生じ，耐久性等の舗装性能が大きく低下する。　　　　　　　　　　よって，**適当である。**

(2) アスファルト混合物の二次転圧は，一般にタイヤローラで行うが振動ローラも用いる。適切な荷重，振動数及び振幅の振動ローラを使用すると，タイヤローラを用いた場合よりも少ない転圧回数で所定の締固め度が得られる。
　　　　　　　　　　　　　　　　　　　　　　　　　よって，**適当である。**

(3) 締固めに用いるローラは，一般にローラの駆動輪をアスファルトフィニッシャ側に向けて，横断勾配の低い方から高い方へ向かい，順次幅寄せしながら低速かつ一定の速度で転圧する。　　　　　　　　　　よって，適当でない。

(4) 施工の継目は舗装の弱点となりやすい。各層の継目の位置はあらかじめ定めておき，既設舗装の補修・拡幅の場合を除いて，上下層の継目が同じ位置で重ならないようにし，縦継目は，上・下線とも車輪の走行位置直下にしないようにする。　　　　　よって，**適当である。**

解答
(3)

問題3 道路のアスファルト舗装における基層・表層の施工（せこう）に関する次の記述のうち，**適当なもの**はどれか。

(1) アスファルト混合物の敷均し前（しきなら まえ）は，アスファルト混合物のひきずりの原因とならないように，事前にアスファルトフィニッシャのスクリードプレートを十分に湿らせておく。

(2) アスファルト混合物の敷均し時の余盛高は，混合物の種類や使用するアスファルトフィニッシャの能力により異なるので，施工実績がない場合は試験施工等によって余盛高を決定する。

(3) アスファルト混合物の転圧開始時は，一般にローラが進行する方向に案内輪を配置して，駆動輪が混合物を進行方向に押し出してしまうことを防ぐ。

(4) アスファルト混合物の締固め作業は，所定の密度が得られるように締固め，初転圧，二次転圧，継目転圧及び仕上げ転圧の順序で行う。

R4年ANo.29

アスファルト舗装における表層及び基層の施工

(1) アスファルト混合物の敷均し前は，アスファルト混合物のひきずりの原因とならないように，事前にアスファルトフィニッシャのスクリードプレートを十分に**加熱しておく。** よって，**適当でない。**

(2) アスファルト混合物の敷均し時の余盛高は，混合物の種類や使用するアスファルトフィニッシャの能力により異なるので，過去の実績あるいは試験施工により決定するが，施工実績がない場合には試験施工等によって余盛高を決定する。 よって，適当である。

(3) アスファルト混合物の転圧開始時は，一般にローラが進行する**アスファルトフィニッシャ側に駆動輪を向けて，**横断勾配の低い方から等速で転圧する。これは，案内輪よりも駆動輪の場合が転圧中に混合物を進行方向に押し出す傾向が小さく，その動きを最小にすることによる。 よって，**適当でない。**

(4) アスファルト混合物の締固め作業は，敷均し終了後，所定の密度が得られるように，**継目転圧，初転圧，二次転圧及び仕上げ転圧**の順序で行う。 よって，適当である。

解答 (2)

道路のポーラスアスファルト混合物の舗設に関する次の記述のうち，**適当でないもの**はどれか。

(1) 表層又は表・基層にポーラスアスファルト混合物を用い，その下の層に不透水性の層を設ける場合は，不透水性の層の上面の勾配や平たん性の確保に留意して施工する。

(2) ポーラスアスファルト混合物は，粗骨材が多いのですりつけが難しく，骨材も飛散しやすいので，すりつけ最小厚さは粗骨材の最大粒径以上とする。

(3) ポーラスアスファルト混合物の締固めでは，所定の締固め度を，初転圧及び二次転圧のロードローラによる締固めで確保するのが望ましい。

(4) ポーラスアスファルト混合物の仕上げ転圧では，表面のきめを整えて，混合物の飛散を防止する効果も期待して，コンバインドローラを使用することが多い。

R2年ANo.31

ポーラスアスファルト混合物の舗設

(1) 表層又は表・基層にポーラスアスファルト混合物を用い，その下の層に不透水性の層を設ける場合は，不透水性の層の上面の勾配や平たん性の確保に留意して施工する。さらに排水処理が必要な場合には，地下排水溝を設けるなど，速やかに排水路等へ排水できる構造とする。　　　よって，**適当である。**

(2) ポーラスアスファルト混合物は，粗骨材が多いのですりつけが難しく，骨材も飛散しやすいので，すりつけ最小厚さは粗骨材の最大粒径以上とする。すりつけ部の舗設にあたっては，混合物が飛散しないよう入念に行う。

よって，**適当である。**

(3) ポーラスアスファルト混合物の締固めは，供用後の耐久性及び機能性に大きく影響を及ぼし，所定の締固め度を，初転圧及び二次転圧のロードローラによる締固めで確保するのが望ましい。　よって，**適当である。**

(4) ポーラスアスファルト混合物の仕上げ転圧では，タンデムローラあるいはタイヤローラを使用するが，表面のきめを整えて，混合物の飛散を防止する効果も期待して，タイヤローラを使用することが多い。転圧回数は，2回（1往復）程度である。よって，**適当でない。**

タイヤローラ

解答 (4)

132

 **問題 5**　道路の排水性舗装に使用するポーラスアスファルト混合物の施工に関する次の記述のうち，**適当でないもの**はどれか。

(1)　橋面上に適用する場合は，目地部や構造物との接合部から雨水が浸透すると，舗装及び床版の強度低下が懸念されるため，排水処理に関しては特に配慮が必要である。

(2)　ポーラスアスファルト混合物は，粗骨材が多いのですりつけが難しく，骨材も飛散しやすいので，すりつけ最小厚さは粗骨材の最大粒径以上とする。

(3)　締固めは，ロードローラ，タイヤローラなどを用いるが，振動ローラを無振で使用してロードローラの代替機械とすることもある。

(4)　タックコートは，下層の防水処理としての役割も期待されており，原則としてアスファルト乳剤（PK−3）を使用する。

R元年A No.31

解説

ポーラスアスファルト混合物の施工

(1)　橋面上に適用する場合は，目地部や構造物との接合部から雨水が浸透すると，舗装及び床版の強度低下が懸念されるため，排水処理に関しては特に配慮が必要である。　　　　　　　　　　　　　　　　　　　よって，**適当である。**

(2)　ポーラスアスファルト混合物のすりつけ部の舗設にあたっては，混合物が飛散しないように入念に施工する。ポーラスアスファルト混合物は，粗骨材が多いのですりつけが難しく，骨材も飛散しやすいので，すりつけ最小厚さは粗骨材の最大粒径以上とする。　　　　　　　　　　　　　　よって，**適当である。**

(3)　締固めは，ロードローラ，タイヤローラなどを用いるが，振動ローラを無振で使用してロードローラの代替機械とすることもある。二次転圧には，一般に初転圧に使用される 10〜12 t のロードローラを用いるが，舗設条件に応じて 6〜10 t の振動ローラ（無振）を使用する場合もある。よって，**適当である。**

(4)　タックコートは，舗設するポーラスアスファルト混合物層とその下層との接着をよくするために，原則としてゴム入りアスファルト乳剤を使用する。散布量は，一般に 0.4〜0.6 L/m² を標準とし，排水性舗装の場合，下層の防水処理としての機能も期待される。

 解答

(4)

よって，適当でない。

Lesson 2 ④ 道路・舗装

133

④ 道路・舗装

④アスファルト舗装の補修

出題傾向

1. アスファルト舗装の補修に関する問題は，過去7年間で7回出題されている。
2. アスファルト舗装の補修工事（維持工事，修繕工事）の目的，補修工法の種類や内容，補修工法の選定に関する留意点などについて理解しておく。

チェックポイント

■補修の目的

アスファルトの補修は，主として全層に及ぶ構造的対策を目的とした補修工法と，機能的対策を目的とした表層の補修工法がある。主な補修工法を下図に示す。また，補修においても路面設計や構造設計が必要になることがあり，打換え工法，局部打換え工法，路上路盤再生工法，表層・基層打換え工法及びオーバーレイ工法の場合は構造設計が必要とされている。

		工 法 の 区 分		
		機能的対策		構造的対策
		予防的維持または応急的対策		
対策の及ぶ層の範囲	路盤以下まで・基層まで			路上路盤再生
			線状打換え	
				局部打換え
				打換え（再構築を含む）
			路上表層再生	
				オーバーレイ
			表層・基層打換え	
	表層のみ		薄層オーバーレイ・オーバーレイ	
			わだち部オーバーレイ	
		段差すり付け		
		パッチング		
		表面処理		
		シール材注入		
		切削		

■主に構造的対策を目的とする補修工法

(1)オーバーレイ工法：既設舗装の上に3cm以上15cm程度までの加熱アスファルト混合物層を舗設する工法。

(2)局部打換え工法：表層・基層打換え工法やオーバーレイ工法の際に，表層，基層，路盤などの局部的な不良箇所を打換える工法。

(3)打 換 え 工 法：既設舗装の路盤まで打換えるもので，路床の入れ換え，路床又は路盤の安定処理を計画する場合もある。

(4)そ　の　他
・**線状打換え工法**は，線状に発生したひび割れに沿って加熱アスファルト混合物層（瀝青安定処理層まで含む）を打換える工法。
・**路上路盤再生工法**は，既設アスファルト混合物層を現位置で路上破砕混合機などを用いて破砕し添加材料とともに混合し，締固めて安定処理路盤を構築する工法。

■ 主に機能的対策を目的とする補修工法
(1)わだち部オーバーレイ工法
　既設舗装のわだち掘れ部分のみに対し，加熱アスファルト混合物層を舗設する工法で，流動によるわだち掘れ箇所には適さない。
(2)薄層オーバーレイ工法
　既設舗装の上に，3 cm未満の加熱アスファルト混合物層を舗設する工法。
(3)路上表層再生工法
　既設アスファルト混合物層の加熱及びかきほぐしを現位置で行い，新規アスファルト混合物や再生用添加材料を必要に応じてこれに加え，混合し締固めて再生表層を構築する。
(4)予防的維持または応急的対策工法
・**切削工法**は，路面の凸部を切削除去し不陸や段差を解消する工法で，オーバーレイ工法や表面処理工法などの事前処理として行われることが多い。
・**表面処理工法**は，既設舗装の上に加熱アスファルト混合物以外の材料を用いて，厚さ3 cm未満の封かん層を設ける工法。
・**パッチング及び段差すり付け工法**は局部的な穴（ポットホール），くぼみ，段差などに対して加熱アスファルト混合物，または瀝青材料や樹脂結合材料系のバインダーを用いた常温混合物などを応急的に充填する工法。
・**シール材注入工法**は，比較的幅の広いひび割れに対して，注入目地材などを用いて充填する工法。

■ 工法の選定
(1)流動によるわだち掘れが大きい場合
　原因となっている層を除去せずにオーバーレイ工法を行うと再び流動する可能性があり，オーバーレイ工法よりも表層・基層打換え工法が望ましい。
(2)ひび割れの程度が大きい場合
　路床，路盤の破損の可能性が高いので，オーバーレイ工法より打換え工法が望ましい。
(3)路面のたわみが大きい場合
　路床，路盤に破損が生じている可能性があるので，安易にオーバーレイ工法を選定せずに路床，路盤などの調査を実施し，その原因を把握した上で工法の選定を行う。その状況によっては，打換え工法を選定する。

135

道路のアスファルト舗装における補修に関する次の記述のうち，**適当でないもの**はどれか。

(1) アスファルト舗装の流動によるわだち掘れが大きい場合は，その原因となっている層の上への薄層オーバーレイ工法を選定する。

(2) 加熱アスファルト混合物のシックリフト工法で即日交通開放する場合，交通開放後早期にわだち掘れを生じることがあるので，舗装の冷却等の対策をとることが望ましい。

(3) アスファルト舗装の路面のたわみが大きい場合は，路床，路盤等の開削調査等を実施し，その原因を把握した上で補修工法の選定を行う。

(4) オーバーレイ工法でリフレクションクラックの発生を抑制させる場合には，クラック抑制シートの設置や，応力緩和層の採用等を検討する。

R3年ANo.30

アスファルト舗装における補修工法

(1) アスファルト舗装の流動によるわだち掘れが大きい場合は，その原因となっている層を除去する表層・基層打換え工法等を選定する。表層・基層打換え工法は，構造設計が必要な補修工法の1つである。 **よって，適当でない。**

(2) 1層の仕上り厚が 10 cm を超える加熱アスファルト混合物のシックリフト工法で即日交通開放する場合，舗設した混合物の温度が下がらず，交通開放後早期にわだち掘れを生じることがあるので，舗装の冷却等の対策をとることが望ましい。 **よって，適当である。**

(3) アスファルト舗装の路面のたわみが大きい場合は，路床，路盤等の開削調査等を実施し，その原因を把握した上で補修工法の選定を行う。たわみの測定には，重錘落下による FWD 試験により路床，路盤等の評価を非破壊で行うことができる。 **よって，適当である。**

(4) オーバーレイ工法でリフレクションクラックの発生を抑制させる場合には，クラック抑制シートの設置や，砕石マスチック混合物，開粒度アスファルト混合物等を用いた応力緩和層の採用等を検討する。

よって，**適当である。**

解答 (1)

問題 2 道路のアスファルト舗装における補修工法に関する次の記述のうち，**適当でないもの**はどれか。

(1) 鋼床版上にて表層・基層打換えを行うときは，事前に発錆状態_{（はっせいじょうたい）}を調査しておき，発錆の程度に応じた経済的な表面処理を施して，舗装と床版の接着性を確保する。

(2) 線状打換え工法で複数層の施工を行うときは，既設舗装の撤去にあたり，締固めを行いやすくするため，上下層の撤去位置_{（せこう）}を合わせる。

(3) 既設舗装上に薄層オーバーレイ工法を施工するときは，舗設厚さが薄いため混合物の温度低下が早いことから，寒冷期等には迅速な施工を行う。

(4) ポーラスアスファルト舗装を切削オーバーレイ工法で補修するときは，切削面に直接雨水等が作用することから，原則としてゴム入りアスファルト乳剤を使用する。

R4年ANo.30

解説

アスファルト舗装における補修工法

(1) 鋼床版上にて表層・基層打換えを行うときは，事前に発錆状態を調査しておく。錆は鋼床版と舗装の密着性を損なうのみならず，ブリスタリングの発生原因ともなるので，発錆の程度に応じた経済的な表面処理を施して，舗装と床版の接着性を確保する。　　　　　　　　　　　　　　　　**よって，適当である。**

(2) 打換え工法，局部打換え工法，線状打換え工法で複数層の施工を行うときは，施工継目の重複を避けるとともに，既設舗装の撤去にあたり，締固めを行いやすくするため，上の層ほど広く撤去する。　　　　　　　　**よって，適当でない。**

(3) 薄層オーバーレイ工法は，予防的維持工法として用いられることもあり，既設舗装の上に厚さ 3 cm 未満の薄層で加熱アスファルト混合物を舗設する工法である。既設舗装上に薄層オーバーレイ工法を施工するときは，舗設厚さが薄いため混合物の温度低下が早いことから，寒冷期等には迅速な施工を行う。

よって，適当である。

(4) 切削オーバーレイ工法は，既設舗装の破損した層を切削除去し，ポーラスアスファルト混合物を舗設する工法である。ポーラスアスファルト舗装を切削オーバーレイ工法で補修するときは，切削面に直接雨水等が作用することから，原則としてゴム入りアスファルト乳剤（PKR−T）を使用する。　　　　　　　**よって，適当である。**

解答　(2)

4 道路・舗装
専門土木
⑤コンクリート舗装

1. 過去7年間では，コンクリート舗装の施工方法の種類及びそれらの特徴に関する問題が3回，セットフォーム工法の施工に関する問題及びコンクリート舗装の補修に関する問題が各2回出題されている。
2. コンクリート舗装版の構造，施工方法，養生方法，表面仕上げの方法，補修方法などについて理解しておく。

チェックポイント

■コンクリート舗装版の構造

コンクリート舗装版の構造例を下図に示す。

(1)遮断層：コンクリート舗装の路床では設計CBRが2の場合，路床最上部に路床の一部として厚さ15～30cm程度の遮断層を設ける。

(2)中間層：耐水性と耐久性などを目的とし，路盤の上部に厚さ4cmを標準として密粒度アスファルト混合物を用いて構築する。舗装計画交通量Tが1,000台/日以上の場合に設けることが多い。

■コンクリート舗装版の種類と特徴

コンクリート舗装に用いられるコンクリート版には標準的なものとして，普通コンクリート版，連続鉄筋コンクリート版及び転圧コンクリート版がある。

(1)普通コンクリート版：コンクリートを振動締固めによって締固め，コンクリート版とする。荷重伝達を図るためのダウエルバーなどを用いた膨張目地，横収縮目地及びタイバーを用いた縦目地を設ける。原則として鉄網及び縁部補強鉄筋を用いる。鉄網は径6mmの異形棒鋼を用いた3kg/m²のものを標準とし，表面からコンクリートの版厚の1/3の位置に挿入する。鉄網は，コンクリート版のひび割れの発生，発生後の開きの予防及び抑制のために用いる。縦方向の目地部などの縁部には，径13mmの異形棒鋼を3本用いて補強する。

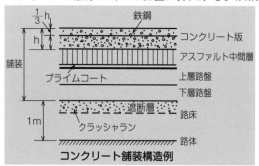

コンクリート舗装構造例

施工工程：荷おろし（コンクリート）→敷均し→鉄網及び縁部補強鉄筋の設置→締固め→荒仕上げ→平坦仕上げ→粗面仕上げ→養生

(2)連続鉄筋コンクリート版

コンクリート打設箇所にあらかじめ横方向鉄筋とその上に縦方向鉄筋を連続的に敷設しておき，コンクリートを振動締固めによって締固め，コンクリート版とする。横収縮目地は設けない構造で，横ひび割れは連続した縦方向鉄筋で分散させる。

施工工程：鉄筋の設置→荷おろし→敷均し→締固め→荒仕上げ→平坦仕上げ→粗面仕上げ→養生

(3)転圧コンクリート版

単位水量の少ない硬練りコンクリートを，アスファルト舗装用の舗設機械を用いた転圧締固めによってコンクリート版とするもの。一般に横収縮目地，膨張目地，縦目地などを設置するが，ダウエルバー及びタイバーは使用しない。

施工工程：荷おろし→敷均し→締固め→養生

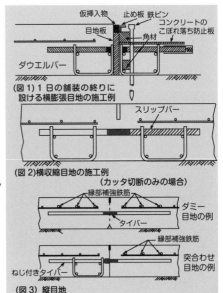

（図1）1日の舗装の終りに設ける横膨張目地の施工例

（図2）横収縮目地の施工例（カッタ切断のみの場合）

（図3）縦目地

■ **施工方法**

(1)**セットフォーム工法**：あらかじめ路盤上あるいは中間層上に設置した型枠内にコンクリートを舗設する方法で，**普通コンクリート版及び連続鉄筋コンクリート版**に適用される。粗均し，締固め・整形，表面仕上げ機械などが編成され，型枠上のレールを走行する。

(2)**スリップフォーム工法**：型枠を用いず，敷均し，締固め及び平坦仕上げの一連作業を行う専用のスリップフォームペーバを用いて舗設する。**連続鉄筋コンクリート版**及び鉄網などを用いない普通コンクリート版の場合に適用される。

(3)**転圧工法**：締固め能力の高いアスファルトフィニッシャによって硬練りコンクリートを敷均し，振動ローラ，タイヤローラなどの転圧によって締固める舗設方法で，**転圧コンクリート版**に適用される。

■ **コンクリート版の目地**

目地はコンクリート版の膨張，収縮，そりなどを軽減するために設ける。

(1)**横目地**：1日の舗設の終わりに設ける横膨張目地（**図1**）と横収縮目地（**図2**）がある。横膨張目地はダウエルバー，チェア及びクロスバーを組み込んだバーアッセンブリを用い，目地溝に目地材を注入する構造を標準とし，横収縮目地はスリップバーを用いたダミー目地を標準とする。

(2)**縦目地**：縦目地はタイバーを入れたダミー目地または新旧版を継ぐための突合せ目地とする。突合せ目地の場合は，ネジ付きタイバーを用いたバーアッセンブリを設置する。タイバーは目地を横断して挿入される異形棒鋼で，目地が開いたり，くい違ったりするのを防ぐ機能がある。（**図3**）

■ **養 生**

(1)**初期養生**：初期養生はコンクリート版の表面仕上げ直後から後期養生ができるまでの間，コンクリート表面の急激な乾燥を防止するために行う。コンクリート表面に養生材を噴霧散布する**膜養生が一般的**で，三角屋根養生を併用する場合がある。

(2)**後期養生**：初期養生に引き続き，水分の蒸発や急激な温度変化を防ぐために行う。養生マットでコンクリート版表面を覆い散水により湿潤状態を保つもので，**初期養生より効果が大きい。**

 **問題 1** 道路のコンクリート舗装の補修工法に関する次の記述の うち，**適当でないもの**はどれか。

(1) グルービング工法は，雨天時のハイドロプレーニング現象の抑制やすべり抵抗性の改善等を目的として実施される工法である。

(2) バーステッチ工法は，既設コンクリート版に発生したひび割れ部に，ひび割れと直角の方向に切り込んだカッタ溝に目地材を充填して両側の版を連結させる工法である。

(3) 表面処理工法は，コンクリート版表面に薄層の舗装を施工して，車両の走行性，すべり抵抗性や版の防水性等を回復させる工法である。

(4) パッチング工法は，コンクリート版に生じた欠損箇所や段差等に材料を充填して，路面の平坦性等を応急的に回復させる工法である。

R3年ANo.32

 **解説**

コンクリート舗装の補修工法

(1) グルービング工法は，グルービングマシンを用いて路面に溝を切り込み，雨天時のハイドロプレーニング現象の抑制やすべり抵抗性の改善等を目的として実施される工法である。　　　　　　　　　　**よって，適当である。**

(2) バーステッチ工法は，既設コンクリート版に発生したひび割れ部に，ひび割れと直角の方向に切り込んだカッタ溝を設け，その中に異形棒鋼あるいはフラットバー等の鋼材を埋設して，ひび割れの両側の版を連結させる工法である。　　　　　　　　　　　　　　　　　　　　　**よって，適当でない。**

(3) 表面処理工法は，コンクリート版にはがれや表面付近のヘアークラック等が生じた場合，コンクリート版表面に薄層の舗装を施工して，車両の走行性，すべり抵抗性や版の防水性等を回復させる工法である。　　**よって，適当である。**

(4) パッチング工法は，コンクリート版に生じた欠損箇所や段差等に材料を充填して，路面の平坦性等を応急的に回復させる工法である。使用するパッチング材料にはセメント系，アスファルト系，樹脂系等があるが，コンクリートとパッチング材料との付着を確実にすることが肝要である。

　　　　　　　　　　よって，適当である。

 解答 (2)

道路の各種コンクリート舗装に関する次の記述のうち，**適当でないもの**はどれか。

(1) 転圧コンクリート版は，単位水量の少ない硬練りコンクリートを，アスファルト舗装用の舗設機械を使用して敷き均し，ローラによって締め固める。

(2) 連続鉄筋コンクリート版は，横方向鉄筋上に縦方向鉄筋をコンクリート打設直後に連続的に設置した後，フレッシュコンクリートを振動締固めによって締め固める。

(3) プレキャストコンクリート版は，あらかじめ工場で製作したコンクリート版を路盤上に敷設し，必要に応じて相互のコンクリート版をバー等で結合して築造する。

(4) 普通コンクリート版は，フレッシュコンクリートを振動締固めによってコンクリート版とするもので，版と版の間の荷重伝達を図るバーを用いて目地を設置する。

R4年ANo.32

各種コンクリート舗装

(1) 転圧コンクリート版は，単位水量の少ない硬練りコンクリートを，高い締固め能力を有するアスファルト舗装用の舗設機械であるアスファルトフィニッシャを使用して敷き均し，振動ローラ及びタイヤローラ等によって締め固める。
よって，適当である。

(2) 連続鉄筋コンクリート版は，横方向鉄筋上に縦方向鉄筋をコンクリート打設前に連続的に設置した後，フレッシュコンクリートを振動締固めによって締め固める。鉄筋の組立ては，あらかじめ路盤上，あるいはアスファルト中間層上に鉄筋を組み立てる地組方式と，工場で組み立てておいた鉄筋を舗設しながら設置する方式などがあるが，一般的に地組方式による場合が多い。 よって，適当でない。

(3) プレキャストコンクリート版は，あらかじめ工場で製作しておいたコンクリート版を路盤上に敷設し，必要に応じて相互の版をバー等で結合して築造する舗装であり，施工後早期に交通開放ができるため修繕工事に適している。プレキャストコンクリート版にはプレストレストコンクリート（PC）版，及び鉄筋コンクリート（RC）版がある。 **よって，適当である。**

(4) 普通コンクリート版は，フレッシュコンクリートを振動締固めによってコンクリート版とするもので，通常の場合，版と版の間の荷重伝達を図るダウェルバーを用いた横収縮目地と膨張目地を設置し，タイバーを用いた縦目地も設置する。

解答
(2)

よって，適当である。

141

出題傾向

1. 過去7年間では，ダムの基礎掘削に関する問題が1回，基礎処理（グラウチング）に関する問題が5回出題されている。
2. ダムのタイプと基礎岩盤の掘削と仕上げ方法，ならびにグラウチングの種類と目的及び方式について理解しておく。

チェックポイント

■ ダムの分類

材料と構造による概要

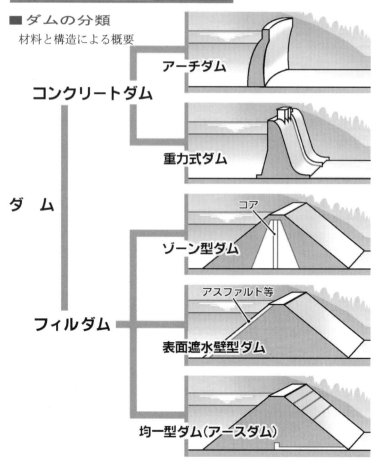

コンクリートダム

アーチダム
水圧などの力をアーチ作用により両岸部と河床部の岩盤に伝える。

重力式ダム
荷重は堤体と岩盤との間の剪断力で受け持つ。

ダム

フィルダム

コア

ゾーン型ダム

アスファルト等

表面遮水壁型ダム

重力式コンクリートダムよりも堤敷幅が広く，基礎岩盤の剪断強度，不同沈下の制約条件が少なく必ずしも堅硬な基礎岩盤を必要としない。

均一型ダム（アースダム）

■ダムの種類と基礎掘削

コンクリートダムの場合は，強度及び変形が問題になるが，フィルダムでは基礎地盤に対する応力が少ないので主に透水性が重視される。

(1)重力式ダム

堤体底面に接する基礎岩盤は，堤体底面の応力に耐えることが条件であり，計画掘削面は現状に合わせた変更があり得る。

(2)アーチダム

アーチダムは3次元的に連続した構造であり，部分的に予想しない硬岩があっても断面の修正はせず，計画掘削面まで掘削する。

(3)ゾーン型フィルダムタイプ

遮水ゾーン（コア）の下部では透水防止の面からグラウチング処理が可能な岩盤まで掘削することが望ましく，その他の堤敷部では地山の緩んだ部分を取り除くようにする。

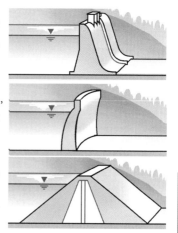

■グラウチングの種類と目的

(1)コンソリデーショングラウチング

コンクリートダムの着岩部付近における浸透路長の短い部分を対象にして，カーテングラウチングの効果と相まって遮水性を改良すること，及び断層・破砕帯，強風化岩，変質帯などの不均一な変形を生じるおそれのある弱部を補強することならびにフィルダム洪水吐きの岩着部付近の遮水性を改良することを目的とする。

(2)ブランケットグラウチング

ロックフィルダムの基礎地盤において，浸透路長が短いコアゾーン（遮水部）着岩部付近を対象にカーテングラウチングの効果と相まって遮水性を改良する。

(3)カーテングラウチング

基礎岩盤及びにリム部の地盤の浸透路長が短い部分，及び貯水池外への水みちを形成するおそれのある高透水部を対象に，遮水性を改良する。

(4)その他のグラウチング

コンクリートダム堤体と基礎岩盤の接触面，またはフィルダムの通廊などのコンクリート部と基礎地盤の接触部に生じた間隙の閉塞を目的にした**コンタクトグラウチング**，カーテングラウチング施工時のセメントミルクのリーク防止を目的とする**補助カーテングラウチング**などがある。

 **問題1** ダムの基礎処理に関する次の記述のうち，**適当でないもの**はどれか。

(1) ステージ注入工法は，最終深度まで一度削孔した後，下位ステージから上位ステージに向かって1ステージずつ注入する工法である。

(2) ダム基礎グラウチングの施工法には，ステージ注入工法とパッカー注入工法のほかに，特殊な注入工法として二重管式注入工法がある。

(3) 重力式ダムで遮水性改良を目的とするコンソリデーショングラウチングの孔配置は，規定孔を格子状に配置し，中央内挿法により施工するのが一般的である。

(4) カーテングラウチングは，ダムの基礎地盤及びリム部の地盤において，浸透路長が短い部分と貯水池外への水みちとなるおそれのある高透水部の遮水性の改良が目的である。

R3年A No.33

ダムの基礎処理

(1) ダム基礎グラウチングの施工法は，ステージ工法を標準とする。ステージ注入工法は，注入孔の全長を 5 m 程度の長さのステージに分割し，上位から下位のステージに向かって削孔と注入を交互に行って施工する工法で，ほとんどのダムで採用されている。なお，設問の記述内容は，パッカー注入工法の説明である。 **よって，適当でない。**

(2) ダム基礎グラウチングの施工法には，ステージ注入工法とパッカー注入工法のほかに，特殊な注入工法として二重管式注入工法がある。ダム基礎グラウチングは，本来，硬岩によって構成される亀裂性の地盤を対象にしているが，砂礫地盤等の未固結地盤や風化の著しい地盤の場合は，二重管ダブルパッカー注入工法や，地中連続壁，土質ブランケット等の他の工法を視野に入れて検討する。 **よって，適当である。**

(3) 重力式ダムで遮水性改良を目的とするコンソリデーショングラウチングの孔配置は，規定孔を格子状に配置し，施工の途中段階で改良状況の評価ができる中央内挿法により施工するのが一般的である。 **よって，適当である。**

(4) カーテングラウチングは，ダムの基礎地盤及びリム部の地盤において，浸透路長が短い部分と貯水池外への水みちとなるおそれのある高透水部の遮水性の改良が目的であり，孔長の比較的長いグラウチングである。 **よって，適当である。**

解答 (1)

　　　　　ダムの基礎掘削に関する次の記述のうち，**適当でないもの**はどれか。

(1)　基礎掘削は，掘削計画面より早く所要の強度の地盤が現れた場合には掘削を終了し，逆に予期しない断層や弱層などが現れた場合には，掘削線の変更や基礎処理を施さなければならない。

(2)　掘削計画面から 3 m 付近の粗掘削は，小ベンチ発破工法やプレスプリッティング工法などにより施工し，基礎地盤への損傷を少なくするよう配慮する。

(3)　仕上げ掘削は，一般に掘削計画面から 50 cm 程度残した部分を，火薬を使用せずに小型ブレーカや人力により仕上げる掘削で，粗掘削と連続して速やかに施工する。

(4)　堤敷外の掘削面は，施工中や完成後の法面の安定性や経済性を考慮するとともに，景観や緑化にも配慮して定める必要がある。　　　　　　H30年ANo.33

ダムの基礎掘削

(1)　重力式コンクリートダムの基礎掘削は，掘削計画面より早く所要の強度の地盤が現れた場合には掘削を終了する。逆に予期しない断層や弱層などが現れた場合には，掘削線の変更や基礎処理を施さなければならない。アーチ式コンクリートダムの場合は，ダム本体の応力分布や基礎地盤の作用応力を変化させるので，掘削計画面より早く所要の強度の地盤が現れても掘削計画面どおりに施工するのが一般的である。　　　　　　　　　　　　よって，**適当である。**

(2)　粗掘削は，一般にベンチカット工法による爆破掘削が用いられる。掘削計画面から 3 m 付近の粗掘削は，小ベンチ発破工法やプレスプリッティング工法などにより施工し，基礎地盤への損傷を少なくするよう配慮する。

　　　　　　　　　　　　　　　　　　　　　　　　よって，**適当である。**

(3)　仕上げ掘削は，一般に掘削計画面から50 cm程度残した部分を，火薬を使用せずに小型ブレーカや人力により基礎岩盤に損傷を与えないよう丁寧に仕上げる掘削である。施工時期は粗掘削とは切り離して行われ，着岩面の劣化防止の面から堤体盛立あるいはコンクリート打設直前に施工されることが多い。

　　　　　　　　　　　　　　　　　　　　　　　　よって，適当でない。

(4)　堤敷外の掘削面は，施工中や完成後の法面の安定性，経済性，施工性などを考慮するとともに，景観や緑化など環境面にも配慮して定める必要がある。　　　　よって，**適当である。**

解答
(3)

145

Lesson 2

5 ダム ②ダムの施工

専門土木

出題傾向

1. 過去7年間では，ダムコンクリートの特徴に関する問題が3回，RCD工法に関する問題が2回，フィルダムの施工，ダムコンクリートの打込み，及びダムの施工法に関する問題が各1回出題されている。
2. RCD工法，拡張レヤー工法及び各種ダム工法の特徴，ダムコンクリートの特徴及び打設，フィルダムの施工上の留意点などを理解しておく。

チェックポイント

■コンクリートの打設面，打継面の処理

(1)**着岩面の処理**：コンクリートの着岩面ではウォータジェットなどによる浮石，岩クズの除去，開口亀裂の充填，断層などに対する置換を行い，コンクリート打設に際しては標準厚さ2cmの敷モルタルを施す。

(2)**コンクリートの打ち継面の処理**：一般にはウォータジェットを用いたグリーンカットにより表面のレイタンスの除去を行い，コンクリート打設に際しては標準厚さ1.5cmの敷モルタルを施す。

■コンクリートダムの施工

(1)**柱状工法**：収縮目地により区切られた隣接区画と高低差をつけて打ち上げていく。

①**コンクリートの打込み方式**：ブロック方式と縦継目を作らないレヤー方式がある。

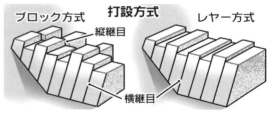

②**コンクリートの打込み**：リフト厚は，一般に1.5〜2.0mで打設間隔は5日間隔（中4日），岩着部などのハーフリフトの場合は0.75〜1.0mで3日間隔（中2日）とする。

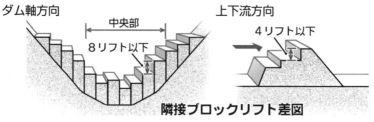

隣接ブロックリフト差図

(2)**面状工法**：合理化施工として，堤体全体に大きな高低差をつけず，平面状に打ち上げていく。

　①**拡張レヤー工法（ELCM工法）**：通常のダムコンクリートを用いて，複数区画を同時に打設する。比較的狭いヤードでの効率がよく，中・小規模のダムに適している。

　②**RCD工法**：ゼロスランプの **RCDコンクリート**を用いて，複数区画を同時に打設する。打設面が広く，ダムの規模が大きいほど有利である。

■RCD工法

(1)特　　徴

　コンクリートの冷却時間，全面レヤーによる打設能率の向上，ダンプトラックなどによる運搬効率の向上，敷均し・締固め，グリーンカット，目地切りなどの機械化と連続施工による大幅な工期短縮，型枠不使用などの省力化により飛躍的な合理化がなされている。

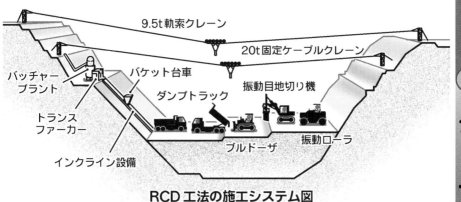

RCD工法の施工システム図

(2)在来工法との比較

項　　目	在　来　工　法	Ｒ　Ｃ　Ｄ　工　法
コンクリート	軟練（普通配合）	超硬練（貧配合）
冷　　　却	パイプクーリング	プレクーリング（必要な場合）
打 設 方 法	ブロック方式	全面レヤー方式
横　継　目	型枠で形成	振動目地切り機により造成
運　　　搬	バケット	ダンプ，インクライン
敷　均　し	人　力	ブルドーザ
締　固　め	振動棒（バイブレータ）	振動ローラ
試　　　験	スランプ試験	ＶＣ試験

147

 **問題 1**　ダムのコンクリートの打込みに関する次の記述のうち，**適当でないもの**はどれか。

(1)　RCD 用コンクリートの練混ぜから締固めまでの許容時間は，ダムコンクリートの材料や配合，気温や湿度などによって異なるが，夏季では 5 時間程度，冬季では 6 時間程度を標準とする。

(2)　柱状ブロック工法でコンクリート運搬用のバケットを用いてコンクリートを打込む場合は，バケットの下端が打込み面上 1 m 以下に達するまで下ろし，所定の打込み場所にできるだけ近づけてコンクリートを放出する。

(3)　RCD 工法は，超硬練りコンクリートをブルドーザで敷き均し，0.75 m リフトの場合には 3 層に，1 m リフトの場合には 4 層に敷き均し，振動ローラで締め固めることが一般的である。

(4)　柱状ブロック工法におけるコンクリートのリフト高は，コンクリートの熱放散，打設工程，打継面の処理などを考慮して 0.75～2 m を標準としている。

H30年ANo.34

ダムのコンクリートの打込み

(1)　RCD 用コンクリートの練混ぜから締固めまでは，できるだけ速やかに行う。その許容時間は，ダムコンクリートの材料や配合，気温や湿度などによって異なるが，夏季では 3 時間程度，冬季では 4 時間程度を標準とする。

　　　　　　　　　　　　　　　　　　　　　　　　　　　よって，**適当でない**。

(2)　柱状ブロック工法でコンクリート運搬用のバケットを用いてコンクリートを打込む場合は，バケットの下端が打込み面上 1 m 以下に達するまで下ろし，所定の打込み場所にできるだけ近づけてコンクリートを放出する。原則として，少なくとも 1 ブロックのコンクリートは連続して打込まなければならない。

　　　　　　　　　　　　　　　　　　　　　　　　　　　よって，**適当である**。

(3)　RCD 工法は，超硬練りコンクリートをブルドーザで敷き均し，締固め後の 1 層の敷均し厚さは 25 cm 程度としている場合が多い。0.75 m リフトの場合には 3 層に，1 m リフトの場合には 4 層に敷き均し，振動ローラで締め固めるのが一般的である。　　　　　　　　　　　　　　　　　　よって，**適当である**。

(4)　柱状ブロック工法におけるコンクリートのリフト高は標準リフト 1.5～2 m としているが，コンクリートの熱放散，打設工程，打継面の処理などを考慮して 0.75～2 m を標準としている。コンクリートの打設間隔はリフト高 0.75～1 m（ハーフリフト）の場合は中 3 日，1.5～2 m（標準リフト）の場合は中 5 日が標準である。　　よって，**適当である**。

解 答
(1)

 **問題 2**　重力式コンクリートダムで各部位のダムコンクリートの配合区分と必要な品質に関する次の記述のうち，**適当なもの**はどれか。

(1)　構造用コンクリートは，水圧などの作用を自重で支える機能を持ち，所要の単位容積質量と強度が要求され，大量施工を考慮して，発熱量が小さく，施工性に優れていることが必要である。

(2)　内部コンクリートは，所要の水密性，すりへり作用に対する抵抗性や凍結融解作用に対する抵抗性が要求される。

(3)　着岩コンクリートは，岩盤との付着性及び不陸のある岩盤に対しても容易に打ち込めて一体性を確保できることが要求される。

(4)　外部コンクリートは，鉄筋や埋設構造物との付着性，鉄筋や型枠などの狭あい部への施工性に優れていることが必要である。

R2年ANo.34

ダムコンクリートの配合区分

(1)　**内部コンクリート**は，水圧などの作用を自重で支える機能を持ち，所要の単位容積質量と強度が要求され，大量施工を考慮して，発熱量が小さく，施工性に優れていることが必要である。　　　　　　　　よって，**適当でない。**

(2)　**外部コンクリート**は，所要の水密性，すりへり作用に対する抵抗性や凍結融解作用に対する抵抗性が要求される。　　　　　　　　よって，**適当でない。**

(3)　着岩コンクリートは，岩盤との付着性及び不陸のある岩盤に対しても容易に打ち込めて一体性を確保できることが要求される。基本的に内部コンクリートと同じ機能，目的を持つ。　　　　　　　　　　　　よって，適当である。

(4)　**構造用コンクリート**は，鉄筋や埋設構造物との付着性，鉄筋や型枠などの狭あい部への施工性に優れていることが必要である。　　　　　よって，**適当でない。**

解答
(3)

149

 フィルダムの施工に関する次の記述のうち, **適当でないも**
のはどれか。

(1) 遮水ゾーンの盛立面に遮水材料をダンプトラックで撒き出すときは, できる
だけフィルタゾーンを走行させるとともに, 遮水ゾーンは最小限の距離しか走
行させないようにする。

(2) フィルダムの基礎掘削は, 遮水ゾーンと透水ゾーン及び半透水ゾーンとでは
要求される条件が異なり, 遮水ゾーンの基礎の掘削は所要のせん断強度が得ら
れるまで掘削する。

(3) フィルダムの遮水性材料の転圧用機械は, 従来はタンピングローラを採用
することが多かったが, 近年は振動ローラを採用することが多い。

(4) 遮水ゾーンを盛り立てる際のブルドーザによる敷均しは, できるだけダム軸
方向に行うとともに, 均等な厚さに仕上げる。

R元年A No.34

フィルダムの施工

(1) 遮水ゾーンの盛立面に遮水材料をダンプトラックで撒き出すときは, でき
るだけフィルタゾーンを走行させるとともに, 遮水ゾーンは最小限の距離しか
走行させないものとする。ダンプトラックの走行で過度に締め固まった部分は,
レーキドーザなどでかき起しを行う。 よって, **適当である。**

(2) フィルダムの基礎掘削は, 遮水ゾーンと透水ゾーン及び半透水ゾーンとでは
要求される条件が異なる。遮水ゾーンの基礎では止水性と変形性が重視され,
遮水ゾーン以外の基礎では支持力とせん断強度が要求される。基礎掘削は, 一
般に遮水ゾーンでは十分な遮水性が期待できる岩盤まで掘削し, 透水ゾーンで
は所要のせん断強度が得られるまで地山の緩んだ部分を取り除く程度の掘削を
行う。 よって, 適当でない。

(3) フィルダムの遮水性材料の転圧用機械は, 従来はタンピングローラを採用す
ることが多かったが, 近年は振動ローラを採用することが多い。

よって, **適当である。**

(4) 遮水ゾーンを盛り立てる際のブルドーザによる敷均しは, できるだけダム軸
方向に行うとともに, 均等な厚さに仕上げることが必要である。撒出しは, 排
水を考慮して上下方向に2%程度の勾配をつけてもよい。

解 答

よって, **適当である。**

(2)

Lesson 2

6 トンネル ①トンネル掘削と支保工の施工

専門土木

Lesson 2 6 トンネル

出題傾向
1. 過去7年間では，トンネルの山岳工法における，支保工の施工に関する問題が4回，掘削方式・掘削工法に関する問題が3回，切羽安定対策工や補助工法に関する問題が2回，地山とトンネルの挙動や変位計測に関する問題が1回出題されている。
2. 山岳トンネルの掘削工法，支保工の施工と用途効果，掘削に伴う挙動と変位計測，補助工法などについて理解しておく。

チェックポイント

■トンネルの施工方法の概要

掘削方式としては人力掘削，爆破掘削及び機械掘削がある。掘削にあたっては，一般に全断面を一挙に掘削するのが能率的であるが，切羽の自立性によって断面を分割して掘削する場合が多い。掘削工法としては，全断面工法，ベンチカット工法，中壁分割工法，導坑先進工法などがある。

■掘削にあたっての留意点

（切羽が自立しない場合の切羽の安定対策）

切羽の安定対策としては，一般的には単位掘進長の短縮，リングカット，一次閉合，適用された支保パターン内での変更などの安定対策方法が採用される。

■支保工の構成

山岳トンネルの支保工はNATM工法が標準的で，主に吹付けコンクリート，ロックボルト，鋼製支保工で構成されている。

■NATM工法

地山からの圧力は，地山自体が持っている強度で支持させる工法で，リング構造を形成しトンネル支保工としての安定を得る。

(1)吹付け工法

吹付け面は，凹凸を少なくするようにする。支保効果，内圧効果，リング閉合効果，外力配分効果などの効果がある。

(2)ロックボルト

縫付け効果，はり形成効果，内圧効果，アーチ形成効果などの効果がある。

(3)鋼製支保工

吹付け工と一体化することにより，支保機能を高める。

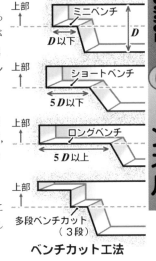

ベンチカット工法

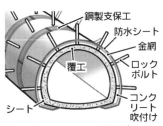

NATM（ナトム）工法

 **問題 1** トンネルの山岳工法における補助工法に関する次の記述のうち，**適当でないもの**はどれか。

(1) 切羽安定対策のための補助工法は，断層破砕帯，崖錐(がんすい)等の不良地山で用いられ，天端部(てんばぶ)の安定対策としてフォアポーリングや長尺フォアパイリングがある。

(2) 地下水対策のための補助工法は，地下水が多い場合に，穿孔(せんこう)した孔を利用して水を抜き，水圧，地下水位を下げる方法として，止水注入工法がある。

(3) 地表面沈下対策のための補助工法は，地表面の沈下に伴う構造物への影響抑制のために用いられ，鋼管の剛性によりトンネル周辺地山を補強するパイプルーフ工法がある。

(4) 近接構造物対策のための補助工法は，既設構造物とトンネル間を遮断し，変位の伝搬や地下水の低下を抑える遮断壁工法がある。

R3年ANo.35

 **解 説**

山岳工法における補助工法

(1) 切羽安定とは，一般に切羽近傍の安定を総じていい，安定対策は対象箇所によって，天端部の安定対策，鏡面の安定対策，脚部の安定対策に分けられる。切羽安定対策のための補助工法は，断層破砕帯，崖錐等の不良地山で用いられ，天端部の安定対策としてフォアポーリングや長尺フォアパイリングがある。

よって，**適当である。**

(2) 地下水対策のための補助工法は，地下水が多い場合に，穿孔した孔を利用して水を抜き，水圧，地下水位を下げる方法として，排水工法の1つである**水抜きボーリング工法**が一般的である。なお，止水注入工法は，排水工法による地下水位の低下や枯渇に対して，周辺環境の面で制約を受ける場合等に適用される止水工法の1つである。 よって，適当で**ない**。

(3) 地表面沈下対策のための補助工法は，地表面の沈下に伴う構造物への影響抑制のために用いられ，鋼管の剛性によりトンネル周辺地山を補強するパイプルーフ工法がある。その他，地表面沈下を抑制するための工法として，長尺フォアパイリング工法，水平ジェットグラウト工法，スリットコンクリート工法，垂直縫地工法等がある。 よって，**適当である。**

(4) 近接構造物対策のための補助工法には，既設構造物とトンネル間を鋼矢板・鋼管杭・柱列杭等によって遮断し，変位の伝搬や地下水の低下を抑える遮断壁工法がある。その他，近接構造物対策のための補助工法には，地盤の強化・改良工法，及び既設構造物補強工法がある。 よって，**適当である。**

解 答
(2)

問題2 トンネルの山岳工法における掘削の施工に関する次の記述のうち，**適当でないもの**はどれか。

⑴ 全断面工法は，小断面のトンネルや地質が安定した地山で採用され，施工途中での地山条件の変化に対する順応性が高い。

⑵ 補助ベンチ付き全断面工法は，全断面工法では施工が困難となる地山において，ベンチを付けて切羽の安定をはかり，上半，下半の同時施工により掘削効率の向上をはかるものである。

⑶ 側壁導坑先進工法は，側壁脚部の地盤支持力が不足する場合や，土被りが小さい土砂地山で地表面沈下を抑制する必要のある場合などに適用される。

⑷ ベンチカット工法は，全断面では切羽が安定しない場合に有効であり，地山の良否に応じてベンチ長を決定する。

R2年ANo.35

山岳工法における掘削の施工

⑴ 全断面工法は，小断面のトンネルや地質が安定した地山で採用され，大型機械が使用可能で，切羽が1箇所に集中することから作業性はよいが，施工途中での地山条件の変化に対する順応性が低い。他の掘削工法への変更を行った場合は，作業効率が低下することになる。　　　　　　　　　　よって，**適当でない。**

⑵ 補助ベンチ付き全断面工法は，全断面工法では施工が困難となる地山において，ベンチを付けて切羽の安定をはかり，上半，下半の同時施工により掘削効率の向上をはかるものである。上半，下半の同時併進で，機械化による省力化急速施工に有利である。　　　　　　　　　　　　　　　よって，**適当である。**

⑶ 側壁導坑先進工法は，側壁導坑を先に掘進し，その後に上半部の掘削を行う工法で，側壁脚部の地盤支持力が不足する場合や，土被りが小さい土砂地山で地表面沈下を抑制する必要のある場合などに適用される。よって，**適当である。**

⑷ ベンチカット工法は，一般に上部半断面と下部半断面に分割して掘削する工法で，全断面では切羽が安定しない場合に有効であり，地山の良否に応じてベンチ長を決定する。ベンチの長さによってロングベンチ，ショートベンチ及びミニベンチに分けられる。　　　　　　　よって，**適当である。**

解答
⑴

153

問題3 トンネルの山岳工法における支保工の施工に関する次の記述のうち，**適当でないもの**はどれか。

(1) 吹付けコンクリートは，覆工コンクリートのひび割れを防止するために，吹付け面にできるだけ凹凸を残すように仕上げなければならない。

(2) 支保工の施工は，周辺地山の有する支保機能が早期に発揮されるよう掘削後速やかに行い，支保工と地山をできるだけ密着あるいは一体化させることが必要である。

(3) 鋼製支保工は，覆工の所要の巻厚を確保するために，建込み時の誤差などに対する余裕を考慮して大きく製作し，上げ越しや広げ越しをしておく必要がある。

(4) ロックボルトは，ロックボルトの性能を十分に発揮させるために，定着後，プレートが掘削面や吹付け面に密着するように，ナットなどで固定しなければならない。

R元年A No.35

山岳工法における支保工の施工

(1) 吹付けコンクリートの施工は，地山応力が円滑に伝達されるようにするため，吹付け面には地山の凹凸を埋めるように仕上げなければならない。鋼製支保工がある場合には，地山応力を鋼製支保工に均等に伝達させるために，鋼製支保工の背面に空隙を残さないように注意して吹付ける必要がある。

よって，適当でない。

(2) 支保工の施工は，周辺地山の有する支保機能が早期に発揮されるよう掘削後速やかに行い，支保工と地山をできるだけ密着あるいは一体化させ，地山を安定させることが必要である。 よって，**適当である。**

(3) 鋼製支保工は，掘削後あるいは一次吹付コンクリート施工後，速やかに所定の位置に正確に建て込み，覆工の所要の巻厚を確保する。そのため，建込み時の誤差などに対する余裕を考慮して大きく製作し，上げ越しや広げ越しをしておく必要がある。 よって，**適当である。**

(4) ロックボルトは，ロックボルトの性能を十分に発揮させ，所定の定着力を得るために，定着後，プレートが掘削面や吹付け面に密着するように，ナットなどで固定しなければならない。ロックボルトにプレストレスを導入する場合は，定着材が十分な耐力を発揮できる材齢を確認したうえで締め付け，所定の軸力を導入する。

解答
(1)

よって，**適当である。**

Lesson 2

6 トンネル ②トンネル覆工

出題傾向

1. 過去7年間では，トンネルの覆工に関する問題は4回出題されている。
2. トンネル覆工の区分，打設方法，インバートコンクリートの施工方法などについて理解しておく。

チェックポイント

■ トンネル覆工の区分

トンネル覆工はアーチ部，側壁部及びインバート部からなるが，地山の状態が良好な場合にはインバートは用いられないことがある。覆工コンクリートは，一般的には無筋構造であるが，坑口や膨潤性地山などで大きな圧力や荷重を受ける場合は，鉄筋コンクリート構造とすることがある。

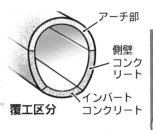

覆工区分

■ 型枠工

型枠工は，一般的には移動式型枠が用いられ，急曲線や拡幅部では組立式型枠が用いられる。一（単位）打設長は，コンクリートの温度収縮や乾燥収縮を考慮して 9～12 m が一般的である。長大トンネルの場合 15～18 m の移動式型枠が用いられる場合がある。

■ 覆工コンクリートの打設

(1)覆工の打設順序

覆工は全断面打設で行うのが一般的であるが，側壁導坑先進工法の場合は側壁コンクリートを先行打設し，後から重複して全断面を打設する場合と，側壁コンクリートを仕上げ面とする場合がある。

(2)覆工の施工時期

覆工は，内空変位が収束した後に施工する

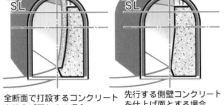

側壁部覆工例（側壁導坑先進工法）

ことを原則とするが，膨潤性地山の場合は閉合を得るため早期に打設する場合がある。

(3)ひび割れの防止

凹凸のある掘削面や吹付けコンクリート面にシート類を張り付け，拘束を避けることにより，細かい亀裂の発生を防ぐ必要がある。

■ インバートコンクリートの打設

(1)インバート後打ち方式：安定した地山の場合や小断面トンネルで用いられる。

(2)インバート先打ち方式：早期の閉合が必要な膨潤性地山や大断面トンネルで用いられる。

(3)全巻き方式：圧力トンネルなどで，インバートを含めて全断面を同時に施工する。

155

 トンネルの山岳工法における覆工コンクリートの施工に関する次の記述のうち，**適当でないもの**はどれか。

⑴ 覆工コンクリートの施工は，原則として，トンネル掘削後に地山の内空変位が収束したことを確認した後に行う。

⑵ 覆工コンクリートの打込みは，つま型枠を完全に密閉して，ブリーディング水や空気がもれないようにして行う。

⑶ 覆工コンクリートの締固めは，コンクリートのワーカビリティーが低下しないうちに，上層と下層が一体となるように行う。

⑷ 覆工コンクリートの型枠の取外しは，打込んだコンクリートが自重などに耐えられる強度に達した後に行う。

R2年ANo.36

トンネルの山岳工法における切羽安定対策

⑴ 覆工コンクリートの施工は，原則として，トンネル掘削後，支保工により地山の内空変位が収束したことを確認した後に行う。膨張性地山の場合には，変位収束を待たずに早期に覆工を施工する場合もある。　　よって，**適当である。**

⑵ 覆工コンクリートの打込みは，空隙が残らないようにコンクリートを完全に充填して締め固めることが重要である。コンクリートは，つま型枠の開口部からブリーディング水や空気を排除しながら連続して打ち込み，空隙が発生しそうな部分には空気抜き等の対策を講じる。　　よって，適当でない。

⑶ 覆工コンクリートの締固めは，内部振動機を用いることを原則とし，コンクリートのワーカビリティーが低下しないうちに，上層と下層が一体となるように行う。　　よって，**適当である。**

⑷ 覆工コンクリートの型枠の取外しは，その時期が早すぎると，覆工コンクリートのひび割れ発生や表面仕上り不良などの有害な影響を及ぼすので，打込んだコンクリートが自重などに耐えられる強度に達した後に行う。

よって，**適当である。**

(2)

Lesson 2
7 海岸
専門土木
①海岸堤防

出題傾向	1. 過去7年間では,海岸堤防に関する問題が5回出題されている。 2. 傾斜堤,緩傾斜堤などの海岸堤防(護岸)の構造型式や基準値,根固工などの各構成部及び海上工事に関する施工上の留意点などについて理解しておく。

チェックポイント

■海岸堤防の型式

表勾配が 1:1 未満のものを直立堤,1:1 以上のものを傾斜堤といい,そのうち 1:3 以上のものを緩傾斜堤という。

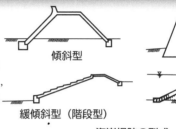

海岸堤防の型式

傾斜型 / 直立型 / 緩傾斜型(階段型) / 混成型

■海岸堤防の構造と施工

海岸堤防は堤体工,基礎工,根固工,表のり被覆工,波返工,天端被覆工,裏のり被覆工などからなり,これらが一体となって堤防として機能する。

(1)堤 体 工:盛土材料は多少粘土を含む砂質,砂礫質の用土を原則とし,厚さ 30 cm 程度ごとに締固める。

(2)表のり被覆工:コンクリート被覆式が一般的で,厚さは標準 50 cm 以上とする。

(3)波 返 工:堤防天端からの高さは 1 m 以下とし,天端幅は 50 cm 以上とする。

(4)天端被覆工:天端幅は原則として 3 m 以上とし,直立型重力式堤防の場合は 1 m 以上とする。

■緩傾斜堤の構造と施工

緩傾斜堤は地盤が悪く不同沈下のおそれがある場合に用いられてきたが,最近は反射波を小さくして侵食を助長させない目的で侵食性の海岸でも用いられている。また,海岸の利用やアクセスの面から採用される例も増えてきている。

(1)緩傾斜堤の構造

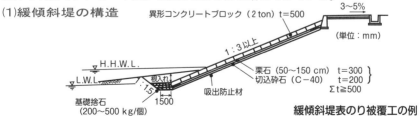

異形コンクリートブロック(2 ton) t=500

3~5%

(単位:mm)

H.H.W.L.
L.W.L.
1:3 以上
根入れ

栗石(50~150 cm) t=300
切込砕石(C-40) t=200 } Σt≧500

吸出防止材

基礎捨石(200~500 kg/個)
1500
1:5

緩傾斜堤表のり被覆工の例

(2)裏 込 め 工

裏込め工の厚さは 50 cm 以上とし,汀線付近における吸出しを予防するため,上層から下層へ徐々に粒径を小さくしてかみ合わせをよくする。

問題1 海岸の潜堤・人工リーフの機能や特徴に関する次の記述のうち，**適当でないもの**はどれか。

(1) 潜堤・人工リーフは，その天端水深，天端幅により堤体背後への透過波が変化し，波高の大きい波浪はほとんど透過し，小さい波浪を選択的に減衰させるものである。

(2) 潜堤・人工リーフは，天端が海面下であり，構造物が見えないことから景観を損なわないが，船舶の航行，漁船の操業等の安全に配慮しなければならない。

(3) 人工リーフは天端水深をある程度深くし，反射波を抑える一方，天端幅を広くすることにより，波の進行に伴う波浪減衰を効果的に得るものである。

(4) 潜堤は天端幅が狭く，天端水深を浅くし，反射波と強制砕波によって波浪減衰効果を得るものである。

R4年ANo.38

 **潜堤・人工リーフの機能や特徴**

(1) 潜堤・人工リーフは，波浪の静穏化，沿岸の漂砂制御機能があり，その天端水深，天端幅により堤体背後への透過波が変化し，小さな波浪はほとんど透過し，波高の大きな波浪を選択的に減衰させる機能がある。

よって，適当でない。

(2) 潜堤・人工リーフは，天端が海面下であり，構造物が見えないことから景観を損なわないが，船舶の航行，漁船の操業等の安全に配慮しなければならない。漁船等の船舶が近隣で操業する場合においては，潜堤・人工リーフの位置がわかるように，必要に応じて標識などを設置することもある。

よって，**適当である。**

(3) 人工リーフは天端水深をある程度深くし，反射波を抑える一方，天端幅を通常では 20～50 m 程度と広くすることにより，波の進行に伴う波浪減衰を効果的に得るものである。 よって，**適当である。**

(4) 潜堤は通常天端幅が数 m と狭く，天端水深を浅くし，反射波と強制砕波によって波浪減衰効果を得るものであり，養浜砂の流出を抑制する砂止めとして用いられることも多い。 よって，**適当である。**

解答
(1)

海岸の傾斜型護岸の施工<ruby>施工<rt>せ こう</rt></ruby>に関する次の記述のうち，**適当でないもの**はどれか。

(1) 傾斜型護岸は，堤脚位置が海中にある場合には<ruby>汀線<rt>ていせん</rt></ruby>付近で吸出しが発生することがあるので，層厚を厚くするとともに上層から下層へ粒径を徐々に小さくして施工する。

(2) 吸出し防止材を用いる場合には，裏込め工の下層に設置し，裏込め工下部の砕石等を省略して施工する。

(3) <ruby>表法<rt>おもてのり</rt></ruby>に設置する裏込め工は，現地盤上に栗石・砕石層を 50 cm 以上の厚さとして，十分安全となるように施工する。

(4) 緩傾斜護岸の<ruby>法面勾配<rt>のりめんこうばい</rt></ruby>は 1：3 より緩くし，<ruby>法尻<rt>のりじり</rt></ruby>については先端のブロックが波を反射して洗掘を助長しないように，ブロックの先端を同一勾配で地盤に根入れして施工する。

R3年ANo.37

海岸の傾斜型護岸の施工

(1) 傾斜型護岸は，堤脚位置が海中にある場合には汀線付近で吸出しが発生することがあるので，裏込めの層厚を厚くするとともに上層から下層へ粒径を徐々に小さくし，かみ合わせを良くして施工する。　　　　よって，**適当である。**

(2) 裏込め材料は，一般的に栗石，雑石，砕石又はフトン籠が用いられ，吸出し防止材を併用する場合もある。吸出し防止材を用いる場合には，裏込め工の下層に設置する必要がある。吸出し防止材を用いても，その代替えとして裏込め工下部の砕石等を省略することはできないことに注意する必要がある。
　　　　　　　　　　　　　　　　　　　　　　　　よって，適当でない。

(3) 表法に設置する裏込め工は，現地盤上に栗石・砕石層を 50 cm 以上の厚さとして，十分安全となるように施工する。裏込め工には，現地盤の地耐力の強化，浸透水や浸出水に対するフィルターとしての機能がある。

　　　　　　　　　　　　　　　　　　　　　　　　よって，**適当である。**

(4) コンクリートブロック張式法被覆工の場合，緩傾斜護岸の法面勾配は 1：3より緩くし，法尻については先端のブロックが波を反射して洗掘を助長しないように，ブロックの先端を水平に設置せず，法面と同一勾配で地盤に根入れして施工する。　　　　よって，**適当である。**

解 答
(2)

Lesson 2
7 海 岸
専門土木
②消波工及び海岸侵食対策工

出題傾向

1. 過去7年間では，潜堤・人工リーフについて4回，養浜について3回，離岸堤について2回出題され，消波工に関する出題はない。
2. 突堤（ヘッドランド），離岸堤，潜堤・人工リーフ，養浜などの海岸侵食対策工及び消波工について，構造と機能，施工上の留意点などを理解しておく。

チェックポイント

■ 消波工の構造と施工

消波工は，消波工の持つ表面の摩擦力と内部の空隙により，波の持つエネルギーを減衰させて打ち上げや高波圧を減少させるもので，次のような必要条件がある。

①表面粗度が大きいこと。

②波の規模に応じた適度の空隙を持つこと。

③波の水量の一部を貯留する，ある程度の容量を持つこと。

④堤防（波返し工）天端は消波工天端よりも1m以上高い位置になるようにすること。

⑤波力に対して安定していること。

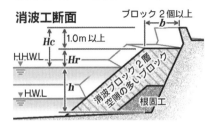

消波ブロックの一例

写真提供：photolibrary

160

■海岸侵食対策工の種類と特徴

　海岸侵食は風，波，潮流などにより，海岸の砂・砂礫の供給量よりも流出量の方が多く，海岸が徐々に後退していく現象である。海岸侵食の対策方法には**突堤，離岸堤，養浜**などがある。

(1)**突堤**：海岸線に直角方向に海側に細長く突出して設置される堤体で，沿岸漂砂を制御することにより汀線を維持する。漂砂下手側では侵食が生じるので，通常は一定の間隔で数本から数十本設置する。捨石又は捨てブロックによる透過式のものと，方塊ブロック類を積み上げる積みブロックによる不透過式のものがある。施工順序は漂砂下手側から着手し，計画対象地域での過度な漂砂の減少を避けるようにするのが一般的である。

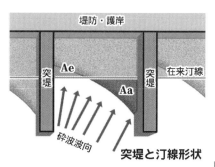

突堤と汀線形状

(2)**離岸堤**：汀線から離れた沖合いに海岸線と平行に設置される構造物で，消波及び波高減衰効果と汀線漂砂の制御による背後（陸側）での堆砂効果がある（トンボロの形成）。漂砂の方向が一定せず沖合い方向への砂の移動が多い所では，突堤よりも離岸堤の方が望ましい。

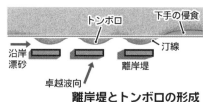

離岸堤とトンボロの形成

(3)**養浜・潜堤（人工リーフ）・ヘッドランド（人工岬）**

　侵食対策だけではなく利用や環境保全の面から，養浜（人工海浜）に突堤，離岸堤，潜堤等を補助的に設ける方式やヘッドランドの採用が見られるようになってきている。

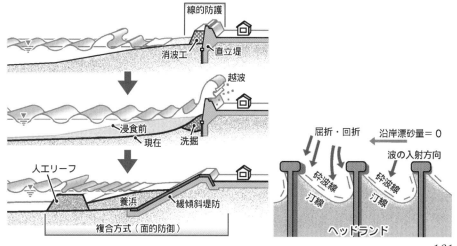

161

 海岸堤防の根固工の施工に関する次の記述のうち，**適当でないもの**はどれか。

(1) 異形ブロック根固工は，適度のかみ合わせ効果を期待する意味から天端幅は最小限2個並び，層厚は2層以上とすることが多い。

(2) 異形ブロック根固工は，異形ブロック間の空隙が大きいため，その下部に空隙の大きい捨石層を設けることが望ましい。

(3) 捨石根固工を汀線付近に設置する場合は，地盤を掘り込むか，天端幅を広くとることにより，海底土砂の吸い出しを防止する。

(4) 捨石根固工は，一般に表層に所要の質量の捨石を3個並び以上とし，中詰石を用いる場合は，表層よりも質量の小さいものを用いる。

R4年ANo.37

根固工の施工

(1) 捨石根固工に代わってコンクリートブロック根固工が広く採用されており，コンクリートブロックとしては，異形ブロックが多く用いられている。異形ブロック根固工は，適度のかみ合せ効果を期待する意味から天端幅は異形ブロックが最小限2個並び，層厚は2層以上とすることが多い。よって，**適当である。**

(2) 異形ブロックを用いた根固工は，異形ブロック間の空隙が大きいため，堤脚付近の土砂が運び去られるのを防止する意味で，その下部に空隙の少ない捨石層を設けることが望ましい。　　　　　　　　　よって，適当でない。

(3) 捨石根固工は中詰石を用いる方法と，同重量の捨石を用いる場合がある。捨石根固工を汀線付近に設置する場合は，いずれの場合も原地盤を1m以上掘り込むか，天端幅を広くとることにより，海底土砂の吸い出しを防止する。

よって，**適当である。**

(4) 捨石根固工は，一般に表層に所要の質量の捨石を3個並び以上とし，中詰石を用いる場合は，表層の1/10〜1/20程度の質量の小さいものを用い，海底をカバーして海底土砂が持ち去られるのを防ぐ。　　　よって，**適当である。**

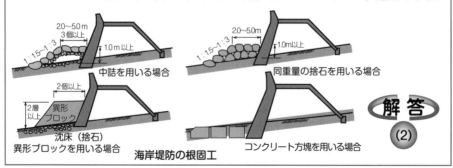

海岸堤防の根固工

解答 (2)

 離岸堤に関する次の記述のうち，**適当でないもの**はどれか。

(1) 砕波帯付近に離岸堤を設置する場合は，沈下対策を講じる必要があり，従来の施工例からみればマット，シート類よりも捨石工が優れている。

(2) 開口部や堤端部は，施工後の波浪によってかなり洗掘されることがあり，計画の1基分はなるべくまとめて施工することが望ましい。

(3) 離岸堤は，侵食区域の下手側（漂砂供給源に遠い側）から設置すると上手側の侵食傾向を増長させることになるので，原則として上手側から着手し，順次下手に施工する。

(4) 汀線が後退しつつある区域に護岸と離岸堤を新設する場合は，なるべく護岸を施工する前に離岸堤を設置し，その後に護岸を設置するのが望ましい。

H30年A No.37

離岸堤の施工

(1) 砕波帯付近に離岸堤を設置する場合は，沈下対策を講じる必要がある。従来の施工例からみればマット，シート類は破損する例もあるので，捨石工を用いる方法が優れている。比較的浅い水深に設置する場合は，前面の洗掘がそれほど大きくないと考えられるので，マットやシート類などの基礎工がある程度効果を発揮するものと期待できる。　　　　　　　　　　　　よって，**適当である。**

(2) 離岸堤の開口部や堤端部は，施工後の波浪によってかなり洗掘されることがあり，計画の1基分はなるべくまとめて施工することが望ましい。また，開口部や堤端部の正面位置にあたる汀線付近は波が収れんすることがあり，考慮しておく。　　　　　　　　　　　　　　　　　　　　　よって，**適当である。**

(3) 離岸堤の施工順序については，侵食区域の上手側（漂砂供給源に近い側）から設置すると下手側の侵食傾向を増長させることになるので，原則として下手側から着手し，順次上手に施工する。一般に離岸堤の下手側は侵食されやすいので，注意を要する。　　　　　　　　　　　　　　　　　　よって，適当でない。

(4) 離岸堤は，汀線から離れた沖側にほぼ汀線に平行に設置され，波高の減衰効果によりトンボロを発生させて前浜の前進を図る機能がある。汀線が後退しつつある区域に護岸と離岸堤を新設する場合は，なるべく護岸を施工する前に離岸堤を設置し，その後に護岸を設置するのが望ましい。　　　　　　　　　　　　　　　　　　　　　よって，**適当である。**

解答
(3)

問題3 養浜の施工に関する次の記述のうち，**適当でないもの**はどれか。

(1) 養浜の施工方法は，養浜材の採取場所，運搬距離，社会的要因などを考慮して，最も効率的で周辺環境に影響を及ぼさない工法を選定する。

(2) 養浜材として，養浜場所にある砂より粗い材料を用いた場合には，その平衡勾配が小さいために沖向きの急速な移動が起こり，汀線付近での保全効果は期待できない。

(3) 養浜材として，浚渫土砂などの混合粒径土砂を効果的に用いる場合や，シルト分による海域への濁りの発生を抑えるためには，あらかじめ投入土砂の粒度組成を調整することが望ましい。

(4) 養浜の陸上施工においては，工事用車両の搬入路の確保や，投入する養浜砂の背後地への飛散など，周辺への影響について十分検討し，慎重に施工する。

H30年A No.38

養浜の施工

(1) 養浜には計画海浜形状の諸元を確保するための静的養浜と，流入土砂量を増加させて諸元を確保するための動的養浜がある。養浜の施工方法は，養浜材の採取場所，運搬距離，社会的要因などを考慮して，最も効率的で周辺環境に影響を及ぼさない工法を選定する。　　　　　　　　　よって，**適当である。**

(2) 養浜材として，養浜場所にある砂より粗い粒径の材料を用いた場合には，その平衡勾配が大きいために岸向きの急速な移動が生じ，汀線付近に帯状に堆積することにより，効率的に汀線を前進させることができる。現況と同じ粒径の細砂を用いた場合，沖合部の海底面を保持する上で役立つものの，汀線付近での保全効果は期待できない。　　　　　　　　　よって，適当でない。

(3) 養浜材として，浚渫土砂などの混合粒径土砂を効果的に用いる場合や，シルト分による海域への濁りの発生を抑えるためには，あらかじめ投入土砂の粒度組成を調整することが望ましい。また，周辺海域における定期的な水質観測の実施など，環境への影響を監視する。　　　　　　　　　よって，**適当である。**

(4) 養浜の陸上施工においては，工事用車両の搬入路の確保や，投入する養浜砂の背後地への飛散など，周辺への影響について十分検討し，慎重に施工する。特に動的養浜の場合は継続的なものとなるので，投入頻度とその能率，及び周辺環境に及ぼす影響などに対して十分な配慮が必要である。　　　よって，**適当である。**

解答
(2)

Lesson 2
8 港湾 ①防波堤

 専門土木

出題傾向

1. 過去 7 年間では，港湾の防波堤の施工及び港湾構造物の基礎捨石に関して各 2 回，ケーソンの施工（製作・進水，曳航・据付等）に関して 3 回出題されている。
2. 港湾における防波堤の種類と構造，施工法，基礎捨石，ケーソンの施工などについて理解しておく。

チェックポイント

■ 港湾の防波堤の種類と特徴

(1) **傾斜堤**：比較的波が小さく水深の浅い場所で用いられ，斜面における砕波作用により波のエネルギーを分散する方式である。

(2) **直立堤**：地盤が強固で洗掘の影響を受けるおそれのない場所で用いられ，波のエネルギーを垂直壁で反射させる方式である。
　　ケーソン式，ブロック式，コンクリート単塊式などがあるが，一般にケーソン式が用いられる。

(3) **混成堤**：傾斜堤と直立堤の要素と特徴を兼ね備えており，水深の深い場所に適している。
　　捨石部の上に直立壁を設け，一体化して防波堤とする。施工管理は複雑であるが，直立壁は一般にケーソンが広く用いられている。

(4) **消波ブロック被覆堤**：直立堤，混成堤の前面に消波ブロックを設置したもの。

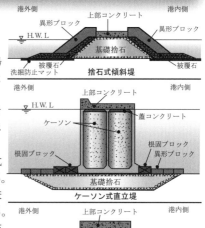

捨石式傾斜堤

ケーソン式直立堤

ケーソン式混成堤（砂地盤）

■ 防波堤の施工 （ケーソン式混成防波堤の場合）

(1) **基礎工**：基礎地盤が軟弱な場合は，基礎置換工法などの地盤改良工を採用する。

(2) **基礎捨石工**：100〜500 kg／個程度の割石

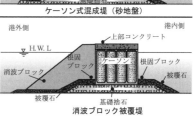

消波ブロック被覆堤

を用いて築造し，仕上げ精度は基礎のり面で基準面に対して ±30 cm（荒均し）程度とし，天端面では ±5 cm（本均し）である。捨石部の勾配は，港外側で 1：2〜1：3，港内側は 1：1.5〜1：2 とするのが一般的である。

(3) **被覆石工**：基礎捨石が洗掘を受けるのを防止するため，1t／個程度の被覆石を用いて標準に敷き均す。

(4) **本体工**：ケーソンヤードで製作したケーソンを進水，仮置き，曳航，据付け，中詰，蓋コンクリート，上部工の順で施工する。

165

Lesson 2 8 港湾

(5)**根固工**：捨石基礎天端のケーソン据付け基部の洗掘防止を目的とし，根固工はケーソン据付け後，できるだけ早い時期に行う。

(6)**被覆ブロック工**：外海に面した防波堤では，港外側の被覆石工上にさらにコンクリートブロックによる被覆工を設置する。

 問題1 港湾の防波堤の施工に関する次の記述のうち，**適当でないもの**はどれか。

(1) 傾斜堤は，施工設備が簡単であるが，直立堤に比べて施工時の波の影響を受け易いので，工程管理に注意を要する。

(2) ケーソン式の直立堤は，本体製作をドライワークで行うことができるため，施工が確実であるが，荒天日数の多い場所では海上施工日数に著しい制限を受ける。

(3) ブロック式の直立堤は，施工が確実で容易であり，施工設備も簡単であるなどの長所を有するが，各ブロック間の結合が十分でなく，ケーソン式に比べ一体性に欠ける。

(4) 混成堤は，水深の大きい箇所や比較的軟弱な地盤にも適し，捨石部と直立部の高さの割合を調整して経済的な断面とすることができるが，施工法及び施工設備が多様となる。

R元年A No.39

解説

港湾の防波堤の施工

(1) 傾斜堤は，波による洗掘に対しては比較的順応性があり，施工設備や工程の面で施工管理が容易である。直立堤の場合，使用材料が比較的少量で済むが，傾斜堤の場合は，水深が大きくなれば多量の材料と労力が必要になる。

よって，**適当でない**。

(2) ケーソン式の直立堤は，堤体全体が一体で波力に対して強く，本体製作をドライワークで行うことができる。施工が確実で海上施工日数の短縮が可能であるが，ケーソンの製作設備や施工設備に相当な工費を要するとともに，荒天日数の多い場所では海上施工日数に著しい制限を受ける。　よって，**適当である**。

(3) ブロック式の直立堤は，施工が確実で容易であり，施工設備も簡単であるなどの長所を有するが，各ブロック間の結合が十分でなくケーソン式に比較すると一体性に欠ける。　　　　　　　　　　　　よって，**適当である**。

(4) 混成堤は，捨石部の上に直立堤を設けたもので傾斜堤と直立堤の特徴を兼ねている。水深の大きい箇所や比較的軟弱な地盤にも適し，捨石部と直立部の高さの割合を調整して経済的な断面とすることができるが，施工法及び施工設備が多様となる。一般に，基礎工，本体工，根固工，上部工の順に施工する。よって，**適当である**。

解答
(1)

 港湾構造物の基礎捨石の施工(せこう)に関する次の記述のうち，**適当でないもの**はどれか。

(1) 捨石に用いる石材は，台船，グラブ付運搬船（ガット船），石運船等の運搬船で施工場所まで運び投入する。

(2) 捨石の均(なら)しには荒均しと本均しがあり，荒均しは直接上部構造物と接する部分を整える作業であり，本均しは直接上部構造物と接しない部分を堅固な構造とする作業である。

(3) 捨石の荒均しは，均し基準面に対し凸部と凹部の差があまり生じないように，石材の除去や補充をしながら均す作業で，面がほぼ揃うまで施工する。

(4) 捨石の本均しは，均し定規を使用し，大きい石材で基礎表面を形成し，小さい石材を間詰めに使用して緩みのないようにかみ合わせて施工する。

R3年A No.39

港湾構造物の基礎捨石の施工

(1) 捨石に用いる石材は，一般に台船，グラブ付自航運搬船（ガット船），石運船（底開式，グラブ付）等の運搬船で，積出し基地から施工場所まで運び投入する。
よって，適当である。

(2) 捨石の均しには荒均しと本均しがあり，荒均しは直接上部構造物と接しない部分を整える作業であり，本均しは直接上部構造物と接する部分を堅固な構造とする作業である。捨石均しの役割には，港湾構造物本体直立部への反力を均等にし，十分な支持力をもたせること，港湾構造物本体直立部に作用する水平力に見合う摩擦力を生じ得ること，波浪を受けた場合も散乱しないこと等がある。
よって，適当でない。

(3) 捨石の荒均しは，均し基準面に対し凸部と凹部の差があまり生じないように，凸部では石材の除去，凹部では補充をしながら均す作業で，面がほぼ揃うまで施工する。
よって，適当である。

(4) 捨石の本均しは，均し定規を使用し，仕様による石材料のうち，大きい石材で基礎表面を形成し，小さい石材を間詰めに使用して緩みのないようにかみ合わせて施工する。**よって，適当である。**

解答
(2)

167

問題3 ケーソンの施工に関する次の記述のうち，**適当でないも**のはどれか。

(1) ケーソン製作に用いるケーソンヤードには，斜路式，ドック式，吊り降し方式等があり，製作函数，製作期間，製作条件，用地面積，土質条件，据付現場までの距離，工費等を検討して最適な方式を採用する。

(2) ケーソンの据付けは，函体が基礎マウンド上に達する直前でいったん注水を中止し，最終的なケーソン引寄せを行い，据付け位置を確認，修正を行ったうえで一気に注水着底させる。

(3) ケーソン据付け時の注水方法は，気象，海象の変わりやすい海上の作業を手際よく進めるために，できる限り短時間で，かつ，隔室ごとに順次満水にする。

(4) ケーソンの中詰作業は，ケーソンの安定を図るためにケーソン据付け後直ちに行う必要があり，ケーソンの不同沈下や傾斜を避けるため，中詰材がケーソンの各隔室でほぼ均等に立ち上がるように中詰材を投入する。 R4年ANo.39

解説

ケーソンの施工

(1) ケーソンは中空の鉄筋コンクリート造りの箱で，重量は 200 t から大きなものでは 4,000 t 以上のものもある。ケーソン製作に用いるケーソンヤードには，斜路式，ドック式，吊り降し方式等があり，製作函数，製作期間，製作条件，用地面積，土質条件，据付現場までの距離，工費等を検討して最適な方式を採用する。 よって，**適当である。**

(2) ケーソンの据付けは，函体が基礎マウンド上に達する直前 10〜20 cm のところでいったん注水を中止し，最終的なケーソン引寄せを行い，据付け位置を確認，修正を行ったうえで一気に注水着底させる。ケーソンの据付時の注水沈降速度は毎分 8〜10 cm 程度とし，ケーソンの四方に記した喫水目盛りを見ながらバランスをとって沈設を行う。 よって，**適当である。**

(3) ケーソン据付け時の注水方法は，気象，海象の変わりやすい海上の作業を手際よく進めるために，できる限り短時間で，かつ，バランスよく各隔室に平均的に注水する。注水時には隔壁の破壊を避けるために，隔壁両側の隔室の水位差が 1 m 以内となるように調節し，隔室間のヘッド差を少なくするために，隔室間に導水孔を設けるのが一般的である。 よって，適当でない。

(4) ケーソン据付け作業では，注水作業が完了するとすぐにケーソンの中詰め作業を行う。ケーソンの中詰め作業は，ケーソンの安定を図るためにケーソン据付け後直ちに行う必要があり，ケーソンの不同沈下や傾斜を避けるため，中詰材がケーソンの各隔室でほぼ均等に立ち上がるように中詰材を投入する。 よって，**適当である。**

解答
(3)

Lesson 2 8 港 湾

出題傾向 1. 過去7年間では，浚渫に関して事前調査を含めて5回，水中コンクリート及び係船岸に関して各1回出題されている。
2. 浚渫に関しては浚渫船の種類と作業特性及び事前調査について，また，係留施設に関しては係船岸の種類と構造，施工方法などについて理解しておく。

チェックポイント

■**係留施設の分類**　　港湾における係留施設は，下のように分類される。

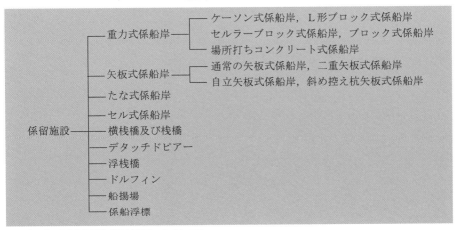

■主な係船岸（岸壁）の施工

(1)重力式係船岸

場所打ちコンクリート式は，基礎に岩盤が露出していて水深が比較的浅く基礎工を特に必要としないような場所に適用され，岩盤形状に合わせてプレパクトコンクリートによって施工されることが多い。**ケーソン式**は大型係船岸に，**L型ブロック式**は中型係船岸に採用されるが壁体重量が大きく，基礎地盤が軟弱な場合は地盤改良が必要になる。基礎捨石マウンドは，施工後の沈下が予測される場合余盛を施すことが多い。

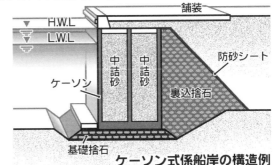

ケーソン式係船岸の構造例

169

(2)矢板式係船岸

最も一般的に用いられているのは**鋼矢板式**であり，施工設備が簡単で水中工事となる基礎工事がない。

施工順序は，矢板打込み工→控え工→腹起こし取付工→タイロット取付工→裏込め工→裏埋め工→前面浚渫工→上部工→エプロン舗装工→付属工が標準である。

タイロットのリングジョイントは鋼矢板及び控え工になるべく近い位置とし，タイ材の位置は，L. W. L.より上で潮差の$\frac{2}{3}$程度の高さとするのが一般的である。

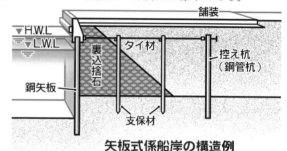

矢板式係船岸の構造例

■浚渫船と作業方法

(1)浚渫船

ポンプ船，グラブ船，ディッパー船，ドラグサクション船，バケット船などがあり，近年の施工はポンプ船又はグラブ船による方式がとられることが多い。

(2)ポンプ浚渫船

引船を伴う非航式と自航式があり，カッタを使用することにより軟泥から軟質岩盤までの広い地盤適応性があり，大量の浚渫や埋立てに適している。適切なスパッドの打替え回数とスイング幅を考慮し能率的な作業をするため，浚渫場所の区画割りを行い色分けした旗ざおなどを用いて識別しておく。ポンプ運転中に，管内の流れが遅く閉塞のおそれがある場合は，ポンプの回転数を増す，排送管の径を小さくする，ブースターポンプを使うなどの処置をとる。

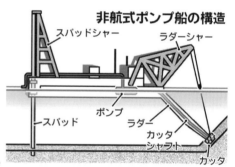

(3)グラブ浚渫船

中小規模の浚渫に適し，浚渫深度や地盤条件に対して制限が少ない。バケットには，右図のようなものがあり，浚渫場所の土質に適したものを用いる。延長方向は50m程度として浚渫区域を分け，潮の流れが一方向に強い場合は，こぼれた土砂が浚渫済みの位置に戻らないように，流れと同じ方向に向かって浚渫する。

**問題 1** 港湾の防波堤の施工（せこう）に関する次の記述のうち，**適当でないもの**はどれか。

(1) ケーソン式の直立堤は，海上施工で必要となる工種は少ないものの，荒天日数の多い場所では海上施工日数に著しく制限を受ける。

(2) ブロック式の直立堤は，施工が確実で容易であり，施工設備が簡単であるが，海上作業期間は一般的に長く，ブロック数が多い場合には，広い製作用地を必要とする。

(3) 傾斜堤は，施工設備が簡単，工程が単純，施工管理が容易であるが，水深が大きくなれば，多量の材料及び労力を必要とする。

(4) 混成堤は，石材等の資材の入手の難易度や価格等を比較し，捨石部と直立部の高さの割合を調整して，経済的な断面とすることが可能である。　R4年A No.40

港湾の防波堤の施工

(1) 直立堤は，基礎地盤が硬く波による洗掘が生じるおそれのない場所に用いられる。ケーソン式の直立堤は，本体製作をドライワークで行うことができる。施工が確実で海上施工日数の短縮が可能であるが，岩盤切均し，捨石，袋詰コンクリート，本体据付け，中詰，上部工など，海上施工で必要となる工種が多く，荒天日数の多い場所では海上施工日数に著しい制限を受ける。

よって，**適当でない。**

(2) ブロック式の直立堤は，施工が確実で容易であり，施工設備が簡単であるが，海上作業期間は一般的に長く，ブロック数が多い場合には，広い製作用地を必要とし，構造の面では各ブロック間の結合が十分でなく，ケーソン式と比較すると一体性に欠ける。　　　　　　　　　　　よって，**適当である。**

(3) 傾斜堤は，波による洗掘に対しては比較的順応性があり軟弱地盤にも適用でき，施工設備が簡単，工程が単純，施工管理が容易であるが，水深が大きくなれば，多量の材料及び労力を必要とする。　　　　よって，**適当である。**

(4) 混成堤は，捨石部の上に直立堤を設けたもので傾斜堤と直立堤の特徴を兼ねており，水深の大きい箇所や比較的軟弱な地盤にも適し，石材等の資材の入手の難易度や価格等を比較し，捨石部と直立部の高さの割合を調整して，経済的な断面とすることが可能である。

解答 (1)

よって，**適当である。**

問題2 港湾での浚渫工事の事前調査に関する次の記述のうち，**適当でないもの**はどれか。

(1) 浚渫工事を行うための音響測深機による深浅測量は，連続的な記録がとれる利点があり，測線間隔が小さく，未測深幅が狭いほど測深精度は高くなる。

(2) 浚渫工事の施工方法を検討するための土質調査は，土砂の性質が浚渫能力に大きく影響することから，一般に平板載荷試験，三軸圧縮試験，土の透水性試験で行う。

(3) 潮流調査は，浚渫による汚濁水が潮流により拡散することが想定される場合や，狭水道における浚渫工事の場合に行う。

(4) 漂砂調査は，浚渫工事を行う現地の海底が緩い砂の場合や近くに土砂を流下させる河川がある場合に行う。

H29年ANo.40

港湾での浚渫工事の事前調査

(1) 浚渫工事を行うための音響測深機による深浅測量は，連続的な記録がとれる利点がある。測線間隔は小さく，送受波器の素子数を多くして，未測深幅が狭いほど測深精度は高くなる。　　　　　　　　　　よって，**適当である。**

(2) 浚渫工事の施工方法を検討するための土質調査は，海底土砂の硬さ，強さ，締まり具合や粒の粗さなどの土砂の性質が浚渫能力に大きく影響するが，一般に，標準貫入試験，粒度分析試験，比重試験，含水比試験でほぼ必要な資料を得ることができる。　　　　　　　　　　　　　　　よって，適当でない。

(3) 潮流調査は，浚渫による汚濁水が潮流により拡散することが想定される場合や，狭水道における浚渫工事の場合に浚渫区域付近の海域において行う必要がある。　　　　　　　　　　　　　　　　　　　　　　よって，**適当である。**

(4) 漂砂調査は，浚渫工事を行う現地の海底が緩い砂の場合や近くに土砂を流下させる河川がある場合には，航路や泊地が埋没するおそれがあり，漂砂がどのような方向に移動するか十分に調査を行う。　　　　　　　　よって，**適当である。**

解 答
(2)

Lesson 2

9 鋼橋塗装

専門土木

出題傾向

1. 鋼橋の腐食と塗布作業及び塗料の管理との関係を整理する。過去 7 年間で 6 回出題されている。
2. 塗布作業,塗膜欠陥の関係について理解する。過去7年間で1回出題されている。

チェックポイント

■ 素地調整

(1)原板ブラスト方式（Ⅰ型）

①塗　　装　　系：主として A, B, D 各塗装系に適用される。

②塗装工程（製鋼工場）：黒皮を除去し, 長ばく形エッチングプライマーや無機ジンクリッチプライマーを塗布する。（一次素地調整）

③塗装工程（橋梁工場）：部材に加工した後, 動力工具や手工具による二次素地調整を行い, 下塗り塗料を塗布する。

④塗装工程（架設現場）：中塗り, 上塗り塗料を塗布する。

(2)製品ブラスト方式（Ⅱ型）

①塗　　装　　系：主として下塗りに無機ジンクリッチペイントを用いるC塗装系に適用される。

②塗装工程（製鋼工場）：黒皮を除去し, 長ばく形エッチングプライマーや無機ジンクリッチプライマーを塗布する。（一次素地調整）

③塗装工程（橋梁工場）：部材に加工した後, ブラストにより二次素地調整を行い, 下塗り塗料を塗布する。

④塗装工程（架設現場）：中塗り, 上塗り塗料を塗布する。

173

■ 塗布作業

(1)塗布方法

①**エアスプレー塗り**：エアスプレー機により塗料を直接吹き付ける。施工能率が高く均一な厚さに塗布しやすい。

②**は け 塗 り**：手作業による簡便な方法であり，良好な作業が行える。施工能率は低いが塗料の飛散が少ないので，現場作業では最も多い方法である。

③**ローラーブラシ塗り**：広い平坦な面に対する作業に適する。凹凸面，すき間部では作業性が悪く適用できない。

(2)塗り重ね

①フタル酸樹脂塗料の乾燥過程と塗り重ねの可否

乾燥過程	具 体 的 判 定 法	塗り重ねの可否
指触乾燥	塗面に指先をそっと触れてみて，指先が汚れない状態	不可
半硬化乾燥	塗面を指先で静かにそっとすってみて，擦りあとがつかない状態	不可
硬化乾燥	塗面を指で強く圧したとき，指紋によるへこみがつかない状態	可

②**下塗り塗料**：鋼材面や一次プライマーと密着する／水，酸素，塩類などの腐食性物質を遮断する／鋼材の腐食反応を抑制する／厚膜に塗布できる

③**乾 燥 時 間**：塗料の種類，塗布量，気温，湿度，風の有無に左右される。温度が低いほど乾燥が遅くなる。

(3)溶接部の塗装

①**水 素 ふ く れ**：溶接部に溶解した水素が後日ビード表面より放出されることにより生じるふくれ。溶接直後に塗装することを避ける。

②**アルカリふくれ**：溶接棒の被覆材の影響でアルカリ性物質が付着し，無処理で塗装すると油性系塗料の場合，塗膜がけん化して生じるふくれ。

③**溶接部が発錆しやすい理由**：溶着金属と母材の材質が異なるので局部腐食電池を構成し母材が減損しやすい。

④**塗 装 方 法**：溶接部のスパッター落しなどの清掃，溶接ビードの整形及び十分な素地調整を行うとともに，塗布回数を一般部より増す。

 鋼構造物の塗装作業に関する次の記述のうち，**適当でない**ものはどれか。

(1) 塗料は，可使時間を過ぎると性能が十分でないばかりか欠陥となりやすくなる。

(2) 鋼道路橋の塗装作業には，スプレー塗り，はけ塗り，ローラーブラシ塗りの方法がある。

(3) 塗装の塗り重ね間隔が短い場合は，下層の未乾燥塗膜は，塗り重ねた塗料の溶剤によってはがれが生じやすくなる。

(4) 塗装の塗り重ね間隔が長い場合は，下層塗膜の乾燥硬化が進み，上に塗り重ねる塗料との密着性が低下し，後日塗膜間で層間剥離が生じやすくなる。

H30年ANo.45

鋼構造物の塗装作業

鋼構造物の塗装作業については，「鋼道路橋防食便覧」（公益社団法人　日本道路協会編）第Ⅱ編第5章5.2.3塗付作業に示されている。

(1) 可使時間とは，主剤と硬化剤，主剤・硬化剤・効果促進剤などの組み合わせで使う多液塗料において，科学的反応によって塗料が硬化し始めるまでの時間のことをいう。塗料は，可使時間を過ぎると塗装性能に問題が生じ，劣化が早くなったり，耐久性が悪くなる。　　　　　　　　　　　　**よって，適当である。**

(2) 鋼道路橋の塗装作業には，スプレー塗り，はけ塗り，ローラーブラシ塗りの方法がある。　　　　　　　　　　　　　　　　　　　　　**よって，適当である。**

(3) 塗装の塗り重ね間隔が短い場合は，下層の未乾燥塗膜は，塗り重ねた塗料の溶剤によって膨潤してしわを生じやすくなる。　　　　　**よって，適当でない。**

(4) 塗装の塗り重ね間隔が長い場合は，下層塗膜の乾燥硬化が進み，上に塗り重ねる塗料との密着性が低下し，後日塗膜間で層間剥離が生じやすくなる。

よって，適当である。

(3)

175

 問題2　鋼橋の防食法に関する次の記述のうち，**適当でないもの**はどれか。

(1)　塗装は，鋼材表面に形成した塗膜が腐食の原因となる酸素と水や，塩類などの腐食を促進する物質を遮断し鋼材を保護するものである。

(2)　耐候性鋼は，鋼材表面に生成される保護性さびによってさびの進展を抑制するものであるが，初期の段階でさびむらやさび汁が生じた場合は速やかに補修しなければならない。

(3)　溶融亜鉛めっきは，一旦損傷を生じると部分的に再めっきを行うことが困難であることから，損傷部を塗装するなどの溶融亜鉛めっき以外の防食法で補修しなければならない。

(4)　金属溶射の施工にあたっては，温度や湿度などの施工環境条件の制限があるとともに，下地処理と粗面処理の品質確保が重要である。

R元年A No.45

 解説

鋼橋の防食法

　鋼構造物の防食法については，「鋼道路橋防食便覧」平成26年版（公益社団法人日本道路協会編）第Ⅰ編 第3章 3.2 鋼道路橋の防食法に示されている。

(1)　塗装は，鋼材表面に形成した塗膜が腐食の原因となる酸素と水や，塩類等の腐食を促進する物質を遮断（環境遮断）し，腐食因子を鋼面に到達しにくくし鋼材を保護するものである。　　　　　　　　　よって，**適当である。**

(2)　耐候性鋼は，鋼材表面に生成される保護性さびによってさびの進展を抑制するものであるが，初期の段階でさびむらやさび汁が生じた場合においても，さびの進行で安定さびが発生するため特に問題はない。　　よって，適当でない。

(3)　溶融亜鉛めっきは，一旦損傷を生じると部分的に再めっきを行うことが困難である。ジンクリッチペイント等の補修剤を用いて，損傷部を塗装するなどの溶融亜鉛めっき以外の防食法で補修しなければならない。よって，**適当である。**

(4)　金属溶射とは，溶射材と呼ばれる材料を加熱して母材の表面に吹付け，皮膜を形成する表面加工処理法である。施工にあたっては，温度や湿度などの施工環境条件の制限があるとともに，下地処理と粗面処理の品質確保が重要である。　　　　　　　よって，**適当である。**

 解答
(2)

出題傾向

1. 路盤工及び路床の施工について整理する。過去 7 年間で 7 回出題。
2. 軌道の施工・維持管理は近年重点項目となっている。過去 7 年間で 7 回出題。
3. 盛土の施工については，近年出題はないが基本項目として整理しておく。

チェックポイント

■ 路盤工

(1)有道床軌道用アスファルト路盤 （強化路盤）

①**路盤材料**：十分混合された均質なものを使用し，1 層の敷均し厚さは仕上がり厚さが 15 cm 以下になるようにする。

②**締 固 め**：K 30 値が 110 MN/m³(11 kg f/cm³)あるいは最大乾燥密度の 95%以上とする。

③**路 床 面**：仕上がり精度は，設計高さに対して＋15 mm～－50 mm とし，有害な不陸がないようにできるだけ平坦に仕上げる。

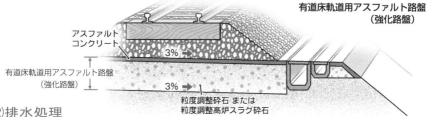

有道床軌道用アスファルト路盤
（強化路盤）

アスファルト
コンクリート

3%

有道床軌道用アスファルト路盤
（強化路盤）

3%

粒度調整砕石 または
粒度調整高炉スラグ砕石

(2)排水処理

①**路盤面排水**：路盤表面及び路床面には，線路横断方向に 3%程度の排水こう配を設ける。

②**排 水 層**：強化路盤を地山，切取部に施工する場合，地下水の影響を防止するため路盤の下に，砂礫，砂などの排水性がよい材料で排水層を設ける。この排水層は強度上必要な路盤層厚には含めないものとして取扱う。

■ 盛 土

(1)盛土施工

①**地盤処理**：施工地盤は，あらかじめ伐開，除根を行い，雑物，氷雪など盛土にとって有害なものを取り除かなければならない。

②**締 固 め**：盛土材料を一様に敷き均し，各層の仕上がり厚さは 30 cm 程度を標準とし，締固め強度は，K 30 値が 70 MN/m³(7 kg f/cm³) あるいは最大乾燥密度の 90%以上になるよう締め固める。

⑵のり面

①**形　　状**：地形，土質などを検討し，崩壊，地滑り，落石などが生じないように
十分安定を確保する。

②**締 固 め**：のり面付近の締固めについては，盛土本体と異なる土羽土を用いる場
合でも，盛土本体と土羽土は放置期間をとらずに通しで施工し，同程
度の締固め状態とする。

③**排水処理**：のり尻には排水溝を設ける。

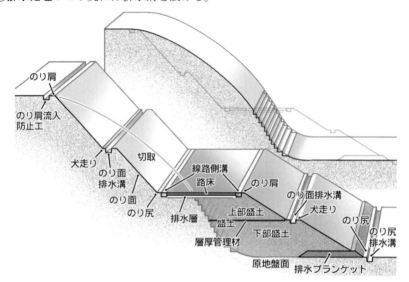

■軌道工事

　鉄道における軌道とは，鉄道の線路のうち，路盤の上にある構造物を総称したもので，
鉄道車両が走行するレール，レールの間隔を一定に保つマクラギ，レール及びマクラ
ギを支え，走行する車両の重量を路盤に伝える道床などから構成される。

⑴軌道の種類

・**バラスト軌道**：砕石や砂利を一定の厚さに敷き詰めたもので，最も一般的に見か
ける軌道である。

・**スラブ軌道**：道床にコンクリートの平板を用いた軌道である。

・**舗 装 軌 道**：マクラギを敷設し，周囲をモルタル又は樹脂系材料で注入した軌道
である。

・**直 結 軌 道**：コンクリート路盤にマクラギを直接埋め込んだ軌道である。

・**弾性マクラギ直結軌道**：コンクリート道床にゴムなどの弾性材を介してマクラギ
を敷設した軌道である。

・**TC型省力化軌道**：バラストとマクラギを充填材で一体化した軌道である。上記
の軌道のうち，バラスト軌道以外を省力化軌道といい，保線のメ
ンテナンス作業が軽減され，乗り心地の向上につながっている。

(2)カント

- **カントの設置**：軌道の曲線部に，車両の転覆の危険防止と乗り心地向上のために，軌間，曲線半径，運転速度などに応じ，カント（外側のレールを内側より高くすること）をつける。
- **逓 減 区 間**：カントは直線区間では 0 となるので，すりつけ区間が必要となり，円曲線のカント量，運転速度，車両の構造などを考慮して，安全な走行に支障がないよう，相当な長さで逓減する。
- **カ ン ト 不 足**：円曲線を通過する際に，乗客が曲線外側に引っ張られ，乗り心地や走行安定性が損なわれる。

問題 1
鉄道路盤改良における噴泥対策工に関する次の記述のうち，**適当でないもの**はどれか。

(1) 噴泥は，大別して路盤噴泥と道床噴泥に分けられ，路盤噴泥は地表水又は地下水により軟化した路盤の土が，道床の間げきを上昇するものである。

(2) 噴泥対策工の一つである道床厚増加工法は，在来道床を除去し，軌きょうをこう上して新しい道床を突き固める工法である。

(3) 路盤噴泥の発生を防止するには，その発生の誘因となる水，路盤土，荷重の三要素のすべてを除去しなければならない。

(4) 噴泥対策工の一つである路盤置換工法は，路盤材料を良質な噴泥を発生しない材料で置換し，噴泥を防止する工法である。
H30年A No.41

解説 　鉄道路盤改良における噴泥対策工

(1) 路盤噴泥は路盤の土が地表水等の水と混ざり，軟化したものが列車等の荷重（通過時の振動）により道床の間隙を上昇させ，軌道面に噴泥として現れるものである。一方，道床噴泥は道床の細粒分が地表水と混ざり，軟化したものが軌道面に噴泥として現れるものである。　　　　　　　　　よって，**適当である。**

(2) 道床交換により，古い道床（バラスト）を新しいものに交換し，道床厚を増加させることで噴泥の発生を防止することができる。　　　よって，**適当である。**

(3) 路盤噴泥の発生の原因は，「水」，「路盤土」，「荷重（列車通過時の振動）」である。このうち，原因の 1 つを取り除くことで路盤噴泥の発生を防止することができる。したがって，路盤噴泥発生箇所の水抜きや良質な路盤土への置換，軌道整備による軌道のあおり防止なども噴泥対策に効果がある。
　　　　　　　　　　　　　　　よって，適当でない。

解 答
(3)

(4) 路盤材料を細粒化しにくい材料に置換することで，路盤噴泥を防止することができる。　　　　　　　　　よって，**適当である。**

 鉄道の軌道における維持管理に関する次の記述のうち，**適当でないもの**はどれか。

(1) バラスト軌道は，列車通過による軌道変位が生じやすいため，日常的な保守が必要であるが，路盤や路床の沈下などが生じても軌道整備で補修できるメリットがある。

(2) 列車の通過によるレールの摩耗は，直線区間ではレール頭部に，曲線区間では曲線の内側レールに生じやすい。

(3) 道床バラストは，吸水率が小さく，強固でじん性に富み，摩損に耐える材質であることが要求される。

(4) 軌道変位の許容値は，通過列車の速度，頻度，重量などの線区状況のほか，軌道変位の検測頻度，軌道整正の実施までに必要な時間などの保守体制を勘案して決定する必要がある。

R2年ANo.42

鉄道の軌道の維持管理

(1) バラスト軌道は，道床のかみ合わせにより列車荷重を路盤に伝える役割がある。しかしながら，列車通過時の衝撃により道床の角が摩耗し，かみ合わせが悪くなることで軌道変位が進行するため，スラブ軌道に比べて軌道変位が生じやすい。一方で，道床が沈下しても砕石を補充し，つき固めを行うことで軌道変位を修繕できる補修し易いメリットがある。　　　　　よって，**適当である。**

(2) レールの摩耗は列車の車輪との接触により進行する。直線区間では鉛直荷重がかかるため，レール頭部が摩耗し，曲線区間では遠心力により外軌側のレールが摩耗する。　　　　　　　　　　　　　　　　　よって，適当でない。

(3) 道床バラストはマクラギを緊密にむらなく保持し，マクラギに伝わる列車荷重を路盤に均等に分散させ，保守作業を容易にする目的がある。このため，道床バラストには，① 材質が強固でねばりがあって摩耗や風化に対し強いこと，② 適度な粒度を持ち，保守作業が容易であること，③ 多量に得られ安価であること，といった条件が要求される。　　　　　　　　　　　よって，**適当である。**

(4) 軌道変位は列車の通過時の衝撃により，日々進行するものである。通過列車の速度が速ければ衝撃は大きくなり，運行頻度が多ければ通過トン数が増え，軌道変異の進行は速くなる。軌道変位の進行を把握する検測頻度，軌道変位を修繕する体制を考え，許容値を定める必要がある。　　　　　　　　　　　よって，**適当である。**

解答
(2)

鉄道の軌道の維持管理に関する次の記述のうち，**適当でないもの**はどれか。

(1) 軌道狂いは，軌道が列車荷重の繰返し荷重を受けて次第に変形し，車両走行面の不整が生ずるものであり，在来線では軌間，水準，高低，通り，平面性，複合の種類がある。

(2) 道床バラストは，材質が強固でねばりがあり，摩損や風化に対して強く，適当な粒形と粒度を持つ材料を用いる。

(3) 軌道狂いを整正する作業として，有道床軌道において最も多く用いられる作業は，マルチプルタイタンパによる道床つき固め作業である。

(4) ロングレール敷設区間では，冬季の低温時でのレール張出し，夏季の高温時でのレールの曲線内方への移動防止などのため保守作業が制限されている。

R元年A No.42

鉄道の軌道の維持管理

(1) 軌道が列車荷重の繰返し荷重を受けて次第に変形し，車両走行面の不整が生ずるものを軌道狂いという。在来線では軌間，水準，高低，通り，平面性，複合の種類がある。　　　　　　　　　　　　　　よって，**適当である。**

(2) 道床バラストに用いる材料は，適当な粒形と粒度を持った，材質が強固でねばりがあり，摩損や風化に対して強いものを用いる。　　　よって，**適当である。**

(3) 軌道狂いを整正する作業として，有道床軌道においては，マルチプルタイタンパによる道床つき固め作業が最も多く用いられる。
　　　　　　　　　　　　　　よって，**適当である。**

マルチプルタイタンパによる作業例

(4) ロングレール区間では，夏季高温時のレール張出し防止，冬季低温時のレール曲線内方移動防止のため，各種保守作業制限を定めている。
　　　　　　　　　　　　　　よって，適当でない。

解答

(4)

181

Lesson 2

10 鉄 道 ②営業線近接工事

出題傾向

1. 保安対策は最も重要項目として整理する。過去7年間で7回出題されている。
2. 軌道については「①鉄道工事」としても扱われる。過去7年間で7回出題されている。

チェックポイント

■軌道工事

(1)軌道の種類

①バラスト軌道：道床がバラストによって構成されており，レールからの荷重をマクラギによって道床に均等に伝える。

②スラブ軌道：レールを支持するためのプレキャストコンクリート版と路盤コンクリートの間にモルタルなどの緩衝材を充填する。

③そ の 他：舗装軌道，直結軌道がある。

(2)道床工事

①道床の役割：列車荷重による衝撃，振動を緩和，吸収することである。道床の交換箇所と未施工箇所において締固めに差を生じると，不安定となる。境界付近の突固めは特に入念に行う必要がある。

②道床交換の工法：線路を閉鎖しないで列車を徐行させながら施工する場合は，間送りA法あるいは間送りB法を採用，線路を閉鎖して施工する場合はこう上法を適用する。

③列車の徐行：鼻バラストかき出し着手時から交換施工箇所の道床つき固め終了時までは，道床の支持能力が低下している状態である。このような期間は列車を徐行させなければならない。

④表面仕上げ：突固め後に道床のかき上げを行った後，コンパクターなどを使用して十分な締固めを行う。

■保安対策

(1)作業表示標

①建植位置：作業表示標は，列車の進行方向左側で乗務員の見やすい位置に建植する。その際，列車の風圧などで建築限界を支障しないように注意する。

②建植の省略：線路閉鎖工事又は保守用車使用手続きにより作業などを行う場合，調査・測量などの簡易作業及び短時間移動作業の場合。

(2)列車見張り員

①配 置：作業開始前に配置する。その際，列車見通しの不良箇所では，列車見通し距離を確保できるまで，列車見張り員を増員しなければならない。

②線路内歩行：作業現場への往復は，指定された通路を歩行し，その際やむを得ず営業線を歩行する場合には列車見張り員を配置し，努めて施工基面を列車に対向して歩行する。

**問題1** 　鉄道（在来線）の営業線内又はこれに近接して工事を施工する場合の保安対策に関する次の記述のうち，**適当でないもの**はどれか。

(1) 可搬式特殊信号発光機の設置位置は，作業現場から 800 m 以上離れた位置まで列車が進来したときに，列車の運転士が明滅を確認できる建築限界内を基本とする。

(2) 踏切と同種の設備を備えた工事用通路には，工事用しゃ断機，列車防護装置，列車接近警報機を備えておくものとする。

(3) 作業員が概ね 10 人以下で範囲が 100 m 程度の線路閉鎖時の作業については，線閉責任者が作業の責任者を兼務することができる。

(4) 線路閉鎖工事等の手続きにあたって，き電停止を行う場合には，その手続きは停電責任者が行う。 H29年ANo.43

**解説**

近接して工事をする場合の保安対策（曲線部）

「営業線工事保安関係標準仕様書（在来線）」（一般社団法人 日本鉄道施設協会発行，東日本旅客鉄道株式会社編）に示されている。

(1) 「可搬式特殊信号発光機」とは，赤色灯を明滅させ列車を停止させる，可搬式の発光信号を現示するものであり，保安機器として作業現場から 800 m 以上離れた位置まで列車が進来したときに，列車の運転士が明滅を確認できる位置（建築限界内を基本）に設置するものをいう。（同仕様書 Ⅰ 総論 2. 用語の意義 (20)） よって，**適当である。**

(2) 「踏切と同種の設備を備えた工事用通路」とは，工事用通路のうち，工事用しゃ断機，列車接近警報機及び列車防護装置を備えた通路をいう。（同仕様書 Ⅰ 総論 2. 用語の意義 (30)） よって，**適当である。**

(3) 線閉責任者等は作業等の責任者を兼務することができる範囲は，「少人数（作業員概ね 10 人以下の場合）で小範囲（概ね 50 m 程度の範囲）な作業の場合」を標準とする。（同仕様書 Ⅶ 請負工事等従事員触車事故防止マニュアル（施設） 5-1 線路閉鎖時工事手続等及び線路作業における作業等について（線閉責任者等と作業等の責任者との兼務）(3)） よって，適当でない。

(4) き電停止の手続きを行う場合は，その手続きを停電責任者が行う。（同仕様書 Ⅳ 工事の施工 2 線路閉鎖工事等又は線路作業などの手続 (2)）

解答
(3)
よって，**適当である。**

鉄道（在来線）の営業線内又はこれに近接した工事における保安対策に関する次の記述のうち、**適当なもの**はどれか。

(1) 可搬式特殊信号発光機の設置位置は、隣接線を列車が通過している場合でも、作業現場から 800 m 以上離れた位置まで列車が進来したときに、列車の運転士が明滅を確認できる建築限界内を基本とする。

(2) 軌道短絡器は、作業区間から 800 m 以上離れた位置に設置し、列車進入側の信号機に停止信号を現示する。

(3) 既設構造物などに影響を与えるおそれのある工事の施工にあたっては、異常の有無を検測し、異常が無ければ監督員などへの報告を省略してもよい。

(4) 列車の振動、風圧などによって、不安定かつ危険な状態になるおそれのある工事又は乗務員に不安を与えるおそれのある工事は、列車の接近時から通過するまでの間は、特に慎重に作業する。

R元年A No.43

近接した工事をする場合の保安対策 （信号発光機）

「営業線工事保安関係標準仕様書（在来線）」（一般社団法人 日本鉄道施設協会発行、東日本旅客鉄道株式会社編）に示されている。

(1) 可搬式特殊信号発光機の設置位置は、隣接線を列車が通過している場合でも、作業現場から 800 m 以上離れた位置まで列車が進来したときに、列車の運転士が明滅を確認できる建築限界内を基本とする。単線の場合は、作業現場の両方向に設置する。（同仕様書 Ⅶ 請負工事等従事員触車事故防止マニュアル（施設）5-2 作業等における保安機器等及び踏切警報機の使用（可搬式特殊信号発光機の使用））よって、適当である。

(2) 軌道短絡器の設置位置は、**作業区間の近傍**とし、列車進入側の信号機に停止信号を現示する。（同仕様書 Ⅶ 請負工事等従事員触車事故防止マニュアル（施設）5-2 作業等における保安機器等及び踏切警報機の使用（軌道短絡器の使用））よって、**適当でない。**

(3) 既設構造物等に影響を与えるおそれのある工事又は作業の施工にあたっては、異常の有無を検測し、**これを監督員等に報告する。**（同仕様書 Ⅳ 工事の施工 1. 工事又は作業の施工（10））よって、**適当でない。**

(4) 列車の振動、風圧等によって、不安定、危険な状態になるおそれのある工事又は作業、乗務員に不安を与えるおそれのある工事又は作業は、列車の接近時から通過するまでの間、**一時施工を中断する。**（同仕様書 Ⅳ 工事の施工 1. 工事又は作業の施工（9））よって、**適当でない。**

解答
(1)

問題3 鉄道（在来線）の営業線及びこれに近接して工事を施工する場合の保安対策に関する次の記述のうち，**適当でないもの**はどれか。

(1) 踏切と同種の設備を備えた工事用通路には，工事用しゃ断機，列車防護装置，列車接近警報機を備えておくものとする。

(2) 建設用大型機械の留置場所は，直線区間の建築限界の外方 1 m 以上離れた場所で，かつ列車の運転保安及び旅客公衆等に対し安全な場所とする。

(3) 線路閉鎖工事実施中の線閉責任者の配置については，必要により一時的に現場を離れた場合でも速やかに現場に帰還できる範囲内とする。

(4) 列車見張員は，停電時刻の 10 分前までに，電力指令に作業の申込みを行い，き電停止の要請を行う。

R4年A No.43

解説

近接した工事をする場合の保安対策（停電責任者）

「営業線工事保安関係標準仕様書（在来線）」（一般社団法人 日本鉄道施設協会発行，東日本旅客鉄道株式会社編）に示されている。

(1) 踏切と同種の設備を備えた工事用通路には，工事用しゃ断機，列車防護装置，列車接近警報機を備えておくものとする。（同仕様書 II 工事の計画 5. 踏切と同種の設備を備えた工事用通路） よって，**適当である。**

(2) 建設用大型機械の留置場所は，直線区間の建築限界の外方 1 m 以上離れた場所で，かつ列車の運転保安及び旅客公衆等に対し安全な場所とする。（同仕様書 IV 工事の施工 3 建設用大型機械） よって，**適当である。**

(3) 線路閉鎖工事実施中の線閉責任者の配置は，必要により一時的に現場を離れた場合でも速やかに現場に帰還できる範囲内とする。（同仕様書 IV 工事の施工 2. 線路閉鎖工事等又は線路作業などの手続 2-3 線路閉鎖工事等における保安打合せ及び着手時の取扱い(6)） よって，**適当である。**

(4) 停電責任者は，き電停止予定時刻の 10 分前までに，電力指令に作業の申込みを行い，き電停止の要請を行う。（同仕様書 IV 工事の施工 2. 線路閉鎖工事等又は線路作業などの手続 2-5 き電停止手続（4）） よって，適当でない。

解答
(4)

11 地下構造物

専門土木

出題傾向

1. シールド工事における施工上の留意点及びシールド工法の種類について整理する。過去 7 年間で 7 回出題されている。
2. 近年，出題はないが開削トンネルにおける土留め支保工の施工上の留意点を整理する。

チェックポイント

■土留め支保工

(1)土留め壁

①土　　　圧：掘削後時間の経過とともに増大するので，速やかに所定の位置に土留め支保工を設置する。

②グラウンドアンカー：土圧等の外力が設計値に近くなるとグラウンドアンカーに伸びが生じて土留め壁が変位し，その背面の地盤に変形が生じることがあるので計測管理を十分に行う。

③撤　　　去：躯体あるいは埋戻し土による荷重の受替え措置を講じてから順次必要な箇所から所定の方法で撤去する。

(2)腹起し

①長　　　さ：連続して土圧や水圧を分布させ，局部的破壊を防ぐために，6 m以上とするのが望ましい。

②継　　　手：継手の位置はなるべく切ばりの近くに配置し，継手位置での曲げモーメント及びせん断力に対して十分な強度を持つ構造とする。

③二重腹起し：相互の腹起しをボルト等により確実に緊結し，一体となるようにしなければならない。

④すき間処理：腹起しと土留め壁の間にすき間が生じると，荷重が切ばりに均等に伝達しなくなる。コンクリートを充填するなどして密着させる。

(3)切ばり

①継　　　手：切ばりの継手は，座屈に対して弱点となるので設けないのが望ましい。やむを得ず設けるときの継手の位置は中間杭等の 1 m 以内とする。

②火打ち：腹起しにはね出しが生じた場合には，火打ちを取り付ける。

③間　　　隔：長くなると座屈に対して安全性が低下するので，垂直及び水平繋材を設けて固定間隔を小さくする。

■シールド工事

(1)推　進

①密閉型シールド：掘削と推進を同時に行うが，土砂の取込過ぎや，チャンバー内の閉塞を起こさないように切羽の安定を図りながら，掘削と推進速度を同調させる。

②開放型シールド：掘削後ただちに，あるいは掘削と同時に推進を行う。セグメント組立が完了したならば，すみやかに掘削，推進を行い，切羽の開放時間を少なくする。

(2)土圧式シールド

①掘　　　削：カッターヘッドにより掘削した土砂を切羽と隔壁間に充満させ，スクリューコンベヤーで排土する。

②切羽の安定：カッターチャンバー内の圧力を適正に保つ。不足すると切羽での湧水や崩壊の危険性が増大し，過大になるとカッタートルクや推力の増大，推進速度の低下が生じる。

(3)泥水式シールド

①掘　　　削：機械掘り方式により掘削し，掘削土は泥水として流体輸送方式によって地上に搬出する。

②切羽の安定：泥水圧を適正に設定し，保持する。一般に泥水圧が不足すると切羽の崩壊が生じる危険が大きくなり，過大になると泥水の噴発等が懸念される。

(4)機械掘り式シールド

①掘　　　削：回転するカッターヘッドによって連続して掘削する。掘削土はベルトコンベヤー等により搬出する。

②切羽の安定：地山の自立あるいはフェースジャッキ等で山留めを行う。

(5)覆　　工

①一次覆工：セグメントを組み立てる際，シールドジャッキ全部を一度に引き込めると地山の土圧や切羽の泥水圧によってシールドが押し戻されることがあるので，セグメントの組立順序に従って数本ずつ引き込み組み立てる。

②二次覆工：無筋又は鉄筋コンクリートを巻き立て，内装仕上げを行う。

③裏込め注入：セグメントの強度，土圧，水圧及び泥水圧等を考慮のうえ，十分な充填ができる圧力に設定する。

■山岳トンネルの掘削工法

(1)全断面工法：小断面又は安定地質の地山に適する工法であり，断面が大きい場合には，掘削や支保工の施工に大型機械が利用できる利点がある。

(2)ベンチカット工法：上部半断面，下部半断面に2分割して掘進する工法である。大断面の場合，3分割以上にする場合を多段ベンチカット工法という。

(3)中壁分割工法：大断面掘削の場合に多く用いられ，掘削途中でも左右のトンネルが閉合された状態で掘削されるため，トンネルの変形や地表面沈下の防止に有効である。

(4)側壁導坑先進工法：ベンチカット工法では地盤支持力が不足する場合，及び土被りが小さい土砂地山で地表面沈下を防止する必要のある場合に適用される。

(5)底設導坑先進工法：地下水位低下を必要とする地山に用いられ，導坑を先行することにより地質の確認ができるが，各切羽のバランスがとりにくい欠点がある。

187

 **問題1** 土留め支保工の施工に関する次の記述のうち，**適当なもの**はどれか。

(1) 切ばりは，一般に引張部材として設計されているため，引張応力以外の応力が作用しないように腹起しと垂直にかつ，密着して取り付ける。
(2) 切ばりに継手を設ける場合の継手の位置は，中間杭付近を避けるとともに，継手部にはジョイントプレートなどを取り付けて補強し，十分な強度を確保する。
(3) 腹起しと土留め壁との間は，すきまが生じやすく密着しない場合が多いため，土留め壁と腹起しの間にモルタルやコンクリートを裏込めするなど，壁面と腹起しを密着させる。
(4) 腹起し材の継手部は，弱点となりやすいため，継手位置は応力的に余裕のある切ばりや火打ちの支点から離れた箇所に設ける。

R2年ANo.15

 **解説**

土留め支保工の施工

(1) 切ばりは，一般に**圧縮部材**として設計されているため，**圧縮応力**以外の応力が作用しないように腹起しと垂直にかつ，密着して取り付ける。やむを得ず切ばりに曲げ応力が発生するような場合は，切ばりの耐力を検討し必要に応じて補強しなければならない。 よって，**適当でない。**

(2) 切ばりに継手を設ける場合の継手の位置は，**切ばり交差部や中間杭付近**とする。また，継手部にはジョイントプレートなどを取り付けて補強し，十分な強度を確保する。 よって，**適当でない。**

(3) 腹起しと土留め壁との間は，すきまが生じやすく密着しない場合が多い。土留め壁と腹起しの間にモルタルやコンクリートを裏込めしたり，鋼製パッキンを挿入して壁面と腹起しを密着させる。 よって，適当である。

(4) 腹起し材の継手部は弱点となりやすい。継手部にはジョイントプレートなどを取り付けて補強し，継手位置は応力的に余裕のある切ばりや火打ちの支点から**近い位置**に設ける。 よって，**適当でない。**

 解答 **(3)**

 シールド工法の施工に関する次の記述のうち，**適当でない**
ものはどれか。

(1) セグメントの組立ては，トンネル断面の確保，止水効果の向上や地盤沈下の
減少などからセグメントの継手ボルトを定められたトルクで十分に締め付ける
ようにする。
(2) 裏込め注入工は，シールド機テール部及びセグメント背面部の止水に役立つ
ため，あらかじめ止水注入を行うものである。
(3) セグメントの組立ては，その精度を高めるため，セグメントを組み立ててか
らテールを離れて裏込め注入材がある程度硬化するまでの間，セグメント形状
保持装置を用いることが有効である。
(4) 一次覆工の防水工は，高水圧下あるいは内水圧が作用する場合にはシール工
を確実にするために，セグメント隅角部に別途コーナーシールを貼り付けるこ
とやセグメント隅角部の密着性を確保するためにシームレス加工したものが用
いられている。

シールド工法の施工

(1) セグメントの組立ては，トンネル断面の確保，止水効果の向上や地盤沈下の
減少などから，セグメントの継手ボルトをインパクトレンチ，電動レンチ，ト
ルクレンチ等を用い，所定のトルクに達するように十分に締め付けるようにす
る。　　　　　　　　　　　　　　　　　　　　　　　　よって，**適当である。**

(2) 裏込め注入工は，シールド機テール部及びセグメント背面部の止水に役立つ
ため，シールドの掘進と同時あるいは直後に止水注入を行うものである。
　　　　　　　　　　　　　　　　　　　　　　　　　　よって，適当でない。

(3) セグメントの組立ては，その精度を高めるため，セグメントを組み立ててから
テールを離れて裏込め注入材がある程度硬化するまでの間，セグメントの真円保
持装置を用い正確に組立てる。緩みが生じた場合は再締付けを行う。
　　　　　　　　　　　　　　　　　　　　　　　　　　よって，**適当である。**

(4) 一次覆工の防水工は，高水圧下あるいは内水圧が作用する場合にはシール工
を確実にするために，止水効果に優れているシール材を選定する。シール材が
剥離損傷しないように，セグメント隅角部にはコーナーシール
を貼り付けたり，セグメント隅角部の密着性を確保するために
シームレス加工したものを用いる。　　　よって，**適当である。**

 (2)

Lesson 2 11 地下構造物

 **問題3** シールド工法の施工管理に関する次の記述のうち，**適当でないもの**はどれか。

(1) 泥水式シールド工法では，地山の条件に応じて比重や粘性を調整した泥水を加圧循環し，切羽の土水圧に対抗する泥水圧によって切羽の安定を図るのが基本である。

(2) 土圧式シールド工法において切羽の安定を保持するには，カッターチャンバ内の圧力管理，塑性流動性管理及び排土量管理を慎重に行う必要がある。

(3) シールドにローリングが発生した場合は，一部のジャッキを使用せずシールドに偏心力を与えることによってシールドに逆の回転モーメントを与え，修正するのが一般的である。

(4) シールドテールが通過した直後に生じる沈下あるいは隆起は，テールボイドの発生による応力解放や過大な裏込め注入圧等が原因で発生することがある。

R4年A No.44

 **解説**

シールド工法の施工管理

(1) 泥水式シールド工法では，地山の条件やトンネル径に応じて比重や粘性を調整した泥水を加圧循環し，切羽の土水圧に対抗する泥水圧によって切羽の安定を図るのが基本である。 よって，**適当である。**

(2) 土圧式シールド工法において切羽の安定を保持するには，カッターチャンバ内に充填させた泥土の圧力管理，塑性流動性管理及び排土量管理を慎重に行う必要がある。 よって，**適当である。**

(3) シールドにローリングが発生した場合は，ローリング修正ジャッキを用いるのが一般的である。 よって，適当でない。

(4) シールドテールが通過した直後に生じる沈下あるいは隆起は，テールボイドの発生による応力解放や過大な裏込め注入圧等が原因で発生することがある。地盤沈下の大半は，このテールボイド沈下である。 よって，**適当である。**

 解答
(3)

Lesson 2

12 上下水道・推進・薬注・土留め

①上水道の構成・施設

出題傾向

1. 過去7年間では，上水道管の施工に関する問題が5回，既設管の更新・更生工法に関する問題が2回出題されている。
2. 配水管の布設に関する埋設深さ，他の埋設物との最小間隔などの規定，配水管の基礎，異形管の防護方法，水管橋取付け部での配慮，軟弱地盤や液状化対策，管路の地震対策，既設管の更新・更生工法などを理解しておく。

チェックポイント

■水道施設

水道法では「水道施設」とは，水道のための**取水施設，貯水施設，導水施設，浄水施設，送水施設及び配水施設**（専用水道では給水の施設を含む）とされている。

■配水管の種類

配水管には**ダクタイル鋳鉄管，鋼管，ステンレス鋼管，水道用硬質塩化ビニル管，水道配水用ポリエチレン管**などがある。鋼管はたわみ性が大きく溶接が可能である。水道用硬質塩化ビニル管及び水道配水用ポリエチレン管の場合は，原則として掘削溝底に**10 cm以上の砂又は良質土を敷く**。鎖構造継手管路は，柔構造継手管路に離脱防止機能を付加したもので，大きな地震変状にも耐えることができる。NS形，S形等の**ダクタイル鋳鉄管**を使用する。

■配水管の布設に関する留意点

(1)**配水管の土被り**：道路法施行令では，「水管の本線を埋設する場合においては，その頂部と路面との距離（土被り厚）は1.2 m（工事実施上やむを得ない場合は0.6 m）以下としないこと。」と規定されている。

(2)**他の埋設物との距離**：配水管を他の埋設物と近接又は交差して布設する際の間隔は，維持管理や事故発生の防止を目的として30 cm以上の距離とする。

(3)**その他の留意点**

①配水本管は道路の中央寄りに布設し，配水支管は歩道又は道路の片側寄りに布設する。

②埋設管を橋台と接続する場合は**たわみ性のある伸縮継手**を設ける必要がある。

③橋梁添架管では温度変化に対応して橋の**可動端に合わせて伸縮継手**を設ける。

④水管橋や橋梁添架管では管の最も高い位置に**空気弁**を，低い位置に**排泥弁**を設ける。

⑤管の屈曲部及び異形管では，管内の水圧による水平方向力が作用するのでコンクリートブロックによる**防護工設置**や，離脱防止継手を用いる必要がある。

⑥配水管の水圧試験の充水は，空気排除の状況を確認しながら低い方から慎重に行うことを原則とする。

191

 **問題 1**　　上水道の配水管の埋設位置及び深さに関する次の記述のうち，**適当でないもの**はどれか。

(1)　道路に管を布設する場合には，配水本管は道路の中央寄りに布設し，配水支管はなるべく道路の片側寄りに布設する。

(2)　道路法施行令では，歩道での土被りの標準は 1.5 m と規定されているが，土被りを標準又は規定値までとれない場合は道路管理者と協議の上，土被りを減少できる。

(3)　寒冷地で土地の凍結深度が標準埋設深さよりも深いときは，それ以下に埋設するが，やむを得ず埋設深度が確保できない場合は，断熱マット等の適当な措置を講ずる。

(4)　配水管を他の地下埋設物と交差，又は近接して布設するときは，少なくとも 0.3 m 以上の間隔を保つ。

R3年ANo.46

解説

上水道の配水管の埋設位置及び深さ

(1)　道路に管を布設する場合には，配水本管は道路の中央寄りに布設し，配水支管はなるべく道路の片側寄りに布設する。道路幅員があまり広くない場合には，いずれか決められた片側に布設すればよく，道路幅員がかなり広い場合には，両側の歩道又は車道の両側に布設する。　　　　　　よって，**適当である。**

(2)　道路法施行令では，「道路での土被りの標準は 1.2 m（工事実施上やむを得ない場合にあっては 0.6 m）以下にしないこと。」と規定されている。また，「水管橋取付部の堤防横断箇所等で，土被りを標準又は規定値までとれない場合は，河川管理者又は道路管理者と協議することとし，必要に応じて防護措置を施す。」（「給水装置標準計画・施工方法」（厚生労働省））とされ，土被りを減少できる。なお，道路法施行令には，配水管の土被りに関して，歩道に限定した規定はない。
　　　　　　　　　　　　　　　　　　　　　　　　　よって，適当でない。

(3)　寒冷地における管の埋設深さは，凍結深度よりも深くするとされている。寒冷地で土地の凍結深度が標準埋設深さよりも深いときは，それ以下に埋設するが，やむを得ず埋設深度が確保できない場合は，断熱マット等の適当な措置を講ずる。　　　　　　　　　　　　　　　　　　　　　　　よって，**適当である。**

(4)　他の地下埋設物と配水管との離隔がないと維持補修作業が困難となること，漏水による加害事故発生の危険性もあること等を考慮して，配水管を他の地下埋設物と交差，又は近接して布設するときは，少なくとも 0.3 m 以上の間隔を保つ。
　　　　　　　　　　　　　　　　よって，**適当である。**

解答
(2)

192

 上水道管の更新・更生工法に関する次の記述のうち，**適当でないもの**はどれか。

(1) 既設管内挿入工法は，挿入管としてダクタイル鋳鉄管及び鋼管等が使用されているが既設管の管径や屈曲によって適用条件が異なる場合があるため，挿入管の管種や口径等の検討が必要である。

(2) 既設管内巻込工法は，管を巻込んで引込作業後拡管を行うので，更新管路は曲がりには対応しにくいが，既設管に近い管径を確保することができる。

(3) 合成樹脂管挿入工法は，管路の補強が図られ，また，管内面は平滑であるため耐摩耗性が良く流速係数も大きいが，合成樹脂管の接着作業時の低温には十分注意する。

(4) 被覆材管内装着工法は，管路の動きに対して追随性が良く，曲線部の施工が可能で，被覆材を管内で反転挿入し圧着する方法と，管内に引き込み後，加圧し膨張させる方法とがあり，適用条件を十分調査の上で採用する。

R4年A No.46

上水道管の更新・更生工法

(1) 既設管内挿入工法は，既設管をさや管として新管を挿入し既設管内面と新管外面の間にモルタルなどを注入して重層構造とするものであり，挿入管としてダクタイル鋳鉄管及び鋼管等が使用されているが，既設管の管径や屈曲によって適用条件が異なる場合があるため，挿入管の管種や口径等の検討が必要である。
よって，**適当である。**

(2) 既設管内巻込工法は，縮径した巻込鋼管を引込み，管内で拡管・溶接を行う工法で，管を巻込んで引込作業後拡管を行うので，更新管路は曲がりに対しては対応しやすく，既設管に近い管径を確保することができる。よって，適当でない。

(3) 合成樹脂管挿入工法は，既設管内部にやや管径の小さい合成樹脂管を挿入し，管内面と合成樹脂管外面との間隙にセメントミルクなどを圧入して重層構造とする工法であり，管路の補強が図られ，また，管内面は平滑であるため耐摩耗性が良く流速係数も大きいが，合成樹脂管の接着作業時の低温には十分注意する。
よって，**適当である。**

(4) 被覆材管内装着工法は，管内に接着剤を塗布した薄肉状の管を引き込み，管内面に圧着させてから加熱してライニング層を形成する工法であり，管路の動きに対して追随性が良く，曲線部の施工が可能であり，被覆材を管内で反転挿入し圧着する方法と，管内に引き込み後，加圧し膨張させる方法とがあり，適用条件を十分調査の上で採用する。よって，**適当である。**

解答
(2)

出題傾向

1. 過去7年間では，下水道管きょの更生工法に関する問題が4回，管きょの接合，マンホールの構造及び基礎工に関する問題が各1回出題されている。
2. 下水道管きょの種類と基礎工及び土質との組合せ，接合方法とその特徴，埋設施工，更生工法，管路の耐震対策に関する留意点などについて理解しておく。

チェックポイント

■ 管の種類と基礎の形態

管と基礎の種類

管　種＼地盤	硬質土及び普通土	軟　弱　土	極　軟　弱　土
剛性管　鉄筋コンクリート管 レジンコンクリート管	砂基礎 砕石基礎 コンクリート基礎	砂　基　礎 砕　石　基　礎 はしご胴木基礎 コンクリート基礎	はしご胴木基礎 鳥　居　基　礎
剛性管　陶　管	砂基礎 砕石基礎	砕　石　基　礎 コンクリート基礎	鉄筋コンクリート基礎
可とう性管　硬質塩化ビニル管 ポリエチレン管	砂基礎	砂基礎 ベットシート基礎 ソイルセメント基礎	ベットシート基礎 ソイルセメント基礎 はしご胴木基礎 布基礎
可とう性管　強化プラスチック複合管	砂基礎 砕石基礎	ソイルセメント基礎	
可とう性管　ダクタイル鋳鉄管 鋼　管	砂基礎	砂　基　礎	砂基礎 はしご胴木基礎 布基礎

地盤の区分例

地　盤	代表的な土質
硬質土	硬質粘土，れき混じり土及びびれき混じり砂
普通土	砂，ローム及び砂質粘土
軟弱土	シルト及び有機質土
極軟弱土	非常に緩い，シルト及び有機質土

●基礎工の種類

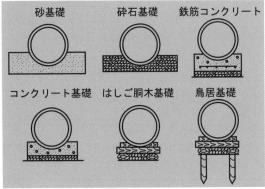

砂基礎　砕石基礎　鉄筋コンクリート
コンクリート基礎　はしご胴木基礎　鳥居基礎

(1)砂基礎，砕石基礎：比較的地盤がよいところに用いられ，荷重の分散をはかる。

(2)はしご胴木基礎：地盤が軟弱な場合，地質や上載荷重が不均質な場合に用いられる。

(3)鳥居基礎：極軟弱土で，ほとんど地耐力がなく沈下が予測される場合に用い，沈下防止のためにくい打ちを行う。

(4)**コンクリート基礎**：管の外圧荷重が大きく，管の補強が必要な場合に用いる。管の下部を包むコンクリート基礎の支承角度が大きいほど強度を増す。

(5)**可撓性管の基礎**：原則として砂又は砕石基礎を用い，**自由支承**とする。

■ 下水管きょの接合

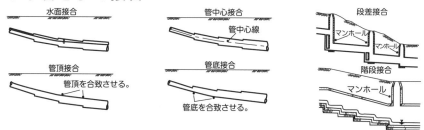

水面接合　管中心接合　段差接合

管頂接合　管底接合　階段接合

管きょの径が変化する場合又は 2 本の管きょが合流する場合は，原則として**水面接合又は管頂接合**とし，地表勾配が急な場合は**段差接合又は階段接合**とする。

(1)**水面接合**：上下流管の計画水位を一致させる。水理学的に良好。計算が複雑。

(2)**管頂接合**：上下流管の内面頂部の高さを一致させる。計算は楽。掘削深さが大きくなる。

(3)**管中心接合**：上下流管の中心を一致させる。水面接合と管頂接合の中間的方式。

(4)**管底接合**：上下流管の内面底部の高さを一致させる。管の埋設深さが少ない。上流側の水理条件を悪くする。ポンプ排水区域に適する。

(5)**段差接合**：地表面勾配が急な場合に用いる。マンホール内で段差をつける。

(6)**階段接合**：地表面勾配が急な場合で大口径の管渠に用いる。流速調整と最小土被りを保つ。

■ 鉄筋コンクリート管の継手

(1)**カラー継手**：強度が高いが屈撓性が低い。排水が困難なところでは施工が困難。

(2)**ソケット継手**：ゴムリングなどを使用し，施工性や耐久性に優れる。

(3)**いんろう継手**：大口径管きょの場合施工性が良いが，継手部が弱点になる。

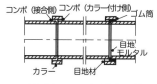

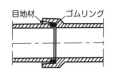

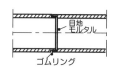

■ 管路の耐震対策：耐震性能を確保するため，できるだけ柔軟な構造とする。

・管きょの継手部のように引張が生じる部位は，伸びやズレが可能な構造とする。

・マンホールと管きょの接続部や管きょと管きょの継手部のように圧縮の生じる部位については，圧縮時の衝撃を緩和させる材質や構造とする。

・同様に曲げの生じる部位については，屈曲が可能である柔軟な材質や構造とする。

・せん断力を受ける部位は，ズレが生じない構造か逆にズレを許容する構造とする。

・液状化時の過剰間隙水圧による浮上がり，沈下，側方流動などに対しては，屈曲が可能な柔軟な構造とするほか，液状化対策を行う。

 下水道の管きょの接合に関する次の記述のうち，**適当でないもの**はどれか。

(1) マンホールにおいて上流管きょと下流管きょの段差が規定以上の場合は，マンホール内での点検や清掃活動を容易にするため副管を設ける。

(2) 管きょ径が変化する場合又は2本の管きょが合流する場合の接合方法は，原則として管底接合とする。

(3) 地表勾配が急な場合には，管きょ径の変化の有無にかかわらず，原則として地表勾配に応じ，段差接合又は階段接合とする。

(4) 管きょが合流する場合には，流水について十分検討し，マンホールの形状及び設置箇所，マンホール内のインバートなどで対処する。

H30年ANo.47

下水道の管きょの接合

(1) 段差接合では，地表勾配に応じて適当な間隔にマンホールを設けるが，1箇所あたりの段差は1.5m以内とすることが望ましい。マンホールにおいて上流管きょと下流管きょの段差が規定（0.6m）以上の場合は，マンホール内での点検や清掃活動を容易にするため，また，底部，側壁等の摩耗防止の役割もあり，合流管及び汚水管については副管を設ける。　　よって，**適当である。**

(2) 管きょの方向，勾配又は管きょ径の変化する箇所及び管きょの合流する箇所には，マンホールを設ける。管きょ径が変化する場合又は2本の管きょが合流する場合の接合方法は，原則として水面接合又は管頂接合とする。よって，適当でない。

(3) 地表勾配が急な場合には，管きょ内の流速の調整と下流側の最小土かぶりとを保つため，並びに上流側の掘削深さを減ずるため，管きょ径の変化の有無にかかわらず，原則として地表勾配に応じ，段差接合又は階段接合とする。

よって，**適当である。**

(4) 2本の管きょが合流する場合には，流水を円滑にするために，合流する管きょの中心角及び曲線をもって合流する場合の曲線半径が規定される。対向する管きょが曲折する場合及び鋭角で曲折する場合も同様の考慮が必要である。流水について十分検討し，マンホールの形状及び設置箇所，マンホール内のインバートなどで対処する。　　よって，**適当である。**

水面接合

管頂接合

管頂を合致させる。

解答

(2)

問題2　　下水道管きょの更生工法に関する次の記述のうち，**適当**なものはどれか。

(1)　形成工法は，既設管きょより小さな管径で製作された管きょをけん引挿入し，間げきに充てん材を注入することで管を構築する。

(2)　反転工法は，熱硬化性樹脂を含浸させた材料を既設のマンホールから既設管きょ内に反転加圧させながら挿入し，既設管きょ内で加圧状態のまま樹脂が硬化することで管を構築する。

(3)　さや管工法は，既設管きょ内に硬質塩化ビニル材などをかん合させながら製管し，既設管きょとの間げきにモルタルなどを充てんすることで管を構築する。

(4)　製管工法は，熱硬化性樹脂を含浸させたライナーや熱可塑性樹脂ライナーを既設管きょ内に引込み，水圧又は空気圧などで拡張・密着させた後に硬化させることで管を構築する。

R元年A No.47

下水道管きょの更生工法

(1)　**さや管工法**は，既設管きょより小さな管径で製作された管きょをけん引挿入し，間隙に充填材を注入することで管を構築する。更生管が工場製品であることから，仕上がり後の信頼性が高い。　　　　よって，**適当でない。**

(2)　反転工法は，熱硬化性樹脂を含浸させた材料を既設のマンホールから既設管きょ内に反転加圧させながら挿入し，既設管きょ内で加圧状態のまま樹脂が硬化することで管を構築する。ただし，目地ズレ，たるみなどを更生するのではなく，既設管の形状を維持する断面を更生する。　よって，適当である。

(3)　**製管工法**は，既設管きょ内に硬質塩化ビニル材などをかん合させながら製管し，既設管きょとの間隙にモルタルなどを充填することで管を構築する。多少の目地ズレなどは，更生管径がサイズダウンすることによって解消可能であるが，不陸，蛇行がある場合には原則として既設管の形状どおりに更生される。　　　　　　　　　　　　　　　　よって，**適当でない。**

(4)　**形成工法**は，熱硬化性樹脂を含浸させたライナーや熱可塑性樹脂ライナーを既設管きょ内に引込み，水圧又は空気圧などで拡張，密着させた後に硬化させることで管を構築する。ただし，目地ズレ，たるみなどを更生するのではなく，既設管の形状を維持する断面を更生する。　　　　　　　よって，**適当でない。**

解答

(2)

197

③推進工法

1. 過去 7 年間では，小口径管推進工法の施工に関する問題が毎年 1 問出題されている。
2. 小口径管推進工法の方式と特徴，トラブル発生時の処理など施工上の留意点について理解しておく。

チェックポイント

■ 推進工法の分類

(1)**刃口式推進工法**：開放型で，推進管の先端に先導体として刃口を用い，人力で掘削する。推進管径は一般に呼び径 800 mm 以上である。元押し工法と，中押し工法がある。

(2)**セミシールド工法**：密閉型で管先端に先導体としてシールド機を用い，適用土質の範囲が広い。中押し装置を数段設置して長距離推進に適用されることが多い。

(3)**小口径管推進工法**：小口径推進管またはその誘導管先端に小口径管先導体を取付け，立坑から遠隔操作を行って推進する。推進管は呼び径 200～700 mm である。

(4)**けん引工法**：発進立坑，到達立坑間の水平ボーリングによりワイヤーを通し，到達側のけん引装置により推進管をけん引する工法。

■ 小口径管推進工法分類

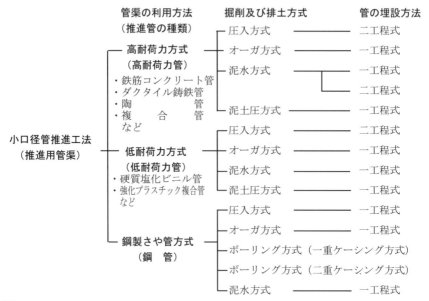

(1)**高耐荷力方式**：高耐荷力管を用いて推進方向の管の耐荷力に抗して，直接管端に推進力を負荷して推進する施工方式である。適用土質は，圧入方式の場合一般的にN値15程度までであり，他の場合は硬質土まで可能である。

(2)**低耐荷力方式**：低耐荷力管を用い，先導体の推進に必要な推進力の先端抵抗力を推進力伝達ロッドなどに作用させ，低耐荷力管には土との管外面抵抗のみを負担させることにより推進する方式である。適用土質は粘性土及び砂質土で，圧入方式では一般的にN値0〜40程度，その他の方式では1〜50程度まで可能とされている。

(3)**鋼製さや管方式**：先導体を接続した鋼管に直接推進力を伝達して推進し，これをさや管として用い，鋼管内に塩化ビニル管などの本管を布設する施工方式である。

小口径管推進方式による分類

形　式	特　　徴		主な適用土質
圧入方式	・先導管推力負荷方式	衝撃式，油圧式	・軟弱土，シルト，砂質シルト
	・掘進方式	圧密式，掘削式	・普通土，砂質シルト，粘土
	・布設工程方式	一工程，二工程	
オーガ式	・掘進方式	オーガヘッド	・普通土，硬質土
	・ずり出し方式	スクリューコンベヤ	
	・布設工程方式	一工程	
ボーリング方式	・掘進方式	ケーシングロッドの回転	・軟弱土，シルト，砂質シルト
	・ずり出し方式	注水自然流出	・普通土，硬質土
	・布設工程方式	一工程（さや管）	・砂れき，玉石
泥水方式	・掘進方式	カッタ回転	・地下水位の高い軟弱地盤及び透水性の高い砂質土など
	・ずり出し方式	流体パイプ輸送	・滞水砂質シルト
	・布設工程方式	一工程，二工程	・れき，砂れき
泥土圧方式	・掘進方式	カッタ回転	・地下水位の高い軟弱地盤
	・ずり出し方式	スクリューコンベヤ	・普通土，硬質土
	・布設工程方式	圧送ポンプ吸引	・砂層，砂質土層
		一工程	・滞水砂れき，玉石

■小口径管推進工法の施工上の留意点

(1)**蛇　行　の　修　正**：先導体の角度を変えて先導体に地盤反力を作用させる方法が一般的で，地盤反力が不足する場合は薬液注入工などの補助工法を併用する。また，先導体の回転方向を逆にする方法もある。

(2)**地盤への対応**：先導体は地盤特性に合ったものを選定するが，地層の変化などで適合しなくなった場合は先導体を取り替える。互層地盤の場合は，軟らかい層のほうに変位するので薬液注入など補助工法の採用や再掘進を行う。

(3)**不　測　の　出　水**：不測の出水などがあった場合は，道路の陥没などの地盤変状を引き起こす危険性があり，出水が多い場合は応急的に推進管内に水張りを行い，土砂の流出や出水を防止する。

(4)**推進管の破損**：発進立坑内で破損した場合は，新品と交換する。推進中の管路で破損した場合，破損が小さく推進管の引抜きが可能であれば，地盤改良などを併用し先導体を引抜いて再掘進を行う。破損が大きい場合は，破損位置での立坑構築による新しい推進管の再掘進，あるいは開削工法，刃口推進工法への工法変更などの措置を講じる。

下水道工事における**小口径管推進工法**の施工に関する次の記述のうち，**適当でないもの**はどれか。

(1) 小型立坑の鏡切りは，切羽部の地盤が不安定であると重大事故につながるため，地山や湧水の状態，補助工法の効果などの確認は慎重に行う。

(2) 推進管理測量として行うレーザトランシット方式は，発進立坑に据え付けたレーザトランシットから先導体内のターゲットにレーザ光を照射する方式である。

(3) 高耐荷力方式は，硬質塩化ビニル管などを用い，先導体の推進に必要な推進力の先端抵抗を推進力伝達ロッドに作用させ，管には周面抵抗力のみを負担させ推進する施工方式である。

(4) 滑材注入による推進力の低減をはかる場合は，滑材吐出口の位置は先導体後部及び発進坑口止水器部に限定されるので，推進開始から推進力の推移をみながら厳密に管理をする。

R2年ANo.48

小口径管推進工法の施工

(1) 小型立坑での鏡切りは，作業空間が狭いために作業性が悪く，切羽部の地盤が不安定であると重大事故につながるため，地山や湧水の状態，補助工法の効果などの確認は慎重に行う。　　　　　　　　　　**よって，適当である。**

(2) 推進管理測量として行うレーザトランシット方式は，発進立坑に据え付けたレーザトランシットから先導体内のターゲットにレーザ光を照射する方式である。レーザ測量装置による測量可能距離は 150〜200 m 程度が一般的であるが，長距離になると先導体内装置等の熱により，レーザ光が屈折して測量不能になる場合があるので留意する。　　　　　　　　　**よって，適当である。**

(3) **低耐荷力方式**は，硬質塩化ビニル管などを用い，先導体の推進に必要な推進力の先端抵抗を推進力伝達ロッドに作用させ，管には土との管周面抵抗力のみを負担させて推進する施工方式である。高耐荷力方式は，鉄筋コンクリート管などを用い，直接管きょに推進力を負荷させて推進する施工方式である。

よって，適当でない。

(4) 小口径管推進工法の場合，中押推進設備が使用できないので，推進力の低減は滑材に頼ることになる。滑材注入による推進力の低減をはかる場合は，滑材吐出口の位置は先導体後部及び発進坑口止水器部に限定されるので，推進開始から推進力の推移をみながら厳密に管理をする必要がある。　　　　　**よって，適当である。**

解答
(3)

 小口径管推進工法の施工に関する次の記述のうち，**適当でないもの**はどれか。

(1) オーガ方式は，砂質地盤では推進中に先端抵抗力が急増する場合があるので，注水により切羽部の土を軟弱にするなどの対策が必要である。

(2) ボーリング方式は，先導体前面が開放しているので，地下水位以下の砂質地盤に対しては，補助工法により地盤の安定処理を行った上で適用する。

(3) 圧入方式は，排土しないで土を推進管周囲へ圧密させて推進するため，推進路線に近接する既設建造物に対する影響に注意する。

(4) 泥水方式は，透水性の高い緩い地盤では泥水圧が有効に切羽に作用しない場合があるので，送排泥管の流量計と密度計から掘削土量を計測し，監視するなどの対策が必要である。

H30年ANo.48

小口径管推進工法の施工

(1) オーガ方式は，粘性土地盤では推進中に先導体ヘッド部に土が付着し，先端抵抗力が急増する場合がある。注水により切羽部の土を軟弱にすること，カッタヘッド部の開口率を調整することなどの対策が必要である。

よって，適当でない。

(2) ボーリング方式は，先導体前面が開放しているので，地下水位以下の砂質地盤に対しては，補助工法により地盤の安定処理を行った上で適用する。補助工法の効果によっては取込み土量が過多となる場合があるので，取込み土量管理は特に注意する。 よって，**適当である。**

(3) 圧入方式は，一般に軟らかい地盤に適用されるが，排土しないで土を推進管周囲へ圧密させて推進するため，推進路線に近接する既設建造物に対する影響に注意する。 よって，**適当である。**

(4) 泥水方式は，透水性の高い緩い地盤では泥水が地山に逸泥しやすく，泥水圧が有効に切羽に作用しない場合があるので，送排泥管の流量計と密度計から掘削土量を計測し，監視することや，送泥水の比重，粘性を高くすることなどの切羽安定対策が必要である。 よって，**適当である。**

解答
(1)

Lesson 2

専門土木

12 上下水道・推進・薬注・土留め

④薬液注入

出題傾向

1. 過去7年間では，薬液注入に関する問題が毎年1問出題されている。
2. 薬液注入工法に関する用語，注入工法，注入薬液と土質との組み合わせ，注入試験施工，注入効果の確認方法，環境保全，『薬液注入工法による建設工事の施工に関する通達及び暫定指針』の内容などについて理解しておく。

チェックポイント

■薬液注入工法の用語

①**ゲルタイム**：注入材A液，B液が混合され浸透し始めて硬化するまでの時間で，注入材が流動性を失い，急激に粘性が増加するまでの時間。ゲルタイムが数秒程度のものを瞬結型薬液，数分程度のものを急結型薬液，数十分のものを緩結型薬液と呼ぶ。

②**ホモゲル**：ホモゲルは注入材単体でゲル化した固結物。

③**サンドゲル**：サンドゲルは注入材を砂と混合して，または砂に浸透させてゲル化させた固形物。

④**2ショット方式**：A液とB液を2本の管で別々に注入管の先端まで送り，先端を出る瞬間に合流・混合させて注入する方式で瞬結型薬液を用いる。

⑤**1.5ショット方式**：2液1系統式注入とも呼ばれ，A液とB液を2本の管で別々に注入管頭部のY字管まで送り，そこで合流させ注入管を流下する間に混合させて注入管先端から地盤に注入する方式で，急結型薬液を用いる。

⑥**1ショット方式**：A液とB液をあらかじめ混合し，1本の管で送る注入方式で，浸透注入用の緩結型薬液を用いる。

⑦**注入率と充填率**：注入率 $\lambda = \alpha \cdot n \cdot (1 + \beta)$，注入材体積（量）$V = \lambda \cdot Q$
Q：注入範囲地盤体積， α：充填率， n：間隙率，
β：損失係数

■薬液注入の方式
(1)単管ロッド注入方式
削孔に用いたボーリングロッドをそのまま注入管として使用する方式で，1.5ショットの注入を行う。最近は，あまり用いられない。

(2)二重管ダブルパッカー注入方式
緩結型薬液による均質な浸透注入を目指した方式である。一次注入としてセメントベントナイト（CB）液を用いて，粗詰により浸透注入に適した地盤の均一化を図った後，二次注入として緩結型薬液を 1 ショット方式で注入する。重要構造物の直下や近接箇所に適している。

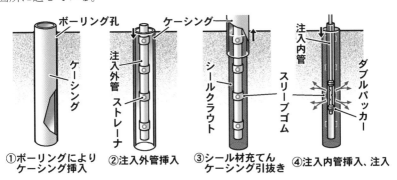

① ボーリングにより　② 注入外管挿入　③ シール材充てん　④ 注入内管挿入、注入
　 ケーシング挿入　　　　　　　　　　ケーシング引抜き

(3)二重管ストレーナー方式 （単相式）
二重管ロッド工法と呼ばれ，2 ショット方式で瞬結型薬液を用いる方式で，緩い砂層や粘性土層に適するが，よく締まった砂層に対しては不向きである。

(4)二重管ストレーナー方式 （複相式）
二重管ロッド周辺を瞬結型薬液でシールした後浸透性薬液を注入する方式で，よく締まった砂層では不均質となる場合もあるが，二重管ダブルパッカー工法に次いで高い注入効果がある。

■水質監視及び暫定指針
①　水ガラス系注入材で有機物を含む薬材を用いた場合の水質検査項目は，水素イオン濃度（pH）と，過マンガン酸カリウム消費量である。

②　水質監視のための地下水の採取地点は，注入箇所から概ね 10 m 以内に数箇所設ける。地下水の採取は，状況に応じて既存の井戸を用いてもかまわない。

③　暫定指針は，工事施工中緊急事態が発生し応急措置として行うものについては適用されない。

④　薬液注入に使用する薬液は，当分水ガラス系の薬液で劇物またはフッ素化合物を含まないものに限るものとするとされている。

⑤　地下水などの水質の監視に関して行う検査は，公的機関またはこれと同様の能力及び信用を有する機関において行うものとされている。

 薬液注入における環境保全のための管理に関する次の記述のうち，**適当でないもの**はどれか。

(1) 大規模な薬液注入工事を行う場合は，公共用水域の水質保全の観点から単に周辺地下水の監視のみならず，河川などにも監視測定点を設けて水質を監視する。

(2) 地下水水質の観測井は，注入設計範囲の 30 m 以内に設置し，観測井の深さは薬液注入深度下端より深くする。

(3) 薬液注入工事は，化学薬品を多量に使用することが多いので，植生，農作物，魚類や工事区域周辺の社会環境の保全には十分注意する。

(4) 地下水等の水質の監視における採水回数は，工事着手前に 1 回，工事中は毎日 1 回以上，工事終了後も定められた期間に所定の回数を実施する。

H30年ANo.49

薬液注入における環境保全のための管理

薬液注入における環境保全のための管理については，「薬液注入工法による建設工事の施工に関する暫定指針」に示されている。

(1) 薬液注入箇所周辺の地下水及び公共用水域等の水質汚濁を防止するために，その状況の監視及び水質基準の維持が義務づけられ，排出水等の処理についても排水基準への適合が規定されている。（薬液注入工法による建設工事の施工に関する暫定指針 4−1 地下水等の水質の監視）大規模な薬液注入工事を行う場合は，公共用水域の水質保全の観点から単に周辺地下水の監視のみならず，河川などにも監視測定点を設けて水質を監視する。　よって，**適当である。**

(2) 地下水水質の観測井は，注入箇所及び地域の地形，地盤の状況，地下水の流向等に応じ，監視の目的を達成するため，注入箇所からおおむね 10 m 以内に少なくとも数箇所の観測井を設けて採水しなければならない。（薬液注入工法による建設工事の施工に関する暫定指針 4−2 採水地点）状況に応じ既存の井戸を利用してもよい。観測井の深さは薬液注入深度下端より深くする。　よって，適当でない。

(3) 薬液注入工事における環境保全の管理項目は地下水の汚染防止が主であるが，薬液注入工事は，化学薬品を多量に使用することが多く，植生，農作物，魚類や工事区域周辺の社会環境の保全には十分注意する。　よって，**適当である。**

(4) 地下水等の水質の監視における採水回数は，工事着手前に 1 回，工事中は毎日 1 回以上，工事終了後は，2 週間を経過するまでは毎日 1 回以上（異状がないと認められる場合，週 1 回以上），2 週間経過後半年を経過するまでの間にあっては，月 2 回以上とされており，（薬液注入工法による建設工事の施工に関する暫定指針 4−3 採水回数）所定の回数採水し，測定しなければならない。　よって，**適当である。**

解答
(2)

 薬液注入工事の施工にあたり配慮すべき事項に関する次の記述のうち，**適当でないもの**はどれか。

(1) 注入速度は，現場における限界注入速度試験結果と施工実績とを参考として，設計時に設定した注入速度を見直しすることが望ましい。

(2) 注入圧力は，地盤の硬軟や土被り，地下水条件などにより異なり，計画時には目標値としての値を示し，試験工事や周辺での施工実績，現場での初期の値などを参考に決定していく。

(3) ステップ長は，注入管軸方向での注入間隔であり，二重管ストレーナー工法では 25 cm 又は 50 cm，二重管ダブルパッカー工法では 90 cm が一般的である。

(4) 注入孔の間隔は，1.0 m で複列配置を原則とし，改良範囲の形状は複雑で部分的には孔間隔に多少の差は生じるが，できるだけ原則に近い配置とする。

R元年ANo.49

薬液注入工事の施工で配慮すべき事項

(1) 注入速度は単位時間あたりの吐出量で表し，施工においてはある幅で変更されることがあり得る。現場における限界注入速度試験結果と施工実績とを参考として，設計時に設定した注入速度を見直すことが望ましい。限界注入速度を超えるほど地盤の割裂が大きくなり，注入効果が下がるとともに地盤隆起の危険性も高まる。　　　　　　　　　　　　　　　よって，**適当である。**

(2) 注入圧力は，地盤の硬軟や土被り，地下水条件などにより異なり，計画時にその絶対値については明示できないため，目標値としての値を示し，試験注入の結果から最終的に決める。数値については必ずしも一定値になるとは限らず，おおよその範囲や上限値で示すようにする。　　　　よって，**適当である。**

(3) ステップ長は，注入管軸方向での注入間隔であり，二重管ストレーナー工法では 25 cm 又は 50 cm，二重管ダブルパッカー工法では 33.3 cm が一般的である。　　　　　　　　　　　　　　　　　　　　　　よって，適当でない。

(4) 注入孔の間隔（ピッチ）は，1.0 m で複列配置を原則とし，改良範囲の形状は複雑で部分的には孔間隔に多少の差は生じるが，できるだけ原則に近い配置とする。よって，**適当である。**

解答
(3)

205

Lesson 2

専門土木

12 上下水道・推進・薬注・土留め

⑤土留め工法・ウェルポイント工法

出題傾向

1. 過去7年間では，土留め支保工に関する問題，ウェルポイント工法及び地下埋設物の保安措置に関する問題は出題がない。
2. 土留め工法の種類と特徴，土留め支保工の構造及び設置時の規定及び留意点について整理しておく。最近の出題はないが，ウェルポイント工法の施工に関する留意点，及び地下埋設物の保安措置についての基本事項を理解しておく。

チェックポイント

■土留め支保工の施工に関する留意点

①切りばりは，圧縮応力以外の応力が作用しないように，腹起こしと垂直にかつ密着させて取り付ける。また，火打ちを切りばりに取り付ける場合には必ず左右対称に取り付け，切りばりに偏心荷重による曲げモーメントを生じないようにする。

②切りばりは，長さが長くなると座屈に対して安全性が低下するので，中間杭や水平継材を設置して切りばりの固定距離を小さくする。

③切りばりは，腹起こしが片持ちばりにならないように配置するが，やむを得ず片持ち部分が生じる場合は，切りばりを増設して補強する。

④切りばりはやむを得ず継手を設けるときは，突合せ継手とする。

⑤切りばりは，H-300を最小部材とし，設置間隔は水平方向に5m以下，垂直方向に3m程度とされている。

⑥腹起こしの継手間隔は部材をなるべく連続させて土圧を分布させるため，6m以上とする。

⑦腹起こしの継手の位置は，なるべく切りばりの近くに配置し，継手位置での曲げモーメント及びせん断力に対して十分な強度を持つ構造とする。

■ウェルポイント工法の施工の留意点

①ウェルポイント工法は，掘削箇所周辺の地中にストレーナーつきのパイプを多数打ち込み，地下水をくみ上げ地下水位を低下させ，掘削作業を容易にする工法である。

②ウェルポイントの打設は先端から水を噴射させ，地盤を軟化させながら所定の深度まで挿入する方式をとっている。したがって，適用土質はシルト層，砂層で厚い礫層の施工は困難である。

③ウェルポイントは，先端から水を噴射させ小刻みな上下運動を繰返しながら挿入するが，粘性土などで挿入が困難な場合は，カッタを使用して貫入させる。

④地下水のくみ上げは真空ポンプを用いるが，一段の水位低下高は，実用上はポンプ据付け位置から6m程度とし，それ以上必要な場合は段数を増やして設置する。

問題 下水道管きょなどの布設時の土留め工法に関する次の記述のうち，**適当でないもの**はどれか。

(1) 鋼矢板工法の鋼矢板は，耐久性，水密性及び強度において，木矢板や軽量鋼矢板よりも優れており，軟弱地盤で湧水のある場合に用いられ，ヒービングやボイリングを防止するために根入れ長を短くできる。

(2) 建込み簡易土留め工法は，土留め矢板と切ばりをセットにした既製横矢板工法で，工期が短く，騒音，振動が少なく，掘削完了と同時に土留めが完了するので比較的小規模な土留めとして用いられる。

(3) 親杭横矢板工法は，H 形鋼などを親杭として打設し，掘削の進行に合わせて木矢板などにより土留め壁とするもので，普通地盤で地下水が少なく，ある程度自立する地盤に用いられる。

(4) 軽量鋼矢板工法の軽量鋼矢板は，比較的軽量であるため取り扱いが容易で，木矢板に比べ品質も一定しており反復性も高いが，水密性が期待できないので湧水の少ない小規模な掘削に主に用いられる。

解説 ## 下水道管きょ布設時の土留め工法

(1) 鋼矢板工法の鋼矢板は，耐久性，水密性及び強度において，木矢板や軽量鋼矢板よりも優れており，軟弱地盤で湧水のある場合に用いられる。重要な仮設工事の場合の根入れ長さは 3.0 m を下回ってはならないが，根入れ長さを大きくとることにより，ヒービングやボイリングを防止することができる。

よって，適当でない。

(2) 建込み簡易土留め工法は，土留め矢板と切ばりをセットにした既製横矢板工法で，工期が短く，騒音，振動が少なく，掘削完了と同時に土留めが完了するので比較的小規模な土留めとして用いられる。ただし，掘削後は，一時的に掘削地盤が自立することが前提となるため，地下水の有無，掘削地盤の自立高さの検討など，地盤性状を十分に把握して計画する必要がある。

よって，適当である。

(3) 親杭横矢板工法は，H 形鋼などを親杭として打設し，掘削の進行に合わせて木矢板などにより土留め壁とするもので，普通地盤で地下水が少なく，ある程度自立する地盤に用いられる。地下水位の高い地盤や軟弱地盤に適用する場合には，地下水位低下工法等の補助工法が必要になる場合がある。**よって，適当である。**

(4) 軽量鋼矢板工法の軽量鋼矢板は，比較的軽量であるため取り扱いが容易で，木矢板に比べ品質も一定しており反復性も高いが，継手の遊間が大きく水密性が期待できないので，主に湧水の少ない小規模な掘削に用いられる。 **よって，適当である。**

解答
(1)

Lesson 3

法 規

1 労働基準法

出題傾向

1. 労働時間・休暇・休日及び年次有給休暇について理解する。過去 7 年間で 5 回出題されている。
2. 賃金について理解する。過去 7 年間で 3 回出題されている。
3. 労働契約について理解する。過去 7 年間で 2 回出題されている。
4. 年少者，女性及び妊産婦等の就業制限について理解する。過去 7 年間で 2 回出題されている。
5. 就業規則について理解する。過去 7 年間で 2 回出題されている。
6. 災害補償について理解する。過去 7 年間で 2 回出題されている。

チェックポイント

■労働時間

① 1 日 8 時間（休憩時間を除く）

② 1 週 40 時間

③就業規則に定めのある場合，暦月の 1 ヵ月以内において，一定の期間を平均して，上記①②の労働時間以内のとき，特定日，特定の週に①②の労働時間を超えて労働させてもよい。

④坑内労働は，休憩時間が坑内である時は，労働時間とみなす。

⑤事業所を異にする労働を行った場合，その時間は通算される。

■休憩時間

①労働時間が 6 時間を超えるときは少なくとも 45 分，8 時間を超えるときは，少なくとも 1 時間以上の休憩時間を労働時間の途中に与える。

②休憩時間は原則として一斉に与えなければならない。（ただし，行政官庁の許可を受けた場合はこの限りではない。）

③休憩時間は，労働者の自由にさせなければならない。

208

■ 休　日

①休日は毎週少なくとも1回与えなければならない。

②4週間を通じ4日以上の休日を与える場合には，上記①の規定は適用されない。

（労働基準法第35条第1項，第2項）

■ 賃　金

①請負制で使用する労働者については，労働時間に応じた一定額の賃金の保障をしなければならない。（労働基準法第27条）

②労働者が次のような，非常の場合の費用に充てるために請求する場合は，支払期日前であっても，既往の労働に対する賃金を支払わなければならない。

（労働基準法第25条）

労働者本人又はその収入により生計を維持する者が

・出産，疾病又は災害をうけた場合。

・結婚し，又は死亡した場合。

・やむを得ない事由により1週間以上にわたって帰郷する場合。

③使用者の責に帰すべき事由による休業の場合においては，使用者は，休業期間中労働者に，その平均賃金の100分の60以上の手当を支払わなければならない。

（労働基準法第26条）

④賃金は，毎月1回以上，一定の期日に支払わなければならない。（労働基準法第24条第2項）

臨時に支払われる賃金，賞与その他次のようなものについては，この限りではない。

・1箇月を超える期間の出勤成績による「精勤手当」

・1箇月を超える一定期間の継続勤務に対する「勤続手当」

・1箇月を超える期間にわたる事由によって算定される「奨励加給」「能率手当」

＊ **賃金支払いの五原則**（労働基準法第24条）

①通貨（現金）で支払い，小切手，手形は違反となる。

②使用者は，労働者に直接支払う。本人の依頼で，銀行の本人口座に支払うことも可能。

③賃金は全額支払うが，労働協約のある場合は，天引きしたり，通貨以外の品物で賃金に代えて支払われる。

④毎月1回以上とし，週毎，10日毎，毎日支払ってもよい。

⑤一定の期日に支払う。第何週の何曜日などという曜日指定は違法であり，何日かの期日を指定すること。週ごとに支払う場合は，曜日の指定ができる。

＊ **金品の返還**（労働基準法第23条）

使用者は，労働者の死亡又は退職の場合において，権利者の請求があった場合，7日以内に賃金を支払い，積立金，保証金，貯蓄金その他の名称の如何を問わず，労働者の権利に属する金品を返還しなければならない。

＊ **強制貯金の禁止**（労働基準法第18条）

使用者は，労働契約に付随して貯蓄や貯蓄金を管理する契約を結んではならない。

■ 年少者（満18歳未満）の就業制限
①重量物を取り扱う業務

クレーン操作
18 歳未満

年齢・性別		重量（単位：キログラム）以上は禁止	
		断続作業の場合	継続作業の場合
満16歳未満	女	12	8
	男	15	10
満16歳以上	女	25	15
満18歳未満	男	30	20

②クレーン，デリック又は揚貨装置の運転の業務

③最大積載荷重が 2 t 以上の人荷共用若しくは荷物用の
　エレベーター又は高さが 15 m以上のコンクリート用
　エレベーターの運転の業務

④動力により駆動される軌条運輸機関，乗合自動車又は
　最大積載量が 2 t 以上の貨物自動車の運転の業務

⑤動力により駆動される巻上げ機，運搬機又は索道の運転の業務

⑥直流にあっては 750 V を，交流にあっては 300 V を超える電圧の充電電路又はその支
　持物の点検，修理又は操作の業務

⑦運転中の原動機又は原動機から中間軸までの動力伝導装置の掃除，給油，検査，修
　理又はベルトの掛換えの業務

⑧クレーン，デリック又は揚貨装置の玉掛けの業務（2 人以上で行う玉掛けの業務に
　おける補助作業の業務を除く。）

⑨動力により駆動される土木建築用機械又は船舶荷扱用機械の運転の業務

⑩軌道内であって，ずい道内の場所，見通し距離が 400 m 以内の場所又は車両の通行
　が頻繁な場所において単独で行う業務

⑪岩石又は鉱物の破砕機又は粉砕機に材料を送給する業務

⑫土砂が崩壊するおそれのある場所又は深さが 5 m 以上の地穴における業務

⑬高さが 5 m 以上の場所で，墜落により労働者が危害を受けるおそれのあるところに
　おける業務

⑭足場の組立，解体又は変更の業務（地上又は床上における補助作業の業務を除く。）

⑮胸高直径が 35 cm 以上の立木の伐採の業務

⑯火薬，爆薬又は火工品を製造し，又は取り扱う業務で，爆発のおそれのあるもの

⑰危険物（労働安全衛生法施行令別表第 1 に掲げる爆発性の物，発火性の物，酸化性の
　物，引火性の物又は可燃性のガスをいう。）を製造し，又は取り扱う業務で，爆発，
　発火又は引火のおそれのあるもの

⑱圧縮ガス又は液化ガスを製造し，又は用いる業務

⑲鉛，水銀，クロム，砒素，黄りん，弗素，塩素，シアン化水素，アニリンその他こ
　れらに準ずる有害物のガス，蒸気又は粉じんを発散する場所における業務

⑳土石，獣毛等のじんあい又は粉末を著しく飛散する場所における業務

㉑異常気圧下における業務

㉒さく岩機，鋲打機等身体に著しい振動を与える機械器具を用いて行う業務

㉓強烈な騒音を発する場所における業務

 労働基準法に定められている労働契約に関する次の記述のうち，**誤っているもの**はどれか。

(1) 使用者は，労働契約の締結に際し，労働者に対して賃金，労働時間その他の労働条件を明示しなければならない。

(2) 使用者は，労働者が業務上負傷し，又は疾病にかかり療養のために休業する期間及びその後 30 日間は，原則として，解雇してはならない。

(3) 使用者は，労働者を解雇しようとする場合において，30 日前に予告をしない場合は，30 日分以上の平均賃金を原則として，支払わなければならない。

(4) 使用者は，労働者の死亡又は退職の場合において，権利者からの請求の有無にかかわらず，賃金を支払い，労働者の権利に属する金品を返還しなければならない。

R3年A No.50

労働基準法（労働契約）

(1) 使用者は，労働契約の締結に際し，労働者に対して賃金，労働時間その他の労働条件を明示しなければならない。（労働基準法第 15 条第 1 項）

よって，**正しい。**

(2) 使用者は，労働者が業務上負傷し，又は疾病にかかり療養のために休業する期間及びその後 30 日間並びに産前産後の女性に限定されている期間は，解雇してはならない。（労働基準法第 19 条第 1 項）　　　　　　よって，**正しい。**

(3) 使用者は，労働者を解雇しようとする場合においては，少くとも 30 日前にその予告をしなければならない。30 日前に予告をしない使用者は，30 日分以上の平均賃金を支払わなければならない。（労働基準法第 20 条第 1 項）

よって，**正しい。**

(4) 使用者は，労働者の死亡又は退職の場合において，権利者の請求があった場合においては，7 日以内に賃金を支払い，積立金，保証金，貯蓄金その他名称の如何を問わず，労働者の権利に属する金品を返還しなければならない。
（労働基準法第 23 条第 1 項）　　　　　　　　　　　　よって，**誤っている。**

解答
(4)

Lesson3 ① 労働基準法

就業規則に関する次の記述のうち，労働基準法令上，**誤っ**
ているものはどれか。

(1) 使用者は，原則として労働者と合意することなく，就業規則を変更することにより，労働者の不利益に労働契約の内容である労働条件を変更することはできない。

(2) 就業規則で定める基準に達しない労働条件を定める労働契約は，労働者と使用者が合意すれば，すべて有効である。

(3) 常時規定人数以上の労働者を使用する使用者は，就業規則を作成し，行政官庁に届け出なければならない。

(4) 就業規則には，始業及び終業の時刻，賃金の決定，退職に関する事項を必ず記載しなければならない。

R2年ANo.50

労働基準法（就業規則）

(1) 使用者は，就業規則の作成又は変更について，当該事業場に，労働者の過半数で組織する労働組合がある場合においてはその労働組合，労働者の過半数で組織する労働組合がない場合においては労働者の過半数を代表する者の意見を聴かなければならない。原則として労働者と合意することなく，就業規則を変更することにより，労働者の不利益に労働契約の内容である労働条件を変更することはできない。(労働基準法第90条第1項)　　　よって，**正しい。**

(2) 就業規則で定める基準に達しない労働条件を定める労働契約は，その部分については，無効とする。この場合において，無効となった部分は，就業規則で定める基準による。(労働基準法第93条，労働契約法第12条) よって，**誤っている。**

(3) 常時10人以上の労働者を使用する使用者は，就業規則を作成し，行政官庁に届け出なければならない。(労働基準法第89条)　　　　よって，**正しい。**

(4) 就業規則において，始業及び終業の時刻，休憩時間，休日，休暇並びに労働者を2組以上に分けて交替に就業させる場合においては就業時転換に関する事項，賃金（臨時の賃金等を除く。以下この号において同じ。）の決定，計算及び支払の方法，賃金の締切り及び支払の時期並びに昇給に関する事項，退職に関する事項（解雇の事由を含む。），退職手当の定めをする場合においては，適用される労働者の範囲，退職手当の決定，計算及び支払の方法並びに退職手当の支払の時期に関する事項は必ず記載する事項である。(労働基準法第89条第1号～第3号の2)

解答
(2)

よって，**正しい。**

 **問題 3** 労働時間及び休暇・休日に関する次の記述のうち，労働基準法上，**正しいもの**はどれか。

(1) 使用者は，労働者の過半数を代表する者と書面による協定を定める場合でも，1 箇月に 100 時間以上，労働時間を延長し，又は休日に労働させてはならない。

(2) 使用者は，労働時間が 6 時間を超える場合においては最大で 45 分，8 時間を超える場合においては最大で 1 時間の休憩時間を労働時間の途中に与えなければならない。

(3) 使用者は，6 箇月間継続勤務し全労働日の 5 割以上出勤した労働者に対して，継続し，又は分割した 10 労働日の有給休暇を与えなければならない。

(4) 使用者は，協定の定めにより労働時間を延長して労働させ，又は休日に労働させる場合でも，坑内労働においては，1 日について 3 時間を超えて労働時間を延長してはならない。

R3年ANo.51

労働基準法（労働時間及び休暇，休日）

(1) 使用者は，労働者の過半数を代表する者と書面による協定を定めた場合でも，1 ヵ月について労働時間を延長して労働させ，及び休日において労働させた時間は 100 時間未満であること。（労働基準法第 36 条第 6 項第 2 号） よって，正しい。

(2) 使用者は，労働時間が 6 時間を超える場合においては**少くとも** 45 分，8 時間を超える場合においては**少くとも** 1 時間の休憩時間を労働時間の途中に与えなければならない。（労働基準法第 34 条第 1 項）**最大時間ではない。**
　　　　　　　　　　　　　　　　　　　　　　　　よって，**誤っている。**

(3) 使用者は，その雇入れの日から起算して 6 ヵ月間継続勤務し全労働日の **8 割**以上出勤した労働者に対して，継続し，又は分割した 10 労働日の有給休暇を与えなければならない。（労働基準法第 39 条第 1 項）　　　よって，**誤っている。**

(4) 使用者は，協定の定めにより労働時間を延長して労働させ，又は休日に労働させる場合，坑内労働その他厚生労働省令で定める健康上特に有害な業務については，1 日について労働時間を延長して労働させる時間は，**2 時間**を超えないこと。（労働基準法第 36 条第 6 項第 1 号）

よって，**誤っている。**

解 答
(1)

213

 労働者に支払う賃金に関する次の記述のうち，労働基準法令上，**誤っているもの**はどれか。

(1) 使用者は，労働者が出産，疾病，災害の費用に充てるために請求する場合においては，支払期日前であっても，既往の労働に対する賃金を支払わなければならない。

(2) 使用者は，使用者の責に帰すべき事由による休業の場合においては，休業期間中当該労働者に，その平均賃金の 100 分の 60 以上の手当を支払わなければならない。

(3) 使用者は，出来高払制その他の請負制で使用する労働者については，労働時間に応じ一定額の賃金の保障をしなければならない。

(4) 使用者は，労働時間を延長し，労働させた場合においては，原則として通常の労働時間の賃金の計算額の 2 割以上 6 割以下の範囲内で割増賃金を支払わなければならない。

R元年A No.50

労働基準法（労働者に支払う賃金）

(1) 使用者は，労働者が出産，疾病，災害その他厚生労働省令で定める非常の場合の費用に充てるために請求する場合においては，支払期日前であっても，既往の労働に対する賃金を支払わなければならない。（労働基準法第 25 条）

よって，**正しい。**

(2) 使用者の責に帰すべき事由による休業の場合においては，使用者は，休業期間中当該労働者に，その平均賃金の 100 分の 60 以上の手当を支払わなければならない。（労働基準法第 26 条） よって，**正しい。**

(3) 出来高払制その他の請負制で使用する労働者については，使用者は，労働時間に応じ一定額の賃金の保障をしなければならない。（労働基準法第 27 条）

よって，**正しい。**

(4) 使用者が，労働時間を延長し，又は休日に労働させた場合においては，その時間又はその日の労働については，通常の労働時間又は労働日の賃金の計算額の 2 割 5 分以上 5 割以下の範囲内でそれぞれ政令で定める率以上の率で計算した割増賃金を支払わなければならない。

（労働基準法第 37 条第 1 項） よって，**誤っている。**

解答

(4)

214

 年少者・女性の就業に関する次の記述のうち，労働基準法令上，**正しいもの**はどれか。

(1) 使用者は，満 16 歳以上満 18 歳未満の者を，時間外労働でなければ，坑内で労働させることができる。

(2) 使用者は，満 16 歳以上満 18 歳未満の男性を，40 kg 以下の重量物を断続的に取り扱う業務に就かせることができる。

(3) 使用者は，妊娠中の女性及び産後 1 年を経過しない女性が請求した場合は，時間外労働，休日労働，深夜業をさせてはならない。

(4) 使用者は，妊娠中の女性及び産後 1 年を経過しない女性以外の女性についても，ブルドーザを運転させてはならない。 R元年A No.51

労働基準法（年少者・女性の就業）

(1) 使用者は，満 18 才に満たない者を**坑内で労働させてはならない。**
（労働基準法第 63 条）
よって，**誤っている。**

(2) 使用者は，満 18 才に満たない者に，厚生労働省令で定める重量物を取り扱う業務に就かせてはならない。（労働基準法第 62 条第 1 項）
満 16 歳以上満 18 歳未満の男性では，断続的に取り扱う業務においては，**30 kg 以上が禁止**されている。（年少者労働基準規則第 7 条） よって，**誤っている。**

(3) 使用者は，妊産婦が請求した場合においては，時間外労働をさせてはならず，又は休日労働，深夜業をさせてはならない。（労働基準法第 66 条第 2 項，第 3 項）
よって，**正しい。**

(4) 使用者は，妊娠中の女性及び産後 1 年を経過しない女性（以下「妊産婦」という。）を，重量物を取り扱う業務，有害ガスを発散する場所における業務その他妊産婦の妊娠，出産，哺育等に有害な業務に就かせてはならない。（労働基準法第 64 条の 3 第 1 項）規定する業務のうち女性の妊娠又は出産に係る機能に有害である業務につき，厚生労働省令で，妊産婦以外の女性に関して，準用することができる。（同法第 64 条の 3 第 2 項）
ブルドーザの運転は，対象外である。（女性労働基準規則第 2 条，第 3 条）
よって，**誤っている。**

解答
(3)

Lesson 3 ① 労働基準法

Lesson 3

② 労働安全衛生法

出題傾向

1. 作業主任者の選定・職務について理解する。過去7年間で5回出題されている。
2. コンクリート造の工作物の解体等の作業について理解する。過去7年間で4回出題されている。
3. 統括安全衛生責任者について理解する。過去7年間で3回出題されている。
4. 届出について理解する。過去7年間で1回出題されている。

チェックポイント

■労働基準監督署長に届け出る工事 （労働安全衛生規則第90条）

厚生労働大臣に届け出る工事を除く，次の建設工事を行う場合，工事開始の14日前までに，労働基準監督署長に届け出なければならない。

（労働安全衛生法第88条第4項）

①高さ31mを超える建築物又は工作物（橋梁を除く。）の建設，改造，解体又は破壊の仕事
②最大支間50m以上の橋梁の建設等の仕事
③最大支間30m以上50m未満の橋梁の上部構造の建設等の仕事
④ずい道等の建設等の仕事
⑤掘削の高さ又は深さ10m以上である地山の掘削の作業を行う仕事。ただし，掘削機械を用いる作業で，掘削面の下方に労働者が立ち入らないものを除く。
⑥圧気工法による作業を行う仕事

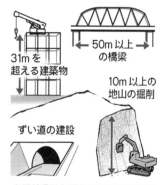

31mを超える建築物
50m以上の橋梁
10m以上の地山の掘削
ずい道の建設

労働基準監督署長に届け出る工事

■届出を必要とする設備と機械

（労働安全衛生法第88条，同規則第85条，同規則別表7他）

次の機械，設備を設置する場合は，事業者は工事の開始の30日前までに，その計画を労働基準監督署長に届け出なければならない。

①アセチレン溶接装置（移動式のものを除く。）
②軌道装置の設置（移動，新築，構造変更も含む。）
③型枠支保工（支柱の高さが3.5m以上のもの。）
④架設通路（高さ及び長さがそれぞれ10m以上のもの。）

⑤足場（つり足場，張出し足場以外の足場にあっては，高さが 10 m 以上の構造のもの。）

⑥次の機械類の設置
- ・3 t 以上のクレーン　　・2 t 以上のデリック　　・1 t 以上のエレベータ
- ・18 m 以上のガードレールを持つ建設用リフト　　・ゴンドラ　　・ボイラ
- ・第 1 種圧力容器

■ 安全衛生教育（労働安全衛生法第 59 条第 3 項）

事業者は，危険又は有害な業務で，厚生労働省令で定めるものに労働者をつかせるときは，当該業務に関する安全又は衛生のための特別の教育を行わなければならない。

特別安全衛生教育（労働安全衛生規則第 36 条）…厚生労働省令で定める危険又は有害な業務

- ・アーク溶接機を用いて行う金属の溶接，溶断等の業務（第 3 号）
- ・最大荷重 1 トン未満のフォークリフトの運転（道路上を走行させる運転を除く。）の業務（第 5 号）
- ・最大荷重 1 トン未満のショベルローダー又はフォークローダーの運転（道路上を走行させる運転を除く。）の業務（第 5 の 2 号）
- ・最大積載量が 1 トン未満の不整地運搬車の運転（道路上を走行させる運転を除く。）の業務（第 5 の 3 号）
- ・制限荷重 5 トン未満の揚貨装置の運転の業務（第 6 号）
- ・つり上げ荷重が 5 トン未満のデリックの運転業務（第 17 号）
- ・建設用リフトの運転の業務（第 18 号）
- ・つり上げ荷重が 1 トン未満のクレーン，移動式クレーン又はデリックの玉掛けの業務（第 19 号）
- ・ずい道等の掘削の作業又はこれに伴う，ずり，資材等運搬，覆工のコンクリートの打設等の作業（当該ずい道等の内部において行われるものに限る。）に係る業務等がある。

■ 労働安全衛生法に定める安全衛生管理体制

①事業者は，政令で定める規模の事業場ごとに，厚生労働省令で定めるところにより，総括安全衛生管理者を選任しなければならない。　（労働安全衛生法第 10 条第 1 項）
政令で，建設業を営む事業場の場合は，100 名以上と規定されている。

（同法施行令第 2 条）

②労働基準監督署長は，労働災害を防止するため必要があると認めるときは，事業者に対し，安全管理者の増員又は解任を命ずることができる。（労働安全衛生法第 11 条第 2 項）

③統括安全衛生責任者を選任すべき事業者以外の請負人で，当該仕事を自ら行うものは，安全衛生責任者を選任し，その者に統括安全衛生責任者との連絡その他の厚生労働省令で定める事項を行わせなければならない。（労働安全衛生法第 16 条第 1 項）

④元方安全衛生管理者の選任は，その事業場に専属の者を選任して行わなければならない。

（労働安全衛生規則第 18 条の3）

217

 事業者が統括安全衛生責任者に統括管理させなければならない事項に関する次の記述のうち，労働安全衛生法上，**誤っているもの**はどれか。

(1) 作業場所の巡視を統括管理すること。
(2) 関係請負人が行う安全衛生教育の指導及び援助を統括管理すること。
(3) 協議組織の設置及び運営を統括管理すること。
(4) 労働災害防止のため，店社安全衛生管理者を統括管理すること。　　R3年ANo.52

労働安全衛生法（統括管理させなければならない事項）

　事業者は，統括安全衛生責任者を選任し，その者に元方安全衛生管理者の指揮をさせるとともに，統括管理させなければならない。(労働安全衛生法第15条第1項)
特定元方事業者は，その労働者及び関係請負人の労働者の作業が同一の場所において行われることによって生ずる労働災害を防止するため，次の事項に関する必要な措置を講じなければならない。(同法第30条第1項)

1. **協議組織の設置及び運営**を行うこと。
2. 作業間の連絡及び調整を行うこと。
3. **作業場所を巡視**すること。
4. 関係請負人が行う労働者の**安全又は衛生のための教育に対する指導及び援助**を行うこと。
5. 仕事を行う場所が仕事ごとに異なることを常態とする業種で，厚生労働省令で定めるものに属する事業を行う特定元方事業者にあっては，仕事の工程に関する計画及び作業場所における機械，設備等の配置に関する計画を作成するとともに，当該機械，設備等を使用する作業に関し関係請負人がこの法律又はこれに基づく命令の規定に基づき講ずべき措置についての指導を行うこと。
6. 前各号に掲げるもののほか，当該労働災害を防止するため必要な事項。

　　　　　　　　よって，(4)が誤っている。　

 労働安全衛生法令上，作業主任者の選任を**必要としない作業**は，次のうちどれか。

(1) アセチレン溶接装置を用いて行う金属の溶接，溶断又は加熱の作業
(2) 高さが3m，支間が20mの鋼製橋梁上部構造の架設の作業
(3) コンクリート破砕器を用いて行う破砕の作業
(4) 高さが5mの足場の組立て，解体の作業

　　　　　　　　　　　　　　　　　　　　　　H30年ANo.52

労働安全衛生法（作業主任者の選任を必要とする作業）

労働安全衛生法第 14 条，同法施行令第 6 条により，作業主任者の選任が必要な内容を規定している。

(1) **ガス溶接作業主任者**：アセチレン溶接装置又はガス集合溶接装置を用いて行う金属の溶接，溶断又は加熱の作業（同法施行令第 6 条第 2 号）

よって，**必要とする作業である。**

(2) **鋼管架設等作業主任者**：橋梁の上部構造であって，金属製の部材により構成されるもの（その高さが 5 m 以上あるもの又は，当該上部構造のうち橋梁の支間が 30 m 以上である部分に限る）の架設，解体又は変更の作業

（同法施行令第 6 条第 15 の 3 号）　　　　よって，必要としない作業である。

(3) **コンクリート破砕器作業主任者**：コンクリート破砕器を用いて行う破砕の作業（同法施行令第 6 条第 8 の 2 号）　　　よって，**必要とする作業である。**

(4) **足場の組立等作業主任者**：つり足場（ゴンドラのつり足場を除く。），張出し足場又は高さが 5 m 以上の構造の足場の組立て，解体又は変更の作業（同法施行令第 6 条第 15 号）

解答

よって，**必要とする作業である。**
(2)

作業主任者一覧表　（免）：免許を受けた者（技）：技能講習を修了した者
（労働安全衛生規則第 16 条第 1 項，別表第 1）

名　　称	選任すべき作業
高圧室内作業主任者（免）	潜函工法その他圧気工法により，大気圧を超える気圧下の作業室又はシャフトの内部において行う作業に限る。
ガス溶接作業主任者（免）	アセチレン等を用いて行う金属の溶接・溶断・加熱の作業
コンクリート破砕器作業主任者（技）	コンクリート破砕器を用いて行う破砕の作業
地山の掘削作業主任者（技）	掘削面の高さが 2 m 以上となる地山の掘削の作業
土止め支保工作業主任者（技）	土止め支保工の切りばり又は腹起こしの取付け又は取り外しの作業
ずい道等の掘削等作業主任者（技）	ずい道等の掘削の作業又はこれに伴うずり積み，ずい道支保工の組立て，ロックボルトの取付け若しくはコンクリート等の吹付けの作業
ずい道等の覆工作業主任者（技）	ずい道等の覆工の作業
型枠支保工の組立等作業主任者（技）	型わく支保工の組立て又は解体の作業
足場の組立等作業主任者（技）	つり足場（ゴンドラのつり足場を除く。），張出し足場又は高さが 5 m 以上の構造の足場の組立て，解体又は変更の作業
鉄骨の組立等作業主任者（技）	建築物の骨組み又は塔であって，金属製の部材により構成されるもの（5 m 以上であるもの。）の組立て，解体，変更の作業
酸素欠乏危険作業主任者（技）	酸素欠乏危険場所における作業
コンクリート造の工作物解体等作業主任者（技）	その高さが 5 m 以上のコンクリート造の工作物の解体又は破壊の作業
コンクリート橋架設等作業主任者（技）	上部構造の高さが 5 m 以上のもの又は支間が 30 m 以上であるコンクリート造の橋梁の架設又は変更の作業
鋼橋架設等作業主任者（技）	上部構造の高さが 5 m 以上のもの又は支間が 30 m 以上である金属製の部材により構成される橋梁の架設，解体又は変更の作業

 **問題3**

労働安全衛生法令上, 工事の開始の日の 30 日前までに, 厚生労働大臣に計画を届け出なければならない工事が定められているが, 次の記述のうちこれに**該当しないもの**はどれか。

(1) ゲージ圧力が 0.2 MPa の圧気工法による建設工事
(2) 堤高が 150 m のダムの建設工事
(3) 最大支間 1,000 m のつり橋の建設工事
(4) 高さが 300 m の塔の建設工事

R元年A No.52

厚生労働大臣へ計画を届出る工事

事業者は, 建設業に属する事業の仕事のうち重大な労働災害を生ずるおそれがある特に大規模な仕事で, 厚生労働省令で定めるものを開始しようとするときは, その計画を当該仕事の開始の日の 30 日前までに, 厚生労働省令で定めるところにより, 厚生労働大臣に届け出なければならない。(労働安全衛生法第 88 条 第 2 項, 同規則第 89 条)

1 高さが 300 m 以上の塔の建設の仕事
2 堤高 (基礎地盤から堤頂までの高さをいう。) が 150 m 以上のダムの建設の仕事
3 最大支間 500 m (つり橋にあっては, 1,000 m) 以上の橋梁の建設の仕事
4 長さが 3,000 m 以上のずい道等の建設の仕事
5 長さが 1,000 m 以上 3,000 m 未満のずい道等の建設の仕事で, 深さが 50 m 以上のたて坑 (通路として使用されるものに限る。) の掘削を伴うもの
6 ゲージ圧力が 0.3 MPa 以上の圧気工法による作業を行う仕事

よって, (1)が該当しない。

高さ300m以上の塔　　最大支間500m以上の橋梁

圧気工法による作業

ずい道の建設

解答
(1)

**問題 4**　労働安全衛生法令上，高さが 5 m 以上のコンクリート造の工作物の解体作業における危険を防止するために，事業者が行わなければならない事項に関する次の記述のうち，**誤っているもの**はどれか。

(1)　事業者は，作業を行う区域内には，関係労働者以外の労働者の立入りを禁止しなければならない。

(2)　事業者は，器具，工具等を上げ，又は下ろすときは，つり綱，つり袋等を労働者に使用させなければならない。

(3)　事業者は，コンクリート造の工作物の解体等作業主任者特別教育を修了した者のうちから，コンクリート造の工作物の解体等作業主任者を選任しなければならない。

(4)　事業者は，強風，大雨，大雪等の悪天候のため，作業の実施について危険が予想されるときは，当該作業を中止させなければならない。　　　　R2年A No.53

解体作業における危険の防止

　高さが 5 m 以上のコンクリート造の工作物の解体作業は，作業主任者の選任を必要とする作業である。(労働安全衛生法第 14 条，同法施行令第 6 条第 15 の 5 号)

(1)　作業を行う区域内には，関係労働者以外の労働者の立入りを禁止すること。
(労働安全衛生規則第 517 条の 15 第 1 号)　　　　　　　　よって，**正しい。**

(2)　材料，器具，工具等を上げ，又は下ろすときは，つり綱，つり袋等を労働者に使用させること。(労働安全衛生規則第 517 条の 15 第 3 号)　　よって，**正しい。**

(3)　事業者は，高圧室内作業その他の労働災害を防止するための管理を必要とする作業で，政令で定めるものについては，都道府県労働局長の免許を受けた者又は都道府県労働局長の登録を受けた者が行う技能講習を修了した者のうちから，厚生労働省令で定めるところにより，当該作業の区分に応じて，作業主任者を選任し，その者に当該作業に従事する労働者の指揮その他の厚生労働省令で定める事項を行わせなければならない。(労働安全衛生法第 14 条)
　　　　　　　　　　　　　　　　　　　　　　　　　　よって，**誤っている。**

(4)　強風，大雨，大雪等の悪天候のため，作業の実施について危険が予想されるときは，当該作業を中止すること。
(労働安全衛生規則第 517 条の 15 第 2 号)　　　　　　　よって，**正しい。**

解答
(3)

Lesson 3

法 規
③ 建 設 業 法

出題傾向

1. 施工技術の確保で，主任技術者及び監理技術者の設置について理解する。過去7年間で4回出題。
2. 主任技術者及び監理技術者の職務について理解する。過去7年間で3回出題。
3. 元請負人の義務について理解する。過去7年間で2回出題。
4. 建設工事の請負契約について理解する。過去7年間で1回出題。

チェックポイント

■ 主任技術者及び監理技術者の設置

① 建設工事を施工する建設業者は，施工の技術上の管理を担当するため一定の実務経験又は資格をもつ「主任技術者」を置かなければならない。公共，民間工事，元請，下請の別，又は請負工事代金の額にかかわらず適用される。(建設業法第26条第1項)

② 建設業者が発注者から直接請け負った工事を4,500万円（建築工事業は7,000万円）以上の下請契約を締結して下請業者に施工させる場合に限り，「主任技術者」に代えて「監理技術者」を置かなければならない。(建設業法第26条第2項，同法施行令第2条)

■ 監理技術者資格者証の交付

監理技術者資格者証は，公共工事（国，地方公共団体，政令で定める公共法人が発注）における監理技術者の専任義務を確認することを目的とするもので，特定建設業28業種すべてについて，それぞれの建設業ごとに監理技術者の資格を有する者が申請することによって交付される。(建設業法第27条の18)

①交付の条件	イ）指定建設業の監理技術者
	＊法第15条第2号のイの規定による1級国家資格を取得した者
	＊同じくハの規定による国土交通大臣の特別認定者
	ロ）指定建設業以外の監理技術者
	＊法第15条第2号のイの規定による1級国家資格を取得した者
	＊同じくロの規定による2級国家資格を取得又は実務経験等を有し，かつ発注者から直接請け負った4,500万円以上の建設工事について2年以上の指導監督的実務経験を有している者
	＊同じくハの規定により大臣がイ，ロと同等以上と認めた者
	ハ）上記のイ，ロいずれの場合も，交付申請する前1年以内に監理技術者講習を修了していることが必要
②有効期間	イ）資格者証の有効期間は5年間
	ロ）更新する場合は，申請前1年以内に技術者講習を修了していること

■ 指定建設業（建設業法第15条第2号のただし書き・同法施行令第5条の2）には，下記の7業種が規定されている。

①土木工事業　②建築工事業　③電気工事業　④管工事業　⑤鋼構造物工事業
⑥舗装工事業　⑦造園工事業

■ その他の技術者制度

①専任の主任技術者又は監理技術者を必要とする工事において，工事が密接な関係のある2以上の工事を同一の建設業者が同一の場所又は近接した場所において施工するものについては，同一の専任の主任技術者がこれらの工事を管理することができると規定されている。（建設業法施行令第27条第2項）

②建設業の許可不要の建設工事（建設業法第3条第1項ただし書き）
・ 請負金額が建築一式工事で1,500万円未満の工事の場合
・ 延べ面積が150 m² 未満の木造住宅工事の場合
・ 建築一式工事以外で，請負金額が500万円未満の工事の場合
＊建設業の許可を受けていない者が施工する建設工事については，主任技術者の設置義務はない。

③建設業者は，下請として請け負った建設工事の一部を，下請（二次下請）に出して施工しようとする場合の規定
　下請代金の額の総額が政令で定める金額 {4,500万円（建設工事業の場合は7,000万円）} 以上となっても工事現場に監理技術者を置く必要はなく，主任技術者を置けばよい。（建設業法第26条第2項の主任技術者に代えて監理技術者を置かなければならない規定は，あくまでも建設工事を発注者から直接請け負った元請業者と一次下請業者間の下請代金の額のことである。）

■ 主任技術者の資格要件（建設業法第26条第1項，同法第7条第2号）

①許可を受けようとする建設業に係る建設工事に関し，高等学校若しくは中等教育学校を卒業した後5年以上又は大学，高等専門学校を卒業した後3年以上実務の経験を有する者で在学中に国土交通省令で定める学科を修めたもの

②許可を受けようとする建設業に係る建設工事に関し10年以上実務の経験を有する者

③国土交通大臣が①又は②に掲げる者と同等以上の知識及び技術又は技能を有するものと認定した者

主任技術者の資格要件

223

問題1 元請負人の義務に関する次の記述のうち，建設業法令上，**誤っているもの**はどれか。

(1) 元請負人は，その請け負った建設工事を施工するために必要な工程の細目，作業方法その他元請負人において定めるべき事項を定めようとするときは，あらかじめ，下請負人の意見をきかなければならない。

(2) 元請負人は，請負代金の出来形部分に対する支払を受けたときは，その支払の対象となった建設工事を施工した下請負人に対して，その下請負人が施工した出来形部分に相応する下請代金を，当該支払を受けた日から一月以内で，かつ，できる限り短い期間内に支払わなければならない。

(3) 元請負人は，前払金の支払を受けたときは，下請負人に対して，資材の購入，労働者の募集その他建設工事の着手に必要な費用を前払金として支払うよう適切な配慮をしなければならない。

(4) 元請負人は，下請負人からその請け負った建設工事が完成した旨の通知を受けたときは，当該通知を受けた日から一月以内で，かつ，できる限り短い期間内に，その完成を確認するための検査を完了しなければならない。

R4年ANo.54

建設業法（元請負人の義務）

(1) 元請負人は，その請け負った建設工事を施工するために必要な工程の細目，作業方法その他元請負人において定めるべき事項を定めようとするときは，あらかじめ，下請負人の意見をきかなければならない。（建設業法第24条の2）よって，**正しい**。

(2) 元請負人は，請負代金の出来形部分に対する支払又は工事完成後における支払を受けたときは，当該支払の対象となった建設工事を施工した下請負人に対して，当該元請負人が支払を受けた金額の出来形に対する割合及び当該下請負人が施工した出来形部分に相応する下請代金を，当該支払を受けた日から1ヵ月以内で，かつ，できる限り短い期間内に支払わなければならない。（建設業法第24条の3第1項）　　　　　　　　　　　　　　よって，**正しい**。

(3) 元請負人は，前払金の支払を受けたときは，下請負人に対して，資材の購入，労働者の募集その他建設工事の着手に必要な費用を前払金として支払うよう適切な配慮をしなければならない。（建設業法第24条の3第3項）よって，**正しい**。

(4) 元請負人は，下請負人からその請け負った建設工事が完成した旨の通知を受けたときは，当該通知を受けた日から20日以内で，かつ，できる限り短い期間内に，その完成を確認するための検査を完了しなければならない。（建設業法第24条の4第1項）
よって，**誤っている**。

解答
(4)

224

 技術者制度に関する次の記述のうち，建設業法令上，**誤っているもの**はどれか。

(1) 主任技術者及び監理技術者は，建設業法で設置が義務付けられており，公共工事標準請負契約約款に定められている現場代理人を兼ねることができる。

(2) 発注者から直接建設工事を請け負った特定建設業者は，当該建設工事を施工するために締結した下請契約の請負代金の額にかかわらず，工事現場に監理技術者を置かなければならない。

(3) 主任技術者及び監理技術者は，工事現場における建設工事を適正に実施するため，当該建設工事の施工計画の作成，工程管理，品質管理その他の技術上の管理及び当該建設工事の施工に従事する者の技術上の指導監督を行わなければならない。

(4) 工事現場における建設工事の施工に従事する者は，主任技術者又は監理技術者がその職務として行う指導に従わなければならない。

R2年A No.54

建設業法（技術者制度）

(1) 主任技術者及び監理技術者は，建設業法（第26条）で設置が義務づけられている。現場代理人，監理技術者等（監理技術者，監理技術者補佐又は主任技術者をいう。）及び専門技術者は，これを兼ねることができる。（公共工事標準請負契約約款第10条第5項）　　　　　　　　　　　　　　　　　よって，**正しい。**

(2) 発注者から直接建設工事を請け負った特定建設業者は，当該建設工事を施工するために締結した下請契約の請負代金の額が政令で定める金額以上になる場合においては，当該工事現場における建設工事の施工の技術上の管理をつかさどるもの（以下「監理技術者」という。）を置かなければならない。（建設業法第26条第2項）　　　　　　　　　　　　　　　　　　　　　　　　よって，**誤っている。**

(3) 主任技術者及び監理技術者は，工事現場における建設工事を適正に実施するため，当該建設工事の施工計画の作成，工程管理，品質管理その他の技術上の管理及び当該建設工事の施工に従事する者の技術上の指導監督の職務を誠実に行わなければならない。（建設業法第26条の4第1項）　　　　　　よって，**正しい。**

(4) 工事現場における建設工事の施工に従事する者は，主任技術者又は監理技術者がその職務として行う指導に従わなければならない。
（建設業法第26条の4第2項）　　　　　　　　　　よって，**正しい。**

解　答

(2)

問題 3 技術者制度に関する次の記述のうち，建設業法令上，**誤っているもの**はどれか。

(1) 主任技術者及び監理技術者は，建設業法で設置が義務付けられており，公共工事標準請負契約約款に定められている現場代理人を兼ねることができる。

(2) 発注者から直接建設工事を請け負った特定建設業者は，当該建設工事を施工するために締結した下請契約の請負代金が政令で定める金額以上の場合，工事現場に監理技術者を置かなければならない。

(3) 主任技術者及び監理技術者は，工事現場における建設工事を適正に実施するため，当該建設工事の施工計画の作成，工程管理，品質管理その他の技術上の管理及び当該建設工事に関する下請契約の締結を行わなければならない。

(4) 工事現場における建設工事の施工に従事する者は，主任技術者又は監理技術者がその職務として行う指導に従わなければならない。

R3年A No.54

技術者制度

(1) 主任技術者及び監理技術者は，建設業法（第 26 条）で設置が義務づけられている。現場代理人，主任技術者（監理技術者）及び専門技術者は，これを兼ねることができる。（公共工事標準請負契約約款第 10 条第 5 項）よって，**正しい。**

(2) 発注者から直接建設工事を請け負った特定建設業者は，当該建設工事を施工するために締結した下請契約の請負代金の額が政令で定める金額以上になる場合においては，当該工事現場における建設工事の施工の技術上の管理をつかさどるもの（以下「監理技術者」という。）を置かなければならない。（建設業法第 26 条第 2 項）　　　　　　　　　　　　　　　　よって，**正しい。**

(3) 主任技術者及び監理技術者は，工事現場における建設工事を適正に実施するため，当該建設工事の施工計画の作成，工程管理，品質管理その他の技術上の管理及び当該建設工事の施工に従事する者の技術上の指導監督の職務を誠実に行わなければならない。（建設業法第 26 条の 4 第 1 項）下請契約の締結は，主任技術者及び監理技術者の職務ではない。　　　　　よって，**誤っている。**

(4) 工事現場における建設工事の施工に従事する者は，主任技術者又は監理技術者がその職務として行う指導に従わなければならない。（建設業法第 26 条の 4 第 2 項）　　　よって，**正しい。**

解答
(3)

出題傾向

1. 道路の占用, 使用の許可について理解する。過去7年間で3回出題されている。
2. 車両制限全般, 通行の許可等について理解する。過去7年間で2回出題されている。
3. 道路掘削の実施方法（施行規則）について理解する。過去7年間で2回出題されている。
4. 道路管理者による許可について理解する。過去7年間で1回出題されている。
5. 道路の保全について理解する。過去7年間で1回出題されている。

チェックポイント

■道路管理者の許可が必要なもの

道路に次のような工作物, 施設を設け, 継続して道路を使用する場合, 道路管理者の許可を受けなければならない。

① 水道, 下水管, ガス管
② 鉄道, 軌道
③ 歩廊, 雪よけ
④ 地下街, 地下室, 通路
⑤ 電柱, 電線, 変圧塔, 郵便箱
⑥ 露店, 商品置場

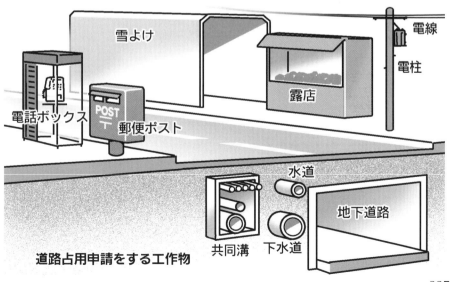

道路占用申請をする工作物

■水道，電気，ガス等のための道路占用の特例

　水道法，下水道法，鉄道事業法，電気事業法などに基づく，ガス管，上下水道管，電柱，公衆電話所（電話ボックス）等の工事を行うときは，工事の実施日の**1ヵ月前**までに，あらかじめ工事の計画書を**道路管理者**に提出すること。

　基準に適合する場合には，道路管理者は道路の占用を許可しなければならない。

道路占用
許可申請書

道路管理者

■水道管，下水道管，ガス管の埋設

①道路の敷地外に，当該場所に代わる適当な場所がなく，公益上やむを得ないこと。

②走路に水道管，下水道管又はガス管を埋設する場合は，歩道の地下に埋設する。ただし，本管については，公益上やむを得ない場合は道路の地下とする。

③水道管又はガス管の本管は，その頂部と路面との距離は，**1.2m以上**とし，やむを得ない場合は**0.6m以上**とする。

④下水道管の本線を地下に設ける場合は，**3m以上**，やむを得ない場合は**1m以上**とする。

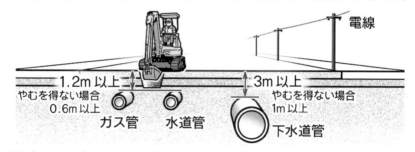

電線

1.2m以上
やむを得ない場合
0.6m以上
ガス管　　水道管

3m以上
やむを得ない場合
1m以上
下水道管

■自動車の乗車又は積載の制限

道路交通法施行令第22条

　自動車の乗車人員又は積載物の重量，大きさ若しくは積載の方法の制限は，次の各号に定めるところによる。（抜粋）

① **乗車人員**（運転者を含む。）　自動車検査証に記載された**乗車定員**を超えないこと。

② **積載物の重量**　自動車検査証に記載された**最大積載重量**を超えてはならない。

③ **積載物の長さ，幅又は高さ**　それぞれ次に掲げる長さ，幅又は高さを**超えない**こと。

　イ　**長さ**　自動車の長さにその長さの**10分の2の長さ**を加えたもの

　ロ　**幅**　自動車の幅にその幅の**10分の2の幅**を加えたもの

　ハ　**高さ**　3.8mからその自動車の積載をする場所の高さを減じたもの

④ **積載物**　次に掲げる制限を超えることとなるような方法で積載しないこと。

　イ　自動車の車体の前後から自動車の長さの**10分の1の長さ**を超えてはみ出さないこと。

　ロ　自動車の車体の左右から自動車の幅の**10分の1の幅**を超えてはみ出さないこと。

 **問題1**

車両制限令で定められている通行車両の最高限度を超過する特殊な車両の通行に関する次の記述のうち，道路法上，**誤っているもの**はどれか。

(1) 特殊な車両を通行させようとする者は，通行する道路の道路管理者が複数となる場合には，通行するそれぞれの道路管理者に通行許可の申請を行わなければならない。

(2) 特殊な車両の通行は，当該車両の通行許可申請に基づいて，道路の構造の保全，交通の危険防止のために通行経路，通行時間等の必要な条件が付された上で，許可される。

(3) 特殊な車両の通行許可を受けた者は，当該許可に係る通行中，当該許可証を当該車両に備え付けていなければならない。

(4) 特殊な車両を許可なく又は通行許可条件に違反して通行させた場合には，運転手に罰則規定が適用されるほか，事業主に対しても適用される。

R2年ANo.56

 解説

道路法（特殊車両の通行許可等）

(1) 特殊な車両を通行させようとする者で，道路管理者を異にする二以上の道路に係るものであるときは，許可に関する権限は，一の道路の道路管理者が行うものとする。（道路法第47条の2第2項）　　　　**よって，誤っている。**

(2) 当該車両を通行させようとする者の申請に基づいて，通行経路，通行時間等について，道路の構造を保全し，又は交通の危険を防止するため必要な条件を付して，最高限度又は規定する限度を超える車両の通行を許可することができる。（道路法第47条の2第1項）　　　　　　**よって，正しい。**

(3) 許可証の交付を受けた者は，当該許可に係る通行中，当該許可証を当該車両に備え付けていなければならない。（道路法第47条の2第6項）　**よって，正しい。**

(4) 特殊な車両を許可なく違反して車両を通行させている者又は道路において定める基準を超える車両を通行させている者に対し，当該車両の通行の中止，総重量の軽減，徐行その他通行の方法について，道路の構造の保全又は交通の危険防止のための必要な措置をすることを命ずることができる。（道路法第47条の4第1項）　　　　　　**よって，正しい。**

 解答
(1)

Lesson 3 ④ 道路関係法

229

 **問題2** 　道路上で行う工事，又は行為についての許可，又は承認に関する次の記述のうち，道路法令上，**誤っているもの**はどれか。

(1)　道路管理者以外の者が，工事用車両の出入りのために歩道切下げ工事を行う場合は，道路管理者の承認を受ける必要がある。

(2)　道路管理者以外の者が，沿道で行う工事のために道路の区域内に，工事用材料の置き場や足場を設ける場合は，道路管理者の許可を受ける必要がある。

(3)　道路占用者が，電線，上下水道，ガスなどを道路に設け，これを継続して使用する場合は，道路管理者と協議し同意を得れば，道路管理者の許可を受ける必要はない。

(4)　道路占用者が重量の増加を伴わない占用物件の構造を変更する場合，道路の構造又は交通に支障を及ぼすおそれがないと認められるものは，あらためて道路管理者の許可を受ける必要はない。

R3年A No.56

解説

道路法（道路上で行う工事又は行為についての許可又は承認）

(1)　道路管理者以外の者は，道路管理者の承認を受けて道路に関する工事又は道路の維持を行うことができる。(道路法第24条)　　　　　　**よって，正しい。**

(2)　道路の構造又は交通に支障を及ぼすおそれのある工作物，物件又は施設で政令で定めるもの（土石，竹木，瓦その他の工事用材料の置き場，足場等：道路法施行令第7条第4号，第5号）は，道路管理者の許可を受けなければならない。(道路法第32条第1項第7号)　　　　　　　　　　　　　　　　**よって，正しい。**

(3)　電柱，電線，変圧塔，郵便差出箱，公衆電話所，広告塔その他これらに類する工作物，水管，下水道管，ガス管その他これらに類する物件又は施設を設け継続して道路を使用する場合においては，道路管理者の許可を受けなければならない。(道路法第32条第1項第1号，第2号)　　　　　**よって，誤っている。**

(4)　道路占用者が，重量の著しい増加を伴わない占用物件の構造を変更する場合，道路の構造又は交通に支障を及ぼすおそれがないと認められるものは，改めて道路管理者の許可を受ける必要はない。(道路法施行令第8条第1号) **よって，正しい。**

 解答
(3)

問題3 　道路占用工事における道路の掘削に関する次の記述のうち，道路法令上，**誤っているもの**はどれか。

(1)　掘削部分に近接する道路の部分には，掘削した土砂をたい積しないで余地を設けるものとし，当該土砂が道路の交通に支障を及ぼすおそれがある場合には，他の場所に搬出するものとする。

(2)　掘削面積は，工事の施行上やむを得ない場合，覆工を施す等道路の交通に著しい支障を及ぼすことのないように措置して行う場合を除き，当日中に復旧可能な範囲とする。

(3)　わき水やたまり水の排出にあたっては，道路の排水に支障を及ぼすことのないように措置して道路の排水施設に排出する場合を除き，路面その他の道路の部分に排出しないように措置する。

(4)　掘削土砂の埋戻し方法は，掘削深さにかかわらず，一度に最終埋戻し面まで土砂を投入して締固めを行うものとする。　　　　　　　　　H29年AのNo.56

道路占用工事における道路の掘削

(1)　掘削部分に近接する道路の部分には，占用のために掘削した土砂をたい積しないで余地を設けるものとし，当該土砂が道路の交通に支障を及ぼすおそれのある場合においては，これを他の場所に搬出すること。
（道路法施行規則第4条の4の4第2号）　　　　　　　　　　よって，**正しい。**

(2)　掘削面積は，工事の施行上やむを得ない場合において，覆工を施す等道路の交通に著しい支障を及ぼすことのないように措置して行う場合を除き，当日中に復旧可能な範囲とすること。（道路法施行規則第4条の4の4第5号）
　　　　　　　　　　　　　　　　　　　　　　　　　　　　よって，**正しい。**

(3)　わき水又はたまり水の排出に当たっては，道路の排水に支障を及ぼすことのないように措置して道路の排水施設に排出する場合を除き，路面その他の道路の部分に排出しないように措置すること。（道路法施行規則第4条の4の4第4号）
　　　　　　　　　　　　　　　　　　　　　　　　　　　　よって，**正しい。**

(4)　占用のために掘削した土砂の埋戻しの方法は，各層（層の厚さは，原則として0.2 m（路床部にあっては0.2 m）以下とする。）ごとにランマーその他の締固め機械又は器具で確実に締め固めて行うこと。（道路法施行規則第4条の4の6第1号）よって，**誤っている。**

解答
(4)

Lesson 3

5 河川関係法

出題傾向

1. 河川の使用及び河川に関する規制については，7年間毎年出題されている。
2. 河川法の用語の定義，河川整備基本方針なども理解する。

チェックポイント

■**流水の占用許可**：「河川の流水を占用しようとする者は，国土交通省令で定めるところにより，**河川管理者の許可を受けなければならない。**」(河川法第23条)

　流水の占用とは，河川の流水を排他的独占的に継続して使用することをいう。

　・現場練りコンクリートで少量の水を使用する場合等は含まれない。

■**土地の占用許可**：「河川区域内の土地を占用しようとする者は，国土交通省令で定めるところにより，河川管理者の許可を受けなければならない。」(河川法第24条)

　・工事用道路とするための土地の占用をする場合や，低水路に仮設桟橋を設ける場合にも適用される。

■**土石等の採取の許可**：「河川区域内において，土石を採取しようとする者は，国土交通省令により，河川管理者の許可を受けなければならない。」(河川法第25条)

　・土石以外に，政令で定める竹木，あし，かや，笹，埋れ木，じゅんさいなどがある。

　・河川区域内で河川管理者以外の者が行う工事の際，掘削によって発生した土砂等を他の工事に使用する場合も適用される。

■**工作物の新築等の許可**：「河川区域内の土地において工作物を新築し，改築し，又は除却しようとする者は，河川管理者の許可を受けなければならない。河川の河口附近の海面において河川の流水を貯留し，又は停滞させるための工作物を新築し，改築し，又は除却しようとする者も，同様とする。」(河川法第26条)

　・河川管理者の許可を得て工作物を新築するための土地の掘削の許可は，工作物の新築と一体として許可条件とするため，改めて許可を取る必要はない。

■**土地の掘削等の許可**：「河川区域内の土地において土地の掘削，盛土若しくは切土その他土地の形状を変更する行為又は竹木を栽植若しくは伐採しようとする者は，河川管理者の許可を受けなければならない。」(河川法第27条) ただし，耕耘及び管理者が指定した軽易な行為は除く。

　・竹木の伐採は許可の対象であるが，特別に指定した区域外の竹木の伐採は軽易な行為とある。取水施設又は排水施設の機能を維持するために行う取水口又は排水口の付近に積もった土砂の排除なども軽易な行為である。

 　　　河川管理者の許可に関する次の記述のうち，河川法令上，**正しいもの**はどれか。

(1)　河川区域内の上空を通過して吊り橋や電線を設置する場合は，河川管理者の許可を受ける必要はない。

(2)　河川区域内の土地に工作物の新築等の許可を河川管理者から受ける者は，あらためてその工作物を施工するための土地の掘削，盛土，切土等の行為の許可を受ける必要はない。

(3)　河川区域内の民有地に一時的に仮設の現場事務所を新築する場合は，河川管理者の許可を受ける必要はない。

(4)　河川管理者が管理する河川区域内の土地に工作物の新築等の許可を河川管理者から受ける者は，あらためて土地の占用の許可を受ける必要はない。

R元年ANo.57

河川法（河川管理者の許可）

　河川区域内の土地において工作物を新築し，改築し，又は除却しようとする者は，国土交通省令で定めるところにより，河川管理者の許可を受けなければならない。（河川法第26条第1項）

(1)　河川区域内において河川法の許可は，**地上，地下及び空中におよぶ。**

よって，**誤っている。**

(2)　河川管理者の許可を得て工作物を新築するための土地の掘削，盛土，切土等の許可は，工作物の新築と一体として許可条件とするため，改めて許可をとる必要はないと規定している。　　　　　　　　　　　　　よって，**正しい。**

(3)　河川区域内に設置する現場事務所は，一時的な仮設工作物であっても同様であり，**河川区域内にある民有地についても同様**であると規定している。

よって，**誤っている。**

(4)　河川区域内の土地を占用しようとする者は，国土交通省令で定めるところにより，河川管理者の許可を受けなければならない。（河川法第24条）

　土地の占用許可も必要である。　　　よって，**誤っている。**

解　答
(2)

 **問題2** 河川管理者以外の者が河川区域内（高規格堤防特別区域を除く）で工事を行う場合の許可に関する次の記述のうち，河川法令上，**正しいもの**はどれか。

(1) 河川区域内で一時的に仮設の材料置き場を設置する場合は，河川管理者の許可を受ける必要がない。

(2) 吊り橋，電線などを河川区域内の上空を通過して設置する場合は，河川管理者の許可を受ける必要がない。

(3) 公園などを河川区域内の民有地に設置する場合は，土地の形状変更が伴ったとしても河川管理者の許可を受ける必要がない。

(4) 河川管理者の許可を受けて設置されている排水施設の機能を維持するために排水口付近に積もった土砂を排除する場合には，河川管理者の許可を受ける必要がない。

H30年ANo.57

河川区域内工事の許可

(1) 河川区域内の土地を占用しようとする者は，国土交通省令で定めるところにより，河川管理者の**許可を受けなければならない。**（河川法第24条）
　　一時的に仮設の材料置き場を設置する場合も同様である。よって，誤っている。

(2) 河川区域内の土地において工作物を新築し，改築し，又は除却しようとする者は，国土交通省令で定めるところにより，河川管理者の許可を受けなければならない。（河川法第26条第1項）さらに，河川区域内の土地を占用しようとする者は，国土交通省令で定めるところにより，河川管理者の**許可を受けなければならない。**（同法第24条）
　　河川区域内において河川法の許可は，地上，地下，及び空中に及ぶ。
　　　　　　　　　　　　　　　　　　　　　　　　　　　　　　　よって，誤っている。

(3) 河川区域内の土地において土地の掘削，盛土若しくは切土その他土地の形状を変更する行為をしようとする者は，国土交通省令で定めるところにより，河川管理者の**許可を受けなければならない。**（河川法第27条第1項）
　　河川区域内においては，民有地についても同様である。よって，誤っている。

(4) 許可を受けて設置された取水施設又は排水施設の機能を維持するために行う取水口又は排水口の付近に積もった土砂等の排除は，政令で定める軽易な行為とし，許可を要しない。（河川法第27条第1項，同法施行令第15条の4第1項第2号）　　よって，正しい。

(4)

 問題3　河川管理者以外の者が，河川区域内（高規格堤防特別区域を除く）で工事を行う場合の手続きに関する次の記述のうち，**誤っているもの**はどれか。

(1)　河川管理者の許可を受けて設置されている取水施設の機能維持するための取水口付近の土砂等の撤去は，河川管理者の許可を受ける必要がある。

(2)　河川区域内に一時的に仮設の資材置き場を設置する場合は，河川管理者の許可を受ける必要がある。

(3)　河川区域内において土地の掘削，盛土など土地の形状を変更する行為は，民有地においても河川管理者の許可を受ける必要がある。

(4)　河川区域内の上空を通過する電線や通信ケーブルを設置する場合は，河川管理者の許可を受ける必要がある。

R3年ANo.57

河川区域内工事の手続き

(1)　許可を受けて設置された取水施設又は排水施設の機能を維持するために行う取水口又は排水口の付近に積もった土砂等の排除は，政令で定める軽易な行為とし，許可を要しない。(河川法第 27 条第 1 項，同法施行令第 15 条の 4 第 1 項第 2 号)
よって，**誤っている。**

(2)　河川区域内の土地を占用しようとする者は，河川管理者の許可を受けなければならない。(河川法第 24 条) 一時的に仮設の資材置き場を設置する場合も同様である。
よって，**正しい。**

(3)　河川区域内の民有地において土地の掘削，盛土など土地の形状を変更する行為は，河川管理者の許可を受けなければならない。(河川法第 27 条第 1 項)
よって，**正しい。**

(4)　河川区域内において河川法の許可は，地上，地下及び空中に及び，河川区域内の上空を通過する電線や通信ケーブルを設置する場合も河川管理者の許可を受けなければならない。
よって，**正しい。**

解答
(1)

Lesson 3 ⑤ 河川関係法

法 規

6 建築基準法

1. 仮設建築物に対する建築基準法の適用除外と適用規定を理解する。過去7年間毎年出題されている。
2. 建築基準法の用語の定義を理解する。

チェックポイント

■仮設建築物に対する建築基準法（第85条第2項）の
主な適用外（緩和）と適用規定

条　文	内　　　　容
(1) 建築基準法の規定のうち適用されない主な規定	
第6条	建築物の建築等に関する申請及び確認
第7条	建築物に関する完了検査
第15条	建築物を建築又は除却の工事をする場合の届出
第19条	建築物の敷地の衛生及び安全に関する規定
第43条	建築物の敷地は，道路に2m以上接すること
第52条	建築物の延べ面積の敷地面積に対する割合（容積率）
第53条	建築物の建築面積の敷地面積に対する割合（建蔽率）
第55条	第1種低層住居専用地域等における建築物の高さの限度
第61条	防火地域及び準防火地域内の建築物
第62条	防火地域又は準防火地域内の建築物の屋根の構造（50 m²以内）
	「第3章（第41条の2〜第68条の9）
	都市計画区域，準都市計画区域内の建築物の敷地，構造，建築設備及び用途に関する規定」
(2) 建築基準法のうち適用される主な規定	
第5条の6	建築物の設計及び工事監理
第20条	建築物は，自重，積載荷重，積雪，風圧，地震，衝撃等に対して安全な構造とする
第28条	居室の採光及び換気のための窓の設置
第29条	地階における住宅等の居室の壁及び床の防湿の措置
第32条	建築物の電気設備の安全及び防火
(3) 防火地域内及び準防火地域内に50 m²を超える建築物を設置する場合	

建築基準法第62条の規定が適用され，建築物の屋根の構造は次のいずれかとする

　①不燃材料で造るか，又は葺く。

　②屋根を準耐火構造（屋外に面する部分を準不燃材料で造ったものに限る。）

　③屋根を耐火構造（屋外面に断熱材及び防水材を張ったもの。）

問題 1 工事現場に設ける延べ面積 60 m² の仮設建築物に関する次の記述のうち，建築基準法令上，**正しいもの**はどれか。

(1) 防火地域内に設ける仮設建築物の屋根の構造は，政令で定める技術的基準に適合するもので，国土交通大臣の認定を受けたものとしなければならない。

(2) 湿潤な土地又はごみ等で埋め立てられた土地に仮設建築物を建築する場合には，盛土，地盤の改良その他衛生上又は安全上必要な措置を講じなければならない。

(3) 建築主は，工事着手前に，仮設建築物の建築確認申請書を提出して建築主事の確認を受け，確認済証の交付を受けなければならない。

(4) 都市計画区域内に設ける仮設建築物は，その地域や容積率の限度，前面道路の幅員に応じた建築物の高さ制限（斜線制限）に関する規定に適合するものでなければならない。

R元年A No.58

建築基準法（仮設建築物の制限の緩和）

(1) 防火地域又は準防火地域内の建築物の屋根の構造（延べ面積 50 m² 以内）は，市街地における火災を想定した火の粉による建築物の火災の発生を防止するために屋根に必要とされる性能に関して建築物の構造及び用途の区分に応じて政令で定める技術的基準に適合するもので，国土交通大臣が定めた構造方法を用いるもの又は国土交通大臣の認定を受けたものとしなければならない。
(建築基準法第 62 条) 　　　　　　　　　　　　　　　　　よって，**正しい。**

(2) 湿潤な土地，出水のおそれの多い土地又はごみその他これに類する物で埋め立てられた土地に建築物を建築する場合においては，盛土，地盤の改良その他衛生上又は安全上必要な措置を講じなければならない（建築基準法第 19 条第 2 項）が，**工事現場に設ける仮設建築物の敷地は適用除外規定である。**
　　　　　　　　　　　　　　　　　　　　　　　　　　　よって，**誤っている。**

(3) 建築主は，建築物を建築しようとする場合，当該工事に着手する前に，その計画が建築基準関係規定に適合するものであることについて，確認の申請書を提出して建築主事の確認を受け，確認済証の交付を受けなければならない（建築基準法第 6 条）が，**工事現場に設ける仮設建築物は，適用除外規定である。**
　　　　　　　　　　　　　　　　　　　　　　　　　　　よって，**誤っている。**

(4) 建築物の延べ面積の敷地面積に対する割合（以下「容積率」という。）は，区分に従い，定める数値以下でなければならない（建築基準法第 52 条）が，前面道路の幅員に応じた建築物の高さ制限（斜線制限）関する規定に対して，**工事現場に設ける仮設建築物は，適用除外規定である。**　　　よって，**誤っている。**

解答
(1)

Lesson 3 6 建築基準法

237

 **問題2** 建築基準法に関する次の記述のうち，**正しいもの**はどれか。

(1) 建築物は，土地に定着する工作物のうち屋根及び柱若しくは壁を有するものであり，これに附属する塀や地下若しくは高架の工作物内に設ける事務所などは含まない。

(2) 都市計画区域において建設工事のために工事期間中現場に設ける仮設事務所は，前面道路の幅員に応じた建築物の高さの制限（斜線制限）の適用を受ける。

(3) 建築面積の算定方法は，建築物の外壁又はこれに代わる柱の中心線で囲まれた敷地の水平投影面積による。

(4) 建設工事のために工事期間中現場に設ける仮設事務所を建築しようとする場合は，確認申請が必要となる。

H29年A No.58

 **解説**

建設基準法（法が適用される仮設建築物）

(1) 建築物とは，土地に定着する工作物のうち，屋根及び柱若しくは壁を有するもの（これに類する構造のものを含む。），これに附属する門若しくは塀，観覧のための工作物又は地下若しくは高架の工作物内に設ける事務所，店舗，興行場，倉庫その他これらに類する施設をいう。（建築基準法第2条第1号）

よって，**誤っている**。

(2) 工事現場に設ける仮設建築物の高さ制限は，道路斜線等の高さに関する**規定の適用を受けない**。（建築基準法第56条，第85条）制限緩和の適用規定である。

よって，**誤っている**。

(3) 建築面積　建築物（地階で地盤面上1m以下にある部分を除く。）の外壁又はこれに代わる柱の中心線（軒，ひさし，はね出し縁その他これらに類するもので当該中心線から水平距離1m以上突き出たものがある場合においては，その端から水平距離1m後退した線）で囲まれた部分の水平投影面積による。
（建築基準法施行令第2条第1項第2号）

よって，**正しい**。

(4) 工事を施工するために現場に設ける事務所，下小屋，材料置場その他これらに類する仮設建築物については，**確認申請は不要である**。
（建築基準法第85条第2項，第6条～第7条の6）制限緩和の適用規定である。

よって，**誤っている**。

解答
(3)

238

問題 3　建築基準法上，工事現場に設ける仮設建築物に対する**制限の緩和が適用されないもの**は，次の記述のうちどれか。

(1)　建築物を建築又は除却しようとする場合は，建築主事を経由して，その旨を都道府県知事に届け出なければならない。

(2)　建築物の床下が砕石敷均し構造で，最下階の居室の床が木造である場合は，床の高さを直下の砕石面からその床の上面まで45cm以上としなければならない。

(3)　建築物の敷地は，道路に2m以上接し，建築物の延べ面積の敷地面積に対する割合（容積率）は，区分ごとに定める数値以下でなければならない。

(4)　建築物は，自重，積載荷重，積雪荷重，風圧，土圧及び地震等に対して安全な構造のものとし，定められた技術基準に適合するものでなければならない。

R2年A No.58

建築基準法（法が適用されない仮設建築物）

建築基準法第85条において，仮設建築物に関する制限の緩和を規定している。

(1)　建築主が建築物を建築しようとする場合又は建築物の除却の工事を施工する者が建築物を除却しようとする場合においては，これらの者は，建築主事を経由して，その旨を都道府県知事に届け出なければならない。（建築基準法第15条第1項）　　　　　　　　**仮設建築物に対する適用除外規定である。**

(2)　建築物の床下が砕石敷均し構造で，最下階の居室の床が木造である場合における床の高さは，直下の地面からその床の上面まで45cm以上とすること。（建築基準法施行令第22条第1号，第147条第1項）
　　　　　　　　　　　　　　　　　仮設建築物に対する適用除外規定である。

(3)　建築物の敷地は，道路に2m以上接し，建築物の延べ面積の敷地面積に対する割合（容積率）は，区分ごとに定める数値以下でなければならない。（建築基準法第43条，第52条）　　　　　**仮設建築物に対する適用除外規定である。**

(4)　建築物は，自重，積載荷重，積雪荷重，風圧，土圧及び水圧並びに地震その他の震動及び衝撃に対して安全な構造のものとして，建築物の区分に応じ，それぞれに定める基準に適合するものでなければならない。（建築基準法第20条）
　　　　　　仮設建築物に対する制限の緩和が適用されない。

 解 答

(4)

239

7 火薬類取締法

チェックポイント

■ 火薬類の取扱い規定（火薬類取締法施行規則第 51 条）

① 消費場所においては，やむを得ない場合を除き，火薬類取扱所，火工所又は発破場所以外の場所に火薬類を存置しないこと。

② 電気雷管は，できるだけ導通又は抵抗を試験すること。

③ 火薬類を運搬するときは，衝撃等に対して安全な措置を講ずること。この場合において，工業雷管，電気雷管若しくは導火管付き雷管又はこれらを取り付けた薬包を坑内又は隔離した場所に運搬するときは，背負袋，背負箱その他の運搬専用の安全な用具を使用する。

④ 電気雷管を運搬する場合には，脚線が裸出しないような容器に収納して，運搬すること。

⑤ 消費場所においては，火薬類消費計画書に火薬類を取り扱う必要のある者として記載されている者が火薬類を取り扱う場合には，腕章を付ける等他の者と容易に識別できる措置を講ずること。

■ 火薬類取扱所（火薬類取締法施行規則第 52 条）

① 火薬類取扱所は，火薬類の管理及び発破の準備をするため，一つの消費場所に 1 箇所とする。

② 火薬類取扱所の建物の屋根の外面には，金属板，スレート板，瓦その他の不燃性物質を使用すること。建物の内面は，衝撃又は摩擦を緩和する建築材料を使用し，床面にはできるだけ鉄類を表さないこと。

③ 消費場所においては，火薬類の管理及び発破の準備（薬包に工業雷管，電気雷管若しくは導火管付き雷管を取り付け，又はこれらを取り付けた薬包を取り扱う作業を除く。）をするために，火薬類取扱所を設けなければならない。

火薬類の消費
までの流れ

知事の許可

火薬庫

1日の
消費量
以下

火薬類
取扱所

準備

火工所

火薬に雷管を
取りつける

消費地

■ **火工所**（火薬類取締法施行規則第 52 条の 2）

① 火工所においては，火薬類と雷管を一つにすることができる。このため火薬類取扱所が省略できても，火工所は現場に一つは必要である。

② 消費場所においては，薬包に工業雷管，電気雷管若しくは導火管付き雷管を取り付け，又はこれらを取り付けた薬包を取り扱う作業をするために，火工所を設けなければならない。

 火薬類の取扱い等に関する次の記述のうち，火薬類取締法令上，**誤っているもの**はどれか。

(1) 火薬類を取り扱う者は，その所有し，又は占有する火薬類，譲渡許可証，譲受許可証又は運搬証明書を喪失したときは，遅滞なくその旨を都道府県知事に届け出なければならない。

(2) 火薬類の発破を行う場合には，発破場所に携行する火薬類の数量は，当該作業に使用する消費見込量をこえてはならない。

(3) 火薬類の発破を行う発破場所においては，責任者を定め，火薬類の受渡し数量，消費残数量及び発破孔に対する装てん方法をそのつど記録させなければならない。

(4) 多数斉発に際しては，電圧並びに電源，発破母線，電気導火線及び電気雷管の全抵抗を考慮した後，電気雷管に所要電流を通じなければならない。

R元年ANo.55

火薬類取締法（火薬類の取扱い）

(1) 譲渡許可証又は譲受許可証を喪失し，汚損し，又は盗取されたときは，経済産業省令で定めるところにより，その事由を付して交付を受けた都道府県知事にその再交付を文書で申請しなければならない。（火薬類取締法第 17 条第 8 号）
　　届出ではなく，再交付を文書で申請しなければならない。よって，誤っている。

(2) 発破場所に携行する火薬類の数量は，当該作業に使用する消費見込量を超えないこと。（火薬類取締法施行規則第 53 条第 1 号）　　　　　よって，**正しい。**

(3) 発破場所においては，責任者を定め，火薬類の受渡し数量，消費残数量及び発破孔又は薬室に対する装填方法をその都度記録させること。（火薬類取締法施行規則第 53 条第 2 号）　　　　　よって，**正しい。**

(4) 多数斉発に際しては，電圧並びに電源，発破母線，電気導火線及び電気雷管の全抵抗を考慮した後，電気雷管に所要電流を通ずること。（火薬類取締法施行規則第 54 条第 6 号）よって，**正しい。**

解答
(1)

241

火薬類取締法令上，火薬類の取扱い等に関する次の記述のうち，**正しいもの**はどれか。

(1) 火薬類取扱所の建物の屋根の外面は，金属板，スレート板，かわらその他の不燃性物質を使用し，建物の内面は，板張りとし，床面には鉄類を表さなければならない。

(2) 火薬類取扱所において存置することのできる火薬類の数量は，その週の消費見込量以下としなければならない。

(3) 装填（そうてん）が終了し，火薬類が残った場合には，発破終了後に始めの火薬類取扱所又は火工所に返送しなければならない。

(4) 火薬類の発破を行う場合には，発破場所に携行する火薬類の数量は，当該作業に使用する消費見込量をこえてはならない。

R3年ANo.55

火薬類取締法（火薬類の取扱い）

(1) 火薬類取扱所の建物の屋根の外面は，金属板，スレート板，瓦その他の不燃性物質を使用すること。（火薬類取締法施行規則第52条第3項第3号）
　火薬類取扱所の建物の内面には，取り扱う火薬類の落下，衝突等による衝撃又は摩擦を緩和する建築材料を使用し，床面にはできるだけ鉄類を**表さないこと。**（同施行規則第52条第3項第3の2号）　　　　　　　よって，**誤っている。**

> ※設問文は改正前火薬類取締法施行規則第52条第3項第3号の記述です。第3号は上記のように改正され，第3の2号は新設された条文となります。

(2) 火薬類取扱所において存置することのできる火薬類の数量は，**一日**の消費見込量以下とする（火薬類取締法施行規則第52条第3項第11号）その週ではなく，その日である。　　　　　　　　　　　　　　　　よって，**誤っている。**

(3) 装填が終了し，火薬類が残った場合には，**直ちに**始めの火薬類取扱所又は火工所に返送すること。（火薬類取締法施行規則第53条第3号）発破終了後ではない。
　　　　　　　　　　　　　　　　　　　　　よって，**誤っている。**

(4) 発破場所に携行する火薬類の数量は，当該作業に使用する消費見込量をこえないこと。（火薬類取締法施行規則第53条第1号）　よって，正しい。

解答
(4)

242

問題 3　火薬類取締法令上，火薬類の取扱い等に関する次の記述のうち，**正しいもの**はどれか。

(1) 火薬類を取り扱う者は，所有し，又は占有する火薬類，譲渡許可証，譲受許可証又は運搬証明書を喪失し，又は盗取されたときは，遅滞なくその旨を消防署に届け出なければならない。

(2) 発破母線は，点火するまでは点火器に接続する側の端の心線を長短不揃いにし，発破母線の電気雷管の脚線に接続する側は短絡させておくこと。

(3) 火薬類取扱所の建物の屋根の外面には，金属板，スレート板，瓦その他の不燃性物質を使用し，床面には鉄類を表さなければならない。

(4) 火薬類を運搬するときは，衝撃等に対して安全な措置を講じ，工業雷管，電気雷管若しくは導火管付き雷管を坑内に運搬するときは，背負袋，背負箱等を使用すること。

R2年A No.55

※火薬類取締法改正により一部改作

火薬類取締法（火薬類の取扱いに関する遵守事項）

(1) 製造業者，販売業者，消費者その他火薬類を取り扱う者は，次の場合に遅滞なくその旨を**警察官又は海上保安官**に届け出なければならない。（火薬類取締法第46条第1項）

1. その所有し，又は占有する火薬類について災害が発生したとき。

2. その所有し，又は占有する火薬類，譲渡許可証，譲受許可証又は運搬証明書を喪失し，又は盗取されたとき。　　　　　よって，**誤っている。**

(2) 発破母線は，**点火するまでは点火器に接続する側の端を短絡**させておき，**発破母線の電気雷管の脚線に接続する側は，短絡を防ぐために心線を長短そろいない**にしておくこと。（火薬類取締法施行規則第54条第4号）　　　　よって，**誤っている。**

(3) 建築物の屋根の外面には，金属板，スレート板，瓦その他の不燃性物質を使用すること。建物の内面には，衝撃又は摩擦を緩和する建築材料を使用し，床面にはできるだけ鉄類を**表さない**こと。（火薬類取締法施行規則第52条第3項第3号，第3の2号）　　　　　　　　　　　　　　　　　　よって，**誤っている。**

(4) 火薬類を運搬するときは，衝撃等に対して安全な措置を講ずること。この場合において，工業雷管，電気雷管若しくは導火管付き雷管又はこれらを取り付けた薬包を坑内又は隔離した場所に運搬するときは，背負袋，背負箱その他の運搬専用の安全な用具を使用すること。（火薬類取締法施行規則第51条第3号）　　よって，**正しい。**

解 答
(4)

243

Lesson 3

8 騒音規制法

出題傾向

1. 特定建設作業について理解する。過去7年間で4回出題されている。
2. 特定建設作業に関する規定，届出，改善等について理解する。過去7年間2回出題されている。
3. 指定区域内の規制基準を理解する。過去7年間で1回出題されている。

チェックポイント

■ 特定施設 （騒音規制法第2条第1項）

　工場又は事業場に設置される施設のうち，著しい騒音を発生する施設で，騒音規制法施行令第1条で規定するものをいう。

① 金属加工機械（製管機械，ブラスト）
② 空気圧縮機及び送風機（原動機の定格出力が7.5 kW以上のものに限る。）
③ 建設用資材製造機械
　・ コンクリートプラントで混練容量が0.45 m³以上のものに限る
　・ アスファルトプラントで混練重量が200 kg以上のものに限る
　・ 木材加工機械（帯のこ盤，丸のこ盤，かんな盤）

■ 規制基準

(1)指定地域と区分別規制時間

指定地域	作業禁止時間帯	1日当たりの作業時間	連続日数	日曜日,その他休日作業	1日で終了する作業
①第1号区域	午後7時～翌午前7時	10時間	6日以内	作業禁止	除く
②第2号区域	午後10時～翌午前6時	14時間	6日以内	作業禁止	除く

(2) 特定建設作業が，1日だけで終わる場合，災害その他非常事態の発生により緊急に行う必要がある場合及び人の生命又は身体に対する危険を防止するために行う必要がある特定建設作業の時間帯は制約されない。ただし，当該敷地の境界線において規制騒音85デシベルを超えてはならない。

■ 特定建設作業の届出

　指定地域内において特定建設作業を実施しようとする元請負人は，当該建設作業の開始の日の7日前までに，環境省令で定めるところにより，次の事項を市町村長に届け出なければならない。

244

①建設する施設又は工作物の種類　④特定建設作業の種類と使用機械の名称・型式
②特定建設作業の場所及び実施の期間　⑤作業の開始及び終了時刻
③騒音の防止の方法　⑥添付書類：特定建設作業の工程が明示された
　　　　　　　　　　　　　建設工事の工程表と作業場所付近の見取り図

　なお，災害その他非常事態の発生により，特定建設作業を緊急に行う必要が生じた場合には，届出ができる状態になった時点で，できるだけ速やかに届出なければならない。

 **問題1**　騒音規制法による指定地域内で行う次の建設作業のうち，特定建設作業に**該当するもの**はどれか。
　　　　　ただし，当該作業がその作業を開始した日に終わるもの，及び使用する機械が一定の限度を超える大きさの騒音を発生しないものとして環境大臣が指定するものを除く。

(1)　切削幅 2 m の路面切削機を使用して行う道路の切削オーバーレイ作業
(2)　削岩機を使用して 1 日 10 m の範囲を行う擁壁の取り壊し作業
(3)　原動機の定格出力 68 kW のバックホウを使用して行う掘削積込み作業
(4)　原動機の定格出力 32 kW のブルドーザを使用して行う盛土の敷均し，転圧作業

H29年ANo.59

 解説

騒音規制法（特定建設作業）

(1)　掘削幅 2 m の路面切削機を使用して行う道路の切削オーバーレイ作業は，**特定建設作業に指定されていない。**　　　よって，**特定建設作業に該当しない。**

(2)　さく岩機を使用する作業（作業地点が連続的に移動する作業にあっては，1日における当該作業に係る 2 地点の最大距離が 50 m を超えない作業に限る。）は，特定建設作業に該当する。(騒音規制法第 2 条第 3 項，同法施行令別表第 2 第 3 号)
　　　　　　　　　　　　　　　　　　　　　　よって，特定建設作業に該当する。

(3)　バックホウ（一定の限度を超える大きさの騒音を発生しないものとして環境大臣が指定するものを除き，原動機の定格出力が **80 kW 以上のもの**に限る。）を使用する作業は，特定建設作業に該当する。(騒音規制法第 2 条第 3 項，同法施行令別表第 2 第 6 号) 68 kW では該当しない。よって，**特定建設作業に該当しない。**

(4)　ブルドーザー（一定の限度を超える大きさの騒音を発生しないものとして環境大臣が指定するものを除き，原動機の定格出力が **40 kW 以上のもの**に限る。）を使用する作業は，特定建設作業に該当する。
(騒音規制法第 2 条第 3 項，同法施行令別表第 2 第 8 号) 32 kW では該当しない。　　　　　よって，**特定建設作業に該当しない。**

解答
(2)

245

問題2　騒音規制法令上，指定区域内における建設工事として行われる作業に関する次の記述のうち，特定建設作業に**該当しないもの**はどれか。

ただし，当該作業がその作業を開始した日に終わるもの，及び使用する機械が一定の限度を超える大きさの騒音を発生しないものとして環境大臣が指定するものを除く。

(1)　びょう打機を使用する作業
(2)　原動機の定格出力 80 kW 以上のバックホゥを使用する作業
(3)　圧入式くい打くい抜機を使用する作業
(4)　原動機の定格出力 40 kW 以上のブルドーザを使用する作業

R元年A No.59

騒音規制法（特定建設作業）

特定建設作業は，騒音規制法第 2 条第 3 項，同法施行令第 2 条別表第 2 に規定している。ただし，当該作業がその作業を開始した日に終わるものを除く。

1　くい打機（もんけんを除く。），くい抜機又はくい打くい抜機（圧入式くい打くい抜機を除く。）を使用する作業（くい打機をアースオーガーと併用する作業を除く。）

2　びょう打機を使用する作業

3　さく岩機を使用する作業（作業地点が連続的に移動する作業にあっては，1 日における当該作業に係る 2 地点間の最大距離が 50 m を超えない作業に限る。）

4　空気圧縮機（電動機以外の原動機を用いるものであって，その原動機の定格出力が 15 kW 以上のものに限る。）を使用する作業（さく岩機の動力として使用する作業を除く。）

5　コンクリートプラント（混練機の混練容量が 0.45 m³ 以上のものに限る。）又はアスファルトプラント（混練機の混練重量が 200 kg 以上のものに限る。）を設けて行う作業（モルタルを製造するためにコンクリートプラントを設けて行う作業を除く。）

6　バックホウ（一定の限度を超える大きさの騒音を発生しないものとして環境大臣が指定するものを除き，原動機の定格出力が 80 kW 以上のものに限る。）を使用する作業

7　トラクターショベル（一定の限度を超える大きさの騒音を発生しないものとして環境大臣が指定するものを除き，原動機の定格出力が 70 kW 以上のものに限る。）を使用する作業

8　ブルドーザー（一定の限度を超える大きさの騒音を発生しないものとして環境大臣が指定するものを除き，原動機の定格出力が 40 kW 以上のものに限る。）を使用する作業

よって，(3)の「圧入式くい打くい抜機を使用する作業」は該当しない。

解答 (3)

問題 3　騒音規制法令上，特定建設作業に関する次の記述のうち，**誤っているもの**はどれか。

(1)　指定地域内において特定建設作業を伴う建設工事を施工しようとする者は，当該特定建設作業の開始までに，環境省令で定める事項に関して，市町村長の許可を得なければならない。

(2)　指定地域内において特定建設作業に伴って発生する騒音について，騒音の大きさ，作業時間，作業禁止日など環境大臣は規制基準を定めている。

(3)　市町村長は，特定建設作業に伴って発生する騒音の改善勧告に従わないで工事を施工する者に，期限を定めて騒音の防止方法の改善を命ずることができる。

(4)　特定建設作業とは，建設工事として行われる作業のうち，当該作業が作業を開始した日に終わるものを除き，著しい騒音を発生する作業であって政令で定めるものをいう。

R2年ANo.59

騒音規制法（特定建設作業の種類及び届出）

(1)　指定地域内において特定建設作業を伴う建設工事を施工しようとする者は，当該特定建設作業の開始の日の 7 日前までに，環境省令で定めるところにより，市町村長に届け出なければならない。（騒音規制法第 14 条第 1 項）　**よって，誤っている。**

(2)　指定地域内において特定建設作業に伴って発生する騒音について，騒音の大きさ，作業時間，作業禁止日など環境大臣は規制基準を定めている。
（騒音規制法第 15 条第 1 項，特定建設作業に伴って発生する騒音の規制に関する基準）

よって，正しい。

(3)　市町村長は，特定建設作業に伴って発生する騒音の改善勧告に従わないで工事を施工するものに，期限を定めて騒音の防止方法の改善又は作業時間の変更を命ずることができる。（騒音規制法第 15 条第 2 項）　**よって，正しい。**

(4)　特定建設作業とは，建設工事として行われる作業のうち，当該作業が作業を開始した日に終わるものを除き，著しい騒音を発生する作業であって政令で定めるものをいう。
（騒音規制法第 2 条第 3 項，同法施行令第 2 条）　**よって，正しい。**

解答
(1)

Lesson 3 ⑧ 騒音規制法

247

Lesson 3

⑨ 振 動 規 制 法

チェックポイント

■地域の指定

都道府県知事は，住民の生活環境を保全するため，次の条件に当てはまる地域を建設振動の規制地域として指定しなければならない。(振動規制法第3条)

① 住居が集合している地域
② 病院又は学校の周辺の地域
③ その他特に振動の規制を必要とする地域

指定地域における区分

(1)第1号区域

①良好な住居の環境を保全するため，特に静穏の保持を必要とする区域

②住居の用に供されているため，静穏の保持を必要とする区域

③住居の用にあわせて商業，工業等の用に供されている区域であって，相当数の住居が集合しているため，振動の発生を防止する必要がある区域

④学校，保育所，病院及び診療所（ただし，患者の収容設備を有するもの。）図書館ならびに特別養護老人ホームの敷地に周囲おおむね80 mの区域

(2)第2号区域　指定区域のうちで上記以外の区域

建設振動

■規制基準

(1)指定地域と区分別規制時間

指定地域	作業禁止時間帯	1日当たりの作業時間	連続日数	日曜日,その他休日作業	1日で終了する作業
①第1号区域	午後 7時～翌日午前7時	10 時間	6 日以内	作業禁止	除く
②第2号区域	午後 10時～翌日午前6時	14 時間	6 日以内	作業禁止	除く

(2)　特定建設作業が，1日だけで終わる場合と，災害その他非常の事態の発生により緊急に行う必要がある場合，人の生命又は身体に対する危険を防止するために行う必要がある特定作業の時間帯は制約されない。ただし，当該敷地の境界線において規制振動75デシベルを超えてはならない。

248

振動規制法令上，特定建設作業における環境省令で定める基準に関する次の記述のうち，**誤っているもの**はどれか。

(1) 良好な住居の環境を保全するため，特に静穏の保持が必要とする区域であると都道府県知事が指定した区域では，原則として午後 7 時から翌日の午前 7 時まで行われる特定建設作業に伴って発生するものでないこと。

(2) 特定建設作業の全部又は一部に係る作業の期間が当該特定建設作業の場合において，原則として連続して 6 日を超えて行われる特定建設作業に伴って発生するものでないこと。

(3) 特定建設作業の振動が，特定建設作業の場所の敷地の境界線において，75 dB を超える大きさのものでないこと。

(4) 良好な住居の環境を保全するため，特に静穏の保持が必要とする区域であると都道府県知事が指定した区域では，原則として 1 日 8 時間を超えて行われる特定建設作業に伴って発生するものでないこと。 R元年ANo.60

振動規制法（特定建設作業）

特定建設作業は，振動規制法施行規則第 11 条 別表第 1，第 2 で基準が定められている。

(1) 作業時間は，第 1 号区域（良好な住居の環境を保全するため，特に静穏の保持が必要とする区域であると都道府県知事が指定した区域）では，原則として午後 7 時から翌日の午前 7 時までに行われないこと。
（振動規制法施行規則第 11 条 別表第 1，第 2） よって，**正しい。**

(2) 作業期間は，原則として連続 6 日以内であること。
（振動規制法施行規則別表第 1 第 4 号） よって，**正しい。**

(3) 振動の大きさは，敷地の境界線において，75 dB を超えないこと。
（振動規制法施行規則別表第 1 第 1 号） よって，**正しい。**

(4) 作業時間は，第 1 号区域（良好な住居の環境を保全するため，特に静穏の保持が必要とする区域であると都道府県知事が指定した区域）では，原則として 1 日 10 時間以内であること。
（振動規制法施行規則別表第 1 第 3 号） よって，**誤っている。**

解答
(4)

Lesson 3 ⑨ 振動規制法

振動規制法令上，指定地域内で特定建設作業を伴う建設工事を施工しようとする者が，市町村長に届け出なければならない事項に**該当しないもの**は，次のうちどれか。

(1) 氏名又は名称及び住所並びに法人にあっては，その代表者の氏名
(2) 建設工事の目的に係る施設又は工作物の種類
(3) 建設工事の特記仕様書及び工事請負契約書の写し
(4) 特定建設作業の種類，場所，実施期間及び作業時間

R2年ANo.60

振動規制法（特定建設作業の届出事項）

指定地域内において特定建設作業を伴う建設工事を施工しようとする者が市町村長に届け出なければならないのは次の事項である。(振動規制法第14条)

1. 氏名又は名称及び住所並びに法人にあっては，その代表者の氏名
2. 建設工事の目的に係る施設又は工作物の種類
3. 特定建設作業の種類，場所，実施期間及び作業時間
4. 振動の防止の方法
5. その他環境省令で定める事項

よって，(3)が該当しない。

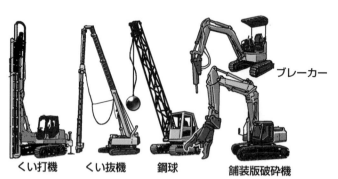

くい打機　　くい抜機　　鋼球　　舗装版破砕機

ブレーカー

特定建設作業の建設機械

解答
(3)

問題 3 　振動規制法令上，指定地域内で行う次の建設作業のうち，特定建設作業に**該当しないもの**はどれか。

(1) 1 日あたりの移動距離が 40 m で舗装版破砕機による道路舗装面の破砕作業で，5 日間を要する作業
(2) 圧入式くい打機によるシートパイルの打込み作業で，同一地点において 3 日間を要する作業
(3) ディーゼルハンマを使用した PC 杭の打込み作業で，同一地点において 5 日間を要する作業
(4) ジャイアントブレーカを使用した橋脚 1 基の取り壊し作業で，3 日間を要する作業

R3年ANo.60

振動規制法（特定建設作業）

(1) 舗装版破砕機を使用する作業（作業地点が連続的に移動する作業にあっては，1 日における当該作業に係る 2 地点間の最大距離が 50 m を超えない作業に限る。）は，特定建設作業である。（振動規制法施行令第 2 条，別表第 2 第 3 号）
　　　　　　　　　　　　　　　　　　　　　　よって，**該当する。**

(2) くい打機（もんけん及び圧入式くい打機を除く。），くい抜機（油圧式くい抜機を除く。）又はくい打くい抜機（圧入式くい打くい抜機を除く。）を使用する作業は，特定建設作業ではない。（振動規制法施行令第 2 条，別表第 2 第 1 号）
　　　　　　　　　　　　　　　　　　　　　　よって，該当しない。

(3) ディーゼルハンマはくい打ち機を使用する作業（振動規制法第 2 条，別表第 2）にあたり，特定建設作業である。　　　　　　　　　　よって，**該当する。**

(4) ブレーカー（手持式のものを除く。）を使用する作業（作業地点が連続的に移動する作業にあっては，1 日における当該作業に係る 2 地点間の最大距離が 50 m を超えない作業に限る。）は特定建設作業である。（振動規制法施行令第 2 条，別表第 2 第 4 号）　　　　　　　　　　よって，**該当する。**

解答
(2)

Lesson 3 ⑨ 振動規制法

251

Lesson 3

⑩ 港　則　法

出題傾向

1. 港長の許可及び届け出について理解する。過去 7 年間で 6 回出題されている。
2. 航路での行為の制限及び港内，港外での航法に関して理解する。過去 7 年間で 5 回出題されている。
3. 危険物について理解する。過去 7 年間で 2 回出題されている。

チェックポイント

■ 定　義 (港則法第 3 条)

① 「汽艇等」…汽艇（総トン数20トン未満の汽船をいう。），はしけ及び端舟その他ろかいのみをもって運転し，又は主としてろかいをもって運転する船舶をいう。

② 「特定港」…喫水の深い船舶が出入できる港又は外国船舶が常時出入する港であって，政令で定めるものをいう。

■ 入出港の届出

船舶は，特定港に入港したとき又は出港しようとするときは，その旨を港長に届け出る。ただし，次の場合は届出る必要はない。(港則法第 4 条，同法施行規則第 2 条)

① 総トン数20トン未満の汽船及び端舟その他ろかいのみをもって運転する船舶

② 平水区域を航行区域とする船舶

③ あらかじめ港長の許可を受けた船舶（工事船等）

■ 水路の保全

① 港内又は港の境界外 1 万メートル以内の水面においては，みだりに，バラスト（鉄くず，砂等），廃油，石炭から，ごみその他これに類する廃物を捨ててはならない。(港則法第 24 条第 1 項)

② 港内又は港の境界付近において発生した海難により他の船舶交通を阻害する状態が生じたときは，当該海難に係る船舶の船長は，遅滞なく標識の設定その他危険予防のため必要な措置をして，その旨を港長に報告しなければならない。(港則法第 25 条)

■ 灯火，信号，汽笛の制限

① 何人も，港内又は港の境界附近における船舶交通の妨となるおそれのある強力な灯火をみだりに使用してはならない。(港則法第 36 条)

　ただし，海難を避けるため，あるいは人命救助などのやむを得ない場合は認められる。

② 特定港内において使用すべき私設信号（陸上と船舶間の連絡に用いる信号）を定めようとする者は，港長の許可を受けなければならない。(港則法第 29 条)

③ 船舶は，港内においては，みだりに汽笛又はサイレンを吹き鳴らしてはならない。(港則法第 28 条)

 船舶の航行又は工事の許可等に関する次の記述のうち，港則法上，**誤っているもの**はどれか。

(1) 爆発物その他の危険物（当該船舶の使用に供するものを除く）を積載した船舶は，特定港に入港しようとする時は港の境界外で港長の指揮を受けなければならない。

(2) 特定港内又は特定港の境界附近で工事をしようとする者は，港長の許可を受けなければならない。

(3) 船舶は，港内において防波堤，ふとうその他の工作物の突端又は停泊船舶を左げんに見て航行するときは，できるだけこれに近寄り航行しなければならない。

(4) 船舶は，港内及び港の境界附近においては，他の船舶に危険を及ぼさないような速力で航行しなければならない。

R元年 ANo.61

港則法（船舶の航行又は工事の許可）

(1) 爆発物その他の危険物（当該船舶の使用に供するものを除く。）を積載した船舶は，特定港に入港しようとするときは，港の境界外で港長の指揮を受けなければならない。（港則法第 21 条第 1 項）　　　　　　　　よって，**正しい。**

(2) 特定港内又は特定港の境界附近で工事又は作業をしようとする者は，港長の許可を受けなければならない。（港則法第 31 条第 1 項）　　　　　　よって，**正しい。**

(3) 船舶は，港内においては，防波堤，ふとうその他の工作物の突端又は停泊船舶を右げんに見て航行するときは，できるだけこれに近寄り，左げんに見て航行するときは，できるだけこれに遠ざかって航行しなければならない。
（港則法第 17 条）　　　　　　　　　　　　　　　　　　　よって，**誤っている。**

(4) 船舶は，港内及び港の境界附近においては，他の船舶に危険を及ぼさないような速力で航行しなければならない。
（港則法第 16 条第 1 項）　　　　　　　　　よって，**正しい。**

解答
(3)

253

 船舶の航行又は港長の許可に関する次の記述のうち，港則法令上，**誤っているもの**はどれか。

(1) 航路から航路外に出ようとする船舶は，航路を航行する他の船舶の進路を避けなければならない。

(2) 船舶は，港内においては，防波堤，ふとうなどを右げんに見て航行するときは，できるだけ遠ざかって航行しなければならない。

(3) 特定港内において竹木材を船舶から水上に卸そうとする者は，港長の許可を受けなければならない。

(4) 特定港内において使用すべき私設信号を定めようとする者は，港長の許可を受けなければならない。

R2年A No.61

港則法（船舶の航行又は港長の許可）

(1) 航路外から航路に入り，又は航路から航路外に出ようとする船舶は，航路を航行する他の船舶の進路を避けなければならない。（港則法第14条第1項）

よって，正しい。

(2) 船舶は，港内においては，防波堤，ふとうその他の工作物の突端又は停泊船舶を右げんに見て航行するときは，できるだけこれに近寄り，左げんに見て航行するときは，できるだけこれに遠ざかって航行しなければならない。（港則法第17条）

よって，誤っている。

(3) 特定港内において竹木材を船舶から水上に卸そうとする者及び特定港内においていかだをけい留し，又は運行しようとする者は，港長の許可を受けなければならない。（港則法第34条第1項）

よって，正しい。

(4) 特定港内において使用すべき私設信号を定めようとする者は，港長の許可を受けなければならない。（港則法第29条）

よって，正しい。

解 答
(2)

問題 3　　船舶の航路及び航行に関する次の記述のうち，港則法上，**正しいもの**はどれか。

(1)　航路外から航路に入り，又は航路から航路外に出ようとする船舶は，航路を航行する他の船舶の進路を避けなければならない。

(2)　汽船が港の防波堤の入口又は入口附近で他の汽船と出会うおそれのあるときは，出航する汽船は，防波堤の内で入航する汽船の進路を避けなければならない。

(3)　船舶は，港内においては，防波堤，ふとうその他の工作物の突端又は停泊船舶を右げんに見て航行するときは，できるだけこれに遠ざかり，左げんに見て航行するときは，できるだけこれに近づいて航行しなければならない。

(4)　船舶は，航路内において，他の船舶と行き会うときは，左側を航行しなければならない。

H29年A No.61

港則法（船舶の航路及び航行）

(1)　航路外から航路に入り，又は航路から航路外に出ようとする船舶は，航路を航行する他の船舶の進路を避けなければならない。（港則法第 14 条第 1 項）
よって，正しい。

(2)　汽船が港の防波堤の入口又は入口附近で他の汽船と出会うおそれのあるときは，入航する汽船は，**防波堤の外**で出航する汽船の進路を避けなければならない。（港則法第 15 条）　　　　　　　　　　　　　　　　　　　　よって，**誤っている。**

(3)　船舶は，港内においては，防波堤，ふとうその他の工作物の突端又は停泊船舶を**右げんに見て航行するとき**は，できるだけこれに**近寄り**，**左げんに見て航行するとき**は，できるだけこれに**遠ざかって航行**しなければならない。
（港則法第 17 条）　　　　　　　　　　　　　　　　　　　　　　　　よって，**誤っている。**

(4)　船舶は，航路内において，他の船舶と行き会うときは，**右側**を航行しなければならない。（港則法第 14 条第 3 項）　　　　　　　　　　　　よって，**誤っている。**

解答
(1)

チェックポイント

■ トランシットの器械的誤差の消去

・正位・反位の観測値の平均により消去される誤差：水平軸誤差，視準軸誤差，
　　　　　　　　　　　　　　　　　　　　　　　　外心軸誤差（偏心誤差），指標誤差
・正位・反位の観測値の平均により消去されない誤差：鉛直軸誤差
・消去はできないが軽減はできる誤差：目盛誤差

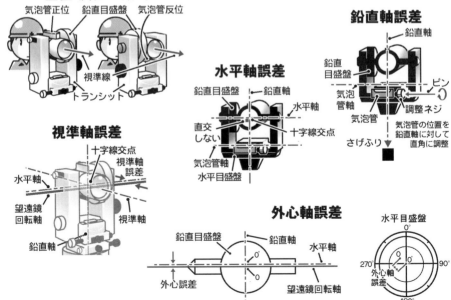

正位・反位の観測
気泡管正位　鉛直目盛盤　気泡管反位
視準線
トランシット

鉛直軸誤差
鉛直軸
鉛直目盛盤
気泡管軸
気泡管
ピン
調整ネジ
さげふり
気泡管の位置を鉛直軸に対して直角に調整

水平軸誤差
鉛直目盛盤　鉛直軸
水平軸
直交しない
十字線交点
気泡管軸
水平目盛盤

視準軸誤差
十字線交点
視準軸誤差
水平軸
望遠鏡回転軸
視準軸
鉛直軸

外心軸誤差
鉛直目盛盤　鉛直軸
水平軸
外心誤差
望遠鏡回転軸
水平目盛盤
0°
270°　90°
外心軸誤差
180°

■ トランシット測量一般

- **点検，調整**：使用前はもちろん，使用中にも時々点検する必要がある。
- **格納**：すべてのネジをゆるめてから，無理をせずに入れる。
- **移動**：締付ネジをかるく締め，器械を垂直にして運ぶようにする。
- **視度調整**：視度環により，まず十字線を明視し，次に合焦環により目標を明視する。

■ レベルの器械的誤差の消去

- **標尺間の視準間距離を等しくすることにより消去される誤差**：視準軸誤差，球差，気差。
- **観測を偶数回することにより消去される誤差**：零点目盛誤差。

■ 水準測量一般

- **視準距離**：最大で1級水準…50 m，2級水準…60 m，3・4級水準…70 m，簡易水準…80 mとする。
- **標尺の読み取り位置**：標尺の下端はかげろう，上端はゆれの影響により誤差が生じやすい。

  なるべく中間部分を読みとるようにレベルを据え付ける。
- **温度の影響防止**：レベルへの直射日光を防ぐために，日傘で避けるようにする。

■ 近年の測量機器

- **トータルステーション（ＴＳ）**：光波測距儀の測距機能とセオドライトの測角機能の両方を一体化し，トータルステーション，データコレクタ，パソコンを利用するもので，基準点測量，路線測量，河川測量，用地測量等に用いられる。
- **セオドライト**：水平角と鉛直角を正確に測定する回転望遠鏡付き測角器械で，トランシットを含めた総称である。
- **光波測距儀**：測距儀から測点に設置した反射プリズムに向けて発振した光波を反射プリズムで反射し，その光波を測距儀が感知し，発振した回数から距離を得る。1～2 km までが測定可能である。
- **ＧＮＳＳ測量機（旧ＧＰＳ測量）**：衛星測位システムのことで，複数の航法衛星（人工衛星の一種）が航法信号を地上の不特定多数に向けて電波送信し，それを受信することにより，自己の位置や針路を知る仕組み・方法である。地上で測位が可能とするためには，可視衛星（空中の見通せる範囲内の航法衛星）を 4 機以上必要とする。近年，土工における締固め管理に利用されることが多い。
- **電子レベル**：観測者が標尺の目盛りを読定する代わりに，標尺のバーコードを自動的に読み取り，パターンを解読して，設定値が表示される。同時に標尺までの距離も表示される。
- **自動レベル**：レベル本体内部に，備え付けられた自動補正機構によりレベル本体が傾いても補正範囲内であれば，視準の十字線が自動的に水平になる。

 **問題 1** 　TS（トータルステーション）を用いて行う測量に関する次の記述のうち，**適当でないもの**はどれか。

(1) 　TS での距離測定は，1 視準 2 読定を 1 セットとする。

(2) 　TS での鉛直角観測は，1 視準 1 読定，望遠鏡正及び反の観測を 1 対回とする。

(3) 　TS での距離測定にともなう気温及び気圧の測定は，原則として反射鏡を整置した測点のみで行うものとする。

(4) 　TS での観測は，水平角観測の必要対回数に合わせ，取得された鉛直角観測値及び距離測定値はすべて採用し，その平均値を用いることができる。

R元年BNo.1

測量（トータルステーション）

　TS での測定に関しては「測量作業規程の準則」（国土交通省告示）に定められている。

(1) 　TS での距離測定は，1 視準 2 読定（1 方向を見て 2 回距離を観測する）を 1 セットとして行う。（同準則第 37 条第 2 項第 1 号ホ）　　　　よって，**適当である。**

(2) 　TS での鉛直角測定は，1 視準 1 読定（1 方向を見て 1 回角度を観測する），望遠鏡を正反回転した 1 対回行う。（同準則第 37 条第 2 項第 1 号二）よって，適当である。

(3) 　TS での距離測定にともなう気温及び気圧の測定は，距離測定の開始直前か終了直後に行うものである。反射鏡の整置測点のみで行うものではない。
（同準則第 37 条第 2 項第 1 号ヘ（2））　　　　　　　　　よって，適当でない。

(4) 　TS での観測は，水平角観測の必要対回数（2 対回）に合わせて，取得された鉛直角の観測値及び距離測定値を全て採用し，その平均値を最確値とする。
（同準則第 37 条第 2 項第 1 号リ）　　　　　　　　　　よって，**適当である。**

解答
(3)

 　　　　　TS（トータルステーション）を用いて行う測量に関する次の記述のうち，**適当でないもの**はどれか。

(1)　TSでは，水平角観測，鉛直角観測及び距離測定は，1視準で同時に行うことを原則とする。

(2)　TSでの鉛直角観測は，1視準1読定，望遠鏡正及び反の観測を1対回とする。

(3)　TSでの距離測定にともなう気温及び気圧の測定は，TSを整置した測点で行い，3級及び4級基準点測量においては，標準大気圧を用いて気象補正を行うことができる。

(4)　TSでは，水平角観測の必要対回数に合わせ，取得された鉛直角観測値及び距離測定値はすべて採用し，その最小値を用いることができる。 R2年BNo.1

測量（トータルステーション）

　TSでの測定に関しては「測量作業規程の準則」（国土交通省告示）に定められている。

(1)　TSでは，水平角観測，鉛直角観測及び距離測定は，時間差による誤差を避けるためにも，1視準で同時に行うことを原則とする。（同準則第37条第2項第1号ロ）

　　　　　　　　　　　　　　　　　　　　よって，**適当である。**

(2)　TSでの鉛直角測定は，1視準1読定（1方向を見て1回角度を観測する），望遠鏡を正反回転した1対回行う。（同準則第37条第2項第1号ニ）

　　　　　　　　　　　　　　　　　　　　よって，**適当である。**

(3)　TSでの距離測定にともなう気温及び気圧の測定は，距離測定の開始直前か終了直後にTSの整置測点で行う。3級及び4級基準点測量においては，標準大気圧を用いて気象補正を行うことができる。（同準則第37条第2項第1号へ(1)(2)）

　　　　　　　　　　　　　　　　　　　　よって，**適当である。**

(4)　TSでの観測は，水平角観測の必要対回数（2対回）に合わせて，取得された鉛直角の観測値及び距離測定値を全て採用し，その平均値を最確値とする。
（同準則第37条第2項第1号リ）　　　　　　よって，適当でない。

解答
(4)

 **問題 3**　測量に用いる TS（トータルステーション）に関する次の記述のうち，**適当でないもの**はどれか。

⑴　TS は，デジタルセオドライトと光波測距儀を一体化したもので，測角と測距を同時に行うことができる。

⑵　TS は，キー操作で瞬時にデジタル表示されるばかりでなく，その値をデータコレクタに取得することができる。

⑶　TS は，任意の点に対して観測点からの 3 次元座標を求め，x，y，z を表示する。

⑷　TS は，気象補正，傾斜補正，投影補正，縮尺補正などを行った角度を表示する。

H29年BNo.1

測量（トータルステーション）

⑴　トータルステーション（TS）は，測角のためのセオドライト（トランシット）と，測距のための光波測距儀を一体化したもので，測角と測距を同時に行える。　　　　　　　　　　　　　　　　　　　　　　　よって，**適当である。**

⑵　TS により測定されたデータの記録や精度管理，コンピュータへのデータ転送を行う装置がデータコレクタであり，測定値は瞬時に取得ができる。
　　　　　　　　　　　　　　　　　　　　　　　　　　　　よって，**適当である。**

⑶　トータルステーション（TS）は，測距と測角を行えるので，座標計算により 3 次元座標を求め，x，y，z が表示できる。　　　よって，**適当である。**

⑷　TS は測距において，気象補正，傾斜補正，投影補正，縮尺補正などを行うもので，角度の補正は行わない。　　　　　　　　よって，適当でない。

(4)

問題4 TS（トータルステーション）を用いて行う測量に関する次の記述のうち，**適当でないもの**はどれか。

(1) TS の鉛直角観測は，1 視準 1 読定，望遠鏡正及び反の観測 1 対回とする。

(2) TS での水平角観測は，対回内の観測方向数を 10 方向以下とする。

(3) TS での観測の記録は，データコレクタを用いるが，これを用いない場合には観測手簿に記載するものとする。

(4) TS での距離測定に伴う気象補正のための気温，気圧の測定は，距離測定の開始直前，又は終了直後に行うものとする。

R3年BNo.1

測量（トータルステーション）

TS での測定に関しては「測量作業規程の準則」（国土交通省告示）に定められている。

(1) TS での鉛直角測定は，1 視準 1 読定（1 方向を見て 1 回角度を観測する），望遠鏡正及び反の観測を 1 対回とする。（同準則第 37 条第 2 項第 1 号二）

よって，**適当である。**

(2) TS での水平角観測において，対回内の観測方向数は，5 方向以下とする。（同準則第 37 条第 2 項第 1 号ト）よって，適当でない。

(3) TS での観測値の記録は，データコレクタを用いるものとする。ただし，データコレクタを用いない場合は，観測手簿に記載するものとする。（同準則第 37 条第 2 項第 1 号チ）よって，**適当である。**

(4) TS での距離測定にともなう気温及び気圧の測定は，距離測定の開始直前又は終了直後にTS の整置測点で行う。（同準則第 37 条第 2 項第 1 号へ）

よって，**適当である。**

解答
(2)

 問題 5　TS（トータルステーション）を用いて行う測量に関する次の記述のうち，**適当でな いもの**はどれか。

(1)　TS での距離測定は，測定開始直前又は終了直後に，気温及び気圧の測定を行う。

(2)　TS での水平角観測において，目盛変更が不可能な機器は，1 対回の繰り返し観測を行う。

(3)　TS では，器械高，反射鏡高及び目標高は，センチメートル位まで測定を行う。

(4)　TS では，水平角観測の必要対回数に合せ取得された距離測定値は，その平均値を用いる。

R4年BNo.1

測量（トータルステーション）

TS での測定に関しては「測量作業規程の準則」（国土交通省告示）に定められている。

(1)　TS での距離測定は，気温及び気圧の測定は，距離測定の開始直前又は終了直後に行うものとする。（同準則第 37 条第 2 項第 1 号へ (2)）　　よって，**適当である。**

(2)　TS での水平角観測において，目盛変更が不可能な機器は，1 対回の繰り返し観測を行うものとする。（同準則第 37 条第 2 項第 1 号）　　よって，**適当である。**

(3)　TS では，器械高，反射鏡高及び目標高は，ミリメートル位まで測定するものとする。（同準則第 37 条第 2 項第 1 号イ）　　　　　　よって，適当でない。

(4)　TS では，水平角観測の必要対回数に合わせ，取得された鉛直角観測値及び距離測定値は，全て採用し，その平均値を用いることができる。（同準則第 37 条第 2 項第 1 号リ）　　　　　　　　よって，**適当である。**

解 答
(3)

Lesson 4
2 契約

1. 公共工事標準請負契約約款（以下「約款」という）の条文及び設計図書の内容を整理する。過去7年間で7回出題されている。
2. 近年出題はないが，公共工事入札・契約適正化の基本事項は理解しておく。

チェックポイント

■**公共工事の入札及び契約の適正化の促進に関する法律の主な規定**
- （法3条）**基本事項**：透明性の確保／公正な競争／不正行為の排除／適正施工の確保
- （法4〜7条）**情報の公表**：発注見通しに関する事項／指名競争入札及び契約の過程に関する事項／契約の内容に関する事項
- （法10条・11条）**不正行為等に対する措置**：入札談合等（公正取引委員会）／建設業法違反（国土交通大臣等）
- （法14条）**一括下請負の禁止**：公共工事については建設業法第22条第3項の規定（発注者の承諾を得た場合）は，適用しない。
- （法15条・16条）**施工体制台帳の提出等**：写しの提出の義務／記載合致の点検措置
- （法17〜20条）**適正化指針の策定等**：指針の定め及び必要措置の要請
- （法21条）**情報の収集，整理及び提供等**

■**公共工事標準請負契約約款の主な規定**
- （第4条）契約の保証
- （第6条）一括委任又は一括下請負の禁止
- （第8条）特許権等の使用
- （第9条）監督員
- （第10条）現場代理人及び主任技術者等
- （第11条）履行報告
- （第13条）工事材料の品質及び検査等
- （第17条）設計図書不適合の場合の改造義務及び破壊検査等
- （第18条）条件変更等
- （第19条）設計図書の変更
- （第28条）一般的損害
- （第29条）第三者に及ぼした損害
- （第30条）不可抗力による損害
- （第32条）検査及び引渡し
- （第45条）契約不適合責任

■**公共工事標準請負契約約款の主な設計図書**
- 仕様書　・設計図　・現場説明書　・質問回答書

■入札・契約方式の種類

- **競争入札**：予定価格の制限の範囲内で最低の価格をもって入札した者を落札者として契約の相手方とする入札方式である。
- **随意契約**：入札の方法によらないで，原則として複数の者から見積もりを提出させ，予定価格の制限の範囲内で最低の価格をもって申し込みをした者を契約の相手方とする契約方式である。少額な工事などに適用される。
- **プロポーザル**：複数の業者から企画提案，技術提案及び見積りを提出させ，提案内容を審査し，企画内容や業務遂行能力が最も優れた者と契約する方式である。審査には透明性，公正，公平性が重要となる。
- **総合評価落札方式**：民間が有する高度な新技術，新工法の提案を有効に活用することにより，コスト縮減，工事目的物の性能・機能の向上，工期短縮などの効率化を図ることを目的とした方式である。

 公共工事標準請負契約約款において，工事の施工にあたり受注者が監督員に通知し，その確認を請求しなければならない事項に**該当しないもの**は，次の記述のうちどれか。

(1) 設計図書に誤りがあると思われる場合又は設計図書に表示すべきことが表示されていないこと。

(2) 設計図書で明示されていない施工条件について，予期することのできない特別な状態が生じたこと。

(3) 設計図面と仕様書の内容が一致しないこと。

(4) 設計図書に，工事に使用する建設機械の明示がないこと。

R元年BNo.2

工事条件変更等の通知・確認

設問に関しては，「公共工事標準請負契約約款」第18条において定められている。

(1) 設計図書に誤謬又は脱漏があること。（同約款第18条第1項第2号）

よって，**該当する。**

(2) 設計図書で明示されていない施工条件について予期することのできない特別な状態が生じたこと。（同約款第18条第1項第5号）　　よって，**該当する。**

(3) 図面，仕様書，現場説明書及び現場説明に対する質問回答書が一致しないこと。（同約款第18条第1項第1号）　　　　　　よって，**該当する。**

(4) 設計図書に，工事に使用する建設機械を明示する必要はない。　　　　　　　　　　　よって，該当しない。

(4)

264

問題2　　公共工事標準請負契約約款に関する次の記述のうち，**誤っているもの**はどれか。

(1)　発注者は，受注者の責によらず，工事の施工に伴い通常避けることができない地盤沈下により第三者に損害を及ぼしたときは，損害による費用を負担する。

(2)　受注者は，原則として，工事の全部若しくはその主たる部分又は他の部分から独立してその機能を発揮する工作物の工事を一括して第三者に委任し，又は請け負わせてはならない。

(3)　受注者は，設計図書において監督員の検査を受けて使用すべきものと指定された工事材料が検査の結果不合格とされた場合は，工事現場内に存置しなければならない。

(4)　発注者は，工事現場における運営等に支障がなく，かつ発注者との連絡体制も確保されると認めた場合には，現場代理人について工事現場における常駐を要しないものとすることができる。

R2年BNo.2

 **解説**

公共工事標準請負契約約款

設問に関しては，「公共工事標準請負契約約款」において定められている。

(1)　発注者は，受注者の責によらず，工事の施工に伴い通常避けることができない騒音，振動，地盤沈下等により第三者に損害を及ぼしたときは，損害による費用を負担しなければならない。(同約款第 29 条第 2 項)　　　　　**よって，正しい。**

(2)　受注者は，原則として，工事の全部若しくはその主たる部分又は他の部分から独立してその機能を発揮する工作物の工事を一括して第三者に委任し，又は請け負わせてはならない。(同約款第 6 条)　　　　　**よって，正しい。**

(3)　受注者は，設計図書において監督員の検査を受けて使用すべきものと指定された工事材料が検査の結果不合格とされた場合は，**工事現場外に搬出**しなければならない。(同約款第 13 条第 5 項)　　　　　**よって，誤っている。**

(4)　発注者は，工事現場における運営，取締り及び権限の行使に支障がなく，かつ，発注者との連絡体制も確保されると認めた場合には，現場代理人について工事現場における常駐を要しないこととすることができる。
(同約款第 10 条 第 3 項)　　　　　**よって，正しい。**

 解答
(3)

公共工事標準請負契約約款に関する次の記述のうち，**誤っているもの**はどれか。

(1) 受注者は，設計図書と工事現場が一致しない事実を発見したときは，その旨を直ちに監督員に口頭で通知しなければならない。

(2) 発注者は，検査によって工事の完成を確認した後，受注者が工事目的物の引渡しを申し出たときは，直ちに当該工事目的物の引渡しを受けなければならない。

(3) 受注者は，災害防止等のため必要があると認められるときは，臨機の措置をとらなければならない。

(4) 発注者は，受注者の責めに帰すことができない自然的，又は人為的事象により，工事を施工できないと認められる場合は，工事の全部，又は一部の施工を一時中止させなければならない。

R3年BNo.2

公共工事標準請負契約約款

設問に関しては，「公共工事標準請負契約約款」において定められている。

(1) 受注者は，設計図書と工事現場が一致しない事実を発見したときは，その旨を直ちに監督員に通知し，その確認を請求しなければならない。（同約款第18条第1項）　　　　　　　　　　　　　　　　　　　　　　　**よって，誤っている。**

(2) 発注者は，検査によって工事の完成を確認した後，受注者が工事目的物の引渡しを申し出たときは，直ちに当該工事目的物の引渡しを受けなければならない。（同約款第32条第4項）　　　　　　　　　　　　　　　　　**よって，正しい。**

(3) 受注者は，災害防止等のため必要があると認めるときは，臨機の措置をとらなければならない。（同約款第27条第1項）　　　　　　　　　**よって，正しい。**

(4) 発注者は，受注者の責めに帰すことができない自然的又は人為的な事象により，工事を施工できないと認められる場合は，工事の全部又は一部の施工を一時中止させなければならない。（同約款第20条第1項）　　　　　**よって，正しい。**

解答
(1)

出題傾向

1. 土木製図の読み方，特に鉄筋配筋図は勉強しておく。過去 7 年間で 5 回出題されている。
2. マスカーブの読み方を理解しておく。過去 7 年間で 2 回出題されている。
3. 出題は減っているが，設計図の材料の寸法表示は基本として理解しておく。

チェックポイント

■材料の断面形状及び寸法の表示方法

種 類	断面形状	表示方法	種 類	断面形状	表示方法
鉄 筋（普通丸鋼）		普通 $\phi A - L$	鉄 筋（異形棒鋼）		$DA - L$
等辺山形鋼		$\llcorner A \times B \times t - L$	不等辺山形鋼		$\llcorner A \times B \times t - L$
平 鋼		$\square B \times A - L$（PL）	鋼 板		$PL \ B \times A \times L$
溝形鋼		$[H \times B \times t_1 \times t_2 - L$	H形鋼		$H H \times B \times t_1 \times t_2 - L$
鋼 管		$\phi A \times t - L$	角 鋼		$\square B \times H \times t - L$

■土木製図の読み方

(1)配筋図

　配筋図面においては，引張り応力に対抗するための鉄筋を主筋といい，その他に配力筋，温度鉄筋，用心鉄筋を配置する。

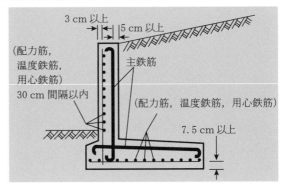

⑵ マスカーブ 　マスカーブとは，土量計算書の各断面ごとの土量を測点の初めから順次累加して描いたものであり，横軸に測点距離をとり，縦軸には基線を中心にして上方にプラス土量，下方にマイナス土量をとる。曲線の左から上り勾配の区間は切土を表し，下り勾配の区間は盛土を表す。

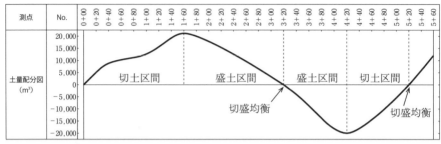

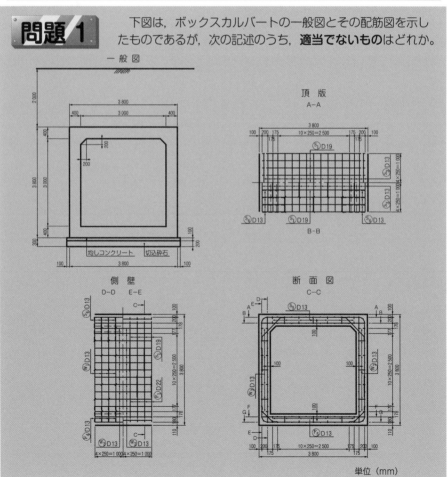

下図は，ボックスカルバートの一般図とその配筋図を示したものであるが，次の記述のうち，**適当でないもの**はどれか。

単位（mm）

268

(1) ボックスカルバートの頂版の内側主鉄筋と側壁の内側主鉄筋の太さは，同じである。

(2) ボックスカルバートの頂版の土かぶりは，2.0 m である。

(3) 頂版，側壁の主鉄筋は，ボックスカルバート延長方向に 250 mm 間隔で配置されている。

(4) ボックスカルバート部材の厚さは，ハンチの部分を除いて同じである。

R元年B No.3

ボックスカルバートの配筋に関する記述

(1) ボックスカルバートの頂版の内側主鉄筋は D19 で表され，側壁の内側主鉄筋は D13 で表され，太さは異なる。　　　　　　　　よって，**適当でない**。

(2) ボックスカルバートの頂版の土かぶり（ボックスカルバート頂板表面から地表面の距離）は，一般図により 2.0 m である。　　　　よって，**適当である**。

(3) 頂版，側壁の主鉄筋は，各断面図によりボックスカルバート延長方向に 250 mm 間隔で配置されている。　　　　　　　　　　よって，**適当である**。

(4) ボックスカルバート部材の厚さは，一般図によりハンチの部分を除いて 400 mm で同じである。　　　　　　　　　　　　　　よって，**適当である**。

解 答
(1)

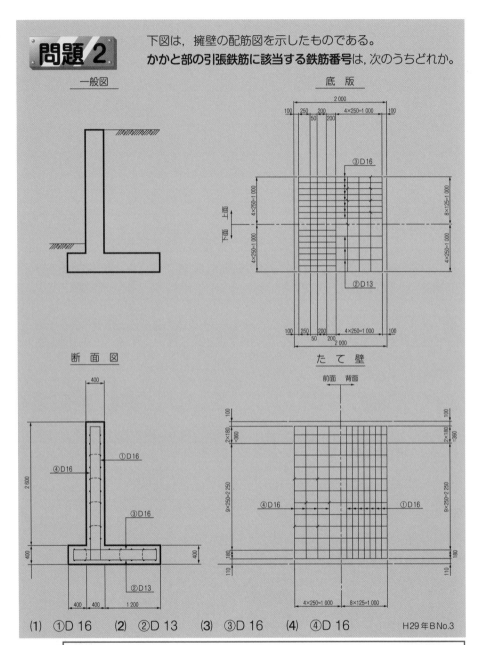

問題 2

下図は，擁壁の配筋図を示したものである。

かかと部の引張鉄筋に該当する鉄筋番号は，次のうちどれか。

(1) ①D 16　　(2) ②D 13　　(3) ③D 16　　(4) ④D 16

H29 年 B No.3

擁壁のかかと部は底版の背面部であり，盛土土圧により底版上部に引張力が作用する。かかと部の引張鉄筋は③D16となる。よって，(3)が該当する。

解答

(3)

270

問題3 下図は，工事起点 No.0 から工事終点 No.5（工事区間延長 500 m）の道路改良工事の土積曲線（マスカーブ）を示したものであるが，次の記述のうち，**適当でないもの**はどれか。

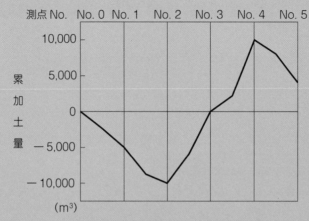

(1) No.0 から No.2 は，盛土区間である。

(2) 当該工事区間では，盛土区間よりも切土区間の方が長い。

(3) No. 0 から No. 3 までは，切土量と盛土量が均衡する。

(4) 当該工事区間では，残土が発生する。

R2年BNo.3

道路改良工事の土積曲線（マスカーブ）

マスカーブとは，土工工事において，切土量と盛土量のバランスを検討するために用いるもので，土量累計量（土積曲線）で示される。土積曲線の引き方は，各測点ごとの横断面によって，各測点間の切土もしくは盛土の土量を計算し，切土は（＋），盛土は（−）として，累計を求めて土積計算書をつくる。この累加土量をプロットし，その点を結んだものが土積曲線である。

(1) No. 0 から No. 2 まではマイナス（−）となっており，盛土区間である。
よって，**適当である。**

(2) 当該工事区間では，盛土区間は No.0 〜 No.2 及び No.4 〜 No.5 の計 3 測点区間，切土区間は No.2 〜 No.4 の 2 測点区間であり，盛土区間のほうが長い。
よって，適当でない。

(3) No. 0 から No. 3 の区間において，累加土量が 0 となっており，切土量と盛土量が均衡する。 よって，**適当である。**

(4) 工事終点の No.5 において，累加土量がプラスとなっており，当該工事区間では，残土が発生する。 よって，**適当である。**

解 答 (2)

271

Lesson 5 建設機械
1 建設機械の特徴と用途

出題傾向

1. 建設機械全般の基本項目を理解しておく。過去7年間で1回出題されている。
2. 掘削・積込機械（ショベル系），運搬機械（ブルドーザ），締固め機械の種類と特徴を理解する。過去7年間で出題はないが基本として理解しておく。

チェックポイント

■ 建設機械の規格の表示

建設機械は，その機械の種類によって性能の表示方法は下表のように表される。

建設機械の規格の表示方法

機械名称	性能表示方法	機械名称	性能表示方法
パワーショベル	機械式：平積みバケット容量（m³）	ブルドーザ	全装備（運転）質量（t）
バックホウ	油圧式：山積みバケット容量（m³）	クレーン	吊下荷重（t）
クラムシェル	平積みバケット容量（m³）	モーターグレーダ	ブレード長（m）
ドラグライン	平積みバケット容量（m³）	ロードローラ	質量（バラスト無t～有t）
トラクタショベル	山積みバケット容量（m³）	タイヤ・振動ローラ	質量（t）
ダンプトラック	車両総質量（t）	タンピングローラ	質量（t）

■ 建設機械の近年の動向

近年，環境保全対策が重要な項目となっており，建設機械についても，下記のような動向が見られる。

①低騒音，低振動型の低公害型建設機械を利用する傾向にある。

②都市土木工事においては，小型機械の使用が進みつつある。

③排出ガス規制が厳しくなっており，**「特定特殊自動車排出ガスの規制等に関する法律（オフロード法）」**により，建設用機械も規制されている。

・ブルドーザ

・バックホウ（ホイール・クローラ式）

・クローラクレーン

・トラクタショベル（ホイール・クローラ式）

・ホイールクレーン（ラフタークレーン）等

272

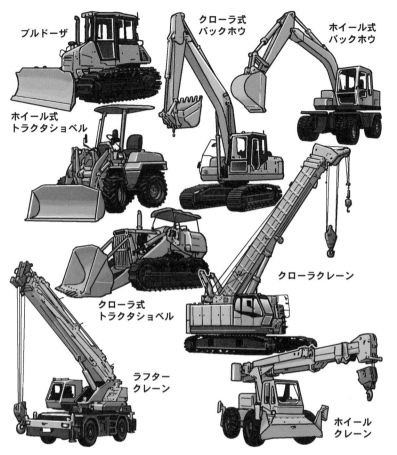

ブルドーザ

クローラ式
バックホウ

ホイール式
バックホウ

ホイール式
トラクタショベル

クローラクレーン

クローラ式
トラクタショベル

ラフター
クレーン

ホイール
クレーン

■ 建設機械の種類

工事の種類	作 業	代表的な建設機械
土工工事	掘 削	ドラグライン，バックホウ，パワーショベル，クラムシェル
	積込み	クローラ式トラクタショベル，ホイール式トラクタショベル
	運 搬	ブルドーザ（ストレートドーザ，アングルドーザ，チルドドーザ，Uドーザ，レーキドーザ，リッパドーザ，スクレープドーザ，バケットドーザ），ダンプトラック，クレーン
	敷均し	モータグレーダ
	締固め	ロードローラ，タイヤローラ，振動ローラ，タンパ，ランマ
基礎工事	既製杭打設	ディーゼルハンマ，ドロップハンマ，振動ドライバ
	場所打ち杭打設	アースオーガ，オールケーシング，リバースドリル
舗装工事	アスファルト舗装	アスファルトフィニッシャ，アスファルトプラント
	コンクリート舗装	コンクリートフィニッシャ，コンクリートスプレッダ
各種工事	コンクリート	コンクリートプラント，コンクリートミキサ，コンクリートポンプ
	浚渫・埋立	ドラグサクション，ポンプ，バケット，クラブ浚渫船
	空気圧縮, 送風, ポンプ	エアコンプレッサ，ファン，ポンプ，発電機

273

■ 掘削機械の種類と特徴

① ドラグライン：バケットを落下，ロープで引き寄せる。広い浅い掘削。
② バックホウ：バケットを手前に引く動作。地盤より低い掘削。強い掘削力。
③ パワーショベル：バケットを前方に押す動作。地盤より高いところの掘削。
④ クラムシェル：バケットを垂直下方に下ろす。深い基礎掘削。

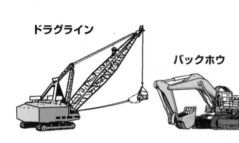

ドラグライン

バックホウ

パワーショベル

クラムシェル

■ 積込み機械の種類と特徴

① クローラ（履帯）式トラクタショベル
履帯式トラクタにバケットを装着。
履帯接地長が長く，軟弱地盤の走行に
適する。掘削力は劣る。

② ホイール（車輪）式トラクタショベル
車輪式トラクタにバケットを装着。
走行性がよく，機動性に富む。

クローラ式
トラクタショベル

ホイール式
トラクタショベル

③ 積込み方式
・Ｖ形積込み：トラクタショベルが動き，ダンプトラックは停車。
・Ｉ形積込み：トラクタショベルが後退，ダンプトラックも移動。

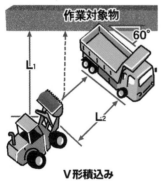

Ｖ形積込み

Ｉ形積込み

■運搬機械の種類と特徴

①ブルドーザ

・ストレートドーザ：固定式土工板。重掘削作業に適する。

・アングルドーザ：土工板の角度が25°前後に可変。重掘削は不適。

・チルトドーザ：土工板の左右の高さが可変。溝掘り，硬い土に適する。

・Ｕドーザ：土工板がU形。押し土の効率がよい。

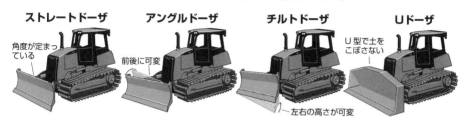

ストレートドーザ
角度が定まっている

アングルドーザ
前後に可変

チルトドーザ
左右の高さが可変

Uドーザ
U型で土をこぼさない

・レーキドーザ：土工板の代わりにレーキを取付。抜根，岩石掘り起こし用。

・リッパドーザ：リッパ（爪）をトラック後方に取付。軟岩掘削用。

・スクレープドーザ：ブルドーザにスクレーパ装置を組み込み。前後進の作業，狭い場所の作業に適する。

レーキドーザ　**リッパドーザ**　**スクレープドーザ**

②ダンプトラック

・普通ダンプトラック：最大総質量20 t以下。一般道路走行可。

・重ダンプトラック：最大総質量20 t超。普通条件での一般道路走行不可。

普通ダンプトラック

重ダンプトラック

■ 締固め機械の種類と特徴

①ロードローラ：静的圧力による締固め。マカダム型・タンデム型の2種。
②タイヤローラ：空気圧の調節により各種土質に対応可能。
③振動ローラ：振動による締固め。礫，砂質土に適する。
④タンピングローラ：突起（フート）による締固め。硬い粘土に適する。
⑤振動コンパクタ：起振機を平板上に取付ける。狭い場所に適する。

ロードローラ　　　　　振動ローラ　　　　振動コンパクタ

タイヤローラ　　　　タンピングローラ

■ 杭打設機械の種類と特徴

①ディーゼルパイルハンマ：ハンマの落下による打撃力。硬い地盤に適する。
②油圧式杭圧入引抜き機：既設の矢板につかまり，反力を利用し押し込む。低振
　　　　　　　　　　　　動，低騒音で，市街地での工事に適する。
③油圧パイルハンマ：油圧でラムを上昇，自由落下させて杭を打撃。
④振動パイルハンマ：振動で杭体に縦振動を起こし地中に貫入。

ディーゼルパイルハンマ　　油圧式杭圧入引抜き機　　油圧パイルハンマ

 建設機械の選定に関する次の記述のうち，**適当でないも**のはどれか。

(1) 組合せ建設機械は，各建設機械の作業能力に大きな格差を生じないように建設機械の規格と台数を決めることが必要である。

(2) 締固め機械は，盛土材料の土質，工種などの施工条件と締固め機械の特性を考慮して選定するが，特に土質条件が選定上で重要なポイントになる。

(3) 掘削においては，現場の地形，掘削高さ，掘削量，掘削土の運搬方法などから，最も適した工法を見いだし，使用機械を選定する。

(4) 施工機械を選定するときは，機種・性能により適用範囲が異なり，同じ機能を持つ機械でも現場条件により施工能力が違うので，その機械の中間程度の能率を発揮できる施工法とする。

H30年B No.9

建設機械の選定

(1) 組合せ建設機械は構成する機械の中で，最小の作業能力を有する機械で決められるため，各建設機械の作業能力に大きな格差があると，大きな無駄が生じる。できるだけ作業能力に差がないように建設機械の規格と台数を決めることが必要である。　　　　　　　　　　　　よって，**適当である。**

(2) 締固め機械は，盛土材料の土質，工種などの施工条件と締固め機械の特性を考慮して選定する。特に砂質や粘土質等の土質条件により機械の選定を大きく左右する。　　　　　　　　　　　　　　　　　　よって，**適当である。**

(3) 掘削においては，現場の地形，掘削高さ，掘削量，掘削土の運搬方法などによって，バケットの動作が異なる。最も適した工法により使用機械を選定する。
　　　　　　　　　　　　　　　　　　　　　　　　よって，**適当である。**

(4) 施工機械は，機種・性能により適用範囲が異なる。同じ機能を持つ機械でも現場条件により施工能力が違うので，選定に際しては，その機械の最大の能率を発揮できる施工法とする。　　　　　　　　　　　よって，適当でない。

解答
(4)

 **問題2** 建設機械の最近の動向に関する次の記述のうち，**適当でないもの**はどれか。

(1) 建設機械の省エネルギーの技術的な対応としては，エネルギー効率を高めることやアイドリング時にエンジン回転数を抑制することで，燃費を改善することが行われている。

(2) 超小旋回形油圧ショベルは，小型機の進歩と現場適応性の向上として，いろいろな工種で省人化をはかる応用製品とアタッチメント類が考案され使われている。

(3) 熟練オペレーターの不足からの機械の自動化としては，一般の運転でも一定の作業レベルを確保できるような運転の半自動化，電子化された操作機構などの活用が進められている。

(4) ハイブリッド型油圧ショベルは，機械の前進や後進時に発生するエンジンの回転によるエネルギーを電気エネルギーに変換しそれを蓄えておき，エンジンをアシストする方式である。

H27年B No.4

建設機械の最近の動向

(1) 建設機械の省エネルギー化を図るためには，エネルギー効率を高めたりエンジン回転数を抑制することにより，燃費を改善する。　よって，**適当である。**

(2) 超小旋回形油圧ショベルは，小型機の進歩により現場適応性が向上し，いろいろな工種で省人化をはかるためにアタッチメント類が考案され使われている。
よって，**適当である。**

(3) 近年，一般の運転でも一定の作業レベルを確保できるような運転の半自動化や電子化された操作機構などの活用により，機械の自動化を促進し，熟練オペレーター不足の有効対策となっている。　よって，**適当である。**

(4) ハイブリッド型油圧ショベルは，機械の旋回減速時に発生するエネルギーを電気エネルギーに変換しそれを蓄えておき，エンジンをアシストする方式である。　よって，適当でない。

解答
(4)

 **問題3** 建設機械の選定に関する次の記述のうち，**適当でないも**のはどれか。

(1) 建設機械の選定は，作業の種類，工事規模，土質条件，運搬距離などの現場条件のほか建設機械の普及度や作業中の安全性を確保できる機械であることなども考慮する。

(2) 建設機械は，機種・性能により適用範囲が異なり，同じ機能を持つ機械でも現場条件により施工能力が違うので，その機械が最大能率を発揮できるように選定する。

(3) 組合せ建設機械は，最大の作業能力の建設機械によって決定されるので，各建設機械の作業能力に大きな格差を生じないように規格と台数を決定する。

(4) 組合せ建設機械の選択では，主要機械の能力を最大限に発揮させるため作業体系を並列化し，従作業の施工能力を主作業の施工能力と同等，あるいは幾分高めにする。

R2年BNo.9

建設機械の選定

(1) 建設機械の選定は，作業の種類，工事規模，土質条件，運搬距離などの現場条件のほか建設機械の調達や安全性の確保も考慮した計画とする。

よって，**適当である。**

(2) 施工計画における建設機械計画においては，現場条件を加味した最適な建設機械の選定と，その機械が最大能率を発揮できる施工法の選定が合理的かつ経済的となるように行う。 よって，**適当である。**

(3) 組合せ建設機械は，最小の作業能力の建設機械によって決定される。各建設機械の作業能力に大きな格差を生じないように規格と台数を決定する。

よって，適当でない。

(4) 組合せ建設機械の選択においては，従作業の施工能力は主作業の施工能力と同等，あるいは幾分高めにする。 よって，**適当である。**

解答
(3)

出題傾向

1. 工事用電力設備を理解しておく。過去 7 年間で 4 回出題されている。
2. 建設機械に使用する原動機について整理する。過去 7 年間で 2 回出題されている。

チェックポイント

■工事用電力設備

(1)受電設備

・電気設備の容量決定：工事途中に受電容量不足をきたすことのないようにする。
・契約電力：電灯，動力を含め 50 kW 未満のものについては，低圧の電気の供給を受ける。
・高圧受電：現場内の自家用電気工作物に配電する場合，電力会社との責任分界点の近くに保護施設を備えた受電設備を設置する。
・自家用受変電設備の位置：一般にできるだけ負荷の中心から近い位置を選ぶ。

(2)安全対策

・仮設配線：車両等が通過する通路面に電線を横断させて使用する場合，電線に防護覆いを装着することが困難なときは，監視員を置き，作業を監視させる。
・漏電による感電防止：電動機械器具に感電防止用漏電しゃ断装置の接続が困難なときは，電動機の金属製外被等の金属部分を接地して使用する。
・移動電線：接続する手持型の電灯や架空つり下げ電灯などには，口金の接触や電球の破損による危険を防止するためのガードを取り付けて使用する。

■ガソリンエンジンとディーゼルエンジンの比較

ガソリンエンジンとディーゼルエンジンの性能比較

項 目 ＼ 原 動 機	ガソリンエンジン	ディーゼルエンジン
使 用 燃 料	ガソリン	軽 油
着 火 方 式	電気火花着火	圧縮による自己着火
圧 縮 比	低い（5〜10）	高い（14〜24）
出力当たりの質量	小 さ い	大 き い
出力当たりの価格	安 い	高 い
出力当たりの運転経費	高 い	安 い
故障・火災の危険度	多 い	少 な い

 建設機械用エンジンに関する次の記述のうち，**適当でない**ものはどれか。

(1) 建設機械用ディーゼルエンジンは，自動車用ディーゼルエンジンより大きな負荷が作用するので耐久性，寿命の問題などからエンジンの回転速度を下げている。

(2) ディーゼルエンジンは，排出ガス中に多量の酸素を含み，かつ，すすや硫黄酸化物も含むことから，エンジン自体の改良を主体とした対策を行っている。

(3) 建設機械では，一般に負荷に対する即応性，燃料消費率，耐久性及び保全性などが良好であるため，ガソリンエンジンの使用がほとんどである。

(4) ガソリンエンジンは，エンジン制御システムの改良に加え排出ガスを触媒（三元触媒）を通すことにより，NOx，HC，CO をほぼ 100%近く取り除くことができる。

H30年B No.4

建設機械用エンジン

(1) 建設機械は，機械的衝撃や振動が大きく，激しい負荷変動のもとでの重負荷運動運転や過酷な条件下での運転が必要となる。一般の自動車用エンジンに比べて，耐久性，寿命の問題などからエンジンの回転速度を下げている。

よって，**適当である。**

(2) ディーゼルエンジンは，排出ガス中にすすや硫黄酸化物も多く含むことから，触媒によって排出ガス中の各成分を取り除くことは難しい。エンジン自体の改良を主とした対策となっている。 よって，**適当である。**

(3) 建設機械では，一般に負荷に対する即応性，燃料消費率，耐久性及び保全性などが良好であるため，ディーゼルエンジンの使用がほとんどである。

よって，適当でない。

(4) 建設機械のディーゼルエンジンに比べ，ガソリンエンジンはエンジン制御システムの改良に加え排出ガスを触媒（三元触媒）に通すことにより，NO_x，HC，CO をほぼ 100%近く取り除くことができる。

よって，**適当である。**

(3)

 工事用電力設備に関する次の記述のうち，**適当なもの**はどれか。

(1)　工事現場において，電力会社と契約する電力が電灯・動力を含め 100 kW 未満のものについては，低圧の電気の供給を受ける。

(2)　工事現場に設置する自家用変電設備の位置は，一般にできるだけ負荷の中心から遠い位置を選定する。

(3)　工事現場で高圧にて受電し，現場内の自家用電気工作物に配電する場合，電力会社からは 3 kV の電圧で供給を受ける。

(4)　工事現場における電気設備の容量は，月別の電気設備の電力合計を求め，このうち最大となる負荷設備容量に対して受電容量不足をきたさないように決定する。

R元年B No.4

工事用電力設備

(1)　工事現場において，電力会社と契約する電力が電灯・動力を含め **50 kW 未満**のものについては，低圧の電気の供給を受ける。　　　　よって，**適当でない。**

(2)　工事現場に設置する自家用変電設備の位置は，一般にできるだけ負荷の中心から**近い位置**を選定する。　　　　　　　　　　　　よって，**適当でない。**

(3)　工事現場で高圧にて受電し，現場内の自家用電気工作物に配電する場合，電力会社からは **6 kV** の電圧で供給を受ける。　　　　　よって，**適当でない。**

(4)　工事現場における電気設備の容量は，月別の電気設備の電力合計を求める。受電容量不足による停電等の工事への影響を避けるため，このうち最大となる負荷設備容量に対して支障をきたさないように決定する。よって，適当である。

解　答
(4)

Lesson 6

1 施工計画

出題傾向

令和3年度から穴埋め用語の組合せや正答肢の数を選ぶ出題形式が登場している。

1. 施工計画作成の基本事項として，目標と基本方針の決定の留意点を整理する。過去7年間で6回出題されている。
2. 工事の届けについて，工事内容と届出先について整理する。過去7年間で3回出題されている。
3. 施工体制台帳，施工体系図の作成について理解する。過去7年間で7回出題されている。
4. 契約条件及び現場条件の事前調査検討事項について整理する。過去7年間で3回出題されている。
5. 一般土木工事の施工方法，仮設備計画及び土留め工の種類，特徴を整理する。過去7年間で4回出題されている。
6. 建設機械の選択・組合せと施工速度について理解する。過去7年間で8回出題されている。
7. 工事原価管理の基本的な考えを理解する。過去7年間で4回出題されている。

チェックポイント

■契約条件の事前調査検討事項

(1)請負契約書の内容

(工事内容／請負代金の額及び支払方法／工期／工事の変更，中止による損害の取扱／不可抗力による損害の取扱／物価変動に基づく変更の取扱／検査の時期及び方法ならびに引き渡しの時期)

(2)設計図書の内容

(設計内容，数量の確認／図面と現場の適合の確認／現場説明事項の内容／仕様書，仮設における規格の確認)

■現場条件の事前調査検討事項

①地　　　形　(工事用地／測量杭／土取，土捨場／道水路状況／周辺民家)

②地　　　質　(土質／地層，支持層／地下水)

③気象・水文　(降雨／積雪／風／気温／日照／波浪／洪水)

④電力・水　　(工事用電源／工事用取水)

⑤施工・輸送　(施工方法／仮設規模／機械の選択／道路状況／鉄道／港)

⑥環境・公害　(騒音／振動／交通／廃棄物／地下水)

⑦**用地・利権**（境界／地上権／水利権／漁業権／文化財の
　　　　　　　有無）

⑧**労力・資材**（地元，季節労働者／下請業者／価格，支払
　　　　　　　い条件／納期）

⑨**施設・建物**（事務所／宿舎／病院／機械修理工場／警察，
　　　　　　　消防）

⑩**支　障　物**（地上障害物／地下埋設物／文化財）

「契約条件 及び
　現場条件」の
「事前調査検討事項」
の区別を
理解すること

■ 仮設備計画の留意点

(1)仮設の種類

　①**指定仮設**：契約により工種，数量，方法が規定されている。
　　　　　　　（契約変更の対象となる。）

　②**任意仮設**：施工者の技術力により工事内容，現地条件に適した計画を立案する。
　　　　　　　（契約変更の対象とならない。但し，図面などにより示された施工条
　　　　　　　件に大幅な変更があった場合には設計変更の対象となり得る。）

(2)仮設の設計

　　仮構造物であっても，使用目的，期間に応じ構造設計を行い，労働安全衛生法は
　じめ各種基準に合致した計画とする。

(3)仮設備の内容

　①**直接仮設**

　　（工事用道路，軌道，ケーブルクレーン／給排水設備／給換気設備／電気設備／
　　安全設備／プラント設備／土留め，締切設備／設備の維持，撤去，後片づけ）

　②**共通仮設**（現場事務所／宿舎／倉庫／駐車場／機械室）

■ 土留め工の種類

　(1)構造形式による種類（自立式／切梁式／アンカー式）

　(2)使用材料による種類（木矢板／親杭横矢板／鋼矢板（U形・Z形・H形）／
　　　　　　　　　　　　　コンクリート地中連続壁）

■ 建設機械の選択・組合わせ

種　類	選　択	施　工　能　力
主機械	掘削，積込機械	最小とする
従機械	運搬，敷均し，締固め機械	主機械より大きい

従機械　　　　　　　　主機械

■建設機械の施工速度

	算 式	工 程 計 画 の 基 準
平均施工速度（m³/h）	$Q_A = E_A \cdot Q_P$	工程計画及び工事費見積りの基礎
正常施工速度（m³/h）	$Q_N = E_W \cdot Q_P$	建設機械の組合せ計画時に，各工程の機械の
最大施工速度（m³/h）	$Q_P = E_q \cdot Q_R$	作業能力を平均化させるために用いる
標準施工速度（m³/h）	Q_R：時間当たり処理可能な理論的最大施工量	

※E_A, E_W, E_q は各作業時間効率

■施工計画の目標と基本方針

(1)施工計画の目標

構造物を工期内に経済的かつ安全，環境，品質に配慮しつつ，施工する条件，方法を策定することである。

(2)施工計画の基本方針

①過去の経験を活かしつつ新技術，新工法，改良に対する努力を行う。

②直接担当者のみならず，関係機関を含めた高度な技術水準で検討する。

③複数の代案を含め比較検討を行い，最適な計画を採用する。

④契約工期内でさらに経済的な工程を求めることも重要である。

■施工体制台帳，施工体系図の作成

「建設業法第24条の8」による，特定建設業者の義務として次のように規定されている。

(1)施工体制台帳の作成

・4,000万円以上の下請契約を締結し，施工する場合に作成する。

・下請人の名称，工事内容，工期等を明示し，工事現場に備える。

・発注者から請求があったときは，閲覧に供さなければならない。

(2)施工体系図の作成

各下請人の施工の分担関係を表示し，現場の見やすい場所に掲示する。

■原価管理の基本事項

(1)実行予算の設定

見積もり時点の施工計画を再検討し，決定した最適な施工計画に基づき設定する。

(2)原価発生の統制

予定原価と実際原価を比較し，原価の圧縮を図る。

①原価比率が高いものを優先する。

②低減が容易なものから行う。

③損失費用項目を抽出し，重点的に改善する。

(3)実際原価と実行予算の比較

工事進行に伴い，実行予算をチェックし，差異を見出し，分析，検討を行う。

(4)施工計画の再検討，修正措置

差異が生じる要素を調査，分析を行い，実行予算を確保するための原価圧縮の措置を講ずる。

(5)修正措置の結果の評価

結果を評価し，良い場合には持続発展させ，良くない場合には再度見直しを図る。

Lesson 6 ① 施工計画

**問題1** 施工計画立案に関する次の記述のうち，**適当でないもの**はどれか。

(1) 施工計画立案に使用した資料は，施工過程における計画変更等に重要な資料となったり，工事を安全に完成するための資料となる。

(2) 施工計画立案のための資機材等の輸送調査では，輸送ルートの道路状況や交通規制等を把握し，不明があれば道路管理者や労働基準監督署に相談して解決しておく必要がある。

(3) 施工計画の立案にあたっては，発注者から示された工程が最適工期とは限らないので，示された工程の範囲でさらに経済的な工程を探し出すことも大切である。

(4) 施工計画の立案にあたっては，発注者の要求品質を確保するとともに，安全を最優先にした施工を基本とした計画とする。

R4年BNo.5

**解説**

施工計画立案

(1) 施工計画立案にあたっては，1つの計画だけではなく複数の計画を検討する。このことから，施工計画立案にあたって使用した資料は，施工過程における計画変更等に重要な資料となったり，工事を安全に完成するための資料となる。
よって，**適当である。**

(2) 施工計画立案のための資機材等の輸送調査では，輸送ルートの道路状況や交通規制等を把握する。不明があれば，道路管理者や警察署に相談して解決しておく。
よって，適当でない。

(3) 施工計画の立案にあたっては，発注者から示された工程が最適工期とは限らない。したがって，発注者から示された計画工期，工程の範囲でさらに経済的な工程を探し出すことも大切である。
よって，**適当である。**

(4) 施工計画の立案にあたっては，発注者の要求品質を確保するとともに，安全性を最優先にし，経済性，周辺環境へも配慮することを基本とした施工計画とする。
よって，**適当である。**

解答
(2)

 **問題 2** 施工計画立案のための事前調査に関する次の記述のうち，**適当でないもの**はどれか。

(1) 契約関係書類の調査では，工事数量や仕様などのチェックを行い，契約関係書類を正確に理解することが重要である。

(2) 現場条件の調査では，調査項目の落ちがないよう選定し，複数の人で調査をしたり，調査回数を重ねるなどにより，精度を高めることが重要である。

(3) 資機材の輸送調査では，輸送ルートの道路状況や交通規制などを把握し，不明な点がある場合は，道路管理者や労働基準監督署に相談して解決しておくことが重要である。

(4) 下請負業者の選定にあたっての調査では，技術力，過去の実績，労働力の供給，信用度，安全管理能力などについて調査することが重要である。 R元年BNo.5

 **解説**

施工計画立案のための事前調査

(1) 契約関係書類の調査では，契約書の内容として工期，契約金額，工事数量や仕様などのチェックを行い，契約関係書類を正確に理解することが重要である。
よって，**適当である。**

(2) 現場条件の調査では，事前調査項目が多いので，調査項目の落ちがないよう選定する。複数の各担当部署の人で調査をしたり，調査回数を重ねるなどにより，精度を高めることが重要である。 よって，**適当である。**

(3) 資機材の輸送調査では，輸送ルートの道路状況や交通規制などを把握しておく。不明な点がある場合は，道路管理者や管轄警察署に相談して解決しておくことが重要である。 よって，適当でない。

(4) 下請負業者の選定にあたっての調査では，施工管理の重要なポイントを占める。各業者の技術力，過去の実績，労働力の供給，信用度，安全管理能力などについて調査することが重要である。 よって，**適当である。**

解答

(3)

 仮設工事に関する次の記述のうち，**適当でないもの**はどれか。

(1) 仮設工事での型枠支保工に作用する鉛直荷重のうち，コンクリート打込みに必要な機械・器具などの質量による荷重は，固定荷重として扱われる。

(2) 仮設工事の材料は，一般の市販品を使用して可能な限り規格を統一し，その主要な部材については他工事にも転用できるようにする。

(3) 仮設工事の設計において，仮設構造物に繰返し荷重や一時的に大きな荷重がかかる場合は，安全率に余裕を持たせた検討が必要であり，補強などの対応を考慮する。

(4) 仮設工事計画は，本工事の工法・仕様などの変更にできるだけ追随可能な柔軟性のある計画とする。

H29年BNo.7

仮設工事全般（設計，材料）

(1) 型枠支保工に作用する鉛直荷重のうち，固定荷重は打込み時の鉄筋・コンクリート・型枠の重量による荷重で，打込み時の機械・器具等の作業荷重は積載荷重として扱われる。　　　　　　　　　　　　　　**よって，適当でない。**

(2) 仮設工事に使用する材料は，不足による手待ち，貯蔵その他無駄な費用の発生を最小限に抑えるために，一般の市販品の使用，規格の統一，転用計画の活用等に留意する必要がある。　　　　　　　　　　　　　**よって，適当である。**

(3) 仮設構造物は，工事規模に対し過大あるいは過小にならないよう十分検討し，使用目的，使用期間に応じて，その構造を設計することとなっている。繰返し荷重や一時的に大きな荷重がかかる場合は，安全率に余裕を持たせ，補強などの対応を考慮する。　　　　　　　　　　　　　　　　**よって，適当である。**

(4) 仮設計画の立案においては，本工事の工法・仕様などの変更に対して，柔軟性をもたせ，無駄な費用の発生を最小限に抑える。　　　　　**よって，適当である。**

解答
(1)

仮設工事計画立案の留意事項に関する次の記述のうち，**適当でないもの**はどれか。

(1) 仮設工事計画は，本工事の工法・仕様などの変更にできるだけ追随可能な柔軟性のある計画とする。

(2) 仮設工事の材料は，一般の市販品を使用して可能な限り規格を統一し，その主要な部材については他工事にも転用できるような計画にする。

(3) 仮設工事計画では，取扱いが容易でできるだけユニット化を心がけるとともに，作業員不足を考慮し，省力化がはかられるものとする。

(4) 仮設工事計画は，仮設構造物に適用される法規制を調査し，施工時に計画変更することを前提に立案する。

R元年BNo.8

仮設工事計画立案の留意事項

(1) 仮設工事計画は，本工事の工法・仕様などの変更に対して，柔軟性をもたせ，無駄な費用の発生を最小限に抑え，できるだけ追随可能な柔軟性のある計画とする。 よって，**適当である。**

(2) 仮設工事の材料は，不足による手待ち，貯蔵その他無駄な費用の発生を最小限に抑えるために，一般の市販品を使用して可能な限り規格を統一する。その主要な部材については，他工事にも転用できるような計画にする。

よって，**適当である。**

(3) 仮設工事計画では，取扱いを容易にし，できるだけユニット化を心がけ，省力化をはかり，作業員不足等に対応しているものとする。よって，**適当である。**

(4) 仮設工事計画は，仮設構造物に適用される法規制を調査し，できるだけ施工時の計画変更が生じないように立案する。 よって，適当でない。

解答
(4)

 工事の施工に伴い関係機関への届出及び許可に関する次の記述のうち、**適当でないもの**はどれか。

(1) ガス溶接作業において圧縮アセチレンガスを 40 kg 以上貯蔵し、又は取り扱う者は、その旨をあらかじめ都道府県知事に届け出なければならない。

(2) 型枠支保工の支柱の高さが 3.5 m 以上のコンクリート構造物の工事現場の事業者は、所轄の労働基準監督署長に計画を届け出なければならない。

(3) 特殊な車両にあたる自走式建設機械を通行させようとする者は、道路管理者に申請し特殊車両通行許可を受けなければならない。

(4) 道路上に工事用板囲、足場、詰所その他の工事用施設を設置し、継続して道路を使用する者は、道路管理者から道路占用の許可を受けなければならない。

H30年B No.6

工事の施工に伴う関係機関への届出及び許可

工事の施工に伴う関係機関への届出及び許可の関係は下表のとおりである。

番号	届出及び許可の内容	関係機関	適　否
(1)	ガス溶接作業における圧縮アセチレンガスの 40 kg 以上の貯蔵又は取扱い	消防署長	適当でない
(2)	**型枠支保工の支柱の高さが 3.5 m 以上**のコンクリート構造物の工事	労働基準監督署長	**適当である**
(3)	特殊車両にあたる自走式建設機械の**特殊車両通行許可**	道路管理者	**適当である**
(4)	道路上に工事用板囲、足場、詰所その他の工事用施設の設置及び継続しての**道路占用の許可**	道路管理者	**適当である**

(1)

290

資材・機械の調達計画立案に関する次の記述のうち，**適当でないもの**はどれか。

(1) 資材計画では，各工種に使用する資材を種類別，月別にまとめ，納期，調達先，調達価格などを把握しておく。

(2) 機械計画では，機械が効率よく稼働できるよう，短期間に生じる著しい作業量のピークに合わせて，工事の変化に対応し，常に確保しなければならない。

(3) 資材計画では，特別注文品など長い納期を要する資材の調達は，施工に支障をきたすことのないよう品質や納期に注意する。

(4) 機械計画では，機械の種類，性能，調達方法のほか，機械が効率よく稼働できるよう整備や修理などのサービス体制も確認しておく。

R元年B No.6

資材・機械の調達計画立案

(1) 資材計画では，各工種に使用する資材を種類別，月別にまとめ，用途，規格仕様，数量，納期，調達先，調達価格などを把握しておく。 　　よって，**適当である。**

(2) 機械計画では，機械が効率よく稼働できるよう，短期間に生じる著しい作業量のピークを生じさせないように工程計画を修正し，工事の変化に対応し，常に確保しなければならない。 　　　　　　　　　　よって，適当でない。

(3) 資材計画では，特別注文品など長い納期を要する資材，特殊な規格の資材の調達は，施工に支障をきたすことのないよう品質や納期に注意する。

　　　　　　　　　　　　　　　　　　　　　　　　　よって，**適当である。**

(4) 機械計画では，機械の種類，性能，調達方法のほか，機械が効率よく稼働できるよう整備や修理などのサービス体制も確認して予定表を作成しておく。

　　　　　　　　　　　　　　　　　　　　　　　　　よって，**適当である。**

解 答

(2)

 施工体制台帳の作成に関する次の記述のうち，**適当でな
いものはどれか。**

(1) 施工体制台帳には，作成建設業者に関する許可を受けて営む建設業の種類，
健康保険等の加入状況などを記載しなければならない。

(2) 特定建設業者は，発注者から請求があったときは，施工体制台帳をその発注
者の閲覧に供しなければならない。

(3) 施工体制台帳の作成を義務づけられた者は，再下請負通知書に記載されてい
る事項に変更が生じた場合には，施工体制台帳の修正，追加を行わなければな
らない。

(4) 施工体制台帳の作成を義務づけられている建設工事の下請負人は，請け負っ
た工事を再下請負に出すときは，発注者に再下請負人の商号又は名称及び住所
などを通知しなければならない。

H30年BNo.7

施工体制台帳の作成

(1) 施工体制台帳には，作成建設業者に関する許可を受けて営む建設業の種類，
健康保険等の加入状況などを記載し，工事現場ごとに備え置かなければならな
い。(建設業法第24条の8第1項，同法施行規則第14条の2)　　　よって，**適当である。**

(2) 特定建設業者は，発注者から請求があったときは，施工体制台帳をその発注
者の閲覧に供しなければならない。(建設業法第24条の8第3項)

よって，**適当である。**

(3) 施工体制台帳の作成を義務づけられた者は，再下請負通知書に記載されてい
る事項に変更が生じた場合には，施工体制台帳の修正，追加を行わなければな
らない。(建設業法施行規則第14条の5第4項)　　　よって，**適当である。**

(4) 施工体制台帳の作成を義務づけられている建設工事の下請負人は，請け負っ
た工事を再下請負に出すときは，元請負人に再下請負人の商号又は名称及び住
所などを通知しなければならない。(建設業法第24条の8第2項，同法施行規則第14条
の4第1項)　　　よって，適当でない。

解答
(4)

工事の原価管理に関する次の記述のうち，**適当でないもの**はどれか。

(1) 原価管理は，天災その他不可抗力による損害について考慮する必要はないが，設計図書と工事現場の不一致，工事の変更・中止，物価・労賃の変動について考慮する必要がある。

(2) 原価管理は，工事受注後，最も経済的な施工計画をたて，これに基づいた実行予算の作成時点から始まって，工事決算時点まで実施される。

(3) 原価管理を実施する体制は，工事の規模・内容によって担当する工事の内容ならびに責任と権限を明確化し，各職場，各部門を有機的，効果的に結合させる必要がある。

(4) 原価管理の目的は，発生原価と実行予算を比較し，これを分析・検討して適時適切な処置をとり，最終予想原価を実行予算まで，さらには実行予算より原価を下げることである。

R2年BNo.8

工事の原価管理

(1) 原価管理は，設計図書と工事現場の不一致，工事の変更・中止，物価・労賃の変動について考慮する。それとともに，天災その他不可抗力による損害についても実行予算への影響について考慮する。　　　　　よって，**適当でない。**

(2) 原価管理は，工事受注後，最も経済的な施工計画を立てる。施工計画に基づいた実行予算の作成時点から始まって，工事進行に伴い実行予算をチェックし，見直しを図りながら工事決算時点まで実施される。　　　　　よって，**適当である。**

(3) 原価管理を実施する体制は，工事の規模・内容によって担当する工事の内容ならびに責任と権限を明確化する。各職場，各部門を有機的，効果的に結合させ，最適な施工計画に基づきながら検討する必要がある。　　　　　よって，**適当である。**

(4) 原価管理の目的は，発生原価と実行予算を比較し，これを分析・検討して適時適切な改善を行いながら，原価の圧縮を目指すことである。

よって，**適当である。**

解答
(1)

施工計画作成の留意事項に関する下記の文章中の
の（イ）～（ニ）に当てはまる語句の組合せとして，
適当なものは次のうちどれか。

・施工計画の作成は，発注者の要求する品質を確保するとともに，　（イ）　を最優先にした施工を基本とした計画とする。

・施工計画の検討は，これまでの経験も貴重であるが，新技術や　（ロ）　を取り入れ工夫・改善を心がけるようにする。

・施工計画の作成は，一つの計画のみでなく，いくつかの代替案を作り比較検討して，　（ハ）　の計画を採用する。

・施工計画の作成にあたり，発注者から指示された工程が最適工期とは限らないので，指示された工程の範囲内でさらに　（ニ）　な工程を探し出すことも大切である。

	（イ）	（ロ）	（ハ）	（ニ）
(1)	工程	新工法	標準	画一的
(2)	安全	既存工法	標準	画一的
(3)	安全	新工法	最良	経済的
(4)	工程	既存工法	最良	経済的

R3年BNo.21

解 説

施工計画作成の留意事項

・施工計画の作成は，発注者の要求する品質を確保するとともに，　（イ）安全　を最優先にした施工を基本とした計画とする。

・施工計画の検討は，これまでの経験も貴重であるが，新技術や　（ロ）新工法　を取り入れ工夫・改善を心がけるようにする。

・施工計画の作成は，一つの計画のみでなく，いくつかの代替案を作り比較検討して，　（ハ）最良　の計画を採用する。

・施工計画の作成にあたり，発注者から指示された工程が最適工期とは限らないので，指示された工程の範囲内でさらに　（ニ）経済的　な工程を探し出すことも大切である。

よって，(3)の組合せが適当である。

解 答
(3)

応用問題

問題10

施工計画における建設機械の選定に関する下記の文章中の ___ の (イ)〜(ニ) に当てはまる語句の組合せとして，**適当なもの**は次のうちどれか。

・建設機械の組合せ選定は，従作業の施工能力を主作業の施工能力と同等，あるいは幾分 ___(イ)___ にする。

・建設機械の選定は，工事施工上の制約条件より最も適した建設機械を選定し，その機械が ___(ロ)___ 能力を発揮できる施工法を選定することが合理的かつ経済的である。

・建設機械の使用計画を立てる場合には，作業量をできるだけ ___(ハ)___ し，施工期間中の使用機械の必要量が大きく変動しないように計画するのが原則である。

・機械施工における ___(ニ)___ の指標として施工単価の概念を導入して，施工単価を安くする工夫が要求される。

	(イ)	(ロ)	(ハ)	(ニ)
(1)	高め	最大の	集中化	経済性
(2)	低め	平均的な	集中化	安全性
(3)	低め	平均的な	平滑化	安全性
(4)	高め	最大の	平滑化	経済性

R4年BNo.24

解説

建設機械の選定

・建設機械の組合せ選定は，従作業の施工能力を主作業の施工能力と同等，あるいは幾分 **(イ) 高め** にする。

・建設機械の選定は，工事施工上の制約条件より最も適した建設機械を選定し，その機械が **(ロ) 最大の** 能力を発揮できる施工法を選定することが合理的かつ経済的である。

・建設機械の使用計画を立てる場合には，作業量をできるだけ **(ハ) 平滑化** し，施工期間中の使用機械の必要量が大きく変動しないように計画するのが原則である。

・機械施工における **(ニ) 経済性** の指標として施工単価の概念を導入して，施工単価を安くする工夫が要求される。

よって，(4)の組合せが適当である。

解答

(4)

Lesson 6
1
施工計画

Lesson 6

② 工程管理

出題傾向

令和3年度から穴埋め用語の組合せや正答肢の数を選ぶ出題形式が登場している。
1. 工程管理の基本的事項を整理しておく。過去7年間で9回出題されている。
2. 各種工程表の特徴を整理し，比較を行う。過去7年間で6回出題されている。
3. ネットワーク式工程表を理解し，計算を行う。過去7年間で7回出題されている。
4. 工程と品質，原価の関係を整理する。過去7年間で1回出題されている。
5. 工程管理曲線（バナナ曲線），曲線式工程表の作成と見方について整理する。
   過去7年間で5回出題されている。

チェックポイント

■工程管理の基本的事項

(1)**工程管理の目的**（工期，品質，経済性の3条件を満たす／安全，品質，原価管理を含めた総合的管理手段／進度管理だけが目的ではない）

(2)**工程管理手順**（PDCAサイクル）

```
┌─────────────────────────┐
│ Plan（計画）：工程計画 │
└─────────────────────────┘
          ↓
┌─────────────────────────┐
│ Do（実施）：工事 │
└─────────────────────────┘
          ↓
┌─────────────────────────────────┐
│ Check（検討）：計画と実施の比較 │
└─────────────────────────────────┘
          ↓
┌─────────────────────────┐
│ Act（処置）：工程修正 │
└─────────────────────────┘
```

④ 処置 （工程表修正） フォローアップ	① 計画 （工程表）
③ 検討 計画と実施 を対比	② 実施

■工程計画の作成手順

①工程の施工手順　→　②適切な施工期間　→　③工種別工程の相互調整
→　④忙しさの程度の均等化　→　⑤工期内完了に向けての工程表作成

■作業可能日数の算定

(1)**稼働率，作業時間率の向上のための留意点**

　①低下要因の排除（悪天候，災害，地質悪化などの不可抗力的要因／作業段取り，材料の待ち時間／作業員の病気，事故による休業／機械の故障）

　②能率向上の方策（機械の適正管理／施工環境の改良／作業員の教育）

(2)**作業可能日数の算定**

　①算定に考慮する項目（天気，天候／地形，地質／休日，法律規制など）

　②作業可能日数≧所要日数＝（全工事量）／（1日平均工事量）

■工程と原価の関係

(1)工程と原価の関係

・施工を早くして施工出来高が上がる
　と原価は安くなる。

・さらに施工を早めて突貫作業を行
　うと，逆に原価は高くなる。

(2)採算速度と損益分岐

・損益分岐点において工事は最低採
　算速度の状態である。

・施工速度を最低採算速度以上に上
　げれば利益，下げれば損失となる。

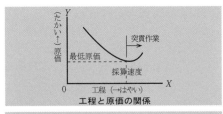

工程と原価の関係

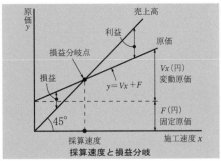

採算速度と損益分岐

■工程表の種類

(1)ガントチャート工程表（横線式）

縦軸に工種（工事名，作業名），横軸に作業の達成度を（%）で表示する。各作業
の必要日数はわからず，工期に影響する作業は不明である。

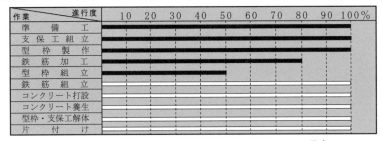

ガントチャート工程表（コンクリート構造物）　□予定　■実施（着手後30日現在）

(2)バーチャート工程表（横線式）

ガントチャートの横軸の達成度を工期に設定して表示する。漠然とした作業間の
関連は把握できるが，工期に影響する作業は不明である。

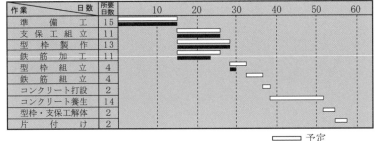

バーチャート工程表（コンクリート構造物）　□予定　■実施（着手後30日現在）

⑶斜線式工程表

　縦軸に工期をとり，横軸に延長をとり，各作業毎に1本の斜線で，作業期間，作業方向，作業速度を示す。トンネル，道路，地下鉄工事のような線的な工事に適しており，作業進度が一目でわかるが作業間の関連は不明である。

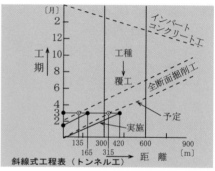

斜線式工程表（トンネル工）

⑷ネットワーク式工程表

　各作業の開始点（イベント○）と終点（イベント○）を矢線→で結び，矢線の上に作業名，下に作業日数を書き入れたものをアクティビティといい，全作業のアクティビティを連続的にネットワークとして表示したものである。作業進度と作業間の関連も明確となる。

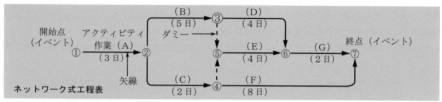

ネットワーク式工程表

⑸累計出来高曲線工程表（S字カーブ）

　縦軸に工事全体の累計出来高（％），横軸に工期（％）をとり，出来高を曲線に示す。毎日の出来高と，工期の関係の曲線は山形，予定工程曲線はS字形となるのが理想である。

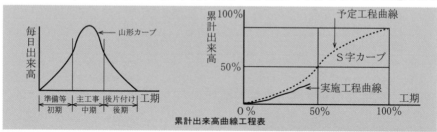

累計出来高曲線工程表

⑹工程管理曲線工程表（バナナ曲線）

　工程曲線について，許容範囲として上方許容限界線と下方許容限界線を示したものである。実施工程曲線が上限を超えると，工程にムリ，ムダが発生しており，下限を超えると，突貫工事を含め工程を見直す必要がある。

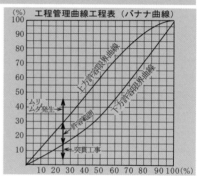

298

■ ネットワーク式工程表の内容

(1)用語の説明

- **総所要時間**：最終の作業（アクティビティ）が最も早く終了する時間
- **最早開始時刻**：作業を最も早く開始できる時刻
- **最遅開始時刻**：作業を遅くとも始めなければならない最後の時刻
- **最早終了時刻**：作業を最も早く終了可能な時刻
- **最遅終了時刻**：作業を遅くとも終了しなければならない時刻
- **トータルフロート**：最早開始時刻と最遅開始時刻の最大の余裕時間
- **フリーフロート**：遅れても他の作業に全く影響を与えない余裕時間
- **クルティカルパス**：トータルフロートがゼロとなる線を結んだ経路

(2)ネットワーク利用による管理

- **山積み**：所要人員，機械，資材の量を工程毎に積上げを行う。
- **山崩し**：余裕時間の範囲内で，平均化を図る。
- **フォローアップ**：工程が遅れたときに，経済的な日程短縮を図る。

■ バナナ曲線の計画と管理

(1)計画作成

バーチャート工程表との組合せで作成する。大規模工事の場合は，ネットワーク式も利用する。

(2)読み方

- **A点**：工程を元に戻し，日程短縮のため，突貫工事を行う。
- **B点**：工程の見直しを図り，突貫工事の準備をしておく。
- **C点**：急激な出来高を緩くし，平均化を図る。
- **D点**：工程にムリ・ムダ発生，早急に見直し適正な施工速度に修正する。

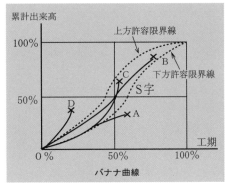

バナナ曲線

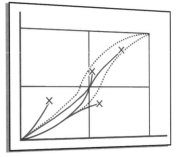

Lesson 6 2 工程管理

 **問題 1** 工事の工程管理に関する次の記述のうち，**適当でないもの**はどれか。

(1) 工程管理は，施工計画において品質，原価，安全など工事管理の目的とする要件を総合的に調整し，策定された基本の工程計画をもとにして実施される。
(2) 工程管理を行う場合は，常に工事の進捗状況を把握して計画と実施のずれを早期に発見し，必要な是正措置を講ずる。
(3) 横線式工程表は，横軸に日数をとるので各作業の所要日数がわかり，作業の流れが左から右へ移行しているので作業間の関連を把握することができる。
(4) 工程曲線は，一つの作業の遅れや変化が工事全体の工期にどのように影響してくるかを早く，正確に把握することに適している。

R元年B No.10

 **解説**

工事の工程管理

(1) 工程管理は，施工計画において工期を守りながら品質，原価，安全を確保する。工事管理の目的とする要件を総合的に調整し，策定された基本の工程計画を基にして実施される。 よって，**適当である。**

(2) 工程管理を行う場合は，常に工事の進捗状況を把握しておく。計画と実施のずれを早期に発見し，実施工程を分析検討し，計画を修正するなどの必要な是正措置を講ずる。 よって，**適当である。**

(3) 横線式工程表（バーチャート）は，横軸に日数をとるので各作業の所要日数がわかる。工期に影響する作業はわからないが，作業の流れが左から右へ移行しているので作業間の関連を把握することができる。 よって，**適当である。**

(4) 工程曲線は，工事全体の進捗状況は把握できるが，一つの作業の遅れや変化が工事全体の工期にどのように影響してくるかなどは，正確に把握することはできない。 よって，適当でない。

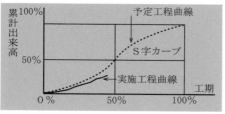

解 答
(4)

300

 工程管理における日程計画に関する次の記述のうち，**適当でないもの**はどれか。

(1) 作業可能日数の算出は，工事量に1日平均施工量を除して算出し，その日数が所要作業日数より多くなるようにする必要がある。

(2) 日程計画では，各種工事に要する実稼働日数を算出し，この日数が作業可能日数より少ないか等しくなるようにする必要がある。

(3) 作業可能日数は，暦日による日数から，定休日，天候その他に基づく作業不能日数を差し引いて推定する。

(4) 1日平均施工量は，1時間平均施工量に1日平均作業時間を乗じて算出する。

H29年BNo.11

工程管理における日程計画

(1) 作業可能日数≧所要作業日数＝（全工事量）/（1日平均工事量）で表される。所要作業日数は，作業可能日数より少ないか等しくなるようにする必要がある。
よって，適当でない。

(2) 日程計画においては，各種工事に要する実稼働日数が作業可能日数より少ないか等しくなるようにする必要がある。　　　　　　**よって，適当である。**

(3) 作業可能日数＝（暦日による日数）−（定休日，天候その他に基づく作業不能日数）で表される。　　　　　　　　　　　　　　**よって，適当である。**

(4) 1日平均施工量＝（1時間平均施工量）×（1日平均作業時間）で表される。
よって，適当である。

解答
(1)

問題3 工程管理における日程計画に関する次の記述のうち，**適当なもの**はどれか。

(1) 日程計画では，各種工事に要する実稼働日数を算出し，この日数が作業可能日数より多くなるようにする。

(2) 作業可能日数は，暦日による日数から定休日，天候その他に基づく作業不能日を差し引いて推定する。

(3) 資源の山積みとは，契約工期の範囲内で施工順序や施工時期を変えながら，人員や資機材など資源の投入量が最も効率的な配分となるよう調整し，工事のコストダウンをはかるものである。

(4) 「1時間平均施工量」に「1日平均作業時間」を乗じて得られる1日平均施工量は，「工事量」を「作業可能日数」で除して得られる1日の施工量よりも少なくなるようにする。

R元年BNo.11

工程管理における日程計画

(1) 日程計画では，各種工事に要する実稼働日数を算出し，この日数が作業可能日数より**少なく**なるようにする。 よって，**適当でない。**

(2) 作業可能日数は，暦による日数から休日，天候その他に基づく作業不能日を差し引いて推定する。 よって，適当である。

(3) 資源の山積みとは，契約工期の範囲内で**工程に基づいた施工順序や施工時期は変えずに**，人員や資機材など資源の投入量が最も効率的な配分となるよう調整し，工事のコストダウンをはかるものである。 よって，**適当でない。**

(4) 「1時間平均施工量」に「1日平均作業時間」を乗じて得られる1日平均施工量は，「工事量」を「作業可能日数」で除して得られる1日の施工量よりも**多く**なるようにする。 よって，**適当でない。**

解答
(2)

 **問題 4**　工事の工程管理に関する次の記述のうち，**適当でないも**
のはどれか。

(1)　工程管理は，品質，原価，安全など工事管理の目的とする要件を総合的に調
整し，策定された基本の工程計画をもとにして実施される。

(2)　工程管理は，工事の施工段階を評価測定する基準を品質におき，労働力，機
械設備，資材などの生産要素を，最も効果的に活用することを目的とした管理
である。

(3)　工程管理は，施工計画の立案，計画を施工の面で実施する統制機能と，施工
途中で計画と実績を評価，改善点があれば処置を行う改善機能とに大別できる。

(4)　工程管理は，工事の施工順序と進捗速度を表す工程表を用い，常に工事の進
捗状況を把握し計画と実施のずれを早期に発見し，適切な是正措置を講ずるこ
とが大切である。

R2年BNo.10

工事の工程管理

(1)　工程管理は，施工計画において工期を守りながら品質，原価，安全を確保する。
工事管理の目的とする要件を総合的に調整し，策定された基本の工程計画を基
にして実施される。　　　　　　　　　　　　　　　　　よって，**適当である。**

(2)　工程管理は，工事の施工段階を評価測定する基準を品質，原価，安全におき，
労働力，機械設備，資材などの生産要素を，最も効果的に活用することを手段
とした管理である。　　　　　　　　　　　　　　　　　よって，適当でない。

(3)　工程管理の内容は，施工計画の立案・計画を施工面で実施する統制機能と，
施工途中で評価などの処置を行う改善機能に大別できる。よって，**適当である。**

(4)　工程管理を行う場合は，常に工事の進捗状況を把握して計画と実施における
達成度の差についてチェックを行い，必要な是正措置を講ずる。

よって，**適当である。**

解答

(2)

問題 **5** 工程管理に使われる工程表の種類と特徴に関する次の記述のうち，**適当でないもの**はどれか。

(1) ガントチャートは，横軸に各作業の進捗度，縦軸に工種や作業名をとり，作業完了時が 100％となるように表されており，各作業ごとの開始から終了までの所要日数が明確である。

(2) 斜線式工程表は，トンネル工事のように工事区間が線上に長く，しかも工事の進行方向が一定の方向にしか進捗できない工事に用いられる。

(3) ネットワーク式工程表は，コンピューターを用いたシステム的処理により，必要諸資源の最も経済的な利用計画の立案などを行うことができる。

(4) グラフ式工程表は，横軸に工期を，縦軸に各作業の出来高比率を表示したもので，予定と実績との差を直視的に比較するのに便利である。 R2年B No.11

各種工程表の種類と特徴

(1) ガントチャート工程表（横線式）は，縦軸に工種（工事名，作業名），横軸に作業の達成度を％で表示する。各作業の必要日数はわからず，工期に影響する作業は不明である。 よって，適当でない。

(2) 斜線式工程表は，縦軸に工期をとり，横軸に延長をとり，各作業毎に 1 本の斜線で，作業期間，作業方向，作業速度を示す。トンネル，道路，地下鉄工事のような線的な工事に適している。 よって，**適当である。**

(3) ネットワーク式工程表は，全作業の日数を連続的にネットワークとして表示したものである。コンピューターを用いたシステム的処理により，必要諸資源の最も経済的な利用計画の立案などを行うことができる。よって，**適当である。**

(4) グラフ式工程表は，工期を横軸に，施工量の集計あるいは完成率（出来高）を縦軸にとって工事の進行をグラフ化したものである。予定と実績の差が一目瞭然で，施工中の作業の進捗状況も把握できる。 よって，**適当である。**

解 答
(1)

 **問題6**

工程管理に関する下記の（イ）～（ニ）に示す作業内容について，建設工事における一般的な作業手順として，次のうち**適当なもの**はどれか。

（イ）工事の進捗に伴い計画と実施の比較及び作業量の資料の整理とチェックを行う。

（ロ）作業の改善，再計画などの是正措置を行う。

（ハ）工事の指示，監督を行う。

（ニ）施工順序，施工法などの方針により工程の手順と日程の作成を行う。

(1) （イ）→（ニ）→（ハ）→（ロ）

(2) （ニ）→（イ）→（ロ）→（ハ）

(3) （ニ）→（ハ）→（イ）→（ロ）

(4) （イ）→（ロ）→（ニ）→（ハ）

H30年B No.10

工程管理の手順

工程管理の一般的な手順としては，下記のような PDCA サイクルにより行う。

Plan（計画）：工程の手順と日程の作成を行う。（ニ）

↓

Do（実施）：工事の指示，施工監督を行う。（ハ）

↓

Check（検討）：計画と実施作業量の比較及び資料の整理とチェックを行う。（イ）

↓

Act（処置）：作業の改善，工程進捗，再計画などの是正措置を行う。（ロ）

（ニ）→（ハ）→（イ）→（ロ）となり，(3)の組合せが適当である。

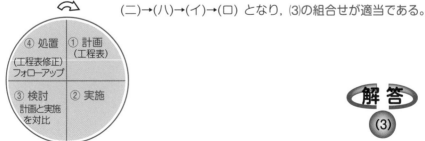

解答 (3)

問題7　　　　工程管理に用いられるバーチャート工程表に関する次の記述のうち，**適当でないもの**はどれか。

(1)　バーチャート工程表は，簡単な工事で作業数の少ない場合に適しているが，複雑な工事では作成・変更・読取りが難しい。
(2)　バーチャート工程表では，他の工種との相互関係，手順，各工種が全体の工期に及ぼす影響などが明確である。
(3)　バーチャート工程表は，各工種の所要日数がタイムスケールで描かれて見やすく，また作業の工程が左から右に移行しているので，作業全体の流れがおおよそ把握できる。
(4)　バーチャート工程表では，工事全体の進捗状況を表現することができないため，工程管理曲線を併記することにより，全体工程の進捗状況を把握できる。

R2年BNo.13

解説

バーチャート工程表

(1)　バーチャート工程表は，簡単な工事で作業数の少ない場合に適している。工期に影響する作業は不明で作業の手順も漠然としており，複雑な工事では作成・変更・読取りが難しい。　　　　　　　　　　よって，**適当である。**

(2)　バーチャート工程表では，他の工種との相互関係，手順，各工種が全体の工期に及ぼす影響などが不明である。　　　　　　　よって，適当でない。

(3)　バーチャート工程表は，横軸の達成度を日数で表示され，各工種の所要日数がタイムスケールで描かれて見やすい。また，作業の工程が左から右に移行しているので，作業全体の流れがおおよそ把握できる。　　　よって，**適当である。**

(4)　バーチャート工程表では，工事全体の進捗状況を表現することができないため，工程管理曲線（バナナ曲線）を併記し，実施工程曲線との比較により全体工程の進捗状況を把握できる。　　　　　　　　よって，**適当である。**

解答
(2)

問題8　工程管理に用いられるバーチャート工程表とネットワーク式工程表に関する次の記述のうち，**適当でないもの**はどれか。

(1)　バーチャート工程表は，簡単な工事で作業数の少ない場合に適しているが，複雑な工事では作成・変更・読取りが難しい。

(2)　バーチャート工程表は，各作業の所要日数がタイムスケールで描かれて見やすく，実施工程を書き入れることにより一目で工事の進捗状況がわかる。

(3)　ネットワーク式工程表の所要時間は，各作業の最早の経路により所要時間を決めている。

(4)　ネットワーク式工程表の結合点は，結合点に入ってくる矢線（作業）が全て終了しないと，結合点から出ていく矢線（作業）は開始できない関係を示している。

H29年BNo.13

バーチャート工程表とネットワーク式工程表

(1)　バーチャート工程表は，短期で単純な工事に適しており，工期に影響する作業が不明で，複雑な工事では作成・変更・読み取りが困難である。

よって，**適当である。**

(2)　バーチャート工程表は，縦軸に工種（工事名，作業名），横軸に作業の達成度を日数で表示するものである。各作業の所要日数がタイムスケールで示されるので，工事の進捗状況が把握しやすい。　　　　　よって，**適当である。**

(3)　ネットワーク式工程表の所要時間は，各作業の最遅の経路で決めており，この経路をクリティカルパスという。　　　　　　　　よって，適当でない。

(4)　ネットワーク式工程表においては，各作業の開始点（イベント○）と終点（イベント○）を矢線→で結び表すもので，その結合点に入ってくる作業が全て終了しないと，結合点から出て行く作業は開始できない。　　よって，**適当である。**

解答
(3)

下図のネットワーク式工程表に関する次の記述のうち、**適当なもの**はどれか。

ただし、図中のイベント間の A〜K は作業内容、日数は作業日数を表す。

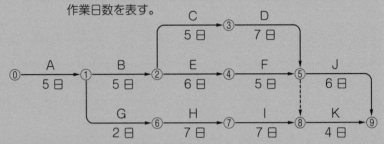

(1) 工事開始から工事完了までの必要日数（工期）は 30 日である。
(2) クリティカルパスは、⓪→①→⑥→⑦→⑧→⑨である。
(3) ①→⑥→⑦→⑧の作業余裕日数は 1 日である。
(4) 作業 K の最早開始日は、工事開始後 26 日である。

R元年B No.12

ネットワーク式工程表

(1) 工事開始から工事完了までの必要日数（工期）は、クリティカルパスのルートで、**(5+5+5+7+6)＝28 日である。** よって、**適当でない。**

(2) クリティカルパスは、作業日数が最も長くなるルートで、⓪→①→②→③→⑤→⑨である。 よって、**適当でない。**

(3) クリティカルパスからのルートは①→②→③→⑤…→⑧で (5+5+7)＝17 日、①→⑥→⑦→⑧のルートは (2+7+7)＝16 日となり、作業余裕日数は (17−16)＝1 日である。 よって、適当である。

(4) 作業 K の最早開始日は、⓪→①→②→③→⑤…→⑧のルートで、**(5+5+5+7)＝22 日である。** よって、**適当でない。**

解答 (3)

308

**問題 10** 工程管理曲線（バナナ曲線）を用いた工程管理に関する次の記述のうち，**適当なもの**はどれか。

(1) 予定工程曲線が許容限界からはずれるときには，一般に不合理な工程計画と考えられるので，再検討を要する。

(2) 工程計画は，全工期に対して工程（出来高）を表す工程管理曲線の勾配が，工期の初期→中期→後期において，急→緩→急となるようにする。

(3) 実施工程曲線が予定工程曲線の上方限界を超えたときは，工程遅延により突貫工事となることが避けられないため，突貫工事に対して経済的な実施方策を検討する。

(4) 実施工程曲線が予定工程曲線の下方限界に接近している場合は，一般にできるだけこの状態を維持するように工程を進行させる。

R元年BNo.13

工程管理曲線（バナナ曲線）

(1) 予定工程曲線は S 字カーブが理想で上方，下方ともに許容限界からはずれるときには，一般に不合理な工程計画と考えられるので，再検討を要する。
よって，適当である。

(2) 工程計画は，全工期に対して工程（出来高）を表す工程管理曲線の勾配が，工期の初期→中期→後期において，**緩→急→緩の S 字カーブ**となるようにする。
よって，**適当でない。**

(3) 実施工程曲線が予定工程曲線の**下方限界を超えたとき**は，工程遅延により突貫工事となることが避けられないため，突貫工事に対して経済的な実施方策を検討する。
よって，**適当でない。**

(4) 実施工程曲線が予定工程曲線の下方限界に接近している場合は，一般にできるだけ**上方に修正し工程を進行させる。**
よって，**適当でない。**

解答 (1)

応用問題 問題11

工程管理に関する下記の文章中の □□□ の (イ)〜(ニ) に当てはまる語句の組合せとして、**適当なもの**は次のうちどれか。

・工程管理は、品質，原価，安全等工事管理の目的とする要件を総合的に調整し，策定された基本の □(イ)□ をもとにして実施される。

・工程管理は，工事の施工段階を評価測定する基準を □(ロ)□ におき，労働力，機械設備，資材等の生産要素を，最も効果的に活用することを目的とした管理である。

・工程管理は，施工計画の立案，計画を施工の面で実施する □(ハ)□ と，施工途中で計画と実績を評価，欠陥や不具合等があれば処置を行う改善機能とに大別できる。

・工程管理は，工事の □(ニ)□ と進捗速度を表す工程表を用い，常に工事の進捗状況を把握し □(イ)□ と実施のずれを早期に発見し，必要な是正措置を講ずることである。

	(イ)	(ロ)	(ハ)	(ニ)
(1)	統制機能	品質	工程計画	施工順序
(2)	工程計画	品質	統制機能	管理基準
(3)	工程計画	時間	統制機能	施工順序
(4)	統制機能	時間	工程計画	管理基準

R3年BNo.25

解説

工程管理の基本的事項

・工程管理は，品質，原価，安全等工事管理の目的とする要件を総合的に調整し，策定された基本の **(イ) 工程計画** をもとにして実施される。

・工程管理は，工事の施工段階を評価測定する基準を **(ロ) 時間** におき，労働力，機械設備，資材等の生産要素を，最も効果的に活用することを目的とした管理である。

・工程管理は，施工計画の立案，計画を施工の面で実施する **(ハ) 統制機能** と，施工途中で計画と実績を評価，欠陥や不具合等があれば処置を行う改善機能とに大別できる。

・工程管理は，工事の **(ニ) 施工順序** と進捗速度を表す工程表を用い，常に工事の進捗状況を把握し **(イ) 工程計画** と実施のずれを早期に発見し，必要な是正措置を講ずることである。

よって，(3)の組合せが適当である。

解答 (3)

310

応用問題

問題12

工程管理に関する下記の文章中の　　　　　の(イ)～(ニ)に当てはまる語句の組合せとして，**適当なもの**は次のうちどれか。

・施工計画では，施工順序，施工法等の施工の基本方針を決定し，　(イ)　では，手順と日程の計画，工程表の作成を行う。

・施工計画で決定した施工順序，施工法等に基づき，　(ロ)　では，工事の指示，施工監督を行う。

・工程管理の統制機能における　(ハ)　では，工程進捗の計画と実施との比較をし，進捗報告を行う。

・工程管理の改善機能は，施工の途中で基本計画を再評価し，改善の余地があれば計画立案段階にフィードバックし，　(ニ)　では，作業の改善，工程の促進，再計画を行う。

	(イ)	(ロ)	(ハ)	(ニ)
(1)	工程計画	工事実施	進度管理	立会検査
(2)	段階計画	工事監視	安全管理	是正措置
(3)	工程計画	工事実施	進度管理	是正措置
(4)	段階機能	工事監視	安全管理	立会検査

R4年BNo.25

解説

工程管理の実施

・施工計画では，施工順序，施工法等の施工の基本方針を決定し，**(イ) 工程計画** では，手順と日程の計画，工程表の作成を行う。

・施工計画で決定した施工順序，施工法等に基づき，**(ロ) 工事実施** では，工事の指示，施工監督を行う。

・工程管理の統制機能における **(ハ) 進度管理** では，工程進捗の計画と実施との比較をし，進捗報告を行う。

・工程管理の改善機能は，施工の途中で基本計画を再評価し，改善の余地があれば計画立案段階にフィードバックし，**(ニ) 是正措置** では，作業の改善，工程の促進，再計画を行う。

よって，⑶の組合せが適当である。

解答

(3)

311

工程管理を行う上で，品質・工程・原価に関する下記の文章中の ☐ の（イ）～（ニ）に当てはまる語句の組合せとして，**適当なもの**は次のうちどれか。

・一般的に工程と原価の関係は，施工を速めると原価は段々安くなっていき，さらに施工速度を速めて突貫作業を行うと，原価は ☐（イ）☐ なる。

・原価と品質の関係は，悪い品質のものは安くできるが，良いものは原価が ☐（ロ）☐ なる。

・一般的に品質と工程の関係は，品質の良いものは時間がかかり，施工を速めて突貫作業をすると，品質は ☐（ハ）☐。

・工程，原価，品質との間には相反する性質があり，☐（ニ）☐ 計画し，工期を守り，品質を保つように管理することが大切である。

	（イ）	（ロ）	（ハ）	（ニ）
(1)	ますます安く	さらに安く	かわらない	それぞれ単独に
(2)	逆に高く	高く	悪くなる	これらの調整を図りながら
(3)	ますます安く	さらに安く	かわらない	これらの調整を図りながら
(4)	逆に高く	高く	悪くなる	それぞれ単独に

R4年BNo.27

解説

工程管理を行う上での品質・工程・原価

・一般的に工程と原価の関係は，施工を速めると原価は段々安くなっていき，さらに施工速度を速めて突貫作業を行うと，原価は │**（イ）逆に高く**│ なる。

・原価と品質の関係は，悪い品質のものは安くできるが，良いものは原価が │**（ロ）高く**│ なる。

・一般的に品質と工程の関係は，品質の良いものは時間がかかり，施工を速めて突貫作業をすると，品質は │**（ハ）悪くなる**│。

・工程，原価，品質との間には相反する性質があり，│**（ニ）これらの調整を図りながら**│ 計画し，工期を守り，品質を保つように管理することが大切である。

よって，(2)の組合せが適当である。

解答

(2)

Lesson 6

施工管理

③ 安 全 管 理

出題傾向 令和3年度から穴埋め用語の組合せや正答肢の数を選ぶ出題が登場。

1. 安全・衛生管理者，作業主任者の選任及び計画の届出等の基本事項について整理する。過去7年間で4回出題。
2. 労働災害，健康管理等の基本事項について学習する。過去7年間で7回出題。
3. 足場に関する危険防止について整理する。過去7年間で7回出題。
4. 型枠支保工，土止め支保工における安全対策を理解する。過去7年間で5回出題。
5. （移動式）クレーンの安全対策は重要事項である。過去7年間で5回出題。
6. 一般土木工事（掘削，基礎工事，リース建設機械等）における安全対策を理解する。過去7年間で13回出題。
7. 特殊土木工事(酸欠，ずい道，圧気，土石流等)における安全対策も学習しておく。過去7年間で9回出題。
8. 車両系建設機械（掘削，積込み機械，ポンプ車等）の安全対策を理解する。過去7年間で8回出題。
9. 建設工事の公衆災害防止対策（交通対策，埋設物等）の基本事項について整理する。過去7年間で6回出題。
10. 保護具の使用，構造物解体時の安全対策を整理する。過去7年間で13回出題。

チェックポイント

※労働安全衛生規則において，「安全帯」が「要求性能墜落制止用器具」に改められ，2019年2月1日から施行されました。「フルハーネス型」を使用することが原則となり，また，「安全衛生特別教育」が必要です。

■ **安全管理体制** (労働安全衛生規則)

(1)選任管理者の区分 (建設業)

選任管理者の区分	労働者数	職務・要件	備　考
総括安全衛生管理者	単一企業常時100人以上	①危険，健康障害防止②教育実施③健康診断の実施④労働災害の原因調査	安全,衛生管理者及び産業医の指揮,統括管理安全衛生委員会設置
統括安全衛生責任者	複数企業常時50人以上	①協議組織の設置・運営②作業間連絡調整③作業場所巡視④安全衛生教育の指導援助⑤工程，機械設備の配置計画⑥労働災害防止	トンネル，圧気，橋梁工事は30人
安全管理者	常時50人以上	安全に係る技術的事項の管理	300人以上は1人を専任とする
衛生管理者	常時50人以上	衛生に係る技術的事項の管理	1,000人以上は1人を専任とする
産業医	常時50人以上	月1回は作業場巡視	医師から選任

(2)作業主任者を選任すべき主な作業 (労働安全衛生法施行令第6条)

作業内容	作業主任者	資　格
高圧室内作業	高圧室内作業主任者	免許を受けた者
アセチレン・ガス溶接	ガス溶接作業主任者	免許を受けた者
コンクリート破砕器作業	コンクリート破砕器作業主任者	技能講習を修了した者
2m以上の地山掘削及び土止め支保工作業	地山の掘削作業主任者及び土止め支保工作業主任者	技能講習を修了した者
型枠支保工作業	型枠支保工の組立等作業主任者	技能講習を修了した者
つり足場，張出し，5m以上足場組立作業	足場の組立等作業主任者	技能講習を修了した者
鋼橋（高さ5m以上，スパン30m以上）架設	鋼橋架設等作業主任者	技能講習を修了した者
コンクリート造の工作物（高さ5m以上）の解体	コンクリート造の工作物の解体等作業主任者	技能講習を修了した者
コンクリート橋（高さ5m以上，スパン30m以上）架設	コンクリート橋架設等作業主任者	技能講習を修了した者

Lesson 6 ③ 安全管理

(3)計画の届出（労働安全衛生法第 88 条）

提出期限	届出先	仕事の内容
30日前まで	厚生労働大臣	・高さ 300 m 以上の塔の建設　・堤高 150 m 以上のダム ・最大支間 500 m 以上の橋梁　・長さ 3,000 m 以上のずい道 ・長さ 1,000 m 以上 3,000 m 未満のずい道で 50 m 以上のたて坑掘削 ・ゲージ圧力が 0.3 M P a 以上の圧気工事
30日前まで	労働基準監督署長	・移動式を除くアセチレン溶接装置（6 ヵ月未満不要） ・軌道装置の設置，移動，変更（6 ヵ月未満不要） ・支柱高さ 3.5 m 以上の型枠支保工 ・高さ及び長さが 10 m 以上の架設通路（60 日未満不要） ・吊り，張出し以外は高さ 10 m 以上の足場（60 日未満不要） ・吊上げ荷重 3 t 以上のクレーン，2 t 以上のデリック他の設置
14日前まで	労働基準監督署長	・高さ 31 m を超える建築物,工作物　・最大支間 50 m 以上の橋梁 ・労働者が立ち入る,ずい道工事・高さ又は深さ 10 m 以上の地山の掘削 ・圧気工事・高さ又は深さ 10 m 以上の土石採取のための掘削 ・坑内掘による土石採取のための掘削

■ 足場工における安全対策（労働安全衛生規則第 559 条以降）

(1)足場の種類と壁つなぎの間隔（同規則第 569 条第 1 項第 6 号イ，第 570 条第 1 項第 5 号イ）

種　類	垂直方向	水平方向
丸太足場	5.5 m 以下	7.5 m 以下
単管足場	5.0 m 以下	5.5 m 以下
わく組足場（高さ 5 m 未満除く）	9.0 m 以下	8.0 m 以下

(2)つり足場の名称と規制

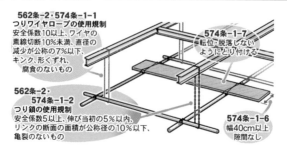

562条-2・574条-1-1
つりワイヤロープの使用規制
安全係数10以上、ワイヤの素線切断10%未満、直径の減少が公称の7%以下、キンク、形くずれ、腐食のないもの

574条-1-7
転位・脱落しないようにとり付ける

562条-2・574条-1-2
つり鎖の使用規制
安全係数5以上、伸び当初の5%以内、リンクの断面の面積が公称径の10%以下、亀裂のないもの

574条-1-6
幅40cm以上
隙間なし

(3)作業床の名称と規制

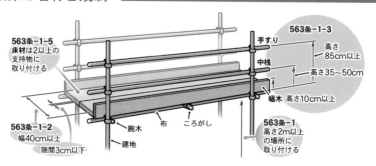

563条-1-5
床材は2以上の支持物に取り付ける

手すり

中桟

563条-1-3
高さ85cm以上

高さ35～50cm

幅木 高さ10cm以上

563条-1-2
幅40cm以上
隙間3cm以下

563条-1
高さ2m以上の場所に取り付ける

腕木

布

ころがし

建地

(4)鋼管足場（パイプサポート）の名称と規制 （同規則第570条，第571条）

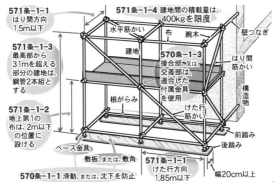

571条-1-1
はり間方向
1.5m以下

571条-1-3
最高部から
31mを超える
部分の建地は、
鋼管2本組と
する

571条-1-2
地上第1の
布は、2m以下
の位置に
設ける

571条-1-4 建地間の積載量は、
400kgを限度

水平筋かい　布　腕木　壁つなぎ

建地

570条-1-3
接合部、又は、
交差部は、
適合した
付属金具
を使用

根がらみ

はり間
筋かい

構造物

けた行
筋かい

ベース金具

敷板、または、敷角

571条-1-1
けた行方向
1.85m以下

前踏み
後踏み

幅20cm以上

570条-1-1 滑動、または、沈下を防止

◀鋼管足場 （単管足場）

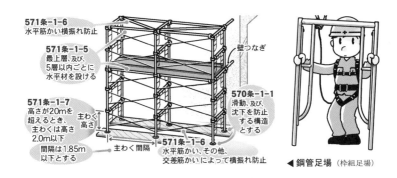

571条-1-6
水平筋かい横振れ防止

571条-1-5
最上層、及び、
5層以内ごとに
水平材を設ける

571条-1-7
高さが20mを
超えるとき、
主わくは高さ
2.0m以下
間隔は1.85m
以下とする

主わく
高さ

壁つなぎ

570条-1-1
滑動、及び、
沈下を防止
する構造
とする

主わく間隔

571条-1-6
水平筋かい、その他、
交差筋かいによって横振れ防止

◀鋼管足場 （枠組足場）

(5)作業構台の名称と規制

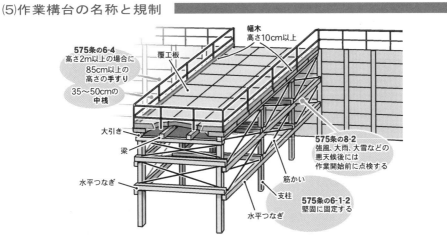

575条の6-4
高さ2m以上の場合に
85cm以上の
高さの**手すり**

35～50cmの
中桟

幅木
高さ10cm以上

覆工板

大引き

梁

水平つなぎ

575条の8-2
強風、大雨、大雪などの
悪天候後には
作業開始前に点検する

筋かい

支柱

575条の6-1-2
堅固に固定する

水平つなぎ

315

(6)足場等からの墜落防止措置（鋼管足場，作業床，作業構台共通）

わく組足場	内容	・交さ筋かい ・高さ 15 cm 以上 40 cm 以下の桟 ・若しくは高さ 15 cm 以上の幅木 ・又はこれらと同等以上の機能を有する設備 ・手すりわく （労働安全衛生規則第 563 条第 1 項第 3 号イ）
	設置例	
単管足場 （わく組足場以外の足場） 作業構台	内容	・高さ 85 cm 以上の手すり ・高さ 35 cm 以上，50 cm 以下の中桟 ・又はこれらと同等以上の機能を有する設備（手すり等）及び中桟 ・作業のため物体が落下することにより，労働者に危険を及ぼすおそれのあるときは，高さ 10 cm 以上の幅木，メッシュシート若しくは防網又はこれらと同等以上の機能を有する設備（幅木等）を設けること （労働安全衛生規則第 563 条第 1 項第 3 号ロ，同条第 6 号）
	設置例	

足場からの墜落防止措置を強化（平成 27 年 7 月 1 日施行）

　足場からの墜落・転落による労働災害が多く発生していることから，足場に関する墜落防止措置などを定める労働安全衛生規則の一部が改正された。

・足場の組立て，解体又は変更の作業のための業務（地上又は堅固な床上での補助作業の業務を除く）に労働者を就かせるときは，**特別教育**が必要。

・建設業，造船業の元請事業者等の注文者は，足場や作業構台の組立て・一部解体・変更後，次の作業を開始する前に**足場を点検・修理**。

・足場での高さ 2 m 以上の作業場所に設ける作業床の要件として，**床材と建地との隙間を 12 cm 未満**。（「足場からの墜落・転落災害防止総合対策推進要綱」より抜粋）

316

■土止め支保工における安全対策

(労働安全衛生規則第368条以降／建設工事公衆災害防止対策要綱（土木工事編）第48以降)

(1)土止め支保工の名称と規制

①**土止め支保工設置箇所**：岩盤又は堅い粘土からなる地山（垂直掘り5m以上），その他の地山（垂直掘り2m（市街地1.5m）以上）

②**根 入 れ 深 さ**：杭（1.5m以上），鋼矢板（3.0m以上）

③**親杭横矢板工法**：土留め杭（H-300以上），横矢板最小厚（3cm以上）

④**鋼 矢 板**：Ⅲ型以上

⑤**腹 お こ し**：部材（H-300以上），継手間隔（6.0m以上），垂直間隔（3.0m程度）

⑥**切 り ば り**：部材（H-300以上），水平間隔（5.0m以上），垂直間隔（3.0m程度）

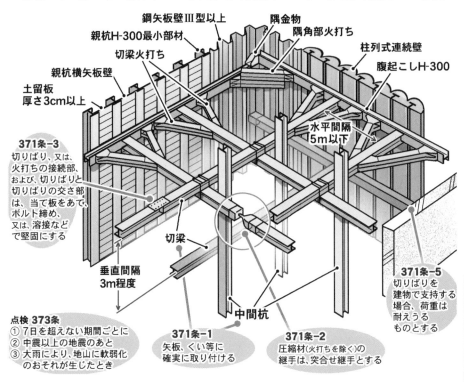

鋼矢板壁Ⅲ型以上
隅金物
隅角部火打ち
柱列式連続壁
親杭H-300最小部材
切梁火打ち
腹起こしH-300
親杭横矢板壁
土留板 厚さ3cm以上
水平間隔 5m以下

371条-3
切りばり、又は、火打ちの接続部と、および、切りばりと切りばりの交差部は、当て板をあて、ボルト締め、又は、溶接などで堅固にする

垂直間隔 3m程度

切梁

中間杭

371条-5
切りばりを建物で支持する場合、荷重は耐えうるものとする

点検 373条
① 7日を超えない期間ごとに
② 中震以上の地震のあと
③ 大雨により、地山に軟弱化のおそれが生じたとき

371条-1
矢板、くい等に確実に取り付ける

371条-2
圧縮材（火打ちを除く）の継手は、突合せ継手とする

(2)点 検 （労働安全衛生規則第373条）

①7日をこえない期間ごと

②中震以上の地震の後

③大雨等により地山が急激に軟弱化するおそれのある事態が生じた後

(3)構造設計

①永久構造物と同様の設計を行う。

②ボイリング，ヒービングに対して安全なものとする。

Lesson6③ 安全管理

317

■掘削工事における安全対策 (労働安全衛生規則第355条以降)

(1)作業箇所等の調査

・形状，地質，地層の状態

・き裂，含水，湧水及び凍結の有無

・埋設物等の有無

・高温のガス及び蒸気の有無

(2)掘削面の勾配と高さ

地山の区分	掘削面の高さ	こ う 配	備 考
岩盤又は堅い粘土 からなる地山	5 m 未満	90° 以下	
	5 m 以上	75° 以下	
その他の地山	2 m 未満	90° 以下	
	2～5 m 未満	75° 以下	
	5 m 以上	60° 以下	
砂からなる地山	こう配35° 以下又は高さ5 m 未満		
発破等により崩壊し やすい状態の地山	こう配45° 以下又は高さ2 m 未満		

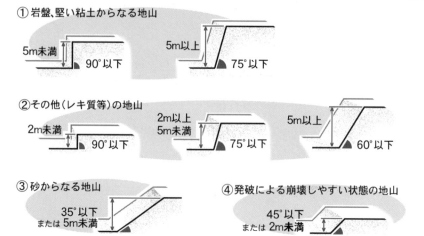

① 岩盤、堅い粘土からなる地山

5m未満　90°以下　　5m以上　75°以下

②その他（レキ質等）の地山

2m未満　90°以下　　2m以上 5m未満　75°以下　　5m以上　60°以下

③砂からなる地山

35°以下 または5m未満

④発破による崩壊しやすい状態の地山

45°以下 または2m未満

(3)掘削作業時の安全対策

①指名された点検者は，その日の作業を開始する前，大雨の後及び中震以上の地震の後，浮石及びき裂の有無及び状態並びに含水，湧水及び凍結の状態の変化を点検する。

②地山の崩壊又は土石の落下により労働者に危険を及ぼすおそれのあるときは労働者の立入りを禁止する等の措置を講じる。

③運搬機械，掘削機械及び積込機械の運行等を関係労働者に周知させる。

④作業時，誘導者を配置し機械を誘導させる。その場合，運搬機械等の運転者は誘導者が行なう誘導に従わなければならない。

⑤作業により露出したガス導管の防護の作業については，作業を指揮する者を指名して，その者の直接の指揮のもとに作業を行う。

318

■クレーン作業における安全対策 (クレーン等安全規則)

(1)総則 (第2条)

- **適用の除外**：クレーン，移動式クレーン，デリックで，つり上げ荷重が0.5t未満のものは適用しない。

(2)移動式クレーン (第61条以降)

- **作業方法等の決定**：転倒等による危険防止のために以下の事項を定める。

①移動式クレーンによる作業の方法

②移動式クレーンの転倒を防止するための方法

③移動式クレーンの作業に係る労働者の配置及び指揮の系統

- **特別の教育**：つり上げ荷重が1t未満の運転は特別講習を行う。
- **就業制限**：移動式クレーンの運転士免許が必要となる。（つり上げ荷重が1〜5t未満は技能講習修了者で可）
- **過負荷の制限**：定格荷重以上の使用は禁止する。
- **使用の禁止**：軟弱地盤等転倒のおそれのある場所での作業は禁止する。
- **アウトリガー**：アウトリガー又はクローラは最大限に張り出す。
- **運転の合図**：一定の合図を定め，指名した者に合図を行わせる。
- **搭乗の制限**：労働者の運搬，つり上げての作業は禁止する。（ただし，やむを得ない場合は，専用のとう乗設備を設けて乗せることができる。）
- **立入禁止**：上部旋回体と接触する箇所，荷の下に労働者の立入りを禁止。
- **強風時の作業の禁止**：強風のために危険が予想されるときは作業を禁止。
- **離脱の禁止**：荷をつったままでの，運転位置からの離脱を禁止する。
- **作業開始前の点検**：その日の作業を開始する前に，巻過防止装置，過負荷警報装置その他の警報装置，ブレーキ，クラッチ及びコントローラの機能について点検する。

つり上げ荷重
1t未満

特別講習

移動式クレーン
運転免許

人の運搬
つり上げ
ての作業

荷の下に
立入り

荷をつったまま
運転位置を離れる

作業開始前
の点検

■コンクリート工事における安全対策 (労働安全衛生規則第237条以降)

(1)型枠支保工の名称と規制

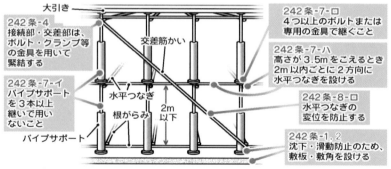

大引き

交差筋かい

242条-4
接続部・交差部は、ボルト・クランプ等の金具を用いて緊結する

242条-7-ロ
4つ以上のボルトまたは専用の金具で継ぐこと

242条-7-ハ
高さが3.5mをこえるとき2m以内ごとに2方向に水平つなぎを設ける

242条-7-イ
パイプサポートを3本以上継いで用いないこと

水平つなぎ

2m以下

242条-8-ロ
水平つなぎの変位を防止する

根がらみ

パイプサポート

242条-1, 2
沈下・滑動防止のため、敷板・敷角を設ける

(2)コンクリート打設作業

①作業開始前に型枠支保工の点検を行い, 異常を認めたときは, 補修する。

②作業中に異常を認めた際における作業中止のための措置を講じておく。

(3)作業主任者の職務

型枠支保工の組立等作業主任者は, 型枠支保工の組立て時に次の事項を行う。

①作業の方法を決定し, 作業を直接指揮する。

②型枠支保工材料の欠点の有無, 並びに器具及び工具を点検し, 不良品を取り除く。

③組み立て作業中, 作業員の要求性能墜落制止用器具, 保護帽の使用状況を監視する。

※他の作業（掘削作業主任等）においても, ほぼ同様の職務内容を行う。

■橋梁工事における安全対策

(1)鋼橋架設作業における安全対策 (労働安全衛生規則第517条の6以降)

①作業区域内には, 関係労働者以外の労働者の立入りを禁止する。

②悪天候により危険が予想されるときは作業を中止する。

③材料, 器具, 工具等を上げ下ろすときはつり綱, つり袋等を使用させる。

④部材, 設備の落下, 倒壊の危険があるときは, 控えの設置, 部材又は架設用設備の座屈又は変形防止のための補強材の取付け等の措置を講ずる。

強風　大雪
大雨
作業中止

工具

■構造物の取り壊しにおける安全対策

(労働安全衛生規則第517条の14以降，建設機械安全マニュアル，土木工事安全施工技術指針)

(1)取り壊し工事の現場管理

労働者への危害を防止するため，次の措置を講じる必要がある。

①堅固な防護金網，柵等の措置

②倒壊制御のため，引ワイヤ等の措置及び倒壊時の合図の確認

③部材落下防止支保工及び防爆マット等の設置

④危険箇所への立入禁止措置及び明示

(2)引き倒し作業の合図

①外壁，柱等の引倒し等の作業を行うときは，引倒し等について一定の合図を定め，関係労働者に周知させなければならない。

②引倒し等の作業時に危険を生ずるおそれのあるときは，あらかじめ，合図を行い，他の労働者が避難したことを確認した後でなければ，引倒し等の作業を行ってはならない。

(3)保護帽の着用

物体の飛来又は落下による労働者の危険を防止するため，作業に従事する労働者に保護帽を着用させなければならない。

(4)取り壊しにおける必要な措置

①圧砕機，鉄骨切断機，大型ブレーカ

・重機作業半径内への立入禁止措置を講じること。

・ブレーカの運転は，有資格者によるものとし，責任者から指示されたもの以外は運転しないこと。

②転倒工法

・転倒作業は必ず一連の連続作業で実施し，その日中に終了させ，縁切した状態で放置しないこと。

③カッター工法

・回転部の養生及び冷却水の確保を行うこと。

④ワイヤソーイング工法

・ワイヤソーの損耗に注意し，防護カバーを確実に設置すること。

⑤アブレッシブウォータージェット工法

・防護カバーを使用し，低騒音化を図ること。

⑥爆薬等を使用した取り壊し作業

・発破予定時刻，退避方法，退避場所，点火の合図等は，あらかじめ作業員に周知徹底しておくこと。

・発破終了後は，不発の有無などの安全の確認が行われるまで，発破作業範囲内を立入禁止にすること。

⑦静的破砕剤工法

・破砕剤充填後は，充填孔からの噴出に留意する。

■墜落等による危険の防止

(1)作業床の設置等

高さが 2 m 以上の箇所（作業床の端，開口部等を除く。）で作業を行なう場合において墜落により労働者に危険を及ぼすおそれのあるときは，その危険を防止するための措置を講じる。

①足場を組み立てる等の方法により作業床を設け，作業床の端や開口部には囲い，手すり，覆い等を設ける。

②作業床，囲い等を設けることが困難なときは，防網を張り，労働者に要求性能墜落制止用器具を使用させる。

③要求性能墜落制止用器具等を安全に取り付けるための設備等を設け，それらの異常の有無について随時点検しなければならない。

(2)墜落による危険を防止するためのネット

労働安全衛生法第 28 条第 1 項の規定に基づく，「墜落による危険を防止するためのネットの構造等の安全基準に関する技術上の指針」による安全対策は下記による。

①水平に張って使用するネットの構造等に関する留意事項について規定したものである。

②網糸が規定する強度を有しないネットは使用してはならない。

③人体又はこれと同等以上の重さを有する落下物による衝撃を受けたネットは使用してはならない。

④破損した部分が補修されていないネットは使用してはならない。

⑤強度が明らかでないネットは使用してはならない。

■酸素欠乏症防止対策 _(酸素欠乏症等防止規則)

(1)酸素欠乏等の定義

①空気中の酸素濃度：18%未満

②空気中の硫化水素濃度：100 万分の 10 を超える状態

(2)防止対策

①作業開始前に酸素濃度を測定し，記録は 3 年間保存する。

②酸素欠乏等の状態にならないように，十分換気する。

③酸素欠乏等のおそれが生じたときには直ちに退避する。

■ 車両系建設機械の安全対策 <small>（労働安全衛生規則第152条以降）</small>

(1)構　　造

①前照燈の設置

②堅固なヘッドガードの設置（岩石の落下等の危険な場所での作業）

(2)作業における安全対策

①車両系建設機械（最高速度時速10km以下を除く。）での作業のときは，現場状況に応じた適正な制限速度を定める。

②運転者は，誘導者による，決められた一定の合図に従う。

③運転位置から離れる場合は，バケット等の作業装置を地上に降ろすとともに，原動機を止め，走行ブレーキをかける。

④作業中は，乗車席以外に労働者を乗せてはならない。

⑤建設機械の主たる用途以外に使用してはならない。

(3)車両系建設機械の移送

①積卸しは，平たんで堅固な場所で行う。

②道板は，十分な長さ，幅及び強度を有するものを使用し，適当な勾配で確実に取付ける。

③盛土，仮設台等を使用するときは，十分な幅，強度及び勾配を確保する。

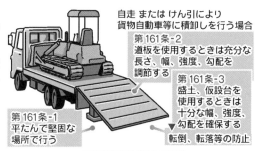

自走 または けん引により
貨物自動車等に積卸しを行う場合

第161条-2
道板を使用するときは充分な
長さ，幅，強度，勾配を
調節する

第161条-3
盛土，仮設台を
使用するときは
十分な幅，強度，
勾配を確保する

第161条-1
平たんで堅固な
場所で行う

▼転倒、転落等の防止

車両系建設機械の移送

■ 建設工事の公衆災害防止対策 <small>（建設工事公衆災害防止対策要綱）</small>

(1)作業場

①作業場を周囲から明確に区分し，この区域以外の場所は使用しない。

②公衆が誤って作業場に立ち入ることのないよう，固定柵等を設置する。

③固定柵の高さは1.2m以上とし，移動柵は高さ0.8〜1.0m，長さは1.0〜1.5mとする。

④柵の彩色は，黄色と黒色の斜縞（45°）とする。

⑤道路上の作業場への出入りは，交通流に対する背面からとする。

⑥作業場の出入口には，原則として，引戸式の扉を設け，作業に必要のない限りは閉鎖するとともに，開放しておく場合は，見張員を配置する。

(2)交通対策

①施工者は，道路管理者，警察署の指示に従い道路標識を設置する。

②施設設置の場合は，高さ0.8〜2.0mの部分は，通行者の視界を妨げないような措置をする。

③道路上又は接して夜間施工する場合は高さ1.0m程度で，150m前方から視認できる光度を有する保安灯を設置する。

④交通量の多い道路上では，遠方からでも確認できる道路標識，保安灯，内部照明式標示板を設置する。

⑤車線を制限した場合は，1車線で3m，2車線で5.5mの車道幅員を確保するとともに，制限区間はできるだけ短くする。

 施工中の建設工事現場における異常気象時の安全対策に関する次の記述のうち，**適当でないもの**はどれか。

(1) 現場における伝達は，現場条件に応じて，無線機，トランシーバー，拡声器，サイレンなどを設け，緊急時に使用できるよう常に点検整備しておく。

(2) 洪水が予想される場合は，各種救命用具（救命浮器，救命胴衣，救命浮輪，ロープ）などを緊急の使用に際して即応できるように準備しておく。

(3) 大雨などにより，大型機械などの設置してある場所への冠水流出，地盤の緩み，転倒のおそれなどがある場合は，早めに適切な場所への退避又は転倒防止措置をとる。

(4) 電気発破作業においては，雷光と雷鳴の間隔が短いときは，作業を中止し安全な場所に退避させ，雷雲が直上を通過した直後から作業を再開する。

R2年BNo.15

異常気象時の安全対策

施工中の建設工事現場における異常気象時の安全対策に関しては，「土木工事安全施工技術指針」第2章　安全措置一般　第7節　異常気象時の対策において定められている。

(1) 現場における伝達は，現場条件に応じて，無線機，トランシーバー，拡声器，サイレン等を設け，緊急時に使用できるよう常に点検整備しておくこと。
(2. 気象情報の収集と対応 (3))　　　　　　　　　　　　　　　　　　　　よって，**適当である。**

(2) 洪水が予想される場合は，各種救命用具（救命浮器，救命胴衣，救命浮輪，ロープ）等を緊急の使用に際して即応できるように準備しておくこと。(3. 作業の中止，警戒及び各種点検 (3))　　　　　　　　　　　　　　　　　　　よって，**適当である。**

(3) 大型機械などの設置してある場所への冠水流出，地盤のゆるみ，転倒のおそれ等がある場合は，早めに適切な場所への退避又は転倒防止措置を講じること。(4. 大雨に対する措置 (3))　　　　　　　　　　　　　　　　　　よって，**適当である。**

(4) 電気発破作業においては，雷光と雷鳴の間隔が短い時は，作業を中止し安全な場所に退避させること。また，雷雲が直上を通過した後も，雷光と雷鳴の間隔が長くなるまで作業を再開しないこと。
(7. 雷に対する措置 (3))　　　　　　　　　　　　　　　よって，適当でない。

解答
(4)

問題2 　下図に示す施工体制の現場において，A 社が B 社に組み立てさせた作業足場で B 社，C 社，D 社が作業を行い，E 社は C 社が持ち込んだ移動式足場で作業を行うこととなった。特定事業の仕事を行う注文者として積載荷重の表示，点検等の安全措置義務に関する次の記述のうち，労働安全衛生法令上，**正しいもの**はどれか。

```
発注者 ──── 特定元方事業者A社 ┬── 一次下請B社
                              └── 一次下請C社 ┬── 二次下請D社
                                              └── 二次下請E社
```

(1)　A 社は，作業足場について，B 社，C 社，D 社に対し注文者としての安全措置義務を負う。

(2)　B 社は，自社が組み立てた作業足場について，D 社に対し注文者として安全措置義務を負う。

(3)　A 社は，C 社が持ち込んだ移動式足場について，E 社に対し注文者としての安全措置義務を負わない。

(4)　C 社は，移動式足場について，事業者としての必要措置を行わなければならないが，注文者としての安全措置義務を負わない。

H29年BNo.14

解説

特定元方事業者として足場の積載荷重，点検等の安全措置義務

(1)　A 社は特定元方事業者として，作業足場を含め全ての作業について，B 社，C 社，D 社に対し注文者としての安全措置義務を負う。　　　よって，正しい。

(2)　B 社は，自社が組み立てた作業足場について，**D 社に対しては注文者とはならないので，安全措置義務を負わない。**　　　　　　　よって，**誤っている。**

(3)　A 社は特定元方事業者として，注文者として C 社が持ち込んだ移動式足場についても，**E 社に対し注文者としての安全措置義務を負わなければならない。**　　　　　　　　　　　　　　　　　　　　　　　　　　よって，**誤っている。**

(4)　C 社は，移動式足場について，事業者としての必要措置を行わなければならないが，**D 社，E 社に対しても注文者としての安全措置義務を負う。**　　　　　　よって，**誤っている。**

 建設工事の労働災害等の防止対策に関する次の記述のうち,**適当でないもの**はどれか。

(1) 工事現場の周囲は,必要に応じて鋼板,ガードフェンスなど防護工を設置し,作業員及び第三者に対して工事区域を明確にするとともに,立入防止施設は,子供など第三者が容易に侵入できない構造とする。

(2) 事業者は,労働者を雇い入れたとき又は労働者の作業内容を変更したときは,従事する業務に関する安全又は衛生のための教育を行わなければならない。

(3) 飛来落下による事故防止のため,上下作業を極力避けるとともに,やむを得ず足場上に材料を集積する場合は作業床端とする。

(4) 車両系建設機械などの事故防止のため,あらかじめ使用する機械の種類及び能力,運行経路,作業方法などを示した作業計画書を作成し,これに基づき作業を行わなければならない。

H30年BNo.15

労働災害等の防止対策

(1) 工事現場の周囲は,必要に応じて鋼板,シート又はガードフェンス等の立入防止施設を設置し,作業員及び第三者に対して工事区域を明確にすること。立入防止施設は,子供等第三者が容易に侵入できないような構造とすること。

(国土交通省「土木工事安全施工技術指針」第 2 章第 2 節　工事現場周辺の危害防止)

よって,**適当である。**

(2) 事業者は,労働者を雇い入れたとき又は労働者の作業内容を変更したときは,従事する業務に関する安全又は衛生のための教育を行わなければならない。

(労働安全衛生法第 59 条)　　　　　　　　　　　　　　よって,**適当である。**

(3) 飛来落下による事故防止のため,上下作業を極力避けるとともに,やむを得ず足場上に材料を集積する場合は作業床端,開口部,法面等の 1 m 以内には集積せず,落下防止措置を講じること。(国土交通省「土木工事安全施工技術指針」第 2 章第 6 節　飛来落下の防止措置)　　　　　　　　　　　　よって,適当でない。

(4) 車両系建設機械などの事故防止のため,あらかじめ使用する機械の種類及び能力,運行経路,作業方法などを示した作業計画書を作成し,これに基づき作業を行わなければならない。(労働安全衛生規則第 151 条の 3 第 1 項)　　　　　　　　　　　　よって,**適当である。**

解答
(3)

**問題4** 墜落による危険を防止するための安全ネットに関する次の記述のうち，**適当でないもの**はどれか。

(1) 安全ネットの損耗が著しい場合，安全ネットが有毒ガスに暴露された場合等においては，安全ネットの使用後に試験用糸について等速引張試験を行う。

(2) 規定の高さ以上の作業床の開口部等で墜落の危険のおそれがある箇所に，囲い等を設けることが著しく困難なときは，安全ネットを張り，労働者に要求性能墜落制止用器具（安全帯）を使用させる。

(3) 安全ネットの落下高さとは，作業床等と安全ネットの取付け位置の垂直距離に安全ネットの垂れの距離を加えたものである。

(4) 安全ネットには，製造者名，製造年月，仕立寸法，網目，新品時の網糸の強度を見やすい箇所に表示しておく。

R元年BNo.18

墜落による危険防止（安全ネット）

墜落による危険を防止するための安全ネットに関しては，「墜落による危険を防止するためのネットの構造等の安全基準に関する技術上の指針」において定められている。

(1) 安全ネットの損耗が著しい場合，安全ネットが有毒ガスに暴露された場合等においては，ネットの使用後に試験用糸について等速引張試験を行うこと。（同指針4-4-2）　　　　　　よって，**適当である。**

(2) 高さ2m以上の作業床の開口部等で墜落の危険のおそれがある箇所に，囲い等を設けることが著しく困難なときは，防網を張り，労働者に要求性能墜落制止用器具を使用させる。（労働安全衛生規則第519条第1項，第2項）　　よって，**適当である。**

(3) 安全ネットの落下高さとは，作業床等と安全ネットの取付け位置との垂直距離をいう。（同指針4-1-1）
　　　　　　　　　　　　よって，適当でない。

(4) ネットには，製造者名，製造年月，仕立寸法，網目，新品時の網糸の強度を見やすい箇所に表示しておく。　（同指針5）　　　　よって，**適当である。**

落下高さ

ネット下部の空き

解答
(3)

問題5 足場，作業床の組立て等に関する次の記述のうち，労働安全衛生法令上，**誤っているもの**はどれか。

(1) 足場高さ 2 m 以上の作業場所に設ける作業床の床材（つり足場を除く）は，原則として転位し，又は脱落しないように 2 以上の支持物に取り付けなければならない。

(2) 足場高さ 2 m 以上の作業場所に設ける作業床で，作業のため物体が落下し労働者に危険を及ぼすおそれのあるときは，原則として高さ 10 cm 以上の幅木，メッシュシート若しくは防網を設けなければならない。

(3) 高さ 2 m 以上の足場の組立て等の作業で，足場材の緊結，取り外し，受渡し等を行うときは，原則として幅 40 cm 以上の作業床を設け，要求性能墜落制止用器具を使用させる等の墜落防止措置を講じなければならない。

(4) 足場高さ 2 m 以上の作業場所に設ける作業床（つり足場を除く）は，原則として床材間の隙間 5 cm 以下，床材と建地との隙間 15 cm 未満としなければならない。

H30年B No.18

※労働安全衛生規則の改正により問題を一部改作

解説

足場構造の安全規定

作業床・足場の組立て等における危険の防止については，「労働安全衛生規則第 563 条，第 564 条」に定められている。

(1) 足場高さ 2 m 以上の作業場所に設ける作業床の床材（つり足場を除く）は，原則として転位し，又は脱落しないように 2 以上の支持物に取り付けなければならない。（労働安全衛生規則第 563 条第 1 項第 5 号）　　　　　　　　　　**よって，正しい。**

(2) 足場高さ 2 m 以上の作業場所に設ける作業床で，作業のため物体が落下し労働者に危険を及ぼすおそれのあるときは，原則として高さ 10 cm 以上の幅木，メッシュシート若しくは防網を設けなければならない。
（労働安全衛生規則第 563 条第 1 項第 6 号）　　　　　　　　　　　　　**よって，正しい。**

(3) 高さ 2 m 以上の足場の組立て等の作業で，足場材の緊結，取り外し，受渡し等を行うときは，原則として幅 40 cm 以上の作業床を設け，要求性能墜落制止用器具を使用させる等の墜落防止措置を講じなければならない。
（労働安全衛生規則第 564 条第 1 項第 4 号）　　　　　　　　　　　　　**よって，正しい。**

(4) 足場高さ 2 m 以上の作業場所に設ける作業床（つり足場を除く）は，原則として床材間の隙間 3 cm 以下，床材と建地との隙間 12 cm 未満としなければならない。
（労働安全衛生規則第 563 条第 1 項第 2 号）　　　　よって，**誤っている。**

解答
(4)

 **問題6**　足場，作業床の組立等に関する次の記述のうち，労働安全衛生規則上，**誤っているもの**はどれか。

(1)　事業者は，足場の組立て等作業主任者に，作業の方法及び労働者の配置を決定し，作業の進行状況を監視するほか，材料の欠点の有無を点検し，不良品を取り除かせなければならない。

(2)　事業者は，強風，大雨，大雪等の悪天候若しくは中震（震度 4）以上の地震の後において，足場における作業を行うときは，作業開始後直ちに，点検しなければならない。

(3)　事業者は，足場の組立て等作業において，材料，器具，工具等を上げ，又は下ろすときは，つり綱，つり袋等を労働者に使用させなければならない。

(4)　事業者は，足場の構造及び材料に応じて，作業床の最大積載荷重を定め，かつ，これを超えて積載してはならない。

R4年BNo.10

 足場，作業床の組立等

(1)　事業者は，足場の組立て等作業主任者に，作業の方法及び労働者の配置を決定し，作業の進行状況を監視するほか，材料の欠点の有無を点検し，器具，工具，要求性能墜落制止用器具及び保護帽の機能を点検し，不良品を取り除かせなければならない。（労働安全衛生規則第 566 条）　　　　　　　　よって，**正しい**。

(2)　事業者は，強風，大雨，大雪等の悪天候若しくは中震以上の地震の後において，足場における作業を行うときは，作業を開始する前に，点検しなければならない。（労働安全衛生規則第 567 条第 2 項）　　　　　　　　よって，**誤っている**。

(3)　事業者は，足場の組立て等作業において，材料，器具，工具等を上げ，又は下ろすときは，つり綱，つり袋等を労働者に使用させること。ただし，これらの物の落下により労働者に危険を及ぼすおそれがないときは，この限りでない。（労働安全衛生規則第 564 条第 1 項第 5 号）　　　　　　　　よって，**正しい**。

(4)　事業者は，足場の構造及び材料に応じて，作業床の最大積載荷重を定め，かつ，これを超えて積載してはならない。（労働安全衛生規則第 562 条第 1 項）

よって，**正しい**。 **解答**
(2)

Lesson 6 ③ 安全管理

329

問題7 足場に関する次の記述のうち，労働安全衛生法令上，**誤っているもの**はどれか。

(1) 足場の組立て等作業主任者は，作業を行う労働者の配置や作業状況，保護具装着の監視のみでなく，材料の不良品を取り除く職務も負う。

(2) 移動式足場に労働者を乗せて移動する際は，足場上の労働者が手すりに確実に要求性能墜落制止用器具（安全帯）を掛けた姿勢等を十分に確認したうえで移動する。

(3) 足場の組立て，一部解体若しくは変更を行った場合は，床材・建地・幅木等の点検を行い，その記録を，当該足場を使用する作業が終了するまで保存しなければならない。

(4) 足場の作業床には，その構造及び使用材料に応じて最大積載荷重を定め，かつ，その最大荷重を超えて積載をしてはならない。

H29年BNo.19

※労働安全衛生規則の改正により問題を一部改作

足場における労働災害防止策

(1) 足場の組立て等作業主任者は，①材料の欠点の有無の点検と不良品の取り除き，②保護具使用状況の監視，③作業を行う労働者の配置や作業の進行状況の監視の職務も負う。（労働安全衛生規則第566条）　　よって，**正しい。**

(2) 移動式足場には労働者を乗せて移動してはならない。
（移動式足場の安全基準に関する技術上の指針 4-2-3）

よって，誤っている。

(3) 足場の組立て，一部解体若しくは変更を行った場合は，床材・建地・幅木等の点検を行う。また，その記録を，当該足場を使用する仕事が終了するまで保存しなければならない。（労働安全衛生規則第567条）

よって，**正しい。**

移動式足場の一例

(4) 足場の作業床には，その構造及び使用材料に応じて最大積載荷重を定め，かつ，その最大荷重を超えて積載をしてはならない。（労働安全衛生規則第562条第1項）

よって，**正しい。**

解答
(2)

 土止め支保工の作業にあたり事業者が遵守しなければならない事項に関する次の記述のうち，労働安全衛生法令上，**誤っているもの**はどれか。

(1) 切りばり及び腹おこしは，脱落を防止するため，矢板，くい等に確実に取り付け，中間支持柱を備えた土止め支保工では，切りばりを当該中間支持柱に確実に取り付ける。

(2) 火打ちを除く圧縮材の継手は，重ね継手とし，切りばり又は火打ちの接続部及び切りばりと切りばりの交さ部は，当て板をあててボルトにより緊結し，溶接により接合する等の方法により堅固なものとする。

(3) 土止め支保工作業主任者には，土止め支保工の作業方法を決定し，作業の直接指揮にあたらせるとともに，使用材料の欠点の有無並びに器具や工具を点検し，不良品を取り除く職務も担わせる。

(4) 切りばり又は腹おこしの取付け又は取り外しの作業を行なう箇所には，関係労働者以外の労働者の立入禁止措置を講じ，材料，器具又は工具を上げ，又はおろすときは，つり綱，つり袋等を使用させる。

H30年 B No.22

土止め支保工の安全管理

土止め支保工の安全管理については，「労働安全衛生規則第 368 条」以降に定められている。

(1) 切りばり及び腹おこしは，脱落を防止するため，矢板，くい等に確実に取り付け，中間支持柱を備えた土止め支保工では，切りばりを当該中間支持柱に確実に取り付ける。（労働安全衛生規則第 371 条第 1 項，第 4 項）　　**よって，正しい。**

(2) 火打ちを除く圧縮材の継手は，**突合せ継手**とし，切りばり又は火打ちの接続部及び切りばりと切りばりの交さ部は，当て板をあててボルトにより緊結し，溶接により接合する等の方法により堅固なものとする。（労働安全衛生規則第 371 条第 2 号，第 3 号）　　**よって，誤っている。**

(3) 土止め支保工作業主任者には，土止め支保工の作業方法を決定し，作業の直接指揮にあたらせるとともに，使用材料の欠点の有無並びに器具や工具を点検し，不良品を取り除く職務も担わせる。（労働安全衛生規則第 375 条第 1 号，第 2 号）　　**よって，正しい。**

(4) 切りばり又は腹おこしの取付け又は取り外しの作業を行う箇所には，関係労働者以外の労働者の立入禁止措置を講じ，材料，器具又は工具を上げ，又はおろすときは，つり綱，つり袋等を使用させる。（労働安全衛生規則第 372 条）　　**よって，正しい。**

解答 (2)

Lesson 6 ③ 安全管理

331

**問題 9**　　　急傾斜地での掘削及び法面防護等のロープ高所作業にあたり，事業者が危険防止のために講じるべき措置に関する次の記述のうち，労働安全衛生法令上，**誤っているもの**はどれか。

(1)　地山の崩壊又は土石の落下により労働者に危険を及ぼすおそれがあるときは，地山を安全なこう配とし，落下のおそれのある土石を取り除く等の措置を講ずる。

(2)　作業のため物体が落下することにより労働者に危険を及ぼすおそれがあるときは，手すりを設け，立入区域を設定する。

(3)　ロープ高所作業では，身体保持器具を取り付けたメインロープ以外に，要求性能墜落制止用器具（安全帯）を取り付けるためのライフラインを設ける。

(4)　突起物等でメインロープやライフラインが切断のおそれがある箇所では，覆いを設ける等切断を防止するための措置を講ずる。

R元年BNo.21

**解説**

急傾斜地での掘削及びロープ高所作業

　急傾斜地での掘削及びロープ高所作業における安全管理については，「労働安全衛生規則第 534 条」以降に定められている。

(1)　地山の崩壊又は土石の落下により労働者に危険を及ぼすおそれがあるときは，地山を安全なこう配とし，落下のおそれのある土石を取り除く等の措置を講ずる。（労働安全衛生規則第 534 条）　　　　　　よって，**正しい。**

(2)　作業のため物体が落下することにより労働者に危険を及ぼすおそれがあるときは，防網の設備を設け，立入区域を設定する。（労働安全衛生規則第 537 条）
　　　　　　　　　　　　よって，**誤っている。**

(3)　ロープ高所作業では，身体保持器具を取り付けたメインロープ以外に，要求性能墜落制止用器具（安全帯）を取り付けるためのライフラインを設ける。
（労働安全衛生規則第 539 条の 2）　　　　よって，**正しい。**

(4)　突起物等でメインロープやライフラインが切断するおそれがある箇所では，覆いを設ける等切断を防止するための措置を講ずること。
（労働安全衛生規則第 539 条の 3 第 2 項第 3 号）　　よって，**正しい。**

解答
(2)

**問題10** 土工工事における明り掘削作業にあたり事業者が遵守しなければならない事項に関する次の記述のうち，労働安全衛生法令上，**誤っているもの**はどれか。

(1) 掘削機械等の使用によるガス導管等地下に在する工作物の損壊により労働者に危険を及ぼすおそれのあるときは，誘導員を配置し，その監視のもとに作業を行わなければならない。

(2) 明り掘削の作業を行う場所については，当該作業を安全に行うため必要な照度を保持しなければならない。

(3) 明り掘削の作業では，地山の崩壊，土石の落下等による危険を防止するため，あらかじめ，土止め支保工や防護網の設置，労働者の立入禁止等の措置を講じなければならない。

(4) 明り掘削の作業を行う際には，あらかじめ，運搬機械等の運行経路や土石の積卸し場所への出入りの方法を定め，これを関係労働者に周知させなければならない。

H29年BNo.23

明り掘削作業

(1) 掘削機械等の使用によるガス導管等地下に在する工作物の損壊により労働者に危険を及ぼすおそれのあるときは，これらを補強し，移設する等の措置を講じた後でなければ，作業を行ってはならない。(労働安全衛生規則第362条第1項)
ガス導管の防護の作業については，当該作業を指揮する者を指名して，その者の直接の指揮のもとに当該作業を行なわせなければならない。(同規則第362条第3項) よって，**誤っている。**

(2) 明り掘削の作業を行う場所については，当該作業を安全に行うため必要な照度を保持しなければならない。(労働安全衛生規則第367条) よって，**正しい。**

(3) 明り掘削の作業では，地山の崩壊，土石の落下等による危険を防止するため，あらかじめ，土止め支保工や防護網の設置，労働者の立入禁止等の措置を講じなければならない。(労働安全衛生規則第361条) よって，**正しい。**

(4) 明り掘削の作業を行う際には，あらかじめ，運搬機械等の運行経路や土石の積卸し場所への出入りの方法を定め，これを関係労働者に周知させなければならない。

(労働安全衛生規則第364条) よって，**正しい。**

解答
(1)

 **問題11** 移動式クレーンの作業を行う場合，事業者が安全対策について講じるべき措置に関する次の記述のうち，クレーン等安全規則上，**正しいもの**はどれか。

(1) クレーンを用いて作業を行なうときは，クレーンの運転者が単独で作業する場合を除き，クレーンの運転について一定の合図を定め，あらかじめ指名した者に合図を行なわせなければならない。

(2) 旋回範囲の立入禁止措置や架空支障物の有無等を把握するためには，つり荷をつったままで，運転者自身を運転席から降ろし，直接，確認させるのがよい。

(3) クレーンの運転者及び玉掛けをする者が当該クレーンのつり荷重を常時知ることができるよう，表示その他の措置を講じなければならない。

(4) クレーン機能付き油圧ショベルを小型移動式クレーンとして使用する場合，車両系建設機械運転技能講習を修了している者であれば，クレーン作業の運転者として従事させてよい。

H30年B No.20

移動式クレーンの安全対策

クレーン作業の安全管理については「クレーン等安全規則」に定められている。

(1) クレーンを用いて作業を行なうときは，クレーンの運転者が単独で作業する場合を除き，クレーンの運転について一定の合図を定め，あらかじめ指名した者に合図を行なわせなければならない。(クレーン等安全規則第71条)

よって，正しい。

(2) **荷をつったままで，運転者を運転位置から離れさせてはならない。**
(クレーン等安全規則第75条) よって，**誤っている。**

(3) クレーンの運転者及び玉掛けをする者が当該クレーンの**定格荷重**を常時知ることができるよう，表示その他の措置を講じなければならない。
(クレーン等安全規則第70条の2) よって，**誤っている。**

(4) クレーン機能付き油圧ショベルを小型移動式クレーンとして使用する場合，労働安全衛生規則第164条「主たる用途以外の使用の制限」での使用には該当しない。したがって，**小型移動式クレーン運転技能講習を修了**している者であれば，クレーン作業の運転者として従事させることができる。
(平成12年2月28日厚生労働省事務連絡「クレーン機能を備えた車両系建設機械の取扱いについて」)

解答
(1)

よって，**誤っている。**

型わく支保工に関する次の記述のうち，労働安全衛生法令上，**誤っているもの**はどれか。

(1) 型わく支保工は，あらかじめ作成した組立図にしたがい，支柱の沈下や滑動を防止するため，敷角の使用，根がらみの取付け等の措置を講ずる。
(2) 型わく支保工で鋼管枠を支柱として用いる場合は，鋼管枠と鋼管枠との間に交差筋かいを設ける。
(3) コンクリートの打設にあたっては，当該箇所の型わく支保工についてあらかじめ点検し，異常が認められたときは補修を行うとともに，打設中に異常が認められた際の作業中止のための措置を講じておく。
(4) 型わく支保工の支柱の継手は，重ね継手とし，鋼材と鋼材との接合部及び交差部は，ボルト，クランプ等の金具で緊結する。

H29年BNo.20

型わく支保工の安全対策

(1) 組立図を作成し，かつ，当該組立図により組み立てなければならない。（労働安全衛生規則第240条第1項）また，支柱の脚部の固定，根がらみの取付け等支柱の脚部の滑動を防止するための措置を講ずること。（同規則第242条第2号）

よって，**正しい。**

(2) 鋼管枠と鋼管枠との間に交差筋かいを設けること。（労働安全衛生規則第242条第8号イ）

よって，**正しい。**

(3) その日の作業を開始する前に，当該作業に係る型わく支保工について点検し，異状を認めたときは，補修すること。また，その際における作業中止のための措置をあらかじめ講じておくこと。（労働安全衛生規則第244条）

よって，**正しい。**

(4) 支柱の継手は，突合せ継手又は差込み継手とすること。（労働安全衛生規則第242条第3号）鋼材と鋼材との接続部及び交差部は，ボルト，クランプ等の金具を用いて緊結すること。（同規則第242条第4号）

よって，**誤っている。**

支柱の継手は
突合せ継手・
差込み継手に

解答

(4)

335

 **問題13** 施工中の建設工事現場における異常気象時の安全対策に関する次の記述のうち，**適当でないもの**はどれか。

(1) 気象情報などは，常に入手に努め，事務所，現場詰所及び作業場所への異常情報の伝達のため，複数の手段を確保し瞬時に連絡できるようにすること。

(2) 警報及び注意報が解除された場合は，点検と併行しながら中止前の作業を再開すること。

(3) 予期しない強風が吹き始めた場合は，特に高所作業は作業を一時中止するとともに，物の飛散防止措置を施し，安全確保のため監視員，警戒員を配置し警戒すること。

(4) 大雨などにより，大型機械などの設置してある場所への冠水流出，地盤の緩み，転倒のおそれなどがある場合は，早めに適切な場所への退避又は転倒防止措置をとること。

H29年BNo.16

解説

施工中の建設工事現場における異常気象時の安全対策

異常気象時の安全対策については「土木工事安全施工技術指針」（国土交通省）において定められている。

(1) 常に気象情報の入手に努め，事務所，現場詰所及び作業場所間の連絡伝達のための設備を必要に応じ設置すること。異常時の対応のために，複数の移動式受話器等で常に作業員が現場詰所や監視員と瞬時に連絡できるようにしておくこと。(同指針第2章第7節−2) よって，**適当である。**

(2) 警報及び注意報が解除された場合は，作業の再開前に工事現場の地盤のゆるみ，崩壊，陥没等の危険がないか入念に点検する。(同指針第2章第7節−3)
よって，**適当でない。**

(3) 予期しない強風が吹き始めた場合は，特に高所作業では作業を一時中止すること。物の飛散が予想されるときは，飛散防止措置を施すとともに，安全確保のため監視員，警戒員を配置すること。(同指針第2章第7節−5) よって，**適当である。**

(4) 降雨などにより，大型機械等の設置してある場所への冠水流出，地盤のゆるみ，転倒のおそれ等がある場合は，早めに適切な場所への退避又は転倒防止措置を講じること。
(同指針第2章第7節−4) よって，**適当である。**

解答
(2)

問題14 事業者が土石流危険河川において建設工事の作業を行うとき，土石流による労働者の危険防止に関する次の記述のうち，労働安全衛生法令上，**誤っているもの**はどれか。

(1) あらかじめ作業場所から上流の河川の形状，河床勾配や土砂崩壊等が発生するおそれのある場所における崩壊地の状況などを調査し，その結果を記録しておかなければならない。

(2) 土石流が発生したときに備えるため，関係労働者に対し工事開始後遅滞なく1回，及びその後6ヶ月以内ごとに1回避難訓練を行う。

(3) 降雨があったことにより土石流が発生するおそれのあるときは，原則として監視人の配置等土石流の発生を早期に把握するための措置を講じなければならない。

(4) 作業開始時にあっては当該作業開始前日の日雨量を，作業開始後にあっては1時間ごとの降雨量を把握し，かつ記録しておかなければならない。

H30年B No.16

解説

土石流による労働者の危険防止

(1) あらかじめ，作業場所から上流の河川の形状，河床勾配や土砂崩壊等が発生するおそれのある場所における崩壊地の状況などを調査し，その結果を記録しておかなければならない。（労働安全衛生規則第575条の9）　　　　　よって，**正しい。**

(2) 土石流が発生したときに備えるため，関係労働者に対し，工事開始後遅滞なく1回，及びその後6ヵ月以内ごとに1回，避難訓練を行う。
（労働安全衛生規則第575条の16）　　　　　よって，**正しい。**

(3) 降雨があったことにより土石流が発生するおそれのあるときは，監視人の配置等土石流の発生を早期に把握するための措置を講じなければならない。
（労働安全衛生規則第575条の12）　　　　　よって，**正しい。**

(4) 作業開始時にあっては当該作業開始前24時間の降雨量を，作業開始後にあっては1時間ごとの降雨量を把握し，かつ，記録しておかなければならない。

（労働安全衛生規則第575条の11）
よって，**誤っている。**

解答
(4)

337

 **問題15** 労働安全衛生法令上，事業者が行うべき労働者の疾病予防及び健康管理に関する次の記述のうち，**誤っているもの**はどれか。

(1) 酸素欠乏症等のおそれのある業務に労働者を就かせるときは，当該労働者に代わりその者を指揮する職長を対象とした特別の教育を行わなければならない。

(2) 常時使用する労働者の雇い入れ時は，医師による健康診断から3ヶ月を経過しない者で診断結果を証明する書面の提出を受けた場合を除き，所定の項目について健康診断を行う必要がある。

(3) さく岩機等の使用によって身体に著しい振動を与える業務等に常時従事する労働者に対し，当該業務への配置替えの際及び6ヶ月以内ごとに医師による健康診断を行う必要がある。

(4) ずい道等の坑内作業等に常時労働者を従事させる場合は，原則として有効な呼吸用保護具を使用させなければならない。

R2年BNo.23

解説

疾病予防及び健康管理

労働者の健康管理のために事業者が講じるべき措置に関しては，「労働安全衛生法」等に定められている。

(1) 酸素欠乏症等のおそれのある業務に労働者を就かせるときは，当該労働者を対象とした特別の教育を行わなければならない。(酸素欠乏症等防止規則第12条)

よって，**誤っている。**

(2) 常時使用する労働者の雇い入れ時は，医師による健康診断から3ヵ月を経過しない者で診断結果を証明する書面の提出を受けた場合を除き，所定の項目について健康診断を行わなければならない。(労働安全衛生規則第43条) よって，**正しい。**

(3) さく岩機等の使用によって身体に著しい振動を与える業務等 (労働安全衛生規則第13条第1項第3号ヘ) に常時従事する労働者に対し，当該業務への配置替えの際及び6ヵ月以内ごとに医師による健康診断を行わなければならない。(同規則第45条)

よって，**正しい。**

(4) ずい道等の坑内作業等 (粉じん障害防止規則別表第1第5の3号) に常時労働者を従事させる場合は，原則として有効な呼吸用保護具を使用させなければならない。(同規則第27条) よって，**正しい。**

解答
(1)

338

問題16　土工工事における明り掘削作業にあたり事業者が遵守しなければならない事項に関する次の記述のうち，労働安全衛生法令上，**正しいもの**はどれか。

(1)　土止め支保工を設けるときは，掘削状況等の日々の進捗に合わせて，その都度，その組立図を作成し組み立てなければならない。

(2)　ガス導管や地中電線路等の地下工作物の損壊で労働者に危険を及ぼすおそれがある場合は，掘削機械，積込機械及び運搬機械を十分注意して使用しなければならない。

(3)　明り掘削作業を行う場所については，十分な明るさが確保できるので，照度確保のための照明設備等について特に考慮しなくてもよい。

(4)　地山の崩壊又は土石の落下による危険防止のため，点検者を指名し，その日の作業開始前，大雨や中震以上の地震の後，浮石及びき裂や湧水の状態等を点検させる。

R元年B No.20

解説

明り掘削作業における事業者の遵守事項

　土工工事における明り掘削作業の安全管理については「労働安全衛生規則第355条」以降に定められている。

(1)　土止め支保工を組み立てるときは，**あらかじめ，組立図を作成し，かつ，その組立図により組み立てなければならない。**（労働安全衛生規則第370条第1項）

よって，**誤っている。**

(2)　ガス導管や地中電線路等の地下工作物の損壊で労働者に危険を及ぼすおそれがある場合は，**つり防護，受け防護等によるガス導管についての防護を行なうか，移設する等の措置をしなければならない。**（労働安全衛生規則第362条第1項，第2項）

よって，**誤っている。**

(3)　明り掘削作業を行なう場所については，**作業を安全に行なうため必要な照度を保持しなければならない。**（労働安全衛生規則第367条）　　　よって，**誤っている。**

(4)　地山の崩壊又は土石の落下による危険防止のため，点検者を指名し，その日の作業開始前，大雨や中震以上の地震の後，浮石及びき裂や湧水の状態等を点検させること。（労働安全衛生規則第358条）

解答
(4)

よって，正しい。

Lesson 6 ③

安全管理

墜落による危険を防止するための安全ネットの設置に関する次の記述のうち、**適当でないもの**はどれか。

(1) ネットの損耗が著しい場合，ネットが有毒ガスに暴露された場合等においては，ネットの使用後に試験用糸について，等速引張試験を行う。

(2) ネットの取付け位置と作業床等との間の許容落下高さは，ネットを単体で用いる場合も複数のネットをつなぎ合わせて用いる場合も，同一の値以下とする。

(3) ネットには，製造者名・製造年月・仕立寸法・新品時の網糸の強度等を見やすい箇所に表示する。

(4) ネットの支持点の間隔は，ネット周辺からの墜落による危険がないものでなければならない。

R3年BNo.11

墜落の危険を防止する安全ネットの設置

「墜落による危険を防止するためのネットの構造等の安全基準に関する技術上の指針」において定められている。

(1) ネットの損耗が著しい場合，ネットが有毒ガスに暴露された場合等においては，ネットの使用後に試験用糸について等速引張試験を行うこと。（同指針 4-4-2）　　　　　　　　　　　　　　　　　　　**よって，適当である。**

(2) ネットの取付け位置と作業床等との垂直距離（落下高さ）は，ネットを単体で用いる場合と複数のネットをつなぎ合わせて用いる場合は，それぞれ定められた計算により得られた値以下とする。（同指針 4-1-1）　　よって，適当でない。

(3) 安全ネットには，製造者名，製造年月，仕立寸法，網目，新品時の網糸の強度を見やすい箇所に表示されていること。（同指針 5）　　　**よって，適当である。**

(4) ネットの支持点の間隔は，ネット周辺からの墜落による危険がないものであること。（同指針 4-3）　　　　　　　　　　　　　　　　　**よって，適当である。**

(2)

 **問題18** コンクリート構造物の解体作業に関する次の記述のうち，**適当でないもの**はどれか。

(1) 圧砕機，大型ブレーカによる取壊しでは，建設機械と作業員の接触を防止するため，誘導員を適切な位置に配置する。

(2) ワイヤソーによる取壊しでは，切断の進行に合わせ，適宜切断面へのキャンバー打ち込み，ずれ止めを設置する。

(3) 転倒方式による取壊しでは，解体する構造物の縁切り作業を数日間行い，その作業が完了してから転倒作業を行う。

(4) カッタによる取壊しでは，ブレード，防護カバーを確実に設置し，特にブレード固定用ナットは十分に締め付ける。

R元年B No.24

解説

コンクリート構造物の解体作業

コンクリート構造物の解体作業については「建設機械施工安全マニュアル」構造物取り壊し工において定められている。

(1) 圧砕機，大型ブレーカによる取壊しでは，誘導員を配置し，関係者以外の立入禁止措置をする。(同マニュアル・構造物取り壊し工（圧砕機・大型ブレーカによる取り壊し））
よって，**適当である。**

(2) ワイヤソーによる取壊しでは，切断の進行に合わせ，適宜切断面へのキャンバー打込み，ずれ止めを設置する。(同マニュアル・構造物取り壊し工（ワイヤーソーによる取り壊し））
よって，**適当である。**

(3) 転倒方式による取壊しでは，縁切と転倒作業は必ず一連の連続作業として，その日中に終了させ，縁切した状態で放置しないこと。(土木工事安全施工技術指針 第19章 構造物の取りこわし工事)
よって，適当でない。

(4) カッターによる取壊しでは，ブレード，防護カバーを確実に設置，特にブレード固定用ナットは十分に締付ける。(同マニュアル・構造物取り壊し工（カッターによる取壊し））
よって，**適当である。**

解答
(3)

341

問題19　　埋設物並びに架空線に近接して行う工事の安全管理に関する次の記述のうち，**適当でないもの**はどれか。

(1)　事業者は，明り掘削作業により露出したガス導管の防護の作業については，当該作業の見張り員の指揮のもとに作業を行わせなければならない。

(2)　架空線の近接作業では，建設機械の運転手へ架空線の種類や位置について連絡し，ブーム旋回，立入禁止区域等の留意事項について周知徹底を行う。

(3)　掘削機械，積込機械及び運搬機械の使用によるガス導管や地中電線路等の損壊により労働者に危険を及ぼすおそれがある場合は，これらの機械を使用してはならない。

(4)　建設機械のブーム，ダンプトラックのダンプアップ等により架空線の接触・切断のおそれがある場合は，防護カバー・現場出入口での高さ制限装置・看板の設置等を行う。

H30年BNo.23

解説

埋設物並びに架空線に近接して行う工事

(1)　事業者は，明り掘削作業により露出したガス導管の防護の作業については，当該作業を指揮する者を指名してその者の指揮のもとに作業を行わせなければならない。(労働安全衛生規則第362条第3項)　　　　　よって，適当でない。

(2)　架空線の近接作業では，建設機械の運転手へ架空線の種類や位置について連絡し，ブーム旋回，立入禁止区域等の留意事項について周知徹底を行う。
(土木工事安全施工技術指針　第3章　地下埋設物・架空線等上空施設一般)

よって，**適当である。**

(3)　掘削機械，積込機械及び運搬機械の使用によるガス導管，地中電線路等の損壊により労働者に危険を及ぼすおそれがあるときは，これらの機械を使用してはならない。(労働安全衛生規則第363条)　　　　　よって，**適当である。**

(4)　建設機械のブーム，ダンプトラックのダンプアップ等により架空線の接触・切断のおそれがある場合は，防護カバー・現場出入口での高さ制限装置・看板の設置等を行う。(土木工事安全施工技術指針　第3章　地下埋設物・架空線等上空施設一般)

よって，**適当である。**

解答
(1)

 **問題20** 労働安全衛生法令上，事業者が行うべき労働者の疾病予防及び健康管理に関する次の記述のうち，**誤っているもの**はどれか。

(1) 酸素欠乏症等のおそれのある業務に労働者を就かせるときは，当該労働者に代わりその者を指揮する職長を対象とした特別の教育を行わなければならない。

(2) 常時使用する労働者の雇い入れ時は，医師による健康診断から3ヶ月を経過者で診断結果を証明する書面の提出を受けた場合を除き，所定の項目について健康診断を行う必要がある。

(3) さく岩機等の使用によって身体に著しい振動を与える業務等に常時従事する労働者に対し，当該業務への配置替えの際及び6ヶ月以内ごとに医師による健康診断を行う必要がある。

(4) ずい道等の坑内作業等に常時労働者を従事させる場合は，原則として有効な呼吸用保護具を使用させなければならない。

R2年BNo.23

労働者の疾病予防及び健康管理

事業者が講じるべき措置に関しては，「**労働安全衛生法**」等に定められている。

(1) 酸素欠乏症等のおそれのある業務に労働者を就かせるときは，当該労働者を対象とした特別の教育を行わなければならない。(酸素欠乏症等防止規則第12条)
よって，誤っている。

(2) 常時使用する労働者の雇い入れ時は，医師による健康診断から3ヵ月を経過しない者で診断結果を証明する書面の提出を受けた場合を除き，所定の項目について健康診断を行わなければならない。(労働安全衛生規則第43条)
よって，正しい。

(3) さく岩機等の使用によって身体に著しい振動を与える業務等 (労働安全衛生規則第13条第1項第3号ヘ) に常時従事する労働者に対し，当該業務への配置替えの際及び6ヵ月以内ごとに医師による健康診断を行わなければならない。(同規則第45条)
よって，正しい。

(4) ずい道等の坑内作業等 (粉じん障害防止規則別表第1第5の3号) に常時労働者を従事させる場合は，原則として有効な呼吸用保護具を使用させなければならない。(同規則第27条) よって，**正しい。**

解答
(1)

問題21 建設工事で使用される貸与機械の取扱いに関する次の記述のうち、**適当なもの**はどれか。

(1) 貸与機械の貸与者は、貸与前に当該機械を点検し、異常を認めたときは補修その他必要な整備の方法を使用者に指導する。

(2) 建設機械・車両を運転者付きで貸与を受け使用開始する場合、一般の新規入場者と同様の新規入場時教育を行う必要はないが、当該機械の操作に熟練した運転者とする。

(3) 貸与機械の貸与者は、貸与する大型ブレーカ付き車両系建設機械を使用して特定建設作業を行う場合には、実施の届出を申請しなければならない。

(4) 運転の資格に規制のない貸与機械の取扱い者については、作業の実態に応じた特別教育を現場の状況により実施する。

H29年B No.22

貸与機械の取扱い（車両系建設機械）

(1) 機械等の貸与者は、**貸与前に当該機械をあらかじめ点検し、異常を認めたときは、補修その他必要な整備を行う。**（労働安全衛生規則第 666 条第 1 項第 1 号）
よって、**適当でない。**

(2) 建設機械・車両を運転者付きで貸与を受け使用開始する場合、**新規入場時教育を行い、法令に基づき必要とされる資格又は技能を有する者でなければならない。**（労働安全衛生規則第 667 条第 1 項第 1 号）
よって、**適当でない。**

(3) 大型ブレーカ付き車両系建設機械を使用して特定建設作業を行う場合には、**施工者が実施の届出を申請しなければならない。貸与機械の貸与者が行うものではない。**（振動規制法第 14 条）
よって、**適当でない。**

(4) 運転の資格に規制のない貸与機械の取扱い者については、新規入場時、及び作業内容の変更時は作業の実態に応じた特別教育を現場の状況により実施する。（建設機械施工安全マニュアル 11-2 運転者付き機械の使用）
よって、適当である。

解答
(4)

 **問題22**　建設機械の災害防止に関する次の記述のうち，事業者が講じるべき措置として，労働安全衛生法令上，**誤っているもの**はどれか。

(1)　運転中のローラやパワーショベル等の車両系建設機械と接触するおそれがある箇所に労働者を立ち入らせる場合は，その建設機械の乗車席以外に誘導者を同乗させて監視にあたらせる。

(2)　車両系荷役運搬機械のうち，荷台にあおりのある不整地運搬車に労働者を乗車させるときは，荷の移動防止の歯止め措置や，あおりを確実に閉じる等の措置を講ずる必要がある。

(3)　フォークリフトやショベルローダ等の車両系荷役運搬機械には，作業上で必要な照度が確保されている場合を除き，前照燈及び後照燈を備える必要がある。

(4)　車両系建設機械のうち，コンクリートポンプ車における輸送管路の組立てや解体では，作業方法や手順を定めて労働者に周知し，かつ，作業指揮者を指名して直接指揮にあたらせる。

R2年BNo.19

解説

建設機械の作業と危険防止

車両系建設機械の安全管理については，「労働安全衛生規則第152条」以降に定められている。

(1)　運転中のローラやパワーショベル等の車両系建設機械と接触するおそれがある箇所に労働者を立ち入らせてはならない。（労働安全衛生規則第158条）また，その建設機械の乗車席以外の箇所に労働者を乗せてはならない。（同規則第162条）　　よって，誤っている。

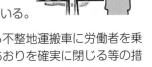

(2)　車両系荷役運搬機械のうち，荷台にあおりのある不整地運搬車に労働者を乗車させるときは，荷の移動防止の歯止め措置や，あおりを確実に閉じる等の措置を講ずること。（労働安全衛生規則第151条の51）　　よって，**正しい**。

(3)　フォークリフトやショベルローダ等の車両系荷役運搬機械には，作業上で必要な照度が確保されている場合を除き，前照灯及び後照灯を備えたものでなければならない。（労働安全衛生規則第151条の16及び27）　　よって，**正しい**。

(4)　車両系建設機械のうち，コンクリートポンプ車における輸送管等の組立てや解体では，作業方法や手順を定めて労働者に周知し，かつ，作業指揮者を指名して直接指揮にあたらせる。（労働安全衛生規則第171条の3）　　よって，**正しい**。

解答
(1)

345

移動式クレーンの安全確保に関する措置のうち，下記の文章中の ＿＿＿＿ の（イ）～（ニ）に当てはまる語句の組合せとして，クレーン等安全規則上，**正しいもの**は次のうちどれか。

・移動式クレーンの運転者は，荷をつったままで運転位置を （イ） 。

・移動式クレーンの定格荷重とは，フックやグラブバケット等のつり具の重量を （ロ） 荷重をいい，ブームの傾斜角や長さにより変化する。

・事業者は，アウトリガーを有する移動式クレーンを用いて作業を行うときは，原則としてアウトリガーを （ハ） に張り出さなければならない。

・事業者は，移動式クレーンを用いる作業においては，移動式クレーンの運転者が単独で作業する場合を除き， （ニ） を行う者を指名しなければならない。

	（イ）	（ロ）	（ハ）	（ニ）
(1)	離れてはならない	含む	最大限	合図
(2)	離れてはならない	含まない	最大限	合図
(3)	離れて荷姿を確認する	含む	必要最小限	監視
(4)	離れて荷姿を確認する	含まない	必要最小限	監視

R4年BNo.29

解説

移動式クレーンの安全確保

・移動式クレーンの運転者は，荷をつったままで運転位置を (イ) 離れてはならない 。（クレーン等安全規則第75条第2項）

・移動式クレーンの定格荷重とは，フックやグラブバケット等のつり具の重量を (ロ) 含まない 荷重をいい，ブームの傾斜角や長さにより変化する。（クレーン等安全規則第1条第6号）

・事業者は，アウトリガーを有する移動式クレーンを用いて作業を行うときは，原則としてアウトリガーを (ハ) 最大限 に張り出さなければならない。（クレーン等安全規則第70条の5）

・事業者は，移動式クレーンを用いる作業においては，移動式クレーンの運転者が単独で作業する場合を除き， (ニ) 合図 を行う者を指名しなければならない。（クレーン等安全規則第71条第1項）

よって，(2)の組合せが正しい。

解答

(2)

応用問題 問題24

建設工事における埋設物ならびに架空線の防護に関する下記の文章中の ＿＿＿＿ の (イ)〜(ニ) に当てはまる語句の組合せとして，**適当なもの**は次のうちどれか。

・明り掘削作業で，掘削機械・積込機械・運搬機械の使用に伴う地下工作物の損壊により労働者に危険を及ぼすおそれのあるときは，これらの機械を ＿(イ)＿ 。

・明り掘削で露出したガス導管のつり防護等の作業には ＿(ロ)＿ を指名し，作業を行わなければならない。

・架空線等上空施設に近接した工事の施工にあたっては，架空線等と機械，工具，材料等について ＿(ハ)＿ を確保する。

・架空線等上空施設に近接して工事を行う場合は，必要に応じて ＿(ニ)＿ に施工方法の確認や立会いを求める。

	(イ)	(ロ)	(ハ)	(ニ)
(1)	使用してはならない	作業指揮者	安全な離隔	その管理者
(2)	特に注意して使用する	作業指揮者	確実な絶縁	労働基準監督署
(3)	使用してはならない	監視員	確実な絶縁	労働基準監督署
(4)	特に注意して使用する	監視員	安全な離隔	その管理者

R3年BNo.30

解説

埋設物や架空線の防護

・明り掘削作業で，掘削機械・積込機械・運搬機械の使用に伴う地下工作物の損壊により労働者に危険を及ぼすおそれのあるときは，これらの機械を **(イ) 使用してはならない**。（労働安全衛生規則第363条）

・明り掘削で露出したガス導管のつり防護等の作業には **(ロ) 作業指揮者** を指名し，作業を行わなければならない。（同規則第362条第3項）

・架空線等上空施設に近接した工事の施工にあたっては，架空線等と機械，工具，材料等について **(ハ) 安全な離隔** を確保する。（土木工事安全施工技術指針第3章第2節 架空線等上空施設一般 3.現場管理 (1)）

・架空線等上空施設に近接して工事を行う場合は，必要に応じて **(ニ) その管理者** に施工方法の確認や立会いを求める。

（同指針第3章第2節 架空線等上空施設一般 2.施工計画）

解答
(1)

よって，(1)の組合せが適当である。

Lesson 6 ③ 安全管理

労働者の健康管理のために事業者が講じるべき措置に関する下記の文章中の ▢▢ の（イ）～（ニ）に当てはまる語句の組合せとして，**適当なもの**は次のうちどれか。

・休憩時間を除き一週間に 40 時間を超えて労働させた場合，その超えた労働時間が一月(ひとつき)当たり80時間を超え，かつ，疲労の蓄積が認められる労働者の申出により， (イ) による面接指導を行う。

・常時に特定粉じん作業に従事する労働者には，粉じんの発散防止・作業場所の換気方法・呼吸用保護具の使用方法等について (ロ) を行わなければならない。

・一定の危険性・有害性が確認されている化学物質を取り扱う場合には，事業場における (ハ) が義務とされている。

・事業者は，原則として，常時使用する労働者に対して， (ニ) 以内ごとに，医師による健康診断を行わなければならない。

	（イ）	（ロ）	（ハ）	（ニ）
(1)	医師	技能講習	リスクマネジメント	1 年
(2)	医師	特別の教育	リスクアセスメント	1 年
(3)	カウンセラー	技能講習	リスクアセスメント	3 年
(4)	カウンセラー	特別の教育	リスクマネジメント	3 年

R3年BNo.31

解説

労働者の健康管理

・休憩時間を除き一週間に 40 時間を超えて労働させた場合，その超えた労働時間が一月当たり 80 時間を超え，かつ，疲労の蓄積が認められる労働者の申出により，**(イ) 医師** による面接指導を行う。(労働安全衛生法第66条の8第1項，同規則第52条の2第1項)

・常時に特定粉じん作業に従事する労働者には，粉じんの発散防止・作業場所の換気方法・呼吸用保護具の使用方法等について **(ロ) 特別の教育** を行わなければならない。(粉じん障害防止規則第22条第1項)

・一定の危険性・有害性が確認されている化学物質を取り扱う場合には，事業場における **(ハ) リスクアセスメント** が義務とされている。(労働安全衛生法第57条の3第1項，第2項，同規則第34条の2の7)

・事業者は，原則として，常時使用する労働者に対して，**(ニ) 1 年** 以内ごとに，医師による健康診断を行わなければならない。(労働安全衛生規則第44条)

解答
(2)

よって，(2)の組合せが適当である。

Lesson 6

施工管理

④ 品 質 管 理

出題傾向

令和3年度から穴埋め用語の組合せや正答肢の数を選ぶ出題形式が登場している。

1. 品質管理の基本的事項（手順，目的等）を整理する。過去7年間で7回出題。
2. 品質特性とその試験方法について理解する。過去7年間で4回出題。
3. レディーミクストコンクリート工の品質管理を理解する。過去7年間で9回出題。
4. コンクリートの非破壊検査及び補修対策について理解する。過去7年間で7回出題。
5. 道路舗装の品質管理を整理する。過去7年間で9回出題。
6. 盛土の品質管理について整理する。過去7年間で5回出題されている。
7. 鉄筋の加工，継手における品質管理を整理する。過去7年間で7回出題。
8. 近年，管理図に関する出題は少ないが，ヒストグラム及び $\bar{x}-R$ 管理図について基本事項として理解しておく。過去7年間で1回出題。

チェックポイント

■品質管理の基本的事項

(1)品質管理の定義

① （広義）「目的とする機能を得るために，設計・仕様の規格を満足する構造物を最も経済的に作るための，工事の全ての段階における管理体系」

② （狭義）「品質要求を満たすために用いられる実施技法及び活動」

(2)品質管理の手順 （PDCAサイクル）

Plan（計画）		Check （検討）	
手順1	管理すべき品質特性を決め，その特性について品質標準を定める。	手順5	ヒストグラムにより，データが品質規格を満足しているかをチェックする。
手順2	品質標準を守るための作業標準（作業の方法）を決める。	手順6	同一データにより，管理図を作成し，工程をチェックする。
Do（実施）		Act （処置）	
手順3	作業標準に従って施工を実施し，データ採取を行う。	手順7	工程に異常が生じた場合に，原因を追及し，再発防止の処置をとる。
手順4	作業標準（作業の方法）の周知徹底を図る。	手順8	期間経過に伴い，最新のデータにより，手順5以下を繰り返す。

349

品質管理の PDCA サイクル

(3)国際規格ＩＳＯ（国際標準化機構）の概要

①ＩＳＯ 9000 シリーズ（品質マネジメントシステム）の原則

　　品質保証／顧客満足／リーダーシップ／人々の参画／プロセスアプローチ／マネ
　　ジメントのプロセスアプローチ／継続的改善／意志決定への事実に基づくアプロー
　　チ／供給者との互恵関係

②ＩＳＯ 9001 における企業への要求事項

　　品質マネジメントシステム／経営者層の責任／経営資源の管理／製品の実現化／
　　測定，分析及び改善

③ＩＳＯ 14000 シリーズ（環境マネジメントシステム）の原則

　　環境保全・改善／システムの実施，維持，改善／環境方針との適合／適合の自己
　　決定，自己宣言

■品質特性の選定

⑴品質特性の選定条件

- ・工程の状況が総合的に表れるもの。
- ・構造物の最終の品質に重要な影響を及ぼすもの。
- ・選定された品質特性（代用の特性も含む）と最終の品質とは関係が明らかなもの。
- ・容易に測定が行える特性であること。
- ・工程に対し容易に処置がとれること。

⑵品質標準の決定

- ・施工にあたって実現しようとする品質の目標。
- ・品質のばらつきの程度を考慮して余裕をもった品質を目標と
　する。
- ・事前の実験により当初に概略の標準をつくり，施工の過程に
　応じて試行錯誤を行い標準を改訂していく。

⑶作業標準（作業方法）の決定

- ・過去の実績，経験及び実験結果をふまえて決定する。
- ・最終工程までを見越した管理が行えるように決定する。
- ・工程に異常が発生した場合でも，安定した工程を確保
　できる作業の手順，手法を決める。
- ・標準は明文化し，今後のための技術の蓄積を図る。

■ 管理図の種類と特性

(1)管理図の目的

①品質の時間的な変動を加味し，工程の安定状態を判定し，工程自体を管理する。

②ばらつきの限界を示す上下の管理限界線を示し，工程に異常原因によるばらつきが生じたかどうかを判定する。

(2)$\bar{x}-R$ 管理図

① $\bar{x}$ 管理線

② R 管理線

③ x 及び R が管理限界線内であり，特別な片寄りがなければ工程は安定している。そうでない場合は，原因を調査し，除去し，再発を防ぐ。

(3) $x-Rs-Rm$ 管理図

①データが時間的，経済的に多くとれないときに用いられ，1点管理図ともいわれる。

② x 管理線

③ Rs 管理線

④ Rm 管理線

⑤判定は $\bar{x}-R$ 管理図と同様に行う。

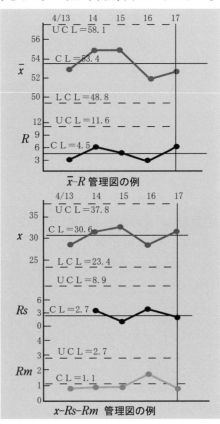

$\bar{x}-R$ 管理図の例

$x-Rs-Rm$ 管理図の例

■ コンクリート工の品質管理

(1)品質特性

区 分	品 質 特 性	試 験 方 法
骨 材	粒度	ふるい分け試験
	すりへり量	すりへり試験
	表面水量	表面水率試験
	密度・吸水率	密度・吸水率試験
コンクリート	スランプ	スランプ試験
	空気量	空気量試験
	単位容積質量	単位容積質量試験
	混合割合	洗い分析試験
	圧縮強度	圧縮強度試験
	曲げ強度	曲げ強度試験

(2)レディーミクストコンクリートの品質

①強度：1回の試験結果は，呼び強度の強度値の85%以上で，かつ3回の試験結果の平均値は，呼び強度の強度値以上とする。

②スランプ：下表のとおりとする。

（単位：cm）

ス ラ ン プ	2.5	5及び6.5	8〜18	21
スランプの誤差	±1	±1.5	±2.5	±1.5

③空気量：下表のとおりとする。

（単位：%）

コンクリートの種類	空気量	空気量の許容差
普通コンクリート	4.5	
軽量コンクリート	5.0	±1.5
舗装コンクリート	4.5	

④塩化物含有量：塩化物イオン量として 0.30 kg/m³ 以下

（承認を受けた場合は 0.60 kg/m³ 以下とできる。）

■ 道路工の品質管理

(1)路盤工の品質特性

区 分	品 質 特 性	試 験 方 法
材 料	粒度	ふるい分け試験
	含水比	含水比試験
	最大乾燥密度・最適含水比	突固めによる土の締固め試験
	CBR	CBR 試験
施 工	締固め度	土の密度試験
	支持力	平板載荷試験，CBR 試験

(2)アスファルト舗装の品質

区 分	品 質 特 性	試 験 方 法
材 料	針入度	針入度試験
	軟石量	軟石量試験
	伸度	伸度試験
	粒度	ふるい分け試験
プラント	混合温度	温度測定
	アスファルト量・合成粒度	アスファルト抽出試験
施工現場	安定度	マーシャル安定度試験
	敷均し温度	温度測定
	厚さ	コア採取による測定
	混合割合	コア採取による試験
	平坦性	平坦性試験

⑶アスファルト舗装の品質管理

①受注者は，各工種の品質管理を自主的に行い，項目，頻度，管理の限界は最も能率的にかつ経済的に行うように定める。

②工程の初期においては，試験の頻度を適当に増やし，その時点での作業員や施工機械などの組合せにおける作業工程を速やかに把握しておく。

③作業の進行に伴い，受注者が定めた管理限界を十分満足できることがわかれば，それ以降の試験の頻度は減らしてもよい。

④工程能力図にプロットされた点が管理限界外に出るような，異常な結果が出た場合には，試験頻度を増やす。

■土工の品質管理

⑴品質特性

区　分	品　質　特　性	試　験　方　法
材　料	粒度	粒度試験
	液性限界	液性限界試験
	塑性限界	塑性限界試験
	自然含水比	含水比試験
	最大乾燥密度・最適含水比	突固めによる土の締固め試験
施工現場	締固め度	土の密度試験
	CBR	現場CBR試験
	支持力値	平板載荷試験
	貫入指数	貫入試験

⑵盛り土の品質管理

①工法規定方式：盛土の締固めに使用する締固め機械，締固め回数などの工法を規定する方法。

②品質規定方式：工法は施工者に任せ，乾燥密度，含水比，土の強度等について要求される品質を明示する方法。

■鋼材の品質管理

⑴品質特性

品　質　特　性	試　験　方　法
引張強度・伸び・降伏点	引張試験
材料変形（わん曲部外側のさけ傷等）	曲げ試験
化学製品分析	分析試験
靭性・脆性	衝撃試験

⑵鋼材の品質管理（道路橋示方書・同解説　鋼橋編17.2鋼材）

①特別な性能を要求する場合には，要求内容に合格していることを，着手前に確認する。

②多種の鋼材を使用するときは，塗色表示による識別を行う。

③鋼材の保管には，本来の特性や品質が維持，確保されなければならない。

④鋼板の厚さの許容差はJISによるとともに，（−）側の許容差が公称板厚の5%以内とする。

⑤鋼板の表面には，有害なきずがあってはならない。補修の場合はグラインダーによる除去を原則とする。

⑥鋼板の平坦度は，板取り，けがき，接合等に支障のないものとする。

353

■ 非破壊検査

コンクリート構造物を破壊せずに，健全度，劣化状況を調査し，規格などによる基準に従って合否を判定する方法であり，下表のような検査がある。

検査項目	測 定 内 容	検 査 方 法
外観	劣化状況／異常箇所	目視検査／デジタルカメラ／赤外線
変形	全体変形／局部変形	メジャー／トランシット／レーザー
強度	コンクリート強度／弾性係数	コア試験／テストハンマー
ひび割れ	分布／幅／深さ	デジタルカメラ／赤外線／超音波
背面	コンクリート厚／背面空洞	電磁波レーダー／打音
有害物質	中性化／塩化物イオン／アルカリ骨材反応	コア試験／試料分析
鉄筋	かぶり／鉄筋間隔	電磁波レーダー／X線

 品質管理に関する次の記述のうち，**適当でないもの**はどれか。

(1) 品質管理は，施工計画立案の段階で管理特性を検討し，それを施工段階でつくり込むプロセス管理の考え方である。

(2) 品質特性の選定にあたっては，工程の状態を総合的に表すことができ，工程に対して処置をとりやすい特性のものを選ぶことに留意する。

(3) 品質特性の選定にあたっては，構造物の品質に及ぼす影響が小さく，測定しやすい特性のものを選ぶことに留意する。

(4) 施工段階においては，問題が発生してから対策をとるのではなく，小さな変化の兆しから問題を事前に予見し，手を打っていくことが原価低減や品質確保につながる。

R元年B No.25

品質管理に関する一般的事項

(1) 品質管理は，施工計画立案の段階で管理特性を検討し，目標を定めて，その目標に向けて施工段階でつくり込んでいくプロセス管理の考え方である。
　　　　　　　　　　　　　　　　　　　よって，**適当である。**

(2) 工程の状態を総合的に表すことができ，工程に対して処置をとりやすい特性のものを選ぶことが品質特性を決める場合の条件である。よって，**適当である。**

(3) 品質特性の選定にあたっては，構造物の品質に重要な影響を及ぼし，測定しやすい特性のものを選ぶことに留意する。　　　　　　よって，適当でない。

(4) 施工段階においては，問題が発生してから対策をとるのではなく，小さな変化の兆しから問題を事前に予見するようにする。常に工程の安定を確認しながら手を打っていくことが，原価低減や品質確保につながる。　　　　　　よって，**適当である。**

解 答
(3)

問題 2　品質管理に関する次の記述のうち，**適当でないもの**はどれか。

(1) 品質管理は，品質特性や品質標準を定め，作業標準に従って実施し，できるだけ早期に異常を見つけ，品質の安定をはかるものである。

(2) 品質特性は，工程の状態を総合的に表し，品質に重要な影響を及ぼすものであり，代用特性を用いてはならない。

(3) 品質標準は，現場施工の際に実施しようとする品質の目標であり，目標の設定にあたっては，ばらつきの度合いを考慮しなければならない。

(4) 作業標準は，品質標準を実現するための各段階での作業の具体的な管理方法や試験方法を決めるものである。

R2年BNo.25

品質特性

(1) 品質管理は，施工計画立案の段階で管理特性を検討し，品質標準を定めて，作業標準に従って実施する。その目標に向けて施工段階でつくり込んでいき，できるだけ早期に異常を見つけ，品質の安定をはかるものである。

よって，**適当である。**

(2) 品質特性の選定にあたっては，工程の状態を総合的に表すことができる。代用特性を含め，工程に対して処置をとりやすい特性のものを選ぶことが，品質特性を決める場合の条件である。　　　　　　よって，適当でない。

(3) 品質標準は，現場施工の際に実施しようとする品質の目標である。目標の設定にあたっては，ばらつきの程度を考慮して余裕をもった品質を目標とする。

よって，**適当である。**

(4) 作業標準は，品質標準を実現するために過去の実績，経験及び実験結果を踏まえ，各段階での作業の具体的な管理方法や試験方法を決めるものである。

よって，**適当である。**

解答 (2)

問題3 品質管理に関する次の記述のうち，**適当でないもの**はどれか。

(1) 品質管理を進めるうえで大切なことは，目標を定めて，その目標に最も早く近づくための合理的な計画を立て，それを実行に移すことである。

(2) 品質標準とは，現場施工の際に実施しようとする品質の目標であり，設計値を十分満足するような品質を実現するためには，ばらつきの度合いを考慮して，余裕を持った品質を目標とする。

(3) 品質特性の選定は，工程の状態を総合的に表すもの及び品質に影響の小さいもので，測定しやすい特性のものとする。

(4) 構造物に要求される品質は，一般に設計図書に規定されており，この品質を満たすためには，何を品質管理の対象項目とするかを決める必要がある。

H29年B No.25

品質管理の方法

(1) 品質管理を進めるうえで大切なことは，設計・仕様の規格を満足する構造物を最も経済的に作るために目標を定めて，その目標に最も早く近づくための合理的な計画を立て，それを実行に移すことである。　　よって，**適当である。**

(2) 品質標準とは，現場施工の際に実施しようとする品質の目標であり，設計値を十分満足するような品質を実現するためには，ばらつきの度合いを考慮して，余裕を持った品質を目標とする。当初に概略の標準をつくり，施工の過程に応じて試行錯誤を行い，標準を改訂していく。　　よって，**適当である。**

(3) 品質特性の選定は，工程の状態を総合的に表すもの及び品質に重要な影響を及ぼすもので，容易に測定が行える特性のものとする。　よって，適当でない。

(4) 構造物に要求される品質は，一般に設計図書に規定されており，この品質を満たすためには，実現しようとする品質管理の対象項目を決めながら実施する必要がある。　　よって，**適当である。**

解答
(3)

JIS A 5308 レディーミクストコンクリートの受入れ検査に関する次の記述のうち，**適当なもの**はどれか。

(1) フレッシュコンクリートのスランプは，レディーミクストコンクリートのスランプの設定値によらず ±3.0 cm の範囲にあれば合格と判定してよい。

(2) フレッシュコンクリートの空気量は，レディーミクストコンクリートの空気量の設定値によらず，±3.0%の範囲にあれば合格と判定してよい。

(3) アルカリ骨材反応については，配合計画書に示されるコンクリート中のアルカリ総量の計算結果が 3.0 kg/m^3 以下であれば，対策がとられていると判定してよい。

(4) 塩化物イオン量については，フレッシュコンクリート中の水の塩化物イオン濃度試験方法の結果から計算される塩化物イオン含有量が 3.0 kg/m^3 以下であれば，合格と判定してよい。

R元年BNo.29

 解説

レディーミクストコンクリートの品質管理

レディーミクストコンクリートの受入れ検査に関しては，「コンクリート標準示方書［施工編］：検査標準 5 章」において定められている。

(1) スランプの許容誤差は，**スランプ5 cm 以上 8 cm 未満の場合 ±1.5 cm，スランプ 8 cm 以上 18 cm 以下の場合 ±2.5 cm** とする。よって，**適当でない。**

(2) フレッシュコンクリートの空気量は，レディーミクストコンクリートの空気量の設定値によらず，**±1.5%**の範囲にあれば合格と判定してよい。

よって，**適当でない。**

(3) アルカリ骨材反応については，配合計画書に示されるコンクリート中のアルカリ総量の計算結果が 3.0 kg/m^3 以下であれば，対策がとられていると判定してよい。よって，適当である。

(4) 塩化物イオン量については，フレッシュコンクリート中の水の塩化物イオン含有量が **0.3 kg/m^3 以下**であれば，合格と判定してよい。

よって，**適当でない。**

解答
(3)

Lesson 6 ④ 品質管理

357

 コンクリート構造物の非破壊検査のうち，電磁誘導を利用する方法で得ることができる項目として，次のうち**適当なもの**はどれか。

(1) コンクリート中の鋼材の腐食速度
(2) コンクリートの圧縮強度，弾性係数などの品質
(3) コンクリートのひび割れの分布状況
(4) コンクリート中の鋼材の位置，径，かぶり

H28年B No.31

電磁誘導を利用した非破壊検査で得られる項目

(1) コンクリート中の鋼材の腐食速度は，**電気化学的方法のうち，「分極抵抗法」を利用する。** よって，**適当でない。**

(2) コンクリートの圧縮強度は，**「コア採取による圧縮強度試験，反発度法」**を利用し，弾性係数などの品質は，「静弾性係数試験」を利用する。
よって，**適当でない。**

(3) コンクリートのひび割れの分布状況は，**「超音波法，衝撃弾性波法」**を利用する。 よって，**適当でない。**

(4) コンクリート中の鋼材の位置，径，かぶりは，「電磁誘導法，電磁波レーダ法」を利用する。 よって，**適当である。**

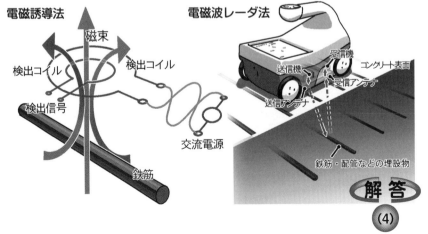

電磁誘導法

磁束
検出コイル
検出コイル
検出信号
交流電源
鉄筋

電磁波レーダ法

受信機
送信機
コンクリート表面
受信アンテナ
送信アンテナ
鉄筋・配管などの埋設物

解答
(4)

 **問題 6**

建設工事の品質管理における「工種」,「品質特性」及び「試験方法」に関する組合せのうち,**適当なもの**は次のうちどれか。

	[工種]	[品質特性]	[試験方法]
(1)	コンクリート工	スランプ	圧縮強度試験
(2)	路盤工	締固め度	CBR 試験
(3)	アスファルト舗装工	安定度	平坦性試験
(4)	土工	支持力値	平板載荷試験

R3年BNo.15

品質管理における工種,品質特性,試験方法

建設工事の品質管理に関する工種と品質特性と試験方法に関する組合せは,下表のとおりである。

	工　　種	品質特性	試験の名称	適　　否
(1)	コンクリート工	スランプ	**スランプ試験**	**適当でない**
(2)	路盤工	締固め度	**土の密度試験**	**適当でない**
(3)	アスファルト舗装工	安定度	**マーシャル安定度試験**	**適当でない**
(4)	土工	支持力値	平板載荷試験	適当である

＊「試験方法」に対応する「品質特性」は下表のとおりである。

	工　　種	品質特性	試験の名称	適　　否
(1)	コンクリート工	**圧縮強度**	圧縮強度試験	**適当でない**
(2)	路盤工	**CBR 値**	CBR 試験	**適当でない**
(3)	アスファルト舗装工	**平坦性**	平坦性試験	**適当でない**
(4)	土工	支持力値	平板載荷試験	適当である

よって,(4)の組合せが適当である。

解答
(4)

コンクリート構造物の品質や健全度を推定するための試験に関する次の記述のうち，**適当でないもの**はどれか。

(1) コンクリート構造物から採取したコアの圧縮強度試験結果は，コア供試体の高さ h と直径 d の比の影響を受けるため，高さと直径との比を用いた補正係数を用いている。

(2) リバウンドハンマによるコンクリート表層の反発度は，コンクリートの含水状態や中性化の影響を受けるので，反発度の測定結果のみでコンクリートの圧縮強度を精度高く推定することは困難である。

(3) 超音波法は，コンクリート中を伝播する超音波の伝播特性を測定し，コンクリートの品質やひび割れ深さなどを把握する方法である。

(4) 電磁誘導を利用する試験方法は，コンクリートの圧縮強度及び鋼材の位置，径，かぶりを非破壊的に調査するのに適している。

R元年BNo.31

コンクリート構造物の品質や健全度を推定するための試験

(1) コンクリート構造物から採取したコアの圧縮強度試験結果は，コア供試体の高さ h と直径 d の比の影響を受けるため，高さと直径との比を用いた補正係数を用いている。（$h/d=1.90〜2.10$ が望ましく，$h/d=1.0$ は不可，$h/d=2.0$ よりも小さい場合は，補正係数にて補正する。）　　　よって，**適当である。**

(2) リバウンドハンマによるコンクリート表層の反発度法は試験方法が簡便で非破壊でできる利点があるが，コンクリートの含水状態や中性化の影響を受ける。反発度の測定結果のみでコンクリートの圧縮強度を精度高く推定することは困難である。　　　　　　　　　　　　　　よって，**適当である。**

(3) 超音波法は，コンクリート中を伝播する超音波の伝播特性を利用する。発振子から発生された弾性波を受振子により測定し，コンクリートの品質やひび割れ深さなどを把握する方法である。　　　　　　　よって，**適当である。**

(4) 電磁誘導を利用する試験方法は，鋼材の位置，径，かぶりを非破壊的に調査するのに適しているが，コンクリートの圧縮強度は把握できない。

よって，適当でない。

(4)

問題 8 道路のアスファルト舗装における各工種の品質管理に関する次の記述のうち、**適当でないもの**はどれか。

(1) 構築路床の品質管理には、締固め度、飽和度及び強度特性などによる方法の他に、締固め機械の機種と転圧回数による方法がある。

(2) 下層路盤の締固め度は、試験施工あるいは工程の初期におけるデータから、必要な転圧回数が求められた場合には、転圧回数で管理することができる。

(3) セメント安定処理路盤のセメント量は、定量試験又は使用量により管理する。

(4) 表層及び基層の締固め度をコア採取により管理する場合は、工程の初期はコア採取の頻度を少なくし、工程の中期では頻度を多くして管理する。

H30年BNo.27

アスファルト舗装における品質管理

(1) 構築路床の品質管理には、締固め度、飽和度及び強度特性などの品質を規定する方法の他に、締固め機械の機種と転圧回数などの工法を規定する方法がある。　　　　　　　　　　　　　　よって、**適当である。**

(2) 下層路盤の締固め度は、試験施工あるいは工程の初期におけるデータがあれば、必要な転圧回数が求められる。その場合には、転圧回数で管理しても問題ない。　　　　　　　　　　　　　よって、**適当である。**

(3) セメント安定処理路盤のセメント量は、セメント量試験又は実際の使用量により管理することができる。　　　　　　　よって、**適当である。**

(4) 表層及び基層の締固め度をコア採取により管理する場合は、工程の初期はコア採取の頻度を多めにし、工程の中期では頻度を少なめにして管理する。　　　　　　　　　　　　　　　よって、適当でない。

(4)

Lesson 6 ④ 品質管理

問題9　JIS A 5308 に規定されるレディーミクストコンクリートに関する次の記述のうち，**適当でないもの**はどれか。

(1)　呼び強度が 36 以下の普通コンクリートには，JIS に適合するスラッジ水を練混ぜ水に用いてもよい。

(2)　呼び強度が 36 以下の普通コンクリートには，JIS に規定される再生骨材 M を用いてもよい。

(3)　高強度コンクリート以外であれば，JIS に規定されるスラグ骨材を用いてもよい。

(4)　高強度コンクリート以外であれば，JIS に規定される普通エコセメントを用いてもよい。

H29年BNo.29

レディーミクストコンクリートの使用材料

(1)　呼び強度が 36 以下の普通コンクリートには，JIS に適合するスラッジ水を練混ぜ水に用いてもよい。(JIS A 5308　8.3 水)　　　　　よって，**適当である。**

(2)　呼び強度が 36 以下の普通コンクリートには，JIS に規定される再生骨材 H を用いる。再生骨材 M は，再生骨材コンクリートに用いる。(JIS A 5308 8.2 骨材)　　　　　よって，適当でない。

(3)　高強度コンクリート以外であれば，JIS に規定されるスラグ骨材を用いてもよい。(JIS A 5308　8.2 骨材)　　　　　よって，**適当である。**

(4)　高強度コンクリート以外であれば，JIS に規定される普通エコセメントを用いてもよい。(JIS A 5308　8.1 セメント)　　　　　よって，**適当である。**

 解答 (2)

問題10 JIS A 5308 に準拠したレディーミクストコンクリートの受入れ検査に関する次の記述のうち，**適当でないもの**はどれか。

(1) スランプ試験を行ったところ，12.0 cm の指定に対して 14.0 cm であったため合格と判定した。

(2) スランプ試験を行ったところ，最初の試験では許容される範囲に入っていなかったが，再度試料を採取してスランプ試験を行ったところ許容される範囲に入っていたので，合格と判定した。

(3) 空気量試験を行ったところ，4.5%の指定に対して 6.5%であったため合格と判定した。

(4) 塩化物含有量の検査を行ったところ，塩化物イオン（Cl⁻）量として 0.30 kg/m³ であったため合格と判定した。

R2年BNo.29

レディーミクストコンクリートの受入れ検査

レディーミクストコンクリートの受入れ検査に関しては，「コンクリート標準示方書［施工編］：検査標準 5 章」において定められている。

(1) スランプの許容誤差は，スランプ 5 cm 以上 8 cm 未満の場合 ±1.5 cm，スランプ 8 cm 以上 18 cm 以下の場合 ±2.5 cm とする。12.0 cm の場合 9.5〜14.5 cm まで許容される。 よって，**適当である。**

(2) スランプ試験を行ったところ，最初の試験では許容される範囲に入っていない場合でも，新しく試料を採取してスランプ試験を行い，許容される範囲に入っていれば，合格と判定してもよい。(JIS A 5308 レディーミクストコンクリート 11.3 スランプ又はスランプフロー，及び空気量) よって，**適当である。**

(3) フレッシュコンクリートの空気量は，レディーミクストコンクリートの空気量の設定値によらず，**±1.5%**の範囲にあれば合格と判定してよい。4.5%の指定の場合，6.0%まで合格となる。 よって，適当でない。

(4) 塩化物イオン量については，フレッシュコンクリート中の塩化物イオン含有量が 0.30 kg/m³ 以下であれば，合格と判定してよい。 よって，**適当である。**

解答
(3)

Lesson 6 ④ 品質管理

363

 　アスファルト舗装の品質管理にあたっての留意事項に関する次の記述のうち，**適当なもの**はどれか。

(1)　各工程の初期においては，品質管理の各項目に関して試験頻度を変えて，その時点の作業員や施工機械などの組合せによる作業工程を把握する。

(2)　各工程の進捗にともない，管理の限界を十分満足できることが明確でも品質管理の各項目に関して試験頻度を変えてはならない。

(3)　作業員や施工機械などの組合せを変更するときは，試験頻度を変えずに，新たな組合せによる品質の確認を行う。

(4)　管理結果を工程能力図にプロットし，それが一方に片寄っている状況が続く場合は，試験頻度を変えずに異常の有無を確認する。

H29年 B No.28

アスファルト舗装の品質管理

(1)　各工程の初期においては，試験の頻度を適当に増やし，その時点での作業員や施工機械などの組合せにおける作業工程を速やかに把握しておく。

よって，適当である。

(2)　各工程の進捗にともない，受注者が定めた管理限界を十分満足できることがわかれば，**それ以降の試験の頻度は減らしてもよい。**　よって，**適当でない。**

(3)　作業員や施工機械などの組合せを変更するときは，**試験頻度を変更して，**新たな組合せによる品質の確認を行う。　　　　　　よって，**適当でない。**

(4)　管理結果を工程能力図にプロットし，それが一方に片寄っている状況が続く場合は，**試験頻度を増やして異常の有無を確認する。**　よって，**適当でない。**

(1)

364

問題12 情報化施工における TS（トータルステーション）・GNSS（衛星測位システム）を用いた盛土の締固め管理に関する次の記述のうち，**適当でないもの**はどれか。

(1)　TS・GNSS を用いた盛土の締固め管理は，締固め機械の走行位置をリアルタイムに計測し転圧回数を確認する。

(2)　TS・GNSS を用いた盛土の締固め管理システムの適用にあたっては，地形条件や電波障害の有無などを事前に調査して，システムの適用の可否を確認する。

(3)　盛土施工に使用する材料は，試験施工でまき出し厚や締固め回数を決定した材料と同じ土質の材料であることを確認する。

(4)　盛土材料を締め固める際は，盛土施工範囲の代表エリアについて，モニタに表示される締固め回数分布図の色が，規定回数だけ締め固めたことを示す色になることを確認する。

R元年B No.27

TS・GNSSを用いた盛土の締固め品質管理

(1)　TS・GNSS を用いた盛土の締固め管理は，締固め機械の走行位置の座標をリアルタイムに計測し，締固め機械に設置したパソコンへ通信・処理することにより，転圧回数を確認する。　　　　　　　　　　よって，**適当である。**

(2)　TS・GNSS を用いた盛土の締固め管理システムの適用にあたっては，システム適用が可能な施工条件や電波障害の有無などの現場条件を事前に調査して，システムの適用の可否を確認する。　　　　　　　　よって，**適当である。**

(3)　盛土施工に使用する材料は，要求品質を満足できる施工仕様（試験施工でまき出し厚や締固め回数を決定した材料と同じ土質の材料）であることを確認する。　　　　　　　　　　　　　　　　　　　　よって，**適当である。**

(4)　盛土材料を締め固める際は，盛土施工範囲の管理ブロックの全てについて，モニタに表示される締固め回数分布図の色が，規定回数だけ締め固めたことを示す色になることを確認する。　　　　　　　　　　よって，適当でない。

解答

(4)

問題13　鉄筋の継手に関する次の記述のうち，**適当なもの**はどれか。

(1)　鉄筋ガス圧接継手は，接合端面同士を突き合わせ，軸方向に圧縮力をかけながら接合端面を高温で溶かし，接合するものである。

(2)　ねじ節鉄筋継手には，カプラー内の鉄筋のねじ節とカプラーのねじとのすきまにグラウトを充てん硬化させて固定する方法とカプラー両側に配置されたロックボルトにトルクを与えて締め付けて固定する方法がある。

(3)　機械式継手には，ねじ節鉄筋継手，モルタル充てん継手などの方法があり，その施工上の制約は，適用鉄筋径，雨天時施工，必要電源の確保，養生方法などがある。

(4)　鉄筋ガス圧接継手部の超音波探傷試験による検査では，送信探触子から超音波を発信した際，圧接面で反射して受信探触子で受信される反射波の強さが，一定以上大きくなる場合に合格と判定される。

H30 年 B No.30

解説

鉄筋の継手の品質管理

　鉄筋の継手に関しては「鉄筋継手工事標準仕様書」により定められている。

(1)　鉄筋ガス圧接継手は，接合端面同士を突き合わせ，接合端面をガスバーナーの火炎により加熱し，**鉄筋端部を溶融させない赤熱状態（固相状態）にして**，同時に，軸方向に圧縮力をかけながら，接合するものである。

　　　　　　　　　　　　　　　　　　　　　よって，**適当でない。**

(2)　ねじ節鉄筋継手は，カプラー内の鉄筋のねじ節とカプラーのねじとの隙間にグラウトを充填硬化させて固定する方法である。設問の後者は，**端部ねじ加工継手**の記述である。　　　　　　　　　　　よって，**適当でない。**

(3)　機械式継手には，ねじ節鉄筋継手，モルタル充填継手及び端部ねじ加工継手の方法がある。その施工上の制約は，各種基準に合致した適用鉄筋径，荒天時や寒冷期の施工，必要電源の確保，養生方法などを考慮する。

　　　　　　　　　　　　　　　　　　　　　よって，適当である。

(4)　鉄筋ガス圧接継手部の超音波探傷試験による検査では，送信探触子から超音波を発信した際，圧接面で反射して受信探触子で受信される反射波の強さが，一定以上大きくなる場合に**不合格と判定される。**　　　　よって，**適当でない。**

解答
(3)

鉄筋の加工及び組立の検査に関する次の記述のうち，**適当でないもの**はどれか。

(1) 組み立てた鉄筋の配置の許容誤差は，柱・梁・壁を有する一般的なコンクリート構造物では，有効高さは設計寸法の ±3%又は ±30 mm のうち小さい値とするのがよい。

(2) かぶりの判定については，かぶりの測定値が，設計図面に明記されているかぶりから設計時に想定した施工誤差分を差し引いた値よりも大きければ合格と判断してよい。

(3) 検査の結果，鉄筋の加工及び組立が適切でないと判断された場合，曲げ加工した鉄筋については，曲げ戻しを行うのがよい。

(4) 床版に 4 個／m² 配置されるスペーサの寸法が，耐久性照査で設定したかぶりよりも大きい場合は，所定のかぶりが確保されていると判定してよい。

H29年B No.30

鉄筋の加工及び組立の検査

(1) 組み立てた鉄筋の配置の許容誤差は，柱・はり・壁を有する一般的なコンクリート構造物では，有効高さは設計寸法の ±3% 又は ±30 mm のうち小さい値とするのがよい。(コンクリート標準示方書［施工編］：検査標準　7.3 鉄筋工の検査)

よって，**適当である。**

(2) かぶりの判定については，かぶりの測定値が，設計図面に明記されているかぶりから設計時に想定した施工誤差分を差し引いた値よりも大きければ合格と判断してよい。(コンクリート標準示方書［施工編］：検査標準　7.3 鉄筋工の検査)

よって，**適当である。**

(3) 検査の結果，鉄筋の加工及び組立が適切でないと判断された場合，いったん，曲げ加工した鉄筋については，曲げ戻しを行ってはならない。(コンクリート標準示方書［施工編］：検査標準　7.3　鉄筋工の検査)

曲げ戻ししてはならない

曲げ加工した鉄筋は

よって，**適当でない。**

(4) 床版に 4 個/m² 配置されるスペーサの寸法が，耐久性照査で設定したかぶりよりも大きい場合は，所定のかぶりが確保されていると判定してよい。(コンクリート標準示方書［施工編］：検査標準　7.3 鉄筋工の検査)

よって，**適当である。**

解答
(3)

プレキャストコンクリート構造物の接合施工に関する下記の文章中の　　　　　の（イ）～（ニ）に当てはまる語句の組合せとして，**適当なもの**は次のうちどれか。

・プレキャストコンクリートの接合面に用いるエポキシ樹脂接着剤は，コンクリート温度が　(イ)　と粘度が高くなり硬化反応も遅くなることから，使用温度に適したものを選んで使用する。

・プレキャストコンクリートの接合面に接着剤を用いる場合は，施工前に接合面を十分に　(ロ)　させる。

・プレキャストコンクリートの接合面にモルタルを打ち込んで接合する場合は，施工前に接合面を十分に　(ハ)　させる。

・シールドのセグメント等で用いられる　(ニ)　により接合する方法は，部材の製造や接合時に，高精度な寸法管理や設置管理が必要になる。

	(イ)	(ロ)	(ハ)	(ニ)
(1)	高すぎる	乾燥	吸水	モルタル充填継手
(2)	高すぎる	吸水	乾燥	ボルト締め
(3)	低すぎる	乾燥	吸水	ボルト締め
(4)	低すぎる	吸水	乾燥	モルタル充填継手

R3年BNo.35

解説

プレキャストコンクリート構造物の接合施工

「コンクリート標準示方書［施工編］：特殊コンクリート 11 章　プレキャストコンクリート」参照

・プレキャストコンクリートの接合面に用いるエポキシ樹脂接着剤は，コンクリート温度が **(イ) 低すぎる** と粘度が高くなり硬化反応も遅くなることから，使用温度に適したものを選んで使用する。

・プレキャストコンクリートの接合面に接着剤を用いる場合は，施工前に接合面を十分に **(ロ) 乾燥** させる。

・プレキャストコンクリートの接合面にモルタルを打ち込んで接合する場合は，施工前に接合面を十分に **(ハ) 吸水** させる。

・シールドのセグメント等で用いられる **(ニ) ボルト締め** により接合する方法は，部材の製造や接合時に，高精度な寸法管理や設置管理が必要になる。

解答

(3)

よって，(3)の組合せが適当である。

応用問題

問題16

土木工事の品質管理に関する下記の文章中の _____ の（イ）〜（ニ）に当てはまる語句の組合せとして，**適当なもの**は次のうちどれか。

・品質管理の目的は，契約約款，設計図書等に示された規格を十分満足するような構造物等を最も _____（イ）_____ 施工することである。

・品質 _____（ロ）_____ は，構造物の品質に重要な影響を及ぼすもの，工程に対して処置をとりやすいようにすぐに結果がわかるもの等に留意して決定する。

・品質 _____（ハ）_____ では，設計値を十分満たすような品質を実現するため，品質のばらつきの度合いを考慮して，余裕を持った品質を目標にしなければならない。

・作業標準は，品質 _____（ハ）_____ を実現するための _____（ニ）_____ での試験方法等に関する基準を決めるものである。

	（イ）	（ロ）	（ハ）	（ニ）
(1)	早く	標準	特性	完了後の検査
(2)	早く	特性	標準	完了後の検査
(3)	経済的に	特性	標準	各段階の作業
(4)	経済的に	標準	特性	各段階の作業

R4年BNo.32

解説

土木工事の品質管理

・品質管理の目的は，契約約款，設計図書等に示された規格を十分満足するような構造物等を最も **(イ) 経済的に** 施工することである。

・品質 **(ロ) 特性** は，構造物の品質に重要な影響を及ぼすもの，工程に対して処置をとりやすいようにすぐに結果がわかるもの等に留意して決定する。

・品質 **(ハ) 標準** では，設計値を十分満たすような品質を実現するため，品質のばらつきの度合いを考慮して，余裕を持った品質を目標にしなければならない。

・作業標準は，品質 **(ハ) 標準** を実現するための **(ニ) 各段階の作業** での試験方法等に関する基準を決めるものである。

よって，(3)の組合せが適当である。

解答

(3)

Lesson 6 ④ 品質管理

応用問題 問題17　品質管理に関する下記の文章中の _____ の（イ）～（ニ）に当てはまる語句の組合せとして，**適当なもの**は次のうちどれか。

・品質管理は，ある作業を制御していく品質の統制から，施工計画立案の段階で _____（イ）_____ を検討し，それを施工段階でつくり込むプロセス管理の考え方である。
・工事目的物の品質を一定以上の水準に保つ活動を _____（ロ）_____ 活動といい，品質の向上や品質の維持管理を行う品質管理よりも幅広い概念を含んでいる。
・品質特性を決める場合には，構造物の品質に重要な影響を及ぼすものであること，_____（ハ）_____ しやすい特性であること等に留意する。
・設計値を十分満足するような品質を実現するためには，_____（ニ）_____ を考慮して，余裕を持った品質を目標としなければならない。

	（イ）	（ロ）	（ハ）	（ニ）
(1)	管理特性	品質保証	測定	ばらつきの度合い
(2)	調査特性	維持保全	推定	ばらつきの度合い
(3)	管理特性	品質保証	推定	最大値
(4)	調査特性	維持保全	測定	最大値

R3年BNo.32

品質管理の全般的事項

・品質管理は，ある作業を制御していく品質の統制から，施工計画立案の段階で **（イ）管理特性** を検討し，それを施工段階でつくり込むプロセス管理の考え方である。
・工事目的物の品質を一定以上の水準に保つ活動を **（ロ）品質保証** 活動といい，品質の向上や品質の維持管理を行う品質管理よりも幅広い概念を含んでいる。
・品質特性を決める場合には，構造物の品質に重要な影響を及ぼすものであること，**（ハ）測定** しやすい特性であること等に留意する。
・設計値を十分満足するような品質を実現するためには，**（ニ）ばらつきの度合い** を考慮して，余裕を持った品質を目標としなければならない。

よって，(1)の組合せが適当である。

解答 (1)

Lesson 7　建設工事に伴う対策
1　環境保全対策

出題傾向

令和5年度に正答肢の数を選ぶ出題形式が登場している。
1. 騒音・振動防止対策の基本方針を整理する。過去7年間で8回出題されている。
2. 建設工事における環境対策（周辺環境，汚濁水処理等）を整理する。過去7年間で5回出題されている。

チェックポイント

■各種環境保全対策

　建設工事の施工により周辺の生活環境の保全に関しては，それぞれの対策として，下記の各種法令・法規により規制されている。

　①**騒音・振動対策**：「騒音規制法」，「振動規制法」

　②**大気汚染**：「大気汚染防止法」

　③**水質汚濁**：「水質汚濁防止法」

　④**地盤沈下**：「工業用水法」，「ビル用水法」等の法令による地下水採取，揚水規制及び条例による規制

　⑤**交通障害**：「各種道路交通関係法令」，「建設工事公衆災害防止対策」

　⑥**廃棄物処理**：「廃棄物の処理及び清掃に関する法律（廃棄物処理法）」

■騒音・振動防止対策の基本方針

(1)防止対策の基本

　①対策は発生源において実施することが基本である。

　②騒音・振動は発生源から離れるほど低減される。

　③影響の大きさは，発生源そのものの大きさ以外にも，発生時間帯，発生時間及び連続性などに左右される。

(2)騒音・振動の測定・調査

　①調査地域を代表する地点，すなわち，影響が最も大きいと思われる地点を選んで実施する。

　②騒音・振動は周辺状況，季節，天候などの影響により変動するので，測定は平均的な状況を示すときに行う。

　③施工前と施工中との比較を行うため，日常発生している，暗騒音，暗振動を事前に調査し把握する必要がある。

■騒音規制法及び振動規制法の概要

(1)騒音規制法

①**指定地域**：静穏の保持を必要とする地域／住居が集合し，騒音発生を防止する必要がある地域／学校，病院，図書館，特養老人ホーム等の周囲 80 m の区域内

②**特定建設作業**：くい打機・くい抜機／びょう打機／削岩機／空気圧縮機／コンクリートプラント，アスファルトプラント／バックホウ／トラクターショベル／ブルドーザをそれぞれ使用する作業

③**届　　出**：指定地域内で特定建設作業を行う場合に，7 日前までに都道府県知事（市町村長へ委任）へ届け出る。（災害等緊急の場合はできるだけ速やかに）

④**規制値**：85 デシベル以下／連続 6 日，日曜日，休日の作業禁止

(2)振動規制法

①**指定地域**：住居集合地域，病院，学校の周辺地域で知事が指定する。

②**特定建設作業**：くい打機・くい抜機／舗装版破砕機／ブレーカーをそれぞれ使用する作業／鋼球を使用して工作物を破壊する作業

③**規制値**：75 デシベル以下／連続 6 日，日曜日，休日の作業禁止

■施工における騒音・振動防止対策

(1)施工計画

①作業時間は周辺の生活状況を考慮し，できるだけ短時間で，昼間工事が望ましい。

②騒音・振動の発生量は施工方法や使用機械に左右されるので，できるだけ低騒音・低振動の施工方法，機械を選択する。

③騒音・振動の発生源は，居住地から遠ざけ，距離による低減を図る。

④工事による影響を確認するために，施工中や施工後においても周辺の状況を把握し，対策を行う。

現場における騒音・振動防止対策

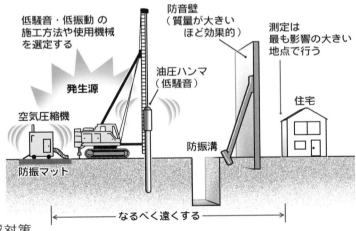

(2)低減対策

①高力ボルトの締付けは，油圧式・電動式レンチを用いると，インパクトレンチより騒音は低減できる。

②車両系建設機械は，大型，新式，回転数小のものがより低減できる。

③ポンプは回転式がより低減できる。

■基礎杭打設における騒音・振動防止対策

(1)埋込み杭の低公害対策

〔プレボーリング工法〕

低公害工法であるが，最終作業としてハンマによる打ち込みがあるため，騒音規制法は除外されるが，振動規制法の指定は受ける。

〔中掘工法〕

低公害工法であり，大口径・既製杭に多く利用される。

〔ジェット工法〕

砂地盤に多く利用され，送水パイプの取付方によっては，騒音が発生する。

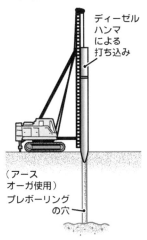
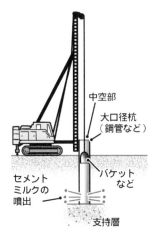
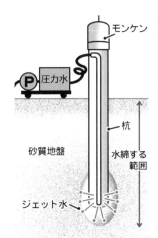

(2)打設杭の低公害対策

〔バイブロハンマ〕

騒音・振動ともに発生するが，ディーゼルパイルハンマに比べ影響は小さい。

〔ディーゼルパイルハンマ〕

全付カバー方式とすれば，騒音は低減できる。

〔油圧ハンマ〕

低公害型として，近年多く用いられる。

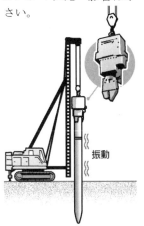
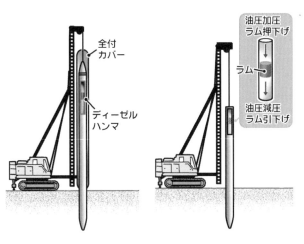

建設工事の騒音防止対策に関する次の記述のうち，**適当でないもの**はどれか。

(1) 騒音防止対策は，音源対策が基本だが，伝搬経路対策及び受音側対策をバランスよく行うことが重要である。

(2) 遮音壁は，音が直進する性質を利用して騒音低減をはかるもので，遮音壁の長さに関係なく効果が期待できる。

(3) 騒音防止対策の方法には，圧入工法のように施工法自体を大幅に変更した技術と発動発電機のようにエンクロージャによりエンジン音などを防音した技術がある。

(4) 建設機械の内燃機関が音源となって発生する騒音は，音の有無と作業の効率にあまり関係なく，機械の性能を損なうことがないので，低騒音型の機械との入れ替えができる。

R元年B No.32

騒音防止対策（遮音壁）

(1) 騒音防止対策は，音源対策が基本であるが，伝搬経路の距離，地形の影響も受ける。受音側においても対策をバランスよく行うことが重要である。
よって，**適当である。**

(2) 音は直進するとともに周辺にも拡散するので，遮音壁はできるだけ長くすることにより，騒音低減をはかる。
よって，適当でない。

(3) 騒音防止対策の方法には，打撃工法を避け圧入工法のように施工法自体を大幅に変更した技術と，発動発電機のように機械全体を囲い込むエンクロージャにより，エンジン音などを防音した技術がある。
よって，**適当である。**

(4) 建設機械の内燃機関が音源となって発生する騒音は，低騒音型の機械との入れ替えを行っても，音の有無と作業の効率にあまり関係なく，機械の性能を損なうことはない。
よって，**適当である。**

(2)

問題 2 建設工事における騒音・振動対策に関する次の記述のうち，**適当でないもの**はどれか。

(1) 騒音・振動の防止対策については，騒音・振動の大きさを下げるほか，発生期間を短縮する等全体的に影響が小さくなるよう検討しなければならない。

(2) 騒音防止対策は，音源対策が基本だが，伝搬経路対策及び受音側対策をバランスよく行うことが重要である。

(3) 建設工事に伴う地盤振動に対する防止対策においては，振動エネルギーが拡散した状態となる受振対象で実施することは，一般に大規模になりがちであり効果的ではない。

(4) 建設機械の発生する音源の騒音対策は，発生する騒音と作業効率には大きな関係があり，低騒音型機械の導入においては，作業効率が低下するので，日程の調整が必要となる。

R4年BNo.17

 解 説

建設工事における騒音・振動対策

(1) 騒音，振動対策の計画，設計，施工にあたっては，施工法，建設機械の騒音，振動の大きさ，発生実態，発生機構等十分理解して，騒音・振動の大きさを下げる。そのほか，発生期間を短縮する等，全体的に影響が小さくなるよう検討しなければならない。 よって，**適当である。**

(2) 騒音防止対策は，発生源での対策が重要であるが，音源対策，伝搬経路対策及び受音側対策をバランスよく行うことも重要である。よって，**適当である。**

(3) 建設工事に伴う地盤振動に対する防止対策においては，振動エネルギーが拡散した状態となる受振対象で実施することは，一般に大規模になりがちであり効果的ではない。発生振動レベルの小さな低公害機械や低振動工法を選定することが重要である。 よって，**適当である。**

(4) 建設機械から発生する音源の騒音対策は，発生する騒音と作業効率にはあまり関係がない。低騒音型機械の導入を検討する。
よって，適当でない。 **解 答 (4)**

 建設工事に伴う環境保全対策に関する次の記述のうち，**適当でないもの**はどれか。

(1) 建設工事にあたっては，事前に地域住民に対して工事の目的，内容，環境保全対策などについて説明を行い，工事の実施に協力が得られるよう努める。

(2) 工事による騒音・振動問題は，発生することが予見されても事前の対策ができないため，地域住民から苦情が寄せられた場合は臨機な対応を行う。

(3) 土砂を運搬する時は，飛散を防止するために荷台のシートかけを行うとともに，作業場から公道に出る際にはタイヤに付着した土の除去などを行う。

(4) 作業場の内外は，常に整理整頓し建設工事のイメージアップをはかるとともに，塵あいなどにより周辺に迷惑がおよぶことのないように努める。

H29年B No.32

環境保全対策（地域住民，騒音・振動，飛散，イメージアップ）

(1) 建設工事にあたっては，工事の着手前に地域住民に対して工事の目的，内容，環境保全対策などについて説明会，戸別訪問，チラシ配布などにより，工事の実施に協力が得られるよう努める。　　　　　　　よって，**適当である。**

(2) 工事による騒音・振動問題は，事前の現地調査を行い，発生することが予見される場合は事前の防止・低減対策を行う。　　　　よって，適当でない。

(3) 土砂を運搬するときは，土砂や粉じんが飛散しないように荷台に飛散防止シートを装着する。作業場から公道に出る際には洗浄及び散水などによりタイヤに付着した土の除去などを行う。　　　　　　　　よって，**適当である。**

(4) 建設現場における環境保全対策として，作業場の内外は，常に整理整頓し建設工事のイメージアップをはかるとともに，塵あいなどにより周辺に迷惑がおよぶことのないように努める必要がある。　　　　よって，**適当である。**

(2)

建設工事における水質汚濁対策に関する次の記述のうち，**適当なもの**はどれか。

(1) SS などを除去する濁水処理設備は，建設工事の工事目的物ではなく仮設備であり，過剰投資となったとしても，必要能力よりできるだけ高いものを選定する。

(2) 土壌浄化工事においては，投入する土砂の粒度分布により SS 濃度が変動し，洗浄設備の制約から SS は高い値になるので脱水設備が小型になる。

(3) 雨水や湧水に土砂・セメントなどが混入することにより発生する濁水の処理は，SS の除去及びセメント粒子の影響によるアルカリ性分の中和が主となる。

(4) 無機凝集剤及び高分子凝集剤の添加量は，濁水及び SS 濃度が多くなれば多く必要となるが，SS の成分及び水質には影響されない。

R2年BNo.33

建設工事における水質汚濁対策

(1) 工事中の濁水処理設備は，恒久的な水処理施設とは異なり，**数年間の使用を前提とした仮設備である。**したがって，**設置，撤去が簡単で経済性，汎用性が重視される。** よって，**適当でない。**

(2) 土壌浄化工事においては，投入する土砂の粒度分布により SS 濃度が変動する。洗浄設備の制約から SS は高い値になるため，**脱水設備は大型になる。** よって，**適当でない。**

(3) 濁水処理設備は，濁水中の諸成分（BOD，COD，SS，pH，油分，重金属類，その他有害物質など）を河川，海洋又は下水の放流基準値以下まで下げるための設備である。雨水や湧水に土砂・セメントなどが混入することにより発生する濁水の処理は，SS の除去及びセメント粒子の影響によるアルカリ性分の中和が主となる。 よって，適当である。

(4) 無機凝集剤及び高分子凝集剤の添加量は，濁水及び SS 濃度が多くなれば多く必要となり，**SS の成分及び水質に影響される。** よって，**適当でない。**

(3)

Lesson 7

建設工事に伴う対策

2 建設副産物・再生資源

出題傾向

1. 建設リサイクル法（建設副産物の再資源化等）について整理する。過去7年間で7回出題。
2. 廃棄物処理法（マニフェスト制度等）の概要を理解する。過去7年間で7回出題。

チェックポイント

■建設副産物の再利用及び処分

(1)建設指定副産物　建設工事にともなって副次的に発生する物品で，再生資源として利用可能なものとして，次の4種が指定されている。

建設指定副産物	再　生　資　源
建設発生土	構造物埋戻し・裏込め材料／道路盛土材料／宅地造成用材料／河川築堤材料／水面埋立用材料
コンクリート塊	再生骨材／道路路盤材料／構造物基礎材
アスファルト・コンクリート塊	再生骨材／道路路盤材料／構造物基礎材
建設発生木材	製紙用及びボードチップ（破砕後）

(2)再生資源利用計画及び再生資源利用促進計画

	再生資源利用計画	再生資源利用促進計画
計画作成工事	次の各号のいずれかに該当する建設資材を搬入する建設工事 1. 土砂………体積 500 m³ 以上 2. 砕石………重量 500 t 以上 3. 土加熱アスファルト混合物 　………重量 200 t 以上	次の各号のいずれかに該当する指定副産物を搬出する建設工事 1. 土建設発生土………体積 500 m³ 以上 2. コンクリート塊，アスファルト・コンクリート塊，建設発生木材 　………合計重量 200 t 以上
求める内容	1. 元請建設工事事業者等の商号，名称又は氏名 2. 工事現場に置く責任者の氏名 3. 建設資材ごとの利用量 4. 利用量のうち再生資源の種類ごとの利用量 5. そのほか再生資源利用に関する事項	1. 元請建設工事事業者等の商号，名称又は氏名 2. 工事現場に置く責任者の氏名 3. 指定副産物の種類ごとの工事現場内における利用量及び再資源化施設又は他の建設工事現場等への搬出量 4. そのほか指定副産物にかかわる再生資源の利用の促進に関する事項
保存	当該工事完成後 5 年間	当該工事完成後 5 年間

378

(3)廃棄物の種類

①**一般廃棄物**：産業廃棄物以外の廃棄物

②**産業廃棄物**：事業活動に伴って生じた廃棄物のうち法令で定められた20種類のもの（燃え殻，汚泥，廃油，廃酸，廃アルカリ，紙くず，木くず等）

③**特別管理一般廃棄物及び特別管理産業廃棄物**：爆発性，感染性，毒性，有害性があるもの

■ 産業廃棄物管理票（マニフェスト）

(1)マニフェスト制度

①排出事業者（元請人）が，廃棄物の種類ごとに収集運搬及び処理を行う受託者に交付する。

②マニフェストには，種類，数量，処理内容などの必要事項を記載する。

③収集運搬業者はA票を，処理業者はD票を事業者に返送する。

④排出事業者は，マニフェストに関する報告を都道府県知事に，年1回提出する。

⑤マニフェストの写しを送付された事業者，収集運搬業者，処理業者は，この写しを5年間保存する。

書類7枚

産業廃棄物管理票は，1冊が7枚綴りの複写で，A，B1，B2，C1，C2，D，Eの用紙が綴じ込まれている。

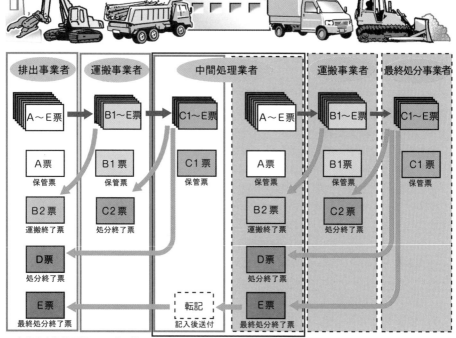

※産業廃棄物管理票は，それぞれ5年間保管すること。　二 次 マ ニ フ ェ ス ト

379

(2)マニフェストが不要なケース

①国，都道府県または市町村に産業廃棄物の運搬及び処分を委託するとき。

②産業廃棄物業の許可がいらない（厚生労働大臣が指定した者に限る）ものに処分を委託するとき。

③直結するパイプラインを用いて処分するとき。

■ 建設リサイクル法（建設工事に係る資材の再資源化等に関する法律）

(1)基本用語

①**分別解体**：構造物の付属物→構造物本体→基礎の順に解体し，資材の種類ごとに分別する。

②**再資源化**：建設廃棄物が資材又は原材料として利用可能とすること及び燃焼用あるいは熱を得られる状態にすること。

(2)建設リサイクル法の基本方針

①建設工事から搬出された建設発生土等の再生資源を建設資材として利用する。

②建設工事から発生する建設指定副産物を他の工事で利用しやすくする。

(3)分別解体及び再資源化等の義務

①対象建設工事の規模の基準

建築物の解体	床面積 80 m² 以上
建築物の新築	床面積 500 m² 以上
建築物の修繕・模様替	工事費 1 億円以上
その他の工作物（土木工作物等）	工事費 500 万円以上

②**届 出**：対象建設工事の発注者又は自主施工者は，工事着手の 7 日前までに，建築物等の構造，工事着手時期，分別解体等の計画について，都道府県知事に届け出る。

③**解体工事業**：建設業の許可が不要な小規模の解体工事業者も都道府県知事の登録を受け，5 年ごとに更新する。

■ 廃棄物処理法（廃棄物の処理及び清掃に関する法律）

(1)**廃棄物処理の定義** (第 2 条)

①産業廃棄物とは，燃え殻，汚泥，廃油，廃酸，廃アルカリ，廃プラスチック類その他政令で定める廃棄物である。

②一般廃棄物とは，産業廃棄物以外の廃棄物である。

③国内において生じた廃棄物は，原則として国内において適正に処理する。

④非常災害により生じる多量の廃棄物は，将来にわたって生適正な処理を確保するため，分別，再生利用等によりその減量を図る。

(2)**一般廃棄物の処理** (第 6 条)

市町村は，当該市町村の区域内の一般廃棄物の処理に関する「一般廃棄物処理計画」を定めなければならない。

(3)**産業廃棄物の処理** (第 11 条)

①事業者は，産業廃棄物を自ら処理しなければならない。

②市町村は，一般廃棄物とあわせて処理することができる産業廃棄物，市町村が処理することが必要であると認める産業廃棄物の処理をその事務として行なうことができる。

③都道府県は，都道府県が処理することが必要であると認める産業廃棄物の処理をその事務として行うことができる。

 建設工事で発生する建設副産物の有効利用の促進に関する次の記述のうち，**適当でないもの**はどれか。

(1) 元請業者は，分別解体等を適正に実施するとともに，排出事業者として建設廃棄物の再資源化等及び処理を適正に実施するよう努めなければならない。

(2) 元請業者は，建設工事の施工にあたり，適切な工法の選択により，建設発生土の発生の抑制に努め，建設発生土は全て現場外に搬出するよう努めなければならない。

(3) 下請負人は，建設副産物対策に自ら積極的に取り組むよう努め，元請業者の指示及び指導等に従わなければならない。

(4) 元請業者は，対象建設工事において，事前調査の結果に基づき，適切な分別解体等の計画を作成しなければならない。

R元年 B No.34

解説

建設工事に係る資材の再資源化等に関する法律（建設リサイクル法）

(1) 建設業を営む者は，施工方法等を工夫することにより，建設資材廃棄物の発生を抑制するとともに，分別解体等及び建設資材廃棄物の再資源化等に要する費用を低減するよう努めなければならない。
（建設工事に係る資材の再資源化等に関する法律第5条第1項）　　　　**よって，適当である。**

(2) 元請業者は，建設工事の施工に当たり，適切な工法の選択等により，建設発生土の発生の抑制と現場内利用あるいは工事間の利用に努めなければならない。（建設副産物適正処理推進要綱第16）　　　　よって，適当でない。

(3) 下請負人は，建設副産物対策に自ら積極的に取り組むよう努め，元請業者の指示及び指導等に従わなければならない。
（建設工事に係る資材の再資源化等に関する法律第39条）　　　　**よって，適当である。**

(4) 元請業者は，対象建設工事において，事前調査の結果に基づき，適切な分別解体等の計画を作成しなければならない。（建設工事に係る資材の再資源化等に関する法律第9条，第10条第1項第4号）　　　　よって，**適当である。**

解答
(2)

問題2 「建設工事に係る資材の再資源化等に関する法律」（建設リサイクル法）に関する次の記述のうち，**正しいもの**はどれか。

(1) 発注者に義務付けられている対象建設工事の事前届出に関し，元請負業者は，届出に係る事項について発注者に書面で説明しなければならない。
(2) 特定建設資材は，コンクリート，コンクリート及び鉄から成る建設資材，木材，アスファルト・コンクリート，プラスチックの品目が定められている。
(3) 対象建設工事の受注者は，分別解体等に伴って生じた特定建設資材廃棄物について，すべて再資源化をしなければならない。
(4) 解体工事業者は，工事現場における解体工事の施工(せこう)に関する技術上の管理をつかさどる安全責任者を選任しなければならない。

R4年BNo.19

建設工事に係る資材の再資源化等に関する法律

建設工事に係る資材の再資源化等に関する法律において定められている。

(1) 発注者は，分別解体等（同法律第9条）及び建設資材廃棄物の再資源化等（同法律第16条）の促進に努めなければならない。発注者に義務付けられている対象建設工事の事前届出に関し，元請負業者は，届出に係る事項について発注者に書面で説明しなければならない。（同法律第12条第1項）　　**よって，正しい。**

(2) 特定建設資材は，**コンクリート，コンクリート及び鉄から成る建設資材，木材，アスファルト・コンクリート**である。（同法律施行令第1条）プラスチックは定められていない。　　　　　　　　　　　　　　　**よって，誤っている。**

(3) 対象建設工事の受注者は，分別解体等に伴って生じた特定建設資材廃棄物について，再資源化をしなければならない。ただし，特定建設資材廃棄物でその再資源化について一定の施設を必要とするもの等は**再資源化に代えて縮減をすれば足りる。**（同法律第16条）　　　　　　　　**よって，誤っている。**

(4) 解体工事業者は，工事現場における解体工事の施工に関する技術上の管理をつかさどる**技術管理者**を選任しなければならない。
（同法律第31条）　　　　　　　**よって，誤っている。**

解答 (1)

**問題 3**　　　建設工事に伴う産業廃棄物（特別管理産業廃棄物を除く）の処理に関する次の記述のうち，廃棄物の処理及び清掃に関する法令上，**誤っているもの**はどれか。

(1)　産業廃棄物とは，事業活動に伴って生じた廃棄物のうち，燃え殻，汚泥，廃油，廃酸，廃アルカリ，廃プラスチック類その他政令で定める廃棄物である。

(2)　産業廃棄物を生ずる事業者は，その運搬又は処分を他人に委託する場合，受託者に対し，産業廃棄物の種類及び数量，受託した者の氏名又は名称を記載した産業廃棄物管理票を交付しなければならない。

(3)　事業者は，その産業廃棄物が運搬されるまでの間，環境省令で定める産業廃棄物保管基準に従い，生活環境の保全上支障のないようにこれを保管しなければならない。

(4)　産業廃棄物管理票交付者は，環境省令で定めるところにより，当該管理票に関する報告書を作成し，これを市町村長に提出しなければならない。

R3年BNo.20

**解説**

廃棄物の処理及び清掃に関する法律

　産業廃棄物の処理に関しては，廃棄物の処理及び清掃に関する法律（廃棄物処理法）において定められている。

(1)　産業廃棄物とは，事業活動に伴って生じた廃棄物のうち，燃え殻，汚泥，廃油，廃酸，廃アルカリ，廃プラスチック類その他政令で定める廃棄物である。(同法第 2 条第 4 項第 1 号)　　　　　　　　　　　　　　　　　よって，**正しい。**

(2)　産業廃棄物を生ずる事業者は，その運搬又は処分を他人に委託する場合，受託者に対し，産業廃棄物の種類及び数量，受託した者の氏名又は名称を記載した産業廃棄物管理票を交付しなければならない。(同法第 12 条の 3 第 1 項)
　　　　　　　　　　　　　　　　　　　　　　　　　　　よって，**正しい。**

(3)　事業者は，その産業廃棄物が運搬されるまでの間，環境省令で定める産業廃棄物保管基準に従い，生活環境の保全上支障のないようにこれを保管しなければならない。(同法第 12 条第 2 項)　　　　　　　　　　　よって，**正しい。**

(4)　産業廃棄物管理票交付者は，環境省令で定めるところにより，当該管理票に関する報告書を作成し，都道府県知事に提出しなければならない。(同法第12条の3第7項)　　よって，**誤っている。**

解答
(4)

 **問題 4**　建設工事にともなう産業廃棄物（特別管理産業廃棄物を除く）の処理に関する次の記述のうち，廃棄物の処理及び清掃に関する法令上，**誤っているもの**はどれか。

(1)　産業廃棄物の収集又は運搬時の帳簿には，収集又は運搬年月日，受入先での受入量，運搬方法及び最も多い運搬先の運搬量を記載しなければならない。

(2)　産業廃棄物収集運搬業者は，産業廃棄物が飛散し，及び流出し，並びに悪臭が漏れるおそれのない運搬車，運搬船，運搬容器その他の運搬施設を保有しなければならない。

(3)　産業廃棄物の運搬を委託するにあたっては，他人の産業廃棄物の運搬を業として行うことができる者に委託しなければならない。

(4)　産業廃棄物の運搬を受託した者は，当該運搬を終了したときは，交付された産業廃棄物管理票に定める事項を記入し，産業廃棄物管理票を交付した者にその写しを送付しなければならない。

R元年B No.35

廃棄物の処理及び清掃に関する法律（廃棄物処理法）

「廃棄物の処理及び清掃に関する法律」（廃棄物処理法）に関する基本事項である。

(1)　産業廃棄物の収集又は運搬時の帳簿には，全ての廃棄物について収集又は運搬年月日，受入先での受入量，運搬方法及び運搬量を記載しなければならない。（同法律第7条，第12条第13項，同法律施行令第2条の5第1項）

よって，誤っている。

(2)　産業廃棄物収集運搬業者は，産業廃棄物が飛散し，及び流出し，並びに悪臭が漏れるおそれのない運搬車，運搬船，運搬容器その他の運搬施設を保有しなければならない。（同法律施行令第6条第1項第1号，第2号）　よって，**正しい**。

(3)　産業廃棄物の運搬を委託するにあたっては，他人の産業廃棄物の運搬を業として行うことができる者に委託しなければならない。（同法律第12条）

よって，**正しい**。

(4)　産業廃棄物の運搬を受託した者は，当該運搬を終了したときは，交付された産業廃棄物管理票に定める事項を記入し，産業廃棄物管理票を交付した者にその写しを送付しなければならない。（同法律第12条の3第3項）

よって，**正しい**。 **解答**

(1)

384

令和5年度（2023年）1級土木施工管理技術検定

第一次検定 試験問題A（選択問題）

※ 問題番号No.1～No.15までの15問題のうちから12問題を選択し解答してください。

【No. 1】 土質試験結果の活用に関する次の記述のうち，**適当でないもの**はどれか。

(1) 土の含水比試験結果は，土粒子の質量に対する間隙に含まれる水の質量の割合を表したもので，土の乾燥密度との関係から締固め曲線を描くのに用いられる。

(2) CBR試験結果は，供試体表面に貫入ピストンを一定量貫入させたときの荷重強さを標準荷重強さに対する百分率で表したもので，地盤の許容支持力の算定に用いられる。

(3) 土の圧密試験結果は，求められた圧密係数や体積圧縮係数等から，飽和粘性土地盤の沈下量と沈下時間の推定に用いられる。

(4) 土の一軸圧縮試験結果は，求められた自然地盤の非排水せん断強さから，地盤の土圧，斜面安定等の強度定数に用いられる。

【No. 2】 法面保護工の施工に関する次の記述のうち，**適当でないもの**はどれか。

(1) 植生土のう工は，法枠工の中詰とする場合には，施工後の沈下やはらみ出しが起きないように，土のうの表面を平滑に仕上げる。

(2) 種子散布工は，各材料を計量した後，水，木質材料，浸食防止材，肥料，種子の順序でタンクへ投入し，十分攪拌して法面へムラなく散布する。

(3) モルタル吹付工は，吹付けに先立ち，法面の浮石，ほこり，泥等を清掃した後，一般に菱形金網を法面に張り付けてアンカーピンで固定する。

(4) ブロック積擁壁工は，原則として胴込めコンクリートを設けない空積で，水平方向の目地が直線とならない谷積で積み上げる。

【No. 3】 TS（トータルステーション）・GNSS（全球測位衛星システム）を用いた盛土の情報化施工に関する次の記述のうち，**適当でないもの**はどれか。

(1) 盛土の締固め管理システムは，締固め判定・表示機能，施工範囲の分割機能等を有するものとしシステムを選定する段階でカタログその他によって確認する。

(2) TS・GNSSを施工管理に用いる時は，現場内に設置している工事基準点等の座標既知点を複数箇所で観測し，既知座標とTS・GNSSの計測座標が合致していることを確認する。

(3) まき出し厚さは，まき出しが完了した時点から締固め完了までに仕上り面の高さが下がる量を試験施工により確認し，これを基に決定する。

(4) 現場密度試験は，盛土材料の品質，まき出し厚及び締固め回数等が，いずれも規定通りとなっている場合においても，必ず実施する。

1

【No. 4】 道路土工における地下排水工に関する次の記述のうち，**適当でないもの**はどれか。

(1) しゃ断排水層は，降雨による盛土内の浸透水を排水するため，路盤よりも下方に透水性の極めて高い荒目の砂利，砕石を用い，適切な厚さで施工する。

(2) 水平排水層は，盛土内部の間隙水圧を低下させて盛土の安定性を高めるため，透水性の良い材料を用い，適切な排水勾配及び層厚を確保し施工する。

(3) 基盤排水層は，地山から盛土への水の浸透を防止するため，地山の表面に砕石又は砂等の透水性が高く，せん断強さが大きい材料を用い，適切な厚さで施工する。

(4) 地下排水溝は，主に盛土内に浸透してくる地下水や地表面近くの浸透水を排水するため，山地部の沢部を埋めた盛土では，旧沢地形に沿って施工する。

【No. 5】 軟弱地盤上における道路盛土の施工に関する次の記述のうち，**適当でないもの**はどれか。

(1) 盛土荷重の載荷による軟弱地盤の変形は，非排水せん断変形による沈下及び隆起・側方変位と，圧密による沈下とからなる。

(2) 盛土は，現地条件等を把握したうえで，工事の進捗状況や地盤の挙動，土工構造物の品質，形状・寸法を確認しながら施工を行う必要がある。

(3) 盛土の施工中は，雨水の浸透を防止するため，施工面に数%の横断勾配をつけて，表面を平滑に仕上げる。

(4) サンドマット施工時や盛土高が低い間は，局部破壊を防止するため，盛土中央から法尻に向かって施工する。

【No. 6】 コンクリート用骨材に関する次の記述のうち，**適当でないもの**はどれか。

(1) 異なる種類の細骨材を混合して用いる場合の吸水率については，混合後の試料で吸水率を測定し規定と比較する。

(2) 凍結融解の繰返しに対する骨材品質の適否の判定は，硫酸ナトリウムによる骨材の安定性試験方法によって行う。

(3) 砕石を用いた場合にワーカビリティーの良好なコンクリートを得るためには，砂利を用いた場合に比べて単位水量を大きくする必要がある。

(4) 粗骨材は，清浄，堅硬，劣化に対する抵抗性を持ったもので，耐火性を必要とする場合には，耐火的な粗骨材を用いる。

【No. 7】 コンクリートに用いるセメントに関する次の記述のうち，**適当でないもの**はどれか。

(1) 普通ポルトランドセメントは，幅広い工事で使用されているセメントで，小規模工事や左官用モルタルでも使用される。

(2) 早強ポルトランドセメントは，初期強度を要するプレストレストコンクリート工事等に使用される。

(3) 中庸熱ポルトランドセメントは，水和熱を抑制することが求められるダムコンクリート工事等に使用される。

(4) 耐硫酸塩ポルトランドセメントは，製鉄所から出る高炉スラグの微粉末を混合したセメントで，海岸など塩分が飛来する環境に使用される。

【No. 8】 コンクリート用混和材料に関する次の記述のうち，**適当でないもの**はどれか。

(1) フライアッシュを適切に用いると，コンクリートのワーカビリティーを改善し単位水量を減らすことができることや水和熱による温度上昇の低減等の効果を期待できる。

(2) 膨張材を適切に用いると，コンクリートの乾燥収縮や硬化収縮等に起因するひび割れ発生を低減できる。

(3) 石灰石微粉末を用いると，ブリーディングの抑制やアルカリシリカ反応を抑制する等の効果がある。

(4) 高性能 AE 減水剤を用いると，コンクリート温度や使用材料等の諸条件の変化に対して，ワーカビリティー等が影響を受けやすい傾向にある。

【No. 9】 寒中コンクリート及び暑中コンクリートの施工に関する次の記述のうち，**適当でないもの**はどれか。

(1) コンクリートの施工時，日平均気温が，4℃以下になることが予想される場合は，寒中コンクリートとしての施工を行わなければならない。

(2) 寒中コンクリートでは，保温養生あるいは給熱養生終了後に急に寒気にさらすと，表面にひび割れが生じるおそれがあるので，適当な方法で保護し表面の急冷を防止する。

(3) 日平均気温が 25℃を超える時期にコンクリートを施工することが想定される場合には，暑中コンクリートとしての施工を行うことを標準とする。

(4) 暑中コンクリートでは，コールドジョイントの発生防止のため，減水剤，AE 減水剤については，促進形のものを用いる。

【No. 10】 コンクリートの打込み・締固めに関する次の記述のうち，**適当なもの**はどれか。

(1) コンクリート打込み時にシュートを用いる場合は，斜めシュートを標準とする。

(2) 打ち込んだコンクリートの粗骨材が分離してモルタル分が少ない部分があれば，その分離した粗骨材をすくい上げてモルタルの多いコンクリートの中に埋め込んで締め固める。

(3) 型枠内に打ち込んだコンクリートは，材料分離を防ぐため，棒状バイブレータを用いてコンクリートを横移動させながら充填する。

(4) コールドジョイント発生を防ぐための許容打重ね時間間隔は，外気温が高いほど長くなる。

3

【No. 11】 鉄筋の継手に関する次の記述のうち，**適当でないもの**はどれか。

(1) 重ね継手は，所定の長さを重ね合せて，直径 0.8 mm 以上の焼なまし鉄線で数箇所緊結する。
(2) 重ね継手の重ね合わせ長さは，鉄筋直径の 20 倍以上とする。
(3) ガス圧接継手における鉄筋の圧接端面は，軸線に傾斜させて切断する。
(4) 手動ガス圧接の場合，直近の異なる径の鉄筋の接合は，可能である。

【No. 12】 道路橋で用いられる基礎形式の種類とその特徴に関する次の記述のうち，**適当でないもの**はどれか。

(1) ケーソン基礎の場合，鉛直荷重に対しては，基礎底面地盤の鉛直地盤反力のみで抵抗させることを原則とする。
(2) 支持杭基礎の場合，水平荷重は杭のみで抵抗させ，鉛直荷重は杭とフーチング根入れ部分で抵抗させることを原則とする。
(3) 鋼管矢板基礎の場合，圧密沈下が生じると考えられる地盤への打設は，負の周面摩擦力等による影響を考慮して検討しなければならない。
(4) 直接基礎の場合，通常，フーチング周面の摩擦抵抗はあまり期待できないので，鉛直荷重は基礎底面地盤の鉛直地盤反力のみで抵抗させなければならない。

【No. 13】 既製杭の支持層の確認，及び打止め管理に関する次の記述のうち，**適当でないもの**はどれか。

(1) 打撃工法では，支持杭基礎の場合，打止め時一打当たりの貫入量及びリバウンド量等が，試験杭と同程度であることを確認する。
(2) 中掘り杭工法のセメントミルク噴出攪拌方式では，支持層付近で掘削速度を極力一定に保ち，掘削抵抗値を測定・記録することにより確認する。
(3) プレボーリング杭工法では，積分電流値の変化が試験杭とは異なる場合，駆動電流値の変化，採取された土の状態，事前の土質調査の結果や他の杭の施工状況等により確認する。
(4) 回転杭工法では，回転速度，付加する押込み力を一定に保ち，回転トルク（回転抵抗値）とN値の変化を対比し，支持層上部よりも回転トルクが減少していることにより確認する。

【No. 14】 場所打ち杭工法の施工に関する次の記述のうち，**適当でないもの**はどれか。

(1) オールケーシング工法の掘削では，孔壁の崩壊防止等のために，ケーシングチューブの先端が常に掘削底面より上方にあるようにする。
(2) オールケーシング工法では，鉄筋かごの最下端には軸方向鉄筋が自重により孔底に貫入することを防ぐため，井桁状に組んだ底部鉄筋を配置するのが一般的である。
(3) リバース工法では，トレミーによる孔底処理を行うことから，鉄筋かごを吊った状態でコンクリートを打ち込むのが一般的である。
(4) リバース工法では，安定液のように粘性があるものを使用しないため，一次孔底処理により泥水中のスライムはほとんど処理できる。

【No. 15】 土留め支保工の施工に関する次の記述のうち，**適当なもの**はどれか。

(1) ヒービングに対する安定性が不足すると予測された場合には，掘削底面下の地盤改良を行い，強度の増加をはかる。

(2) 盤ぶくれに対する安定性が不足すると予測された場合には，地盤改良により不透水層の層厚を薄くするとよい。

(3) ボイリングに対する安定性が不足すると予測された場合には，水頭差を大きくするため，背面側の地下水位を上昇させる。

(4) 土留め壁又は支保工の応力度，変形が許容値を超えると予測された場合には，切ばりのプレロードを解除するとよい。

※ 問題番号 No.16～No.49 までの 34 問題のうちから 10 問題を選択し解答してください。

【No. 16】 鋼道路橋の架設上の留意事項に関する次の記述のうち，**適当でないもの**はどれか。

(1) 供用中の道路に近接するベントと架設橋桁は，架設橋桁受け点位置でズレが生じないよう，ワイヤーロープや固定治具で固定するのが有効である。

(2) 箱桁断面の桁は，重量が重く吊りにくいので，吊り状態における安全性を確認するため，吊り金具や補強材は現場で取り付ける必要がある。

(3) 曲線桁橋の桁を，横取り，ジャッキによるこう上又は降下等，移動する作業を行う場合は，必要に応じてカウンターウエイト等を用いて重心位置の調整を行う。

(4) トラス橋の架設においては，最終段階でのそりの調整は部材と継手の数が多く難しいため，架設の各段階における上げ越し量の確認を入念に行う必要がある。

【No. 17】 鋼道路橋の鉄筋コンクリート床版におけるコンクリート打込みに関する次の記述のうち，**適当でないもの**はどれか。

(1) 打継目は，一般に，床版の主応力が橋軸方向に作用し，打継目の完全な一体化が困難なことから，橋軸方向に設けた方がよい。

(2) 片持部床版の張出し量が大きくなると，コンクリート打込み時の振動による影響や型枠のたわみが大きくなるので，十分に堅固な型枠支保工を組み立てることが重要である。

(3) 床版に縦断勾配及び横断勾配が設けられている場合は，コンクリートが低い方に流動することを防ぐため，低い方から高い方へ向かって打ち込むのがよい。

(4) 連続桁では，ある径間に打ち込まれたコンクリート重量により桁がたわむことで，他径間が持ち上げられることがあるので，床版への引張力が小さくなるよう打込み順序を検討する。

【No. 18】 鋼道路橋における高力ボルトの施工（せこう）に関する次の記述のうち，**適当なもの**はどれか。

(1) ボルト，ナットについては，原則として現場搬入時にその特性及び品質を保証する試験，検査を行い，規格に合格していることを確認する。

(2) 継手の中央部からボルトを締め付けると，連結版が浮き上がり，密着性が悪くなる傾向があるため，外側から中央に向かって締め付け，2度締めを行う。

(3) 回転法又は耐力点法によって締め付けたボルトに対しては，全数についてマーキングによって所要の回転角があるか否かを検査する。

(4) ボルトの軸力の導入は，ボルトの頭部を回して行うのを原則とし，やむを得ずナットを回して行う場合は，トルク係数値の変化を確認する。

【No. 19】 塩害を受けた鉄筋コンクリート構造物への対策や補修に関する次の記述のうち，**適当でないもの**はどれか。

(1) 劣化が顕在化した箇所に部分的に断面修復工法を適用すると，断面修復箇所と断面修復しない箇所の境界部付近においては腐食電流により防食される。

(2) 表面処理工法の適用後からの残存予定供用期間が長い場合には，表面処理材の再塗布を計画しておく必要がある。

(3) 電気防食工法を適用する場合には，陽極システムの劣化や電流供給の安定性について考慮しておく必要がある。

(4) 脱塩工法では，工法適用後に残存する塩化物イオンの挙動が，補修効果の持続期間に大きく影響する。

【No. 20】 下図に示す(1)〜(4)のコンクリート構造物のひび割れのうち，水和熱に起因する温度応力により**施工後（せこう）の比較的早い時期に発生すると考えられるもの**は，次のうちどれか。

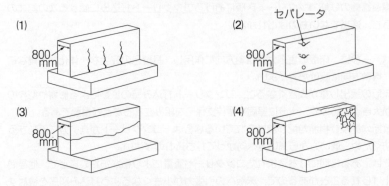

(1)
(2) セパレータ
(3)
(4)

【No. 21】 河川堤防の盛土施工（もりどせこう）に関する次の記述のうち，**適当でないもの**はどれか。

(1) 築堤盛土の締固めは，堤防法線に平行に行うことが望ましく，締固めに際しては締固め幅が重複するように常に留意して施工する必要がある。

6

(2) 築堤盛土の施工中は，法面の一部に雨水が集中して流下すると法面侵食の主要因となるため，堤防横断方向に 3～5% 程度の勾配を設けながら施工する。

(3) 既設の堤防に腹付けを行う場合は，新旧法面をなじませるため段切りを行い，一般にその大きさは堤防締固め 1 層仕上り厚の倍の 20～30cm 程度とすることが多い。

(4) 高含水比粘性土を盛土材料として使用する際は，わだち掘れ防止のために接地圧の小さいブルドーザによる盛土箇所までの二次運搬を行う。

【No. 22】　河川護岸に関する次の記述のうち，**適当でないもの**はどれか。

(1) 法覆工に連節ブロック等の透過構造を採用する場合は，裏込め材の設置は不要となるが，背面土砂の吸出しを防ぐため，吸出し防止材の布設が代わりに必要となる。

(2) 石張り又は石積みの護岸工の施工方法には，谷積みと布積みがあるが，一般には強度の強い谷積みが用いられる。

(3) かごマット工では，底面に接する地盤で土砂の吸出し現象が発生するため，これを防止する目的で吸出し防止材を施工する。

(4) コンクリートブロック張工では，平板ブロックと控えのある間知ブロックが多く使われており，平板ブロックは，流速が大きいところに使用される。

【No. 23】　堤防を開削する場合の仮締切工の施工に関する次の記述のうち，**適当でないもの**はどれか。

(1) 堤防の開削は，仮締切工が完成する以前に開始してはならず，また，仮締切工の撤去は，堤防の復旧が完了，又はゲート等代替機能の構造物ができた後に行う。

(2) 鋼矢板の二重仮締切内の掘削は，鋼矢板の変形，中埋め土の流出，ボイリング・ヒービングの兆候の有無を監視しながら行う必要がある。

(3) 仮締切工の撤去は，構造物の構築後，締切り内と外との土圧，水圧をバランスさせつつ撤去する必要があり，流水の影響がある場合は，上流側，下流側，流水側の順で撤去する。

(4) 鋼矢板の二重仮締切工に用いる中埋め土は，壁体の剛性を増す目的と鋼矢板等の壁体に作用する土圧を低減するために，良質の砂質土とする。

【No. 24】　砂防堰堤の施工に関する次の記述のうち，**適当でないもの**はどれか。

(1) 基礎地盤の透水性に問題がある場合は，グラウト等の止水工により改善を図り，また，パイピングに対しては，止水壁や水抜き暗渠を設けて改善を図るのが一般的である。

(2) 砂防堰堤の基礎は，一般に所定の強度が得られる地盤であっても，基礎の不均質性や風化の速度を考慮し，一定以上の根入れを確保する必要がある。

(3) 基礎掘削によって緩められた岩盤を取り除く等の岩盤清掃を行うとともに，湧水や漏水の処理を行った後に，堤体のコンクリートを打ち込む必要がある。

(4) 砂礫基礎で所要の強度を得ることができない場合は，堰堤の底幅を広くして応力を分散させたり，基礎杭工法やセメントの混合による土質改良等により改善を図る方法がある。

7

【No. 25】 渓流保全工に関する次の記述のうち，**適当でないもの**はどれか。

(1) 渓流保全工は，山間部の平地や扇状地を流下する渓流等において，縦断勾配の規制により渓床や渓岸の侵食等を防止することを目的とした施設である。

(2) 渓流保全工は，多様な渓流空間，生態系の保全及び自然の土砂調節機能の観点から，拡幅部や狭窄部等の自然の地形を活かして計画することが求められる。

(3) 護岸工は，渓岸の侵食や崩壊の防止，山脚の固定等を目的に設置され，湾曲部外湾側では河床変動が大きいことから，根固工を併用する等の検討が求められる。

(4) 床固工は，渓床の縦侵食防止，河床堆積物の再移動防止により河床を安定させるとともに，護岸工等の工作物の上流に設置することにより，工作物の基礎を保護する機能も有する。

【No. 26】 急傾斜地崩壊防止工に関する次の記述のうち，**適当なもの**はどれか。

(1) コンクリート張工は，斜面の風化，侵食及び崩壊等を防止することを目的とし，比較的勾配の急な斜面に用いられ，設計においては土圧を考慮する必要がある。

(2) もたれ式コンクリート擁壁工は，斜面崩壊を直接抑止することが困難な場合に，斜面脚部から離して擁壁を設置する工法で，斜面地形の変化に対し比較的適応性がある。

(3) 切土工は，斜面勾配の緩和，斜面上の不安定な土塊や岩石の一部又は全部を除去するもので，切土した斜面の高さにかかわらず小段の設置を必要としない工法である。

(4) 重力式コンクリート擁壁工は，小規模な斜面崩壊を直接抑止するほか，押さえ盛土の安定，法面保護工の基礎等として用いられる工法であり，排水に対して特に留意する必要がある。

【No. 27】 道路のアスファルト舗装における路床の施工に関する次の記述のうち，**適当でないもの**はどれか。

(1) 盛土路床は，施工後の降雨排水対策として，縁部に仮排水溝を設けておくことが望ましい。

(2) 凍上抑制層は，凍結深さから求めた必要な置換え深さと舗装の厚さを比較し，舗装の厚さが大きい場合に，路盤の下にその厚さの差だけ凍上の生じにくい材料で置き換える。

(3) 安定処理土は，セメント及びセメント系安定材を使用する場合，六価クロムの溶出量が所定の土壌環境基準に適合していることを確認して施工する。

(4) 構築路床は，現状路床の支持力を低下させないよう，所定の品質，高さ及び形状に仕上げる。

【No. 28】 道路のアスファルト舗装における路盤の施工に関する次の記述のうち，**適当でないもの**はどれか。

(1) アスファルトコンクリート再生骨材を多く含む再生路盤材料は，締め固めにくい傾向にあるので，使用するローラの選択や転圧の方法等に留意して施工するとよい。

(2) セメント安定処理路盤を締固め直後に交通開放する場合は，含水比を一定に保つとともに，表面を保護する目的で必要に応じてアスファルト乳剤等を散布するとよい。

(3) 粒状路盤材料が乾燥しすぎている場合は、施工中に適宜散水して、最適含水比付近の状態で締め固めるとよい。

(4) シックリフト工法による加熱アスファルト安定処理路盤は、早期交通開放すると初期わだち掘れが発生しやすいので、舗設後に加熱するとよい。

【No. 29】 道路のアスファルト舗装における基層・表層の施工に関する次の記述のうち、**適当でないもの**はどれか。

(1) タックコート面の保護や乳剤による施工現場周辺の汚れを防止する場合は、乳剤散布装置を搭載したアスファルトフィニッシャを使用することがある。

(2) アスファルト混合物の敷均し作業中に雨が降り始めた場合は、敷均し作業を中止するとともに、敷き均した混合物を速やかに締め固めて仕上げる。

(3) 施工の終了時又はやむを得ず施工を中断した場合は、道路の縦断方向に縦継目を設け、縦継目の仕上りの良否が走行性に直接影響を与えるので平坦に仕上げるように留意する。

(4) 振動ローラにより転圧する場合は、転圧速度が速すぎると不陸や小波が発生し、遅すぎると過転圧になることがあるので、転圧速度に注意する。

【No. 30】 道路のアスファルト舗装の補修工法に関する次の記述のうち、**適当でないもの**はどれか。

(1) オーバーレイ工法は、既設の舗装上にアスファルト混合物の層を重ねる工法で、既設舗装の破損が著しく、その原因が路床や路盤の欠陥によると思われるときは局部的に打ち換える。

(2) 表層・基層打換え工法は、既設舗装を表層又は基層まで打ち換える工法で、コンクリート床版に不陸があって舗装厚が一定でない場合、床版も適宜切削して不陸をなくしておく。

(3) 路上表層再生工法は、現位置において既設アスファルト混合物層を新しい表層として再生する工法で、混合物の締固め温度が通常より低いため、能力の大きな締固め機械を用いるとよい。

(4) 打換え工法は、既設舗装のすべて又は路盤の一部まで打ち換える工法で、路盤以下の掘削時は、既設埋設管等の占用物の調査を行い、試掘する等して破損しないように施工する。

【No. 31】 道路の各種アスファルト舗装に関する次の記述のうち、**適当なもの**はどれか。

(1) グースアスファルト舗装は、グースアスファルト混合物を用いた不透水性やたわみ性等の性能を有する舗装で、一般にコンクリート床版の橋面舗装に用いられる。

(2) 大粒径アスファルト舗装は、最大粒径の大きな骨材をアスファルト混合物に用いる舗装で、耐流動性や耐摩耗性等の性能を有するため、一般に鋼床版舗装等の橋面舗装に用いられる。

(3) フォームドアスファルト舗装は、加熱アスファルト混合物を製造する際に、アスファルトを泡状にして容積を増大させて混合性を高めて製造した混合物を用いる舗装である。

(4) 砕石マスチック舗装は、細骨材に対するフィラーの量が多い浸透用セメントミルクで粗骨材の骨材間隙を充填したギャップ粒度のアスファルト混合物を用いる舗装である。

【No. 32】 道路のコンクリート舗装の補修工法に関する次の記述のうち，**適当なもの**はどれか。

(1) 注入工法は，コンクリート版と路盤との間にできた空隙や空洞を充填し，沈下を生じた版を押し上げて平常の位置に戻す工法である。

(2) 粗面処理工法は，コンクリート舗装面を粗面に仕上げることによって，舗装版の強度を回復させる工法である。

(3) 付着オーバーレイ工法は，既設コンクリート版とコンクリートオーバーレイとが一体となるように，既設版表面に路盤紙を敷いたのち，コンクリートを打ち継ぐ工法である。

(4) バーステッチ工法は，既設コンクリート版に発生したひび割れ部に，ひび割れと平行に切り込んだカッタ溝に異形棒鋼等の鋼材を埋設する工法である。

【No. 33】 ダムの基礎処理として行うグラウチングに関する次の記述のうち，**適当でないもの**はどれか。

(1) 重力式コンクリートダムのコンソリデーショングラウチングは，着岩部付近において，遮水性の改良，基礎地盤弱部の補強を目的として行う。

(2) グラウチングは，ルジオン値に応じた初期配合及び地盤の透水性状等を考慮した配合切換え基準に従って，濃度の濃いものから薄いものへ順に注入を行う。

(3) カーテングラウチングの施工位置は，コンクリートダムの場合は上流フーチング又は堤内通廊から行うのが一般的である。

(4) グラウチング仕様は，当初計画を日々の施工の結果から常に見直し，必要に応じて修正していくことが効率的かつ経済的な施工のために重要である。

【No. 34】 重力式コンクリートダムで各部位のダムコンクリートの配合区分と必要な品質に関する次の記述のうち，**適当なもの**はどれか。

(1) 着岩コンクリートは，所要の水密性，すりへり作用に対する抵抗性や凍結融解作用に対する抵抗性が要求される。

(2) 外部コンクリートは，水圧等の作用を自重で支える機能を持ち，所要の単位容積質量と強度が要求され，発熱量が小さく，施工性に優れていることが必要である。

(3) 内部コンクリートは，岩盤との付着性及び不陸のある岩盤に対しても容易に打ち込めて一体性を確保できることが要求される。

(4) 構造用コンクリートは，鉄筋や埋設構造物との付着性，鉄筋や型枠等の狭隘部への施工性に優れていることが必要である。

【No. 35】 トンネルの山岳工法における支保工の施工に関する次の記述のうち，**適当でないもの**はどれか。

(1) 吹付けコンクリートは，防水シートの破損や覆工コンクリートのひび割れを防止するために，吹付け面をできるだけ平滑に仕上げなければならない。

(2) 吹付けコンクリートは，吹付けノズルを吹付け面に斜め方向に保ち，ノズルと吹付け面との距離及び衝突速度が適正になるように行わなければならない。

(3) 鋼製支保工は，一般に地山条件が悪い場合に用いられ，一次吹付けコンクリート施工後すみやかに建て込まなければならない。

(4) 鋼製支保工は，十分な支保効果を確保するために，吹付けコンクリートと一体化させなければならない。

【No. 36】　トンネルの山岳工法における施工時の観察・計測（せこうじ）に関する次の記述のうち，**適当でないもの**はどれか。

(1) 観察・計測の目的は，施工中に切羽の状況や既施工区間の支保部材，周辺地山の安全性を確認し，現場の実情にあった設計に修正して，工事の安全性と経済性を確保することである。

(2) 観察・計測の項目には，坑内からの切羽の観察調査，内空変位測定，天端沈下測定（てんばちんか）や，坑外からの地表等の観察調査，地表面沈下測定等がある。

(3) 観察調査結果や変位計測結果は，施工中のトンネルの現状を把握して，支保パターンの変更等施工に反映するために，速やかに整理しなければならない。

(4) 変位計測の測定頻度は，地山と支保工の挙動の経時変化ならびに経距変化が把握できるように，掘削前後は疎に，切羽が離れるに従って密になるように設定しなければならない。

【No. 37】　海岸保全施設の養浜（せこう）の施工に関する次の記述のうち，**適当でないもの**はどれか。

(1) 養浜材に浚渫土砂（しゅんせつどしゃ）等の混合粒径土砂を効果的に用いる場合や，シルト分による海域への濁りの発生を抑えるためには，あらかじめ投入土砂の粒度組成を調整することが望ましい。

(2) 投入する土砂の養浜効果には投入土砂の粒径が重要であり，養浜場所にある砂よりも粗な粒径を用いた場合，その平衡勾配が小さいため沖合部の保全効果が期待できる。

(3) 養浜の施工においては，陸上であらかじめ汚濁の発生源となるシルト，有機物，ゴミ等を養浜材から取り除く等の汚濁の発生防止に努める必要がある。

(4) 養浜の陸上施工においては，工事用車両の搬入路の確保や，投入する養浜砂の背後地への飛散等，周辺への影響について十分検討し施工する。

【No. 38】　離岸堤の施工（せこう）に関する次の記述のうち，**適当でないもの**はどれか。

(1) 開口部や堤端部は，施工後の波浪によってかなり洗掘されることがあり，計画の１基分はなるべくまとめて施工する。

(2) 離岸堤を砕波帯付近に設置する場合は，沈下対策を講じる必要があり，従来の施工例からみれば捨石工よりもマット，シート類を用いる方が優れている。

(3) 離岸堤を大水深に設置する場合は，沈下の影響は比較的少ないが，荒天時に一気に沈下する恐れもあるので，容易に補強や嵩上げ（かさあ）が可能な工法を選ぶ等の配慮が必要である。

(4) 離岸堤の施工順序は，侵食区域の上手側（漂砂供給源に近い側）から設置すると下手側の侵食の傾向を増長させることになるので，下手側から着手し，順次上手に施工する。

11

【No. 39】 港湾における浚渫工事のための事前調査に関する次の記述のうち，**適当でないもの**はどれか。

(1) 浚渫工事の浚渫能力が，土砂の硬さや強さ，締り具合や粒の粗さ等に大きく影響することから，土質調査としては，一般に粒度分析，平板載荷試験，標準貫入試験を実施する。

(2) 水深の深い場所での深浅測量は音響測深機による場合が多く，連続的な記録が取れる利点があるが，海底の状況をよりきめ細かく測深する場合には未測深幅を狭くする必要がある。

(3) 水質調査の目的は，海水汚濁の原因が，バックグラウンド値か浚渫による濁りか確認するために実施するもので，事前及び浚渫中の調査が必要である。

(4) 磁気探査を行った結果，一定値以上の磁気反応を示す異常点がある場合は，その位置を求め潜水探査を実施する。

【No. 40】 水中コンクリートに関する次の記述のうち，**適当でないもの**はどれか。

(1) 水中コンクリートの打込みは，水と接触する部分のコンクリートの材料分離を極力少なくするため，打込み中はトレミー及びポンプの先端を固定しなければならない。

(2) 水中不分離性コンクリートは，水中落下させても信頼性の高い性能を有しているが，トレミー及びポンプの筒先は打込まれたコンクリートに埋め込んだ状態で打ち込むことが望ましい。

(3) 水中不分離性コンクリートをポンプ圧送する場合は，通常のコンクリートに比べて圧送圧力は小さく，打込み速度は速くなるので注意を要する。

(4) 水中コンクリートの打込みは，打上がりの表面をなるべく水平に保ちながら所定の高さ又は水面上に達するまで，連続して打ち込まなければならない。

【No. 41】 鉄道のコンクリート路盤の施工に関する次の記述のうち，**適当でないもの**はどれか。

(1) 粒度調整砕石層の締固めは，ロードローラ又は振動ローラ等にタイヤローラを併用し，所定の密度が得られるまで十分に締め固める。

(2) プライムコートの施工は，粒度調整砕石層を仕上げた後，速やかに散布し，粒度調整砕石に十分に浸透させ砕石部を安定させる。

(3) 鉄筋コンクリート版の鉄筋は，正しい位置に配置し鉄筋相互を十分堅固に組み立て，スペーサーを介して型枠に接する状態とする。

(4) 鉄筋コンクリート版のコンクリートは，傾斜部は高い方から低い方へ打ち込み，棒状バイブレータを用いて十分に締め固める。

【No. 42】 鉄道の軌道における維持管理に関する次の記述のうち，**適当でないもの**はどれか。

(1) スラブ軌道は，プレキャストコンクリートスラブを堅固な路盤に据え付け，スラブと路盤との間に填充材を注入したものであり，敷設位置の修正が困難である。

(2) 水準変位は，左右のレールの高さの差のことであり，曲線部では内側レールが沈みやすく，一様に連続した水準変位が発生する傾向がある。

(3) PCマクラギは，木マクラギに比べ初期投資は多額となり，重量が大きく交換が困難であるが，耐用年数が長いことから保守費の削減が可能である。

(4) 軌道変位の増大は，脱線事故にもつながる可能性があるため，軌道変位の状態を常に把握し不良箇所は速やかに補修する必要がある。

【No. 43】 鉄道（在来線）の営業線及びこれに近接して工事を施工する場合の保安対策に関する次の記述のうち，**適当でないもの**はどれか。

(1) 既設構造物等に影響を与える恐れのある工事の施工にあたっては，異常の有無を検測し，これを監督員等に報告する。

(2) 建設用大型機械は，直線区間の建築限界の外方1m以上離れた場所で，かつ列車の運転保安及び旅客公衆等に対し安全な場所に留置する。

(3) 列車見張員は，作業等の責任者及び従事員に対して列車接近の合図が可能な範囲内で，安全が確保できる離れた場所に配置する。

(4) 工事管理者は，線閉責任者に列車又は車両の運転に支障がないことを確認するとともに，自らも作業区間における建築限界内支障物の確認を行う。

【No. 44】 シールド工法の施工に関する次の記述のうち，**適当でないもの**はどれか。

(1) 掘進にあたっては，土質，土被り等の変化に留意しながら，掘削土砂の取り込み過ぎや，チャンバー内の閉塞を起こさないように切羽の安定を図らなければならない。

(2) セグメントの組立ては，所定の内空を確保するために正確かつ堅固に施工し，セグメントの目開きや目違い等の防止について，精度の高い管理を行う。

(3) 裏込め注入工は，セグメントからの漏水の防止，トンネルの蛇行防止等に役立つため，シールド掘進後に周辺地山が安定してから行わなければならない。

(4) 地盤変位を防止するためには，掘進に伴うシールドと地山との摩擦を低減し，周辺地山をできるかぎり乱さないように，ヨーイングやピッチング等を少なくして蛇行を防止する。

【No. 45】 鋼橋の防食法に関する次の記述のうち，**適当でないもの**はどれか。

(1) 塗装は，鋼材表面に形成した塗膜が腐食の原因となる酸素と水や，塩類等の腐食を促進する物質を遮断し鋼材を保護する防食法である。

(2) 耐候性鋼では，鋼材表面における緻密な錆層の生成には，鋼材の表面が大気中にさらされ適度な乾湿の繰返しを受けることが必要である。

(3) 電気防食は，鋼材に電流を流して表面の電位差をなくし，腐食電流の回路を形成させない方法であり，流電陽極方式と外部電源方式がある。

(4) 金属溶射は，加熱溶融された微細な金属粒子を鋼材表面に吹き付けて皮膜を形成する方法であり，得られた皮膜の表面は粗さがなく平滑である。

13

上水道の配水管の埋設位置及び深さに関する次の記述のうち，**適当でないもの**はどれか。

(1) 配水管は，維持管理の容易性への配慮から，原則として公道に布設するもので，この場合は道路法及び関係法令によるとともに，道路管理者との協議による。

(2) 道路法施行令では，土被りの標準は1.2mと規定されているが，土被りの標準又は規定値までとれない場合は道路管理者と協議して0.6mまで減少できる。

(3) 配水管を他の地下埋設物と交差又は近接して布設するときは，維持補修や漏水による加害事故発生の恐れに配慮し，少なくとも0.2m以上の間隔を保つものとする。

(4) 地下水位が高い場合又は高くなることが予想される場合には，管内空虚時に配水管の浮上防止のため最小土被りを確保する。

【No. 47】 下水道管渠の更生工法に関する次の記述のうち，**適当なもの**はどれか。

(1) 製管工法は，熱で硬化する樹脂を含浸させた材料をマンホールから既設管渠内に加圧しながら挿入し，加圧状態のまま樹脂が硬化することで更生管渠を構築する。

(2) 形成工法は，硬化性樹脂を含浸させた材料や熱可塑性樹脂で形成した材料をマンホールから引込み，加圧し，拡張及び圧着後，硬化や冷却固化することで更生管渠を構築する。

(3) 反転工法は，既設管渠より小さな管径で工場製作された二次製品をけん引挿入し，間隙にモルタル等の充填材を注入することで更生管渠を構築する。

(4) さや管工法は，既設管渠内に硬質塩化ビニル樹脂材等をかん合し，その樹脂パイプと既設管渠との間隙にモルタル等の充填材を注入することで更生管渠を構築する。

【No. 48】 下水道工事における小口径管推進工法の施工に関する次の記述のうち，**適当でないもの**はどれか。

(1) 圧入方式は，誘導管推進の途中で中断し時間をおくと，土質によっては推進管が締め付けられ推進が不可能となる場合があるため，推進中に中断せず一気に到達させなければならない。

(2) オーガ方式は，高地下水圧に対抗する装置を有していないので，地下水位以下の粘性土地盤に適用する場合は，取り込み土量に特に注意しなければならない。

(3) ボーリング方式は，先導体前面が開放しているので，地下水位以下の砂質土地盤に適用する場合は，補助工法の使用を前提とする。

(4) 泥水方式は，掘進機の変位を直接制御することができないため，変位の小さなうちに方向修正を加えて掘進軌跡の最大値が許容値を超えないようにする。

【No. 49】 薬液注入工事の施工管理に関する次の記述のうち，**適当でないもの**はどれか。

(1) 薬液の注入量が 500 kℓ 以上の大型の工事では，水ガラスの原料タンクと調合槽との間に流量積算計の設置が義務づけられているので，これにより水ガラスの使用量を確認する。

(2) 削孔時の施工管理項目は，深度，角度及び地表に戻ってくる削孔水の状態の管理があり，特に削孔中は削孔水を観察し調査ボーリングと異なっていないか確認する。

(3) 材料の調合に使用する水は原則として水道水を使用するものとし，水道水が使用できない時は，水質基準の pH が 5.7 以下の水を使用することが望ましい。

(4) 埋設物の損傷等の防止として，埋設管がある深度においては，ロータリーによるボーリングを避け，ジェッテングによる削孔を行うことが望ましい。

※ 問題番号 No.50〜No.61 までの 12 問題のうちから 8 問題を選択し解答してください。

【No. 50】 労働者に支払う賃金に関する次の記述のうち，労働基準法令上，**誤っているもの**はどれか。

(1) 使用者は，労働契約の不履行について違約金を定め，又は損害賠償額を明示して契約しなければならない。

(2) 使用者は，労働者が出産，疾病，災害など非常の場合の費用に充てるために請求する場合においては，支払期日前であっても，既往の労働に対する賃金を支払わなければならない。

(3) 使用者は，出来高払制その他の請負制で使用する労働者については，労働時間に応じ一定額の賃金の保障をしなければならない。

(4) 使用者は，労働契約の締結に際し，労働者に対して賃金の決定，計算及び支払の方法，賃金の締切り及び支払の時期並びに昇給に関する事項を明示しなければならない。

【No. 51】 災害補償に関する次の記述のうち，労働基準法令上，**誤っているもの**はどれか。

(1) 労働者が業務上負傷し，又は疾病にかかった場合の療養のため，労働することができないために賃金を受けない場合においては，使用者は，休業補償を行わなければならない。

(2) 労働者が業務上負傷し，又は疾病にかかり補償を受ける場合，療養開始後 3 年を経過しても負傷又は疾病がなおらない場合においては，使用者は，打切補償を行い，その後はこの法律の規定による補償を行わなくてもよい。

(3) 労働者が業務上負傷し，又は疾病にかかった場合においては，使用者は，その費用で必要な療養を行い，又は必要な療養費用の 100 分の 50 を負担しなければならない。

(4) 労働者が重大な過失によって業務上負傷し，又は疾病にかかり，かつ使用者がその過失について行政官庁の認定を受けた場合においては，休業補償又は障害補償を行わなくてもよい。

【No. 52】 次の作業のうち，労働安全衛生法令上，**作業主任者の選任を必要とする作業**はどれか。

(1) 掘削面の高さが 1 m の地山の掘削（ずい道及びたて坑以外の坑の掘削を除く）の作業

(2) 掘削面の高さが 2 m の土止め支保工の切りばり又は腹起こしの取付け又は取り外しの作業

(3) 高さが 3 m の構造の足場の組立て，解体の作業

(4) 高さが 4 m のコンクリート橋梁上部構造の架設の作業

【No. 53】 高さが 5 m 以上のコンクリート造の工作物の解体作業における危険を防止するために，事業者又はコンクリート造の工作物の解体等作業主任者が行うべき事項に関する次の記述のうち，労働安全衛生法令上，**誤っているもの**はどれか。

(1) 事業者は，外壁，柱等の引倒し等の作業を行うときは，引倒し等について一定の合図を定め，関係労働者に周知させなければならない。

(2) コンクリート造の工作物の解体等作業主任者は，作業の方法及び労働者の配置を決定し，作業を直接指揮しなければならない。

(3) コンクリート造の工作物の解体等作業主任者は，作業を行う区域内には関係労働者以外の労働者の立入りを禁止しなければならない。

(4) 事業者は，強風，大雨，大雪等の悪天候のため，作業の実施について危険が予想されるときは，当該作業を中止しなければならない。

【No. 54】 元請負人の義務に関する次の記述のうち，建設業法令上，**誤っているもの**はどれか。

(1) 元請負人は，その請け負った建設工事を施工するために必要な工程の細目，作業方法その他元請負人において定めるべき事項を定めようとするときは，あらかじめ，下請負人の意見をきかなければならない。

(2) 元請負人は，請負代金の出来形部分に対する支払を受けたときは，施工した下請負人に対して，下請代金の一部を，当該支払を受けた日から40日以内で，かつ，できる限り短い期間内に支払わなければならない。

(3) 元請負人は，前払金の支払を受けたときは，下請負人に対して，資材の購入，労働者の募集その他建設工事の着手に必要な費用を前払金として支払うよう適切な配慮をしなければならない。

(4) 元請負人は，下請負人からその請け負った建設工事が完成した旨の通知を受けたときは，当該通知を受けた日から20日以内で，かつ，できる限り短い期間内に，その完成を確認するための検査を完了しなければならない。

【No. 55】 火薬の取扱い等に関する次の記述のうち，火薬類取締法令上，**正しいもの**はどれか。

(1) 火薬類取扱所には，帳簿を備え，責任者を定めて，火薬類の受払い及び消費残数量をその都度明確に記録させること。

(2) 消費場所において火薬類を取り扱う場合の火薬類を収納する容器は，木その他電気不良導体で作った丈夫な構造のものとし，内面は鉄類で表したものとすること。

(3) 火薬類取扱所には地下構造の建物を設け，その構造は，火薬類を存置するときに見張人を常時配置する場合を除き，盗難及び火災を防ぎ得る構造とすること。

(4) 火薬類取扱所の周囲には，保安距離を確保し，かつ，「立入禁止」，「火気厳禁」等と書いた警戒札を掲示すること。

【No. 56】 道路上で行う工事，又は行為についての許可，又は承認に関する次の記述のうち，道路法令上，**誤っているもの**はどれか。

(1) 道路管理者以外の者が，沿道で行う工事のために交通に支障を及ぼすおそれのない道路の区域内に，工事材料の置き場を設ける場合は，道路管理者の許可を受ける必要がない。

(2) 道路管理者以外の者が，民地への車両乗入れのために歩道切下げ工事を行う場合は，道路管理者の承認を受ける必要がある。

(3) 道路占用者が，電線，上下水道，ガス等を道路に設け，継続して道路を使用する場合は，道路管理者の許可を受ける必要がある。

(4) 道路占用者が，道路の構造又は交通に支障を及ぼすおそれがないと認められる重量の増加を伴わない占用物件の構造を変更する場合は，あらためて道路管理者の許可を受ける必要がない。

【No. 57】 河川管理者以外の者が河川区域（高規格堤防特別区域を除く）で工事を行う場合の許可に関する次の記述のうち，河川法令上，**誤っているもの**はどれか。

(1) 河川区域内の土地の地下を横断して工業用水のサイホンを設置する場合は，河川管理者の許可を受ける必要がある。

(2) 河川区域内の野球場に設置されている老朽化したバックネットを撤去する場合は，河川管理者の許可を受ける必要がない。

(3) 河川区域内に設置されている取水施設の機能維持のために取水口付近に積もった土砂を撤去する場合は，河川管理者の許可を受ける必要がない。

(4) 河川区域内で一時的に仮設の資材置場を設置する場合は，河川管理者の許可を受ける必要がある。

【No. 58】 工事現場に設置する仮設の現場事務所に関する次の記述のうち，建築基準法令上，**正しいもの**はどれか。

(1) 現場事務所を建築する場合は，当該工事に着手する前に，その計画が建築基準関係規定に適合するものであることについて，建築主事の確認を受けなければならない。

(2) 現場事務所を湿潤な土地，出水のおそれの多い土地に建築する場合においては，盛土，地盤の改良その他衛生上又は安全上必要な措置を講じなければならない。

(3) 現場事務所ががけ崩れ等による被害を受けるおそれのある場合においては，擁壁の設置その他安全上適当な措置を講じなければならない。

(4) 現場事務所は，自重，積載荷重，積雪荷重，風圧，土圧及び水圧並びに地震その他の震動及び衝撃に対して安全な構造でなければならない。

【No. 59】 騒音規制法令上，特定建設作業における環境省令で定める基準に関する次の記述のうち，**誤っているもの**はどれか。

(1) 特定建設作業に伴って発生する騒音が，特定建設作業の場所の敷地の境界線において，75 dB を超える大きさのものでないこと。

(2) 都道府県知事が指定した第1号区域では，原則として午後7時から翌日の午前7時まで行われる特定建設作業に伴って騒音が発生するものでないこと。

(3) 特定建設作業の全部又は一部に係る作業の期間が当該特定建設作業の場合においては，原則として連続して6日間を超えて行われる特定建設作業に伴って騒音が発生するものでないこと。

(4) 都道府県知事が指定した第1号区域では，原則として1日 10 時間を超えて行われる特定建設作業に伴って騒音が発生するものでないこと。

【No. 60】 振動規制法令上，指定地域内で行う次の建設作業のうち，特定建設作業に**該当しないもの**はどれか。ただし，当該作業がその作業を開始した日に終わるものを除く。

(1) ジャイアントブレーカを使用したコンクリート構造物の取り壊し作業
(2) 1日の移動距離が 50 m 未満の舗装版破砕機による道路舗装面の破砕作業
(3) 1日の移動距離が 50 m 未満の振動ローラによる路体の締固め作業
(4) ディーゼルハンマによる既製コンクリート杭の打込み作業

【No. 61】 港長の許可又は届け出に関する次の記述のうち，港則法令上，**正しいもの**はどれか。

(1) 特定港内又は特定港の境界附近で工事又は作業をしようとする者は，港長に届け出なければならない。

(2) 船舶は，特定港に入港したとき又は特定港を出港しようとするときは，国土交通省令の定めるところにより，港長の許可を受けなければならない。

(3) 特定港内において竹木材を船舶から水上に卸そうとする者は，港長の許可を受けなければならない。

(4) 船舶は，特定港内又は特定港の境界附近において危険物を運搬しようとするときは，港長に届け出なければならない。

※　問題番号 No.1～No.20 までの 20 問題は，必須問題ですから全問題を解答してください。

【No. 1】　TS（トータルステーション）を用いて行う測量に関する次の記述のうち，**適当でないもの**はどれか。

(1)　TS での鉛直角観測は，1視準1読定，望遠鏡正及び反の観測を2対回とする。
(2)　TS での水平角観測において，対回内の観測方向数は，5方向以下とする。
(3)　TS での距離測定は，1視準2読定を1セットとする。
(4)　TS での水平角観測，鉛直角観測及び距離測定は，1視準で同時に行うことを原則とする。

【No. 2】　公共工事標準請負契約約款に関する次の記述のうち，**適当でないもの**はどれか。

(1)　工期を変更する場合は，発注者と受注者が協議して定めるが，所定の期日までに協議が整わないときは，発注者が定めて受注者に通知する。
(2)　発注者は，必要があると認めるときは，設計図書の変更内容を受注者に通知して，設計図書を変更することができる。
(3)　受注者は，現場代理人を工事現場に常駐させなければならないが，工事現場における運営等に支障がなく，かつ，発注者との連絡体制が確保されれば受注者の判断で，工事現場への常駐を必要としないことができる。
(4)　受注者は，工事目的物の引渡し前に，天災等で発注者と受注者のいずれの責めにも帰すことができないものにより，工事目的物等に損害が生じたときは，発注者が確認し，受注者に通知したときには損害による費用の負担を発注者に請求することができる。

【No. 3】 下図は，擁壁の配筋図を示したものである。**かかと部の引張鉄筋に該当する鉄筋番号**は，次のうちどれか。

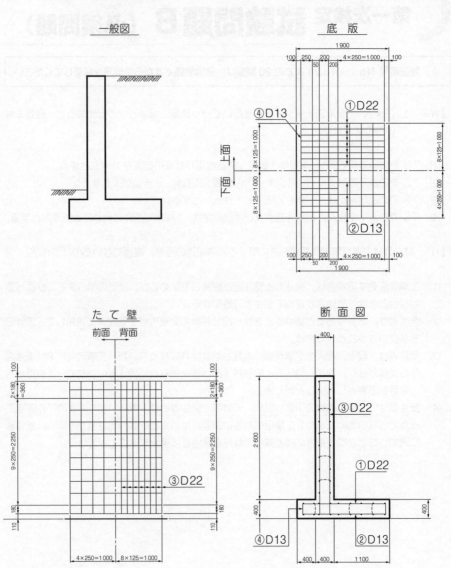

(1) ① D 22
(2) ② D 13
(3) ③ D 22
(4) ④ D 13

【No. 4】 道路工事における締固め機械に関する次の記述のうち，**適当でないもの**はどれか。

(1) 振動ローラは，自重による重力に加え，転圧輪を強制振動させて締め固める機械であり比較的小型でも高い締固め効果を得ることができる。

(2) タイヤローラは，タイヤの空気圧を変えて輪荷重を調整し，バラストを付加して接地圧を増加させ締固め効果を大きくすることができ，路床，路盤の施工に使用される。

(3) ロードローラは，鉄輪を用いた締固め機械でマカダム型とタンデム型があり，アスファルト混合物や路盤の締固め及び路床の仕上げ転圧等に使用される。

(4) タンピングローラは，突起の先端に荷重を集中させることができ，土塊や岩塊等の破砕や締固めに効果があり，厚層の土の転圧に適している。

【No. 5】 施工計画立案のための事前調査に関する次の記述のうち，**適当でないもの**はどれか。

(1) 市街地の工事や既設施設物に近接した工事の事前調査では，既設施設物の変状防止対策や使用空間の確保等を施工計画に反映することが必要である。

(2) 下請負業者の選定にあたっての調査では，技術力，過去の実績，労働力の供給，信用度，専門性等と安全管理能力を持っているか等について調査することが重要である。

(3) 資機材の輸送調査では，事前に輸送ルートの道路状況や交通規制等を把握し，不明な点がある場合には，陸運事務所や所轄警察署に相談して解決しておくことが重要である。

(4) 現場条件の調査では，調査項目の落ちがないように選定し，複数の人で調査したり，調査回数を重ねる等により，精度を高めることが必要である。

【No. 6】 下図のネットワーク式工程表で示される工事で，作業 F に 4 日間の遅延が発生した場合，次の記述のうち，**適当なもの**はどれか。
ただし，図中のイベント間の A〜J は作業内容，数字は作業日数を示す。

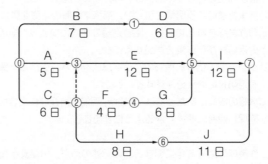

(1) 当初の工期どおり完了する。
(2) 当初の工期より 2 日遅れる。
(3) 当初の工期より 3 日遅れる。
(4) クリティカルパスの経路は当初と変わらない。

【No. 7】 特定元方事業者が講ずべき措置等に関する次の記述のうち，労働安全衛生法令上，**誤っているもの**はどれか。

(1) 特定元方事業者は，すべての関係請負人が参加する協議組織を設置し，会議の運営を行わなければならない。
(2) 特定元方事業者は，関係請負人が行う労働者の安全又は衛生のための教育に対する指導及び援助を行わなければならない。
(3) 特定元方事業者は，工程，機械，設備の配置等に関する計画を作成しなければならない。
(4) 特定元方事業者は，当該作業場所の巡視を作業前日に行わなければならない。

【No. 8】 安全管理体制における，安全衛生管理組織に関する次の記述のうち，労働安全衛生法令上，**誤っているもの**はどれか。

(1) 元方事業者は，関係請負人の労働者を含め，常時 50 人以上となる事業場（ずい道，圧気工法，一定の橋梁工事は除く）では，統括安全衛生責任者を選任する。
(2) 元方事業者は，関係請負人の労働者を含め，常時 50 人以上となる事業場では，安全管理者を選任する。
(3) 元方事業者は，関係請負人の労働者を含め，常時 50 人以上となる事業場では，衛生管理者を選任する。
(4) 元方事業者は，関係請負人の労働者を含め，常時 50 人以上 100 人未満となる事業場では，安全衛生推進者を選任する。

【No. 9】 建設工事現場における異常気象時の安全対策に関する次の記述のうち，**適当でないもの**はどれか。

(1) 降雨によって冠水流出の恐れがある仮設物は，早めに撤去するか，水裏から仮設物内に水を呼び込み内外水位差による倒壊を防ぐか，補強する等の措置を講じること。
(2) 警報及び注意報が解除された場合は，工事現場の地盤のゆるみ，崩壊，陥没等の危険がないか，点検と併行しながら作業を再開すること。
(3) 強風によってクレーン，杭打ち機等のような風圧を大きく受ける作業用大型機械の休止場所での転倒，逸走防止には十分注意すること。
(4) 異常気象等の情報の収集にあたっては，事務所，現場詰所及び作業場所間の連絡伝達のため，複数の手段を確保し瞬時に連絡できるようにすること。

【No. 10】 足場，作業床の組立て等に関する次の記述のうち，労働安全衛生法令上，**誤っているもの**はどれか。

(1) 高さ 2 m 以上の足場（一側足場及びつり足場を除く）で作業を行う場合は，幅 40 cm 以上の作業床を設けなければならない。

(2) 高さ 2 m 以上の足場（一側足場及びわく組足場を除く）の作業床であって墜落の危険のある箇所には，高さ 85 cm 以上の手すり又はこれと同等以上の機能を有する設備を設けなければならない。

(3) 高さ 2 m 以上の足場（一側足場及びわく組足場を除く）の作業床であって墜落の危険のある箇所には，高さ 35 cm 以上 50 cm 以下の桟又はこれと同等以上の機能を有する設備を設けなければならない。

(4) 高さ 2 m 以上の足場（一側足場を除く）の作業床には，物体の落下防止のため，高さ 5 cm 以上の幅木，メッシュシート若しくは，防網等を設けなければならない。

【No. 11】 土工工事における明り掘削の作業にあたり事業者が遵守しなければならない事項に関する次の記述のうち，労働安全衛生法令上，**誤っているもの**はどれか。

(1) 地山の崩壊等による労働者の危険を防止するため，点検者を指名して，その日の作業を開始する前，大雨の後及び中震（震度 4）以上の地震の後，浮石及びき裂の有無及び状態並びに含水，湧水及び凍結の状態の変化を点検させなければならない。

(2) 地山の崩壊又は土石の落下により労働者に危険を及ぼすおそれのあるときは，予め土止め支保工を設け，防護網を張り，労働者の立入りを禁止する等の措置を講じなければならない。

(3) 土止め支保工の部材の取付け等については，切りばり及び腹おこしは，脱落を防止するため，矢板，くい等に確実に取り付けるとともに，圧縮材（火打ちを除く）の継手は，重ね継手としなければならない。

(4) 運搬機械等が，労働者の作業箇所に後進して接近するとき，又は転落するおそれのあるときは，誘導者を配置し，その者にこれらの機械を誘導させなければならない。

【No. 12】 建設工事における墜落災害の防止に関する次の記述のうち，事業者が講じなければならない措置として，労働安全衛生法令上，**正しいもの**はどれか。

(1) 高さ 1.5 m 以上の作業床の端，開口部等で墜落により労働者に危険を及ぼすおそれのある箇所には，囲い，手すり，覆い等を設けなければならない。

(2) 高さ 3 m 以上の箇所で囲い等の設置が困難又は作業上，囲いを取りはずすときは，防網を張り，労働者に要求性能墜落制止用器具を使用させなければならない。

(3) 高さ 5 m 以上の箇所での作業で，労働者に要求性能墜落制止用器具等を使用させるときは要求性能墜落制止用器具等の取付設備等を設け，異常の有無を随時点検しなければならない。

(4) 高さ 2 m 以上の箇所で作業を行なうときは，当該作業を安全に行なうため必要な照度を保持しなければならない。

5年度 問題 B（必須問題）

23

【No. 13】 コンクリート構造物の解体作業に関する次の記述のうち，**適当でないもの**はどれか。

(1) 圧砕機及び大型ブレーカによる取壊しでは，解体する構造物からコンクリート片の飛散，構造物の倒壊範囲を予測し，作業員，建設機械を安全作業位置に配置しなければならない。

(2) 転倒方式による取壊しでは，解体する主構造部に複数本の引きワイヤを堅固に取付け，引きワイヤで加力する際は，繰返して荷重をかけるようにして行う。

(3) カッタによる取壊しでは，撤去側躯体ブロックへのカッタ取り付けを禁止するとともに，切断面付近にシートを設置して冷却水の飛散防止を図る。

(4) ウォータージェットによる取壊しでは，病院，民家等が隣接している場合にはノズル付近に防音カバーをしたり，周辺に防音シートによる防音対策を実施する。

【No. 14】 道路のアスファルト舗装の品質管理に関する次の記述のうち，**適当でないもの**はどれか。

(1) 管理結果を工程能力図にプロットし，その結果が管理の限界をはずれた場合，あるいは一方に片寄っている等の結果が生じた場合，直ちに試験頻度を増して異常の有無を確かめる。

(2) 管理の合理化を図るためには，密度や含水比等を非破壊で測定する機器を用いたり，作業と同時に管理できる敷均し機械や締固め機械等を活用することが望ましい。

(3) 各工程の初期においては，品質管理の各項目に関する試験の頻度を適切に増し，その時点の作業員や施工機械等の組合せにおける作業工程を速やかに把握しておく。

(4) 下層路盤の締固め度の管理は，試験施工あるいは工程の初期におけるデータから，所定の締固め度を得るのに必要な転圧回数が求められた場合でも，密度試験を必ず実施する。

【No. 15】 路床や路盤の品質管理に用いられる試験方法に関する次の記述のうち，**適当でないもの**はどれか。

(1) 修正CBR 試験は，所要の締固め度における路盤材料の支持力値を知り，材料選定の指標として利用することを目的として実施する。

(2) RI による密度の測定は，現場における締め固められた路床・路盤材料の密度及び含水比を求めることを目的として実施する。

(3) 平板載荷試験は，地盤支持力係数 K 値を求め，路床や路盤の支持力を把握することを目的として実施する。

(4) プルーフローリング試験は，路床，路盤の表面の浮き上がりや緩みを十分に締め固め，かつ不良箇所を発見することを目的として実施する。

【No. 16】 レディーミクストコンクリートの受入れ検査に関する次の記述のうち，**適当でないもの**はどれか。

(1) 荷卸し時のフレッシュコンクリートのワーカビリティーの良否を，技術者による目視により判定した。

(2) コンクリートのコンシステンシーを評価するため，スランプ試験を行った。

(3) フレッシュコンクリートの単位水量を推定する試験方法として，エアメータ法を用いた。
(4) アルカリシリカ反応対策を確認するため，荷卸し時の試料を採取してモルタルバー法を行った。

【No. 17】 建設工事に伴い発生する濁水の処理に関する次の記述のうち，**適当なもの**はどれか。

(1) 発生した濁水は，沈殿池等で浄化処理して放流するが，その際，濁水量が多いほど処理が困難となるため，処理が不要な清水は，できるだけ濁水と分離する。
(2) 建設工事からの排出水が一時的なものであっても，明らかに河川，湖沼，海域等の公共水域を汚濁する場合，水質汚濁防止法に基づく放流基準に従って濁水を処理しなければならない。
(3) 濁水は，切土面や盛土面の表流水として発生することが多いことから，他の条件が許す限りできるだけ切土面や盛土面の面積が大きくなるよう計画する。
(4) 水質汚濁処理技術のうち，凝集処理には，天日乾燥，遠心力を利用する遠心脱水機，加圧力を利用するフィルタープレスやベルトプレス脱水装置等による方法がある。

【No. 18】 建設工事における近接施工での周辺環境対策に関する次の記述のうち，**適当でないもの**はどれか。

(1) リバース工法では，比重の高い泥水等を用いて孔壁の安定を図るが，掘削速度を遅くすると保護膜（マッドケーキ）が不完全となり孔壁崩壊の原因となる。
(2) 既製杭工法には，打撃工法や振動工法があるが，これらの工法は，周辺環境への影響が大きいため，都市部では減少傾向にある。
(3) 盛土工事による近接施工では，法先付近の地盤に深層撹拌混合処理工法等で改良体を造成することにより，盛土の安定対策や周辺地盤への側方変位を抑制する。
(4) シールド工事における掘進時の振動は，特にシールドトンネルの土被りが少なく，シールドトンネル直上又はその付近に民家等があり，砂礫層等を掘進する場合は注意が必要である。

【No. 19】 建設工事で発生する建設副産物の有効利用及び廃棄物の適正処理に関する次の記述のうち，**適当なもの**はどれか。

(1) 元請業者は，建設工事の施工にあたり，適切な工法の選択等により，建設発生土の抑制に努め，建設発生土は全て現場外に搬出するよう努めなければならない。
(2) 元請業者は，当該工事に係る特定建設資材廃棄物の再資源化等に着手する前に，その旨を当該工事の発注者に書面で報告しなければならない。
(3) 排出事業者は，建設廃棄物の処理を他人に委託する場合は，収集運搬業者及び中間処理業者又は最終処分業者とそれぞれ事前に委託契約を書面にて行う。
(4) 伐採木，伐根材，梱包材等は，建設資材ではないが，「建設工事に係る資材の再資源化等に関する法律」による分別解体等・再資源化等の義務づけの対象となる。

25

【No. 20】 「廃棄物の処理及び清掃に関する法律」に関する次の記述のうち，**誤っているもの**はどれか。

(1) 産業廃棄物収集運搬業者は，産業廃棄物が飛散し，及び流出し，並びに悪臭が漏れるおそれのない運搬車，運搬船，運搬容器その他の運搬施設を有していなければならない。

(2) 排出事業者は，産業廃棄物の運搬又は処分を業とする者に委託した場合，産業廃棄物の処分の終了確認後，産業廃棄物管理票（マニフェスト）を交付しなければならない。

(3) 国，地方公共団体，事業者その他の関係者は，非常災害時における廃棄物の適正な処理が円滑かつ迅速に行われるよう適切に役割分担，連携，協力するよう努めなければならない。

(4) 排出事業者が当該産業廃棄物を生ずる事業場の外において自ら保管するときは，原則として，あらかじめ都道府県知事に届け出なければならない。

※ **問題番号 No.21～No.35 までの 15 問題は，施工管理法（応用能力）の必須問題ですから全問題を解答してください。**

【No. 21】 調達計画立案に関する下記の文章中の [　　　] の (イ)～(ニ) に当てはまる語句の組合せとして，**適当なもの**は次のうちどれか。

・資材計画では，特別注文品等，[(イ)] 納期を要する資材の調達は，施工に支障をきたすことのないよう品質や納期に注意する。

・下請発注計画では，すべての職種の作業員を常時確保することは極めてむずかしいので，作業員を常時確保するリスクを避けてこれを下請業者に [(ロ)] するように計画することが多い。

・資材計画では，用途，仕様，必要数量，納期等を明確に把握し，資材使用予定に合わせて，無駄な費用の発生を [(ハ)] にする。

・機械計画では，機械が効率よく稼働できるよう [(ニ)] 所用台数を計画することが最も望ましい。

	(イ)	(ロ)	(ハ)	(ニ)
(1)	長い	分散	最小限	平均化して
(2)	短い	集中	最大限	短期間のピークに合わせて
(3)	短い	集中	最大限	平均化して
(4)	長い	分散	最小限	短期間のピークに合わせて

【No. 22】 工事の安全確保及び環境保全の施工計画立案時における留意事項に関する下記の①〜④の4つの記述のうち，**適当なものの数**は次のうちどれか。

① 施工機械の選定にあたっては，沿道環境等に与える影響を考慮し，低騒音型，低振動型及び排出ガスの低減に配慮したものを採用し，沿道環境に最も影響の少ない稼働時間帯を選択する等の検討を行う。

② 工事の着手にあたっては，工事に先がけ現場に広報板を設置し必要に応じて地元の自治会等に挨拶や説明を行うとともに，戸別訪問による工事案内やチラシ配布を行う。

③ 公道上で掘削を行う工事の場合は，電気，ガス及び水道等の地下埋設物の保護が重要であり，施工計画段階で調査を行い，埋設物の位置，深さ等を確認する際は労働基準監督署の立ち合いを求める。

④ 施工現場への資機材の搬入及び搬出等は，交通への影響をできるだけ減らすように，施工計画の段階で資機材の搬入経路や交通規制方法等を十分に検討し最適な計画を立てる。

(1) 1つ
(2) 2つ
(3) 3つ
(4) 4つ

【No. 23】 施工管理体制に関する下記の文章中の ［ ］ の（イ）〜（ニ）に当てはまる語句の組合せとして，**適当なもの**は次のうちどれか。

・元請負者は，すべての関係請負人の ［ (イ) ］ を明確にして，これらのすべてを管理・監督しつつ工事の適正な施工の確保を図ることが必要である。

・元請負者は，下請負人の名称，当該下請負人に係る ［ (ロ) ］ を記載した施工体制台帳を現場ごとに備え付け，発注者から請求があれば，閲覧に供しなければならない。

・元請負者は，下請負人に対して，その下請けした工事を他の建設業者に下請けさせた場合は，［ (ハ) ］ の提出を書面で義務づけ，その書面を工事現場の見やすい場所に掲示しなければならない。

・元請負者は，各下請負人の施工分担関係を表示した ［ (ニ) ］ を作成し，工事関係者全員に施工分担関係がわかるように工事現場の見やすい場所に掲示しなければならない。

	(イ)	(ロ)	(ハ)	(ニ)
(1)	保証人	使用資機材及び金額等	再下請通知書	工程管理図
(2)	役割分担	工事の内容及び工期等	再下請通知書	施工体系図
(3)	保証人	工事の内容及び工期等	下請契約書	工程管理図
(4)	役割分担	使用資機材及び金額等	下請契約書	施工体系図

【No. 24】 工事原価管理に関する下記の①〜④の 4 つの記述のうち，**適当なもののみを全てあげている組合せ**は次のうちどれか。

① 原価管理とは，工事の適正な利潤の確保を目的として，工事遂行過程で投入・消費される資材・労務・機械や施工管理等に費やされるすべての費用を対象とする管理統制機能である。

② コストコントロールとは，施工計画に基づきあらかじめ設定された予定原価に対し品質よりも安価となることを採用し原価をコントロールすることにより，工事原価の低減を図るものである。

③ コストコントロールの結果，得られた実施原価をフィードバックし以降の工事に反映させ，工事の経済性向上を図る総合的な原価管理をコストマネジメントという。

④ 原価管理は，品質・工程・安全・環境の各管理項目と並んで施工管理を行う上で不可欠な管理要素で，個々の項目の判断基準として費用対効果が常に考慮されるため重要である。

(1) ①②
(2) ③④
(3) ①③④
(4) ②③④

【No. 25】 工程管理に関する下記の①〜④の 4 つの記述のうち，**適当なものの数**は次のうちどれか。

① 工程の設定においては，施工のやり方，施工の順序によって工期，工費が大きく変動する恐れがあり，施工手順・組合せ機械の検討を経て，最も適正な施工方法を選定する。

② 工程計画は初期段階で設定した施工方法に基づき，工事数量の正確な把握と作業可能日数及び作業能率を的確に推定し，各部分工事の経済的な所要時間を見積もることから始める。

③ 作業可能日数は，暦日による日数から休日と作業不可能日数を差し引いて求められ，作業不可能日数は，現場の地形，地質，気象等の自然条件や工事の技術的特性から推定する。

④ 各部分作業の時間見積りができたら，タイムスケール上に割付け，全体の工期を超過した場合には投入する人数・機械台数の変更や工法の修正等の試行錯誤を繰り返し工期に収める。

(1) 1 つ
(2) 2 つ
(3) 3 つ
(4) 4 つ

【No. 26】 工程管理に用いられる各工程表の特徴に関する下記の文章中の ［　　　］ の（イ）
〜（二）に当てはまる語句の組合せとして，**適当なもの**は次のうちどれか。

・座標式工程表は，一方の軸に工事期間を，他の軸に工事量等を座標で表現するもので，
　［ （イ） ］工事では工事内容を確実に示すことができる。
・グラフ式工程表は，横軸に工期を，縦軸に各作業の ［ （ロ） ］ を表示し，予定と実績の差を
　直視的に比較でき，施工中の作業の進捗状況もよくわかる。
・バーチャートは，横軸に時間をとり各工種が時間経過に従って表現され，作業間の関連がわ
　かり，工期に影響する作業がどれであるか ［ （ハ） ］。
・ネットワーク式工程表は，1つの作業の遅れや変化が工事全体の工期にどのように影響して
　くるかを ［ （二） ］。

	（イ）	（ロ）	（ハ）	（二）
(1)	路線に沿った	出来高比率	は掴みにくい	正確に捉えることができる
(2)	平面的に広がりのある	工事費構成率	も掴みやすい	把握することは難しい
(3)	平面的に広がりのある	出来高比率	は掴みにくい	正確に捉えることができる
(4)	路線に沿った	工事費構成率	も掴みやすい	把握することは難しい

【No. 27】 工程管理曲線（バナナ曲線）を用いた工程管理に関する下記の①〜④の4つの
記述のうち，**適当なもののみを全てあげている組合せ**は次のうちどれか。

① 工程計画は，全工期に対して出来高を表すバナナ曲線の勾配が，工事の初期→ 中期→後
　期において，急→緩→急となるようにする。
② 実施工程曲線が限度内に進行を維持しながらも，バナナ曲線の下方限界に接近している場
　合は，直ちに対策をとる必要がある。
③ 実施工程曲線がバナナ曲線の上方限界を超えたときは，工程遅延により突貫工事が不可避
　となるので，施工計画を再検討する。
④ 予定工程曲線がバナナ曲線の許容限界からはずれるときには，一般的に不合理な工程計画
　と考えられるので，再検討を要する。

(1)　①③
(2)　①④
(3)　②③
(4)　②④

【No. 28】 車両系建設機械の災害防止のために事業者が講じるべき措置に関する下記の①～④の４つの記述のうち，労働安全衛生法令上，**正しいものの数**は次のうちどれか。

① 車両系建設機械を用いて作業を行うときは，あらかじめ，使用する車両系建設機械の種類及び能力，運行経路，作業の方法を示した作業計画を定め，作業を行わなければならない。

② 路肩，傾斜地等で車両系建設機械を用いて作業を行う場合で，当該車両系建設機械が転倒又は転落する危険性があるときは，誘導者を配置して誘導させなければならない。

③ 車両系建設機械を用いて作業を行うときは，運転中の車両系建設機械に接触することにより労働者に危険が生ずるおそれのある箇所に，労働者を立ち入らせてはならない。

④ 車両系建設機械の運転者が離席する時は，原動機を止め，又は，走行ブレーキをかける等の逸走を防止する措置を講じなければならない。

(1) 1つ
(2) 2つ
(3) 3つ
(4) 4つ

【No. 29】 移動式クレーンの災害防止のために事業者が講じるべき措置に関する下記の文章中の 　　　　 の（イ）～（ニ）に当てはまる語句の組合せとして，労働安全衛生規則及びクレーン等安全規則上，**正しいもの**は次のうちどれか。

・移動式クレーンの運転者及び玉掛けをする者が当該移動式クレーンの 　(イ)　 を常時知ることができるよう，表示その他の措置を講じなければならない。

・移動式クレーンの運転について一定の合図を定め，合図を行う者を 　(ロ)　 して，その者に合図を行わせなければならない。

・移動式クレーンを使用する作業において，クレーン上部旋回体と接触するおそれのある箇所や 　(ハ)　 の下に労働者を立ち入らせてはならない。

・強風のため，移動式クレーンの作業の実施について危険が予想されるときは，当該作業を 　(ニ)　 しなければならない。

	（イ）	（ロ）	（ハ）	（ニ）
(1)	定格荷重	複数名確保	クレーンのブーム	注意して実施
(2)	最大つり荷重	指名	クレーンのブーム	中止
(3)	最大つり荷重	複数名確保	つり上げられている荷	注意して実施
(4)	定格荷重	指名	つり上げられている荷	中止

【No. 30】 工事中の埋設物の損傷等の防止のために行うべき措置に関する下記の①～④の4つの記述のうち，建設工事公衆災害防止対策要綱上，**適当なもののみを全てあげている組合せ**は次のうちどれか。

① 発注者又は施工者は，施工に先立ち，埋設物の管理者等が保管する台帳と設計図面を照らし合わせて位置を確認した上で，細心の注意のもとで試掘等を行い，その埋設物の種類，位置，規格，構造等を原則として目視により確認しなければならない。

② 発注者又は施工者は，試掘等によって埋設物を確認した場合においては，その位置や周辺地質の状況等の情報を道路管理者及び埋設物の管理者に報告しなければならない。

③ 発注者又は施工者は，埋設物に近接して工事を施工する場合には，あらかじめその埋設物の管理者及び関係機関と協議し，埋設物の防護方法，立会の有無，緊急時の連絡先及びその方法等を決定するものとする。

④ 発注者又は施工者は，埋設物の位置，名称，管理者の連絡先等を記載した標示板を取り付ける等により明確に認識できるようにし，近隣住民に確実に伝達しなければならない。

(1) ①②

(2) ①②③

(3) ②③④

(4) ③④

【No. 31】 酸素欠乏のおそれのある工事を行う場合，事業者が行うべき措置に関する下記の①～④の4つの記述のうち，酸素欠乏症等防止規則上，**正しいものの数**は次のうちどれか。

① 酸素欠乏危険場所においては，その作業の前日に，空気中の酸素の濃度を測定し，測定日時や測定方法及び測定結果等の記録を一定の期間保存しなければならない。

② 酸素欠乏危険作業に労働者を従事させる場合で，爆発，酸化等を防止するため換気することができない場合又は作業の性質上換気することが著しく困難な場合は，同時に就業する労働者の人数と同数以上の空気呼吸器等を備え，労働者に使用させなければならない。

③ 酸素欠乏危険作業に労働者を従事させるときは，労働者を当該作業を行う場所に入場させ，及び退場させる時に，保護具を点検しなければならない。

④ 酸素欠乏危険場所又はこれに隣接する場所で作業を行うときは，酸素欠乏危険作業に従事する労働者以外の労働者が当該酸素欠乏危険場所に立ち入ることを禁止し，かつ，その旨を見やすい箇所に表示しなければならない。

(1) 1つ

(2) 2つ

(3) 3つ

(4) 4つ

【No. 32】 品質管理に関する下記の①〜④ の 4 つの記述のうち，**適当なもののみを全てあげ
ている組合せ**は次のうちどれか。

① 品質は必ずある値付近にばらつくので，設計値を十分満足するような品質を実現するため
　には，ばらつき度合いを考慮し，余裕を持った品質を目標とする必要がある。
② 品質管理は，施工計画立案の段階で管理特性を検討し，それを完成検査時にチェックする
　考え方である。
③ 品質管理は，品質特性や品質標準を決め，作業標準に従って実施し，できるだけ早期に異
　常を見つけ品質の安定をはかるために行う。
④ 品質特性を決める場合には，構造物の品質に及ぼす影響が小さく，測定しやすい特性であ
　ること等に留意する。

(1) ①②
(2) ①③
(3) ②③
(4) ②④

【No. 33】 情報化施工における TS（トータルステーション）・GNSS（全球測位衛星システム）
　　　　　を用いた盛土の締固め管理に関する下記の文章中の　　　　　の（イ）〜（ニ）に当
　　　　　てはまる語句の組合せとして，**適当なもの**は次のうちどれか。

・盛土材料を締め固める際には，モニタに表示される締固め回数分布図において，盛土施工範
　囲の　(イ)　について，規定回数だけ締め固めたことを示す色になるまで締め固める。
・盛土施工に使用する材料は，事前の土質試験で品質を確認し，試験施工でまき出し厚や
　　(ロ)　を決定したものと同じ土質の材料であることを確認する。
・TS・GNSS を用いた盛土の締固め管理は，締固め機械の走行位置を　(ハ)　に計測し，
　　(ロ)　を確認する。
・TS・GNSS を用いた盛土の締固め管理システムの適用にあたっては，　(ニ)　や電波障害
　の有無等を事前に調査して，システムの適用の可否を確認する。

	（イ）	（ロ）	（ハ）	（ニ）
(1)	代表ブロック	締固め度	施工完了後	地形条件
(2)	全面	締固め度	リアルタイム	地質条件
(3)	全面	締固め回数	リアルタイム	地形条件
(4)	代表ブロック	締固め回数	施工完了後	地質条件

【No. 34】 鉄筋の組立ての検査に関する下記の①〜④の4つの記述のうち，**適当なものの数**は次のうちどれか。

① 鉄筋の平均間隔を求める際には，配置された本程度の鉄筋間隔の平均値とする。
② 型枠に接するスペーサは，原則として，コンクリート製あるいはモルタル製とする。
③ 鉄筋のかぶりは，鉄筋の中心から構造物表面までの距離とする。
④ 設計図書に示されていない組立用鉄筋や金網等も，所定のかぶりを確保する。

(1) 1つ
(2) 2つ
(3) 3つ
(4) 4つ

【No. 35】 プレキャストコンクリート構造物の施工におけるプレキャスト部材の接合に関する下記の①〜④の4つの記述のうち，**適当なもののみを全てあげている組合せ**は次のうちどれか。

① 部材の接合にあたっては，接合面の密着性を確保するとともに，接合部の断面やダクトを正確に一致させておく必要がある。
② ダクトの接合部に塗布する接着剤は，十分な量をダクト内に流入させる。
③ 接着剤の取扱いについては，製品安全シート（SDS）に従った安全対策を講じる。
④ モルタルやコンクリートを接合材料として用いる場合は，これらを打ち込む前に，接合面のコンクリートを乾燥状態にしておく必要がある。

(1) ①②
(2) ①③
(3) ②④
(4) ③④

【No. 1】

(1) 土の含水比試験結果は、水と土粒子の質量の比（含水比）で示され、土の乾燥密度との関係から締固め曲線を描くのに用いられる。土層の連続性と土質分類及び路床・裏込め材料としての適用性（盛土材料に関する各種試験）について調査する場合、乾燥密度と含水比の関係から盛土の締固めの管理、盛土の沈下（圧縮）に用いられる。　　　　　よって、適当である。

(2) CBR試験結果は、締め固められた土の強さを表すCBR（California Bearing Ratio：路床土支持力比）で示され、設計CBRはアスファルト舗装の**舗装厚さの決定**に用いられる。また、**材料の規定、締固め度の管理、トラフィカビリティーの判定、土の力学的性質**を知る手段としても利用される。地盤の許容支持力に用いられる試験には、平板載荷試験などがある。

　　　　　　　　　　　　　　　　　　　　　　　　　　　よって、**適当でない**。

(3) 土の圧密試験結果は、求められた圧密係数や体積圧縮係数などから、飽和粘土地盤の沈下量、と沈下時間の推定に用いられる。地盤の沈下に関する検討を行うためには圧密試験を実施し、示された圧縮性と圧密速度、圧縮ひずみと粘土層厚の積から最終沈下量を推定する。

　　　　　　　　　　　　　　　　　　　　　　　　　　　　よって、適当である。

(4) 土の一軸圧縮試験結果は、求められた自然地盤の非排水せん断強さから、地盤の土圧、支持力、斜面安定、安定処理試験等の強度定数に用いられる。　　　　よって、適当である。

解答　(2)

【No. 2】

(1) 植生土のう工は、法面へ運搬する際には土のう袋を破損しないように注意し、法枠工の中詰とする場合には、施工後の沈下のはらみ出しが起きないように、土のうの表面を平滑に仕上げる。もし隙間が生じた場合は、粘性土等で間詰めを行う。　　　　　　よって、適当である。

(2) 種子散布工は、各材料を計量した後、水、木質材料、浸食防止材、肥料、種子の順序でタンクへ投入し、十分攪拌して法面へムラなく散布する。植生工の施工は法面に表面水、湧水がないことを確認したうえで施工する。　　　　　　　　　　　　よって、適当である。

(3) モルタル吹付工は、吹付けに先立ち、法面の浮石、ほこり、泥等を清掃した後、一般に菱形金網を法面に張り付けてアンカーピンで固定する。吹付けは一般に上部から行い、吹付け厚が厚くてモルタルが垂れ下がるおそれがある場合は、反復して吹き付ける。よって、適当である。

(4) ブロック積擁壁工は、法面勾配を標準より急にする必要がある場合に用いられる。そのため**胴込めコンクリートを用いる練積**で、水平方向の目地が直線とならない谷積や、目地が水平になる布積などで積み上げる。　　　　　　　　　　　　　　　　よって、**適当でない**。

解答　(4)

(1) 盛土の締固め管理システムは，締固め判定・表示機能，施工範囲の分割機能などを有するものとする。システムを選定する段階でシステム適用可否の確認（現場環境，対象土質等），システムの精度，現場の条件に合った設定などをカタログその他によって確認する。よって，適当である。

(2) TS・GNSS を施工管理に用いるときは，計測障害の事前調査を行い，現場内に設置している工事基準点などの座標既知点を複数箇所で観測し，既知座標と TS・GNSS の計測座標が合致していることを確認する。システム精度の確認は，TS の場合は計測機器の校正証明書を添付し，GNSS の場合は現場内で計測座標と既知座標とが合致することを 2 回確認する。よって，適当である。

(3) まき出し厚さは，まき出しが完了した時点から締固め完了までに仕上がり面の高さが下がる量を試験施工により決定する。このまき出し厚さは，試験施工で決定したまき出し厚さと締固め回数による施工結果である締固め層厚分布の記録をもって，間接的に管理をするものである。まき出し厚の確認方法は，従来の管理方法と同様に写真撮影を行い，まき出し施工のトレーサビリティを確保するため，GNSS による締固め回数管理時の走行位置による面的な標高データを記録するものとする。　　　　　　　　　　　　　　　　　　　　　　　　よって，適当である。

(4) 試験施工と同じ土質・含水比の盛土材料を使用し，試験施工で決定したまき出し厚・締固め回数で施工できたことを確認した場合，**現場密度試験を実施しなくてもよい。**TS・GNSS を用いた締固め管理技術は，締固め機械の走行軌跡を計測し，締固め回数をリアルタイムにオペレータ画面に表示することで締固め不足の防止と均一な施工の支援を行うシステムである。TS・GNSS を用いた締固め管理要領に準拠した場合，試験施工で得られた目標の締固め回数を確実に実施・管理できることから，このように規定されている。よって，**適当でない。**

解答　(4)

【No. 4】

(1) しゃ断排水槽は，平地や切土の道路で地下水が高く水の供給量が多い場合に，路盤，路床に**浸透する水を遮断**するため，路盤よりも下方に透水性の高い粗目の砂利，砕石を用い，適切な厚さで施工する。　　　　　　　　　　　　　　　　　　　　　　　　　よって，**適当でない。**

(2) 水平排水層は，盛土内部の間隙水圧を低下させて盛土の安定性を高める。透水性の良い材料を用い，盛土の小段ごとに設置することを標準とし，適切な排水勾配及び層厚を確保し施工する。　　　　　　　　　　　　　　　　　　　　　　　　　　　　　　よって，適当である。

(3) 基盤排水層は，地山から盛土への水の浸透を防止する。そのため，地山の表面に砕石又は砂等の透水性が高く，せん断強さが大きい材料を用い，透水係数，吸い出し防止材は水平排水層に準じて選定し，適切な厚さで施工する。基盤排水層の厚さは浸透流量の大小によって異なるが，一般的には 50 cm 程度以上である。　　　　　　　　　　　　　　　　よって，適当である。

(4) 地下排水溝は，主に盛土内に浸透してくる地下水や地表面近くの浸透水を排水する。したがって，山地部の沢部を埋めた盛土では，表面水の有無や，地中の浸透水の動きを事前の調査でつかむことが難しい。流水や湧水の有無にかかわらず，旧沢地形に沿って施工する。よって，適当である。

解答　(1)

(1) 盛土荷重の載荷による軟弱地盤の変形は，非排水せん断変形による地盤の隆起・側方変位と，圧密に伴って地盤の体積が減少する沈下からなる。軟弱地盤上に急速に盛土すると，地盤の側方変形が急速に増加し，すべり破壊が生じる。周辺地盤は大きく盛り上がり，すべりを生じた地盤内の粘性土は強度が著しく低下する。軟弱地盤対策は盛土の安定の確保を十分考慮した工法により，地盤強度の増加を図りながら盛土することが望ましい。　　よって，適当である。

(2) 盛土は基礎地盤の伐開除根の必要性や，盛土前の段差や傾斜の有無，現地盤の状況（水田）など，現場条件を把握したうえで工事の進捗状況や地盤の挙動，土構造物の品質，形状・寸法を確認しながら施工を行う必要がある。　　よって，適当である。

(3) 盛土の施工中は，雨水の浸透を防止するために施工面に 4～5％の横断勾配をつけて，表面を平滑に仕上げる。また，盛土仕上がり面が広く，盛土高が高い場合は盛土内法肩部に素掘り側溝を設け，法面に雨水が流れ出さないようにする。　　よって，適当である。

(4) サンドマット施工時や盛土高が低い間も，法先などからの局部破壊を防止するために**法尻から盛土中央部に向けて施工**する。　　よって，**適当でない。**

解答　(4)

(1) 細骨材を混合して使用する場合は，「乾燥密度，**吸水率**，粘土塊量，微粒分量，有機不純物，安定性，粒形判定実積率」等は**混合前の試料**で品質を確保する。ただし，塩化物量と粒度は混合後の品質が規定に適合すればよい。　　よって，**適当でない。**

(2) 凍結融解の繰返しによる気象作用に対して，耐久的なコンクリートとするためには，水セメント比，空気量とともに骨材の品質についても考慮する必要がある。骨材品質の適否の判定は，硫酸ナトリウムによる骨材の安定性試験方法によって行う。　　よって，適当である。

(3) 骨材に砕石を用いた場合は，砕石の角ばりや表面の粗さの程度が大きいので，ワーカビリティーの良好なコンクリートを得るためには，砂利を用いる場合に比べて単位水量を増加させる必要がある。　　よって，適当である。

(4) 粗骨材は清浄，堅硬，耐久性をもち化学的あるいは物理的に安定し，有機不純物，塩化物などを有害量含まないものとする。耐火性を必要とする場合は耐火的な粗骨材とする。コンクリートの耐火性は，骨材の岩質による影響が大きく，花崗岩や石英質砂岩は耐火性に劣る。安山岩などの火山岩系のものや高炉スラグ粗骨材は，耐火性に優れている。　　よって，適当である。

解答　(1)

【No. 7】

(1) 普通ポルトランドセメントは，一般的に工事用又は製品用として最も多く使用されているセメントで，小規模工事や左官用モルタルにも使用される。　　　　　　よって，適当である。

(2) 早強ポルトランドセメントは，早期に高い強度が得られるため，プレストレストコンクリート，寒中コンクリート，工期短縮を要する工事，工場製品などに使用されている。よって，適当である。

(3) 中庸熱ポルトランドセメントは，水和熱を抑制することが求められるダムなどのマスコンクリートに使用される。このセメントは，水和熱を低減するために水和反応速度が比較的速い原料を減らし，水和反応速度が遅い原料を多くしている。したがって，普通ポルトランドセメントを基準に比較すると，水和熱は抑制できる。　　　　　　　　　　よって，適当である。

(4) アルカリ性を帯びているセメントが劣化する硫酸塩を含む環境で使用されるのが，耐硫酸塩ポルトランドセメントである。硫酸塩を含む海水や土壌，地下水，下水，工場排水，温泉地付近の土壌などで使用される。耐硫酸塩ポルトランドセメントは，**水和反応速度が非常に速い原料を少なくした**セメントである。製鉄の段階で高炉から排出された副産物（高炉スラグ）を混合したセメントは，高炉セメントである。　　　　　　　　　よって，**適当でない。**

解答　(4)

【No. 8】

(1) フライアッシュを適切に用いると，コンクリートのワーカビリティーを改善し単位水量を減らすことできる。また，水和熱による温度上昇の低減，長期材齢における強度増進，乾燥収縮の減少，水密性や化学的浸食に対する抵抗性の改善，アルカリシリカ反応の抑制等の効果がある。
　　　　　　　　　　　　　　　　　　　　　　　　　　　　　　よって，適当である。

(2) 膨張材をコンクリート 1m³ あたり標準使用量 20～30 kg 程度用いてコンクリートを造ることにより，コンクリートの乾燥収縮や硬化収縮などに起因するひび割れの発生を低減できる。ただし，膨張材の効果は，使用材料，材齢，養生方法，拘束条件，構造物の寸法や環境条件によって異なるため，施工にあたっては十分な注意が必要である。　　　　　　よって，適当である。

(3) 石灰石微粉末は，材料分離やブリーディングの抑制を目的として用いられる。**アルカリシリカ反応を抑制するものではない。**　　　　　　　　　　　　　　　　　よって，**適当でない。**

(4) 高性能 AE 減水剤を用いたコンクリートは，通常のコンクリートと比べて，コンクリート温度や使用材料などの諸条件の変化に対して，スランプ保持能力やワーカビリティーなどが影響を受けやすい傾向にある。　　　　　　　　　　　　　　　　　よって，適当である。

解答　(3)

【No. 9】

(1) 日平均気温が 4℃以下になる場合は寒中コンクリートとして取り扱う必要がある。初期凍害を防止できる強度が得られた後もコンクリートの急冷を防ぐために，その後 2 日間はコンクリートの温度を 0℃以上に保つことを標準としている。　　　　　　　　　よって，適当である。

(2) 寒中コンクリートは，保温養生又は給熱養生を終了する際は，コンクリートの温度を急激に低下させてはならない。寒中コンクリート養生は，コンクリートの配合，外気温，構造物の断面寸法及び期間，温度管理方法等を考慮して定めなければならない。養生温度を高くすると，強度発現が早くなり養生期間を短くできるが，養生終了後冷却されたときに，ひび割れが発生しやすくなる。　　　　　　　　　　　　　　　　　　　　　　　　　　よって，適当である。

(3) 暑中コンクリートは，日平均気温が 25℃を超える時期の施工が想定される場合に適用する。最高気温ではないことに注意すること。　　　　　　　　　　　　　　　　よって，適当である。

(4) 暑中コンクリートでは，コールドジョイントの発生防止のため，減水剤，AE 減水剤及び**流動化剤は JIS A 6204 に適合する遅延形**のものを用いる。　　　　**よって，適当でない。**

解答　(4)

【No. 10】

(1) コンクリートの打込み時にシュートを用いる場合は，**縦シュートを標準とする。**やむを得ず斜めシュートを用いる場合，シュートの傾きはコンクリートが円滑に流下し，材料分離を起こさない程度のものとし，水平 2 に対して鉛直 1 程度を標準とする。　　　よって，適当でない。

(2) 打込み中に著しい材料分離が認められた場合には，打込みを中断して対策を講じる必要がある。また，打ち込んだコンクリートの粗骨材が分離してモルタル分が少ない部分があれば，その分離した粗骨材をすくい上げてモルタルの多いコンクリートの中に埋め込んで締め固める。　　　　　　　　　　　　　　　　　　　　　　　　　　　　　　　　**よって，適当である。**

(3) 型枠内に打ち込んだコンクリートは，材料分離を防ぐため，**目的の位置にコンクリートを下ろして打ち込む。**横移動させながら充填すると材料分離を起こす可能性がある。

　　　　　　　　　　　　　　　　　　　　　　　　　　　　　　　　　　よって，適当でない。

(4) コールドジョイントの発生を防ぐための許容打重ね時間間隔は，**外気温が高いほど短くなる。**コンクリートを 2 層以上に分けて打ち込む場合，上層と下層が一体となるように施工し，コールドジョイントが発生しないよう外気温による許容打重ね時間間隔は「外気温 25℃以下で 2.5 時間」「外気温 25℃を超える場合 2.0 時間」としている。　　　　　よって，適当でない。

解答　(2)

【No. 11】

(1) 鉄筋の重ね継手は，直径 0.8 mm 以上の焼きなまし鉄線で数箇所緊結する。焼なまし鉄線を巻く長さは，コンクリートと鉄筋の付着強度が低下しないよう，適切な長さとし，必要以上に長くしない。　　　　　　　　　　　　　　　　　　　　　　　　　よって，適当である。

38

(2) 重ね継手の長さは鉄筋直径の 20 倍以上とする。また，コンクリートのゆきわたりをよくするために，所定の距離をずらし同一断面に集中させない。　　　　　　　よって，適当である。

(3) ガス圧接継手における鉄筋の圧接端面は，**軸線に直角**に切断し，かつ平滑にする。
　　　　　　　　　　　　　　　　　　　　　　　　　　　　よって，**適当でない。**

(4) 手動ガス圧接の場合，鉄筋径が異なる鉄筋同士の継手は，原則として鉄筋径の差が 7 mm 以下とする。ただし，D 41 と D 51 との継手の場合はこの限りでない。なお，自動ガス圧接及び熱間押抜ガス圧接による場合は，鉄筋径が異なる鉄筋同士の接合は行わない。
　　　　　　　　　　　　　　　　　　　　　　　　　　　　　　よって，適当である。

解答　(3)

【No. 12】

(1) ケーソン基礎は，沈設時に基礎周面の摩擦抵抗を低減する措置がとられるため，鉛直荷重に対しては周面摩擦による分担支持を期待せず基礎底面のみで支持することを原則とする。ケーソン基礎は，一般に施工法から，オープンケーソン基礎，ニューマチックケーソン基礎及び設置ケーソンに分類される。使用材料からは，鉄筋コンクリート製，プレキャストコンクリート製及び鋼製に分類される。　　　　　　　　　　　　　　　　　　　よって，適当である。

(2) 支持杭基礎の場合，水平荷重は杭のみで抵抗させ，鉛直荷重は杭の支持力のみによると考え，**フーチングの基礎底面の地盤の支持力を杭の支持力に加えない。**　　　よって，**適当でない。**

(3) 鋼管矢板基礎は，主に先端地盤の支持層，井筒部の周面抵抗を地盤に期待する構造体であり，鉛直荷重は基礎底面地盤の鉛直地盤反力，基礎外周面と内周面の鉛直せん断地盤反力で抵抗させることを原則とする。圧密沈下が生じると考えられる地盤への打設は，負の周面摩擦力などによる影響を考慮しなければ所定の安全性が得られない。　　　　　　　よって，適当である。

(4) 直接基礎は，一般に支持層位置が浅い場合に用いられる。側面摩擦によって鉛直荷重を分担支持することは期待できないため，その安定性は基礎底面の鉛直支持力に依存している。一般に良質な支持地盤とは，粘性土で N 値が 20 程度以上，砂層，砂れき層で N 値が 30 程度以上及び岩盤である。　　　　　　　　　　　　　　　　　　　　　　　よって，適当である。

解答　(2)

【No. 13】

(1) 打撃工法では，支持杭基礎の場合，打止め時 1 打あたりの貫入量及びリバウンド量（動的支持力），支持層の状態などが試験杭と同程度であることを確認する。　　　よって，適当である。

(2) 中掘り杭工法のセメントミルク噴出撹拌方式では，支持層付近で掘削速度を極力一定に保ち，オーガ駆動電流の変化を電流計から読み取り，掘削抵抗値を測定・記録することで確認する。
　　　　　　　　　　　　　　　　　　　　　　　　　　　　よって，適当である。

(3) プレボーリング杭工法では，管理指標（電流値，積分電流値）の変化が試験杭とは異なる場合，駆動電流値の変化，採取された土の状態，事前の土質調査の結果や他の杭の施工状況などにより確認する。　　　　　　　　　　　　　　　　　　　　　　　　よって，適当である。

(4) 回転杭工法では，回転速度，付加する押込み力を一定に保ち，回転トルク（回転抵抗値）と
N値の変化を対比し，支持層上部よりも**回転トルクが増加**していることにより確認する。

よって，**適当でない。**

解答 (4)

【No. 14】

(1) オールケーシング工法は，壁の崩壊を防ぐために，ケーシングチューブの先端が常に**掘削底
面よりも下**になるようにしなければならない。掘削孔の全長をケーシングチューブで保護する
工法である。ケーシングチューブは，揺動式又は回転式掘削機で土中に圧入し，ハンマーグラ
ブによって地上に排出する。掘削完了後，孔底処理を行い，鉄筋かごとトレミー管を建て込み，
コンクリートの打上がりに伴いケーシングチューブを順次引き抜く。　　よって，**適当でない。**

(2) 鉄筋かごの組立ては，自重で孔底に貫入するのを防ぐため，井桁状に組んだ鉄筋を最下端に
配置するのが一般的である。また，オールケーシング工法では，ケーシング引き抜きの際，鉄
筋の共上がりを防止するために井桁状に組んだ鉄筋を底部に配置する。　よって，適当である。

(3) リバース工法では，鉄筋かごを建て込んだのちにコンクリート打設用のトレミーを利用して，
サクションポンプ又はエアリフト方式により泥水を循環させて二次孔底処理を行う。したがっ
て，鉄筋かごを吊った状態でコンクリートを打ち込むのが一般的である。よって，適当である。

(4) リバース工法では，安定液のように粘性があるものを使用しないため，一次孔底処理により
泥水中のスライムはほとんど処理できる。ここで，一次孔底処理とは，掘削完了後に砂分を含
んだ孔底付近の泥水を排出し，沈砂池で砂分を除去したのちに掘削孔へ注入し泥水を循環させ
ることである。　　　　　　　　　　　　　　　　　　　　　　　　　　よって，適当である。

解答 (1)

【No. 15】

(1) ヒービングとは，粘性土地盤の開削において，土留め壁の背面の土が根切り底部から回り込
んで掘削地盤底面が押し上げられる現象である。掘削底面の安定性が不足すると予測された場
合は地盤改良などを行い，掘削底面の強度増加を図るのがよい。　　　　　よって，**適当である。**

(2) 盤ぶくれに対する安定性が不足すると予測された場合は，地盤改良などにより不透水層の**層
厚を厚くする**とよい。　　　　　　　　　　　　　　　　　　　　　　　　よって，適当でない。

(3) ボイリングに対する安定性が不足すると予測された場合は，**水頭差を小さく**するために，背
面側の**地下水位を低下させる。**　　　　　　　　　　　　　　　　　　　よって，適当でない。

(4) 土留め壁又は支保工の応力度，変形が許容値を超えると予測された場合は，切梁のプレロー
ドを**解除してはならない。**　　　　　　　　　　　　　　　　　　　　　よって，適当でない。

解答 (1)

【No. 16】

(1) 供用中の道路に近接するベントと架設橋桁は，架設橋桁受け点位置でズレが生じないよう，ワイヤーロープや固定治具で固定するのが有効である。また，連続桁をベント工法で架設する場合においては，ジャッキアップ，ジャッキダウンにより支点部を強制変位させて桁の変形及び応力調整を行う方法を用いてもよい。　　　　　　　　　　　　　　よって，適当である。

(2) 箱桁断面の桁は，重量があり吊りにくい。事前に吊り状態における安全性を確認し，吊り金具や補強材を取り付ける場合には，**工場製作段階**で取り付ける。　　　　　よって，**適当でない**。

(3) 曲線桁橋の桁を，横取り，ジャッキによるこう上又は降下など，移動する作業を行う場合は必要に応じてカウンターウエイトなどを用いて重心位置の調整を行う。また，曲率の影響のため直線桁と比較すると横倒れ座屈を起こしやすい。架設中の各段階において，ねじれ，傾き及び転倒等が生じないように重心位置を把握し，ベント等の反力を検討する。よって，適当である。

(4) トラス橋の架設においては，最終段階でのそりの調整は部材と継手の数が多く，複雑な応力で構成されている。事前に上げ越し量を算出し，架設の各段階における上げ越し量の確認を入念に行う必要がある。　　　　　　　　　　　　　　　　　　　　　　　よって，適当である。

解答　(2)

【No. 17】

(1) 打継目は，一般に床版の主応力が橋軸方向に作用し，打継目の完全な一体化が困難なことから，**橋軸方向に設けない**ほうがよい。　　　　　　　　　　　　　　よって，**適当でない**。

(2) 片持部床版の張出し量が大きくなると，コンクリート打込み時の振動による影響や型枠のたわみが大きくなるので，十分に堅固な型枠支保工を組み立てることが重要である。また，コンクリートが硬化して型枠，支保工が圧力を受けなくなるまで取り外さないことが原則である。　　　　　　　　　　　　　　　　　　　　　　　　　　　　　よって，適当である。

(3) 床版に縦断勾配及び横断勾配が設けられている場合は，コンクリートが低い方に流動することを防ぐため，低い方から高い方へ打ち込むのがよい。また，コンクリートの打込み順序によっては，施工時にひび割れや支点に負反力が生じる場合があり，桁の安定や部材の強度についても事前に検討する必要がある。　　　　　　　　　　　　　　　　よって，適当である。

(4) 連続桁では，コンクリートの打込みにより主桁が変形する。後から打ち込まれるコンクリートによって先に打ち込んだコンクリートに引張応力が作用し，ひび割れが発生する場合がある。また，ある径間に打ち込まれたコンクリートの重量で桁にたわみが生じ，他径間が持ち上げられることがある。そのため，床版への引張力が小さくなるよう打ち込み順序を検討する。

よって，適当である。

解答　(1)

【No. 18】

(1) ボルト，ナット，座金及びそのセットについては，**工場出荷前**にその特性や品質を保証する試験，検査を行い，規格に合格していることを確認しなければならない。また，現場搬入時には検査成績表と照合し，特性や品質の保証されたボルトセットであることを確認しなければならない。　　　　　　　　　　　　　　　　　　　　　　　　　　　よって，適当でない。

(2) ボルトの締付けは，連結版の**中央のボルトから順次端部のボルトに向かって行い**，2度締めを行うものとする。外側からボルトを締め付けると，連結版が浮き上がり密着性が悪くなる傾向がある。また，最初に締め付けたボルトが緩む傾向があるため，2回に分けて締め付けることを原則としている。　　　　　　　　　　　　　　　　　　　　　よって，適当でない。

(3) 回転法によって締め付けた高力ボルトは，全数についてマーキングによる外観検査を行い，回転角が過小なものについては，所定回転角まで増し締めを実施する。回転角が過大なものについては，新しいボルトセットに取り換えて締め直す。耐力点法の場合には，各群ごとに回転角にばらつきがないことを，正常に締め付けられたボルトの回転角の平均値に対して所定範囲内の回転角であることを検査により確認することとしている。　　　　　　よって，**適当である。**

(4) トルク法による場合，トルク係数値はナットを回して締め付けた場合について定められている。したがって，ボルト軸力の導入は，**ナットを回して行うことを原則**とするが，やむを得ず**ボルトの頭部を回して締め付ける場合**は，トルク係数値の変化を確認する。

　　　　　　　　　　　　　　　　　　　　　　　　　　　　　　　　　よって，適当でない。

解答　(3)

【No. 19】

(1) 劣化が顕在化した部分に断面修復工法を適用すると，断面修復箇所と断面修復しない箇所の境界部付近においては腐食電流により**腐食を生じる可能性**がある。　　　　よって，**適当でない。**

(2) 表面処理工法の適用後から残存予定供用期間が長い場合には，処理材の劣化により塩害への影響が懸念されることから，表面処理材の再塗布を計画しておく必要がある。

　　　　　　　　　　　　　　　　　　　　　　　　　　　　　　　　　よって，適当である。

(3) 電気防食工法は，コンクリート中の鋼材表面へマイナスの直流電流を流入させる工法である。この工法を適用する場合には，陽極システムの劣化や電流供給の安定性について考慮しておく必要がある。　　　　　　　　　　　　　　　　　　　　　　　　　　　よって，適当である。

(4) 脱塩工法は，仮設陽極を配置し，コンクリート中の塩化物イオンを除去し，鋼材の腐食停止や腐食速度を抑制するものである。この工法により鉄筋位置の塩化物イオン量が低下し鉄筋腐食環境が改善されることから，工法適用後に残存する塩化物イオンの挙動が補修効果の持続期間に大きく影響する。　　　　　　　　　　　　　　　　　　　　　　　　よって，適当である。

解答　(1)

(1) コンクリート標準示方書では，広がりのあるスラブの場合は厚さ 80〜100 cm 以上，下端が拘束された壁の場合は厚さ 50 cm 以上のコンクリートをマスコンクリートと定義し，温度ひび割れが生じやすいとしている。コンクリート部材厚が 800 mm と厚く，先に打設された底版が新たに打設された側壁コンクリートの温度変形を拘束するために発生する「水和熱によるひび割れ」と考えられる。よって，**施工後の比較的早い時期に発生すると考えられるものである。**

(2) セパレータ部分にひび割れが発生しており，「沈下ひび割れ」と考えられる。
よって，施工後の比較的早い時期に発生するものとは考えられない。

(3) 急速な打込み，不適切な打重ねによる「コールドジョイント」と考えられる。
よって，施工後の比較的早い時期に発生するものとは考えられない。

(4) 網状のひび割れが発生しているため，ひび割れ発生時期が早ければ「収縮ひび割れ」，遅ければ「アルカリ骨材反応ひび割れ」と考えられる。
よって，施工後の比較的早い時期に発生するものとは考えられない。

解答 (1)

(1) 築堤盛土の締固めは，堤防法線に平行に行うことが望ましく，締固めに際しては締固め幅が重複するように常に留意して施工する必要がある。締固め機械は，対象とする土質に応じてブルドーザ，タイヤローラ，振動ローラなどが用いられる。　　　よって，適当である。

(2) 築堤盛土の施工中は，法面の一部に雨水が集中して流下すると法面侵食の主要因となるため，適当な間隔で仮排水溝を設けて降雨を流下させたり，降水の集中を防ぐため堤体横断方向に 3〜5％程度の排水勾配を設けながら施工する方法が一般に多く採用されている。
よって，適当である。

(3) 既設の堤防に腹付けを行う場合は，新旧法面をなじませるため段切りを行い，一般にその大きさは堤防締固め 1 層仕上り厚の倍の**50〜60 cm 程度**とし，段切りの水平部分には施工中の排水のため 2〜5％で外向きの横断勾配を設けることが多い。　　　よって，**適当でない。**

(4) 高含水比粘性土を盛土材料として使用する際は，運搬機械等によるわだち掘れができやすく，こね返しによって著しい強度低下をきたすので，盛土材料の搬入時には，わだち掘れ防止のために別途の運搬路を設ける方法や，接地圧の小さいブルドーザによる盛土箇所までの二次運搬を行う方法がとられる。　　　　　　　　　　　　　　　　　よって，適当である。

解答 (3)

【No. 22】

(1) 法覆工に連節ブロック等の透過構造を採用する場合は，裏込め材の設置は不要となるが，背面土砂の吸出しを防ぐため，吸出し防止材の布設が代わりに必要となる。連節ブロックは，耐久性の向上，機械化施工によるブロックの大型化等により，本護岸として採用される例が多くなってきている。　　　　　　　　　　　　　　　　　　　　　　　　　　　　よって，適当である。

(2) 石張り又は石積みの護岸工の施工方法には，谷積みと布積みがあるが，一般には強度の強い谷積みが用いられることが多く，張り（積み）石は，その重量を 2 つの石に等分布させるようにする。　　　　　　　　　　　　　　　　　　　　　　　　　　　　　　よって，適当である。

(3) かごマット工は，屈とう性に富み，空隙も多く，治水・環境の両面で優れた機能を有する蛇かごやふとんかごを改良したものである。かごマット工では，底面に接する地盤で土砂の吸出し現象が発生するため，これを防止する目的で吸出し防止材を施工する。よって，適当である。

(4) コンクリートブロック張工では，平板ブロックと控えのある間知ブロックが多く使われており，**平板ブロックは勾配の比較的緩い法面（2割より緩）で流速があまり大きくないところに使用**され，間知ブロックは，流速の大きい急流部や勾配の急なところに使用される。

　　　　　　　　　　　　　　　　　　　　　　　　　　　　　　　　　　よって，**適当でない。**

解答　(4)

【No. 23】

(1) 仮締切工には堤防や構造物の機能を代替えする機能があるので，堤防の開削は，仮締切工が完成する以前に開始してはならず，また，仮締切工の撤去は，堤防の復旧が完了，又はゲート等代替機能の構造物ができた後に行う。　　　　　　　　　　　　　　　　よって，適当である。

(2) 鋼矢板の二重仮締切内の掘削は，鋼矢板の変形，中埋め土の流出，ボイリング・ヒービングの兆候の有無を監視しながら行う必要があり，安定計算上の根切り計画高より下方への掘り過ぎは行ってはならない。　　　　　　　　　　　　　　　　　　　　　　　よって，適当である。

(3) 仮締切工の撤去は，構造物の築造後，締切り内と外との土圧，水圧をバランスさせつつ撤去する必要があり，流水の影響がある場合は，**下流側，上流側，流水側の順**で撤去する。上流側は，流水の影響を直接的に受けるので，その対策が必要である。　　　　　よって，**適当でない。**

(4) 鋼矢板の二重仮締切工に用いる中埋め土は，壁体の剛性を増す目的と，鋼矢板等の壁体に作用する土圧をできるだけ低減するという目的のために，良質の砂質土を用いることを原則とする。粘性土の場合は，壁体の挙動について不明な点が多いので，中埋め土としての使用は避けるべきである。　　　　　　　　　　　　　　　　　　　　　　　　　　　よって，適当である。

解答　(3)

44

【No. 24】

(1) 基礎地盤の透水性に問題がある場合は，グラウト等の止水工事により改善を図り，また，パイピングに対しては，浸透経路長が足りない場合，堰堤の堤底幅を広くしたり，止水壁，**カットオフ**等を施工して改善を図るのが一般的である。　　　　　　　　　　　よって，**適当でない。**

(2) 砂防堰堤の基礎は，一般に所定の強度が得られる地盤であっても，基礎の不均質性や風化の速度を考慮し，一定以上の根入れを確保する必要があり，岩盤の場合で1m以上，砂礫層の場合は2m以上行っている。　　　　　　　　　　　　　　　　　　　　よって，適当である。

(3) 堤体のコンクリート打設に際しては，基礎掘削によって緩められた岩盤を取り除く等の岩盤清掃を行うとともに，湧水や漏水の処理を行った後に，コンクリートを打ち込む必要がある。　　　　　　　　　　　　　　　　　　　　　　　　　　　　　　　　　よって，適当である。

(4) 基礎地盤が所要の強度を得ることができない場合は，想定される現象に対応できるように，適切な基礎処理を行う。砂礫基礎で所要の強度を得ることができない場合は，堰堤の底幅を広くして応力を分散させたり，基礎杭工法，セメントの混合による土質改良，ケーソン工法等により改善を図る方法がある。　　　　　　　　　　　　　　　　　　　　よって，適当である。

解答　(1)

【No. 25】

(1) 渓流保全工は，山間部の平地や扇状地を流下する渓流等において，横工（床固工，帯工等）及び縦工（護岸工，水制工等）を組み合わせて設置され，縦断勾配の規制により，渓床や渓岸の侵食等を防止することを目的とした施設である。　　　　　　　　　　よって，適当である。

(2) 渓流保全工は，渓流空間の多様性，生態系の保全及び自然が備え持つ土砂調節機能の活用の観点から，拡幅部や狭窄部等の自然の地形を活かして計画することが求められる。　　　　　　　　　　　　　　　　　　　　　　　　　　　　　　　　よって，適当である。

(3) 護岸工は，対象区域の渓岸の侵食・崩壊の防止，床固め工の袖部の保護，山脚の固定等を目的に設置され，湾曲部外湾側では河床変動が大きいことから，根固工を併用する等の検討が求められる。　　　　　　　　　　　　　　　　　　　　　　　　　　　　　よって，適当である。

(4) 床固工は，渓床の縦侵食を防止し，河床堆積物の再移動の防止，渓岸の決壊・崩壊等の防止により河床を安定させるとともに，護岸工等の工作物の**下流に設置**することにより，工作物の基礎を保護する機能も有する。　　　　　　　　　　　　　　　　　　　よって，**適当でない。**

解答　(4)

45

(1) コンクリート張工は，斜面の風化や侵食，岩盤の軽微なはく離や崩落を防止することを目的とし，比較的勾配の急な斜面に用いられ，土圧に対抗するものではないので，設計においては一般的に**土圧を考慮しない**。張工の勾配は，原則として石張工，コンクリートブロック張工は1：1.0より緩い斜面に，コンクリート張工はそれより急な斜面に用いる。よって，適当でない。

(2) **待受式擁壁工**は，斜面崩壊を直接抑止することが困難な場合に，斜面脚部から離して擁壁を設置する工法で，斜面地形の変化に対し比較的適応性がある。もたれ式コンクリート擁壁工は，擁壁背面が比較的良好な地山で用いられ，もたれ効果による安定を期待する工法であり，擁壁自体に自立性がないので擁壁背面と地山とを密着するようにする。　　　　よって，適当でない。

(3) 切土工は，斜面勾配の緩和，斜面上の不安定な土塊や岩石の一部又は全部を除去するもので，切土した**斜面の高さが 7～10 m を超える場合**で，土質及び岩質の変化する場合等には**小段の設置を計画する**。　　　　　　　　　　　　　　　　　　よって，適当でない。

(4) 重力式コンクリート擁壁工は，小規模な斜面崩壊を直接抑止するほか，押さえ盛土の安定，法面保護工の基礎等として用いられる工法である。重力式コンクリート擁壁工を湧水が多い斜面等に設置する場合は，排水に対して特に留意する必要があり，擁壁背面に水圧を生じさせないようにする。　　　　　　　　　　　　　　　　　　　　　　　よって，**適当である**。

解答　(4)

(1) 盛土路床は，使用する盛土材の性質をよく把握した上で均一に敷き均し，過転圧による強度低下を招かぬよう配慮して十分に締め固めて仕上げ，施工後の降雨排水対策として，縁部に仮排水溝を設けておくことが望ましい。　　　　　　　　　　　　よって，適当である。

(2) 凍上抑制層は，積雪寒冷地における舗装で，凍結深さから求めた必要な置換え深さと舗装の厚さを比較し，**置換え深さ**が大きい場合に，路盤の下にその厚さの差だけ凍上の生じにくい材料で置き換えたものである。　　　　　　　　　　　　　　　よって，**適当でない**。

(3) 安定処理土の六価クロムの溶出量の確認に関しては，セメント及びセメント系安定材を使用する場合，六価クロムの溶出量が所定の土壌環境基準に適合していることを確認して施工する。
　　　　　　　　　　　　　　　　　　　　　　　　　　　　　よって，適当である。

(4) 構築路床の施工は，適用する工法の特徴を把握した上で，現状路床の支持力を低下させないように留意しながら，所定の品質，高さ及び形状に仕上げる。構築路床の施工終了後から舗装の施工までに相当の期間がある場合には，仕上げ面の保護や仮排水の設置などの配慮が必要である。　　　　　　　　　　　　　　　　　　　　　　　　　　よって，適当である。

解答　(2)

【No. 28】

(1) アスファルトコンクリート発生材を粉砕，あるいは解砕し分級して製造したアスファルトコンクリート再生骨材を多く含む再生路盤材料は，締め固めにくい傾向にあるので，使用するローラの選択や転圧の方法等に留意して施工するとよい。　　　　　　　　よって，適当である。

(2) セメント及び石灰安定処理工法の路上混合方式による施工において，セメント安定処理路盤を締固め直後に交通開放する場合は，含水比を一定に保つとともに，表面を保護する目的で必要に応じてアスファルト乳剤等を散布するとよい。　　　　　　　　よって，適当である。

(3) 粒状路盤材料が乾燥しすぎている場合は，適宜散水し，最適含水比付近の状態で締め固めるとよい。粒状路盤工法はクラッシャラン，クラッシャラン鉄鋼スラグ，砂利あるいは砂などを使用するもので，材料分離や含水比管理に留意する必要がある。　　　　　よって，適当である。

(4) 一層の仕上り厚が 10 cm を超えるシックリフト工法による加熱アスファルト安定処理路盤は，早期交通開放すると初期わだち掘れが発生しやすいので，舗設後に**冷却等の対策をとることが望ましい。**　　　　　　　　　　　　　　　　　　　　　　　　　よって，**適当でない。**

解答　(4)

【No. 29】

(1) タックコート面の保護や乳剤による施工現場周辺の汚れを防止する場合は，乳剤散布装置を搭載したアスファルトフィニッシャを使用することや，運搬車両や舗設機械のタイヤに付着しにくい乳剤を使用することがある。　　　　　　　　　　　　　　よって，適当である。

(2) アスファルト混合物の敷均し作業中に雨が降り始めた場合は，敷均し作業を中止するとともに，敷き均した混合物を速やかに締め固めて仕上げる。敷均し時の混合物の温度は，アスファルトの粘度にもよるが，一般に 110℃ を下回らないようにする。　　　　　よって，適当である。

(3) 継目は，その方向により横継目と縦継目とがある。施工の終了時又はやむを得ず施工を中断した場合は，道路の**横断方向に横継目を設け，横継目**の仕上りの良否が走行性に直接影響を与えるので平坦に仕上げるように留意する。　　　　　　　　　　　　よって，**適当でない。**

(4) 締固め作業は，継目転圧，初転圧，二次転圧及び仕上げ転圧の順序で行う。振動ローラにより転圧する場合は，転圧速度が速すぎると不陸や小波が発生し，遅すぎると過転圧になることがあるので，転圧速度に注意する。　　　　　　　　　　　　　　よって，適当である。

解答　(3)

【No. 30】

(1) オーバーレイ工法は，既設の舗装上に，厚さ 3 cm 以上のアスファルト混合物の層を重ねる工法で，既設表層の不良部分や大きな不陸は，事前に処理しておく。既設舗装に破損の著しい箇所が含まれる場合，その原因が路床や路盤の欠陥によると思われるときは，局部的に打ち換える。 よって，適当である。

(2) 表層・基層打換え工法は，既設舗装を表層又は基層まで打ち換える工法で，コンクリート床版に不陸があって舗装厚が一定でない場合，**基層におけるレベリングによって不陸の処理を行う。**ただし，コンクリート床版のひび割れの程度が大きい場合は，コンクリート床版を除去することが望ましい。 よって，**適当でない。**

(3) 路上表層再生工法は，現位置において既設アスファルト混合物層の加熱，かきほぐしを行い新規アスファルト混合物や再生用添加剤を加え，新しい表層として再生する工法で，混合物の締固め温度が通常のアスファルト舗装における温度より低いため，能力の大きな締固め機械を用いるとよい。 よって，適当である。

(4) 打換え工法は，既設舗装のすべて又は路盤の一部まで打ち換える工法で，路盤以下の掘削時は，占有者の立会いを求めて既設埋設管等の占用物の調査を行い，あらかじめ試掘する等して位置や深さを確認し，破損しないように施工する。 よって，適当である。

解答 (2)

【No. 31】

(1) グースアスファルト舗装は，グースアスファルト混合物を用いた不透水性やたわみ性等の性能を有する舗装で，一般に**鋼床版舗装**等の橋面舗装に用いられ，敷均しは，専用のフィニッシャ又は人力で行う。 よって，適当でない。

(2) 大粒径アスファルト舗装は，最大粒径の大きな骨材（25 mm 以上）をアスファルト混合物に用いる舗装で，耐流動性や耐摩耗性等の性能を有するため，一般に**重交通道路の表層，基層，中間層及び上層路盤**に用いられる。 よって，適当でない。

(3) フォームドアスファルト舗装は，加熱アスファルト混合物を製造する際に，加熱したアスファルトを泡状（フォームド状）にして容積を増大させるとともに，アスファルトの粘度を下げ，混合性を高めて製造した混合物を用いる舗装である。 よって，**適当である。**

(4) 砕石マスチック舗装は，粗骨材の量が多く，細骨材に対するフィラーの量が多い**アスファルトモルタル**で粗骨材の骨材間隙を充填したギャップ粒度のアスファルト混合物を用いる舗装である。また，アスファルトモルタルの充填効果と粗骨材のかみ合わせ効果により耐流動性，耐摩耗性，水密性，すべり抵抗性，疲労破壊抵抗性を有する。 よって，適当でない。

解答 (3)

⑴ 注入工法は，コンクリート版と路盤との間にできた空隙や空洞を充填し，沈下を生じた版を押し上げて平常の位置に戻す工法である。注入材料には，アスファルト系とセメント系があるが，常温タイプのアスファルト系の材料を用いる場合が多い。　　　　　　　よって，**適当である。**

⑵ 粗面処理工法は，コンクリート舗装面を，機械又は薬剤により粗面に仕上げることによって，**舗装版表面のすべり抵抗性**を回復させる工法である。施工機械には，ショットブラストマシン，ウォータジェットマシンなどがある。　　　　　　　　　　　よって，適当でない。

⑶ 付着オーバーレイ工法は，既設コンクリート版表面の付着処理が重要で，既設コンクリート版とコンクリートオーバーレイとが一体となるように，既設版表面に**ウォータジェットやショットブラスト等による表面処理後**に，コンクリートを打ち継ぐ工法である。
　　　　　　　　　　　　　　　　　　　　　　　　　　　　　よって，適当でない。

⑷ バーステッチ工法は，既設コンクリート版に発生したひび割れ部に，**ひび割れと直角の方向**に切り込んだカッタ溝を設け，その中に異形棒鋼あるいはフラットバー等の鋼材を埋設して，ひび割れの両側の版を連結させる工法である。　　　　　　　　よって，適当でない。

解答　(1)

⑴ 重力式コンクリートダムのコンソリデーショングラウチングは，着岩部付近において，カーテングラウチングと相まって遮水性の改良を目的とするものと，断層・破砕帯等の基礎地盤弱部の補強を目的として行うものの2種類がある。　　　　　　　　よって，適当である。

⑵ ダムの基礎処理は，セメントを主材料とするセメントグラウチングが最も一般的な方法である。グラウチングは，ルジオン値に応じた初期配合及び地盤の透水性状などを考慮した配合切替え基準をあらかじめ定めておき，**濃度の薄いものから濃いものへ**順次切り替えつつ注入を行う。　　　　　　　　　　　　　　　　　　　　　　　　よって，**適当でない。**

⑶ カーテングラウチングの施工位置は，コンクリートダムの場合は上流フーチング又は堤内通廊から，ロックフィルダムの場合は基礎通廊から，リム部は地表又はリムグラウチングトンネルから行うのが一般的である。　　　　　　　　　　　　　　よって，適当である。

⑷ グラウチング施工中は，常に基礎地盤の性状，グラウチングの改良状況などのデータを収集分析し，グラウチング計画の妥当性の検証を行う。グラウチング仕様は，当初計画を日々の施工の結果から常に見直し，必要に応じて計画を修正していくことが効率的かつ経済的な施工のために重要である。　　　　　　　　　　　　　　　　　　よって，適当である。

解答　(2)

5年度 問題A 解説と解答

⑴ 着岩コンクリートは，**岩盤との付着性，及び不陸のある岩盤に対しても容易に打ち込めて一体性を確保できる打ち込み性，施工性が要求される。**基本的に内部コンクリートと同じ機能，目的を持つ。　　　　　　　　　　　　　　　　　　　　　　　　よって，適当でない。

⑵ 外部コンクリートは，**所要の水密性，すりへり作用に対する抵抗性や凍結融解作用に対する抵抗性などの耐久性が要求される。**また，上流側外部コンクリートには型枠や止水板などに対する打込み性や締固め性に優れていることが要求され，下流面の外部コンクリートには外観が優れていることが要求される。　　　　　　　　　　　　　　　　よって，適当でない。

⑶ 内部コンクリートは，**水圧等の作用を自重で支える機能を持ち，所要の単位容積質量と強度が要求され，発熱量が小さく，施工性に優れている**ことが必要である。　よって，適当でない。

⑷ 構造用コンクリートは，鉄筋や埋設構造物との付着性，鉄筋や型枠等の狭隘部への打込み性及び施工性に優れていることが必要である。　　　　　　　　　　よって，**適当である。**

解答　⑷

⑴ 吹付けコンクリートは，防水シートの破損や覆工コンクリートのひび割れを防止するため及び，仕上げ面に極端な凹凸がある場合は二次覆工背面に空隙が生じたり覆工コンクリートのひび割れ発生の原因になるなどの問題が生じるので，吹付け面をできるだけ平滑に仕上げなければならない。　　　　　　　　　　　　　　　　　　　　　　　　　　よって，適当である。

⑵ 吹付けコンクリートの施工は，はね返りをできるだけ少なくするために，吹付けノズルを**吹付け面に直角**に保ち，ノズルと吹付け面の距離及び衝突速度を適正となるようにする必要がある。また，吹付けの施工にあたっては，材料の閉塞が生じないように，作業管理を行わなければならない。　　　　　　　　　　　　　　　　　　　　　　　　　　よって，**適当でない。**

⑶ 鋼製支保工は，一般に地山条件が悪い場合に用いられる。この場合の支保工の施工順序は，一次吹付けコンクリート，鋼製支保工，二次吹付けコンクリート，ロックボルトの順であり，鋼製支保工は初期荷重を負担する割合が大きいので，一次吹付けコンクリートの施工後速やかに建て込む必要がある。　　　　　　　　　　　　　　　　　　　よって，適当である。

⑷ 十分な支保効果を確保するためには，鋼製支保工と吹付けコンクリートとを一体化させなければならないが，そのためには，鋼製支保工の背面に空隙が生じないように，吹付けコンクリートを入念に施工する必要がある。　　　　　　　　　　　　　　　　　よって，適当である。

解答　⑵

(1)　観察・計測の目的は，施工中に切羽の状況や既施工区間の支保部材，周辺地山及び近接構造物の安全性を確認し，設計の妥当性を検討するとともに，現場の実情にあった設計に修正して，工事の安全性と経済性を確保することである。　　　　　　　　　　　　　　よって，適当である。

(2)　地山挙動の評価に関する主な計測項目には，坑内からの切羽の観察調査，内空変位測定，天端沈下測定や，坑外からの地表等の観察調査，地表面沈下測定等があり，計測結果に基づいて支保工の増減，時期等を決定し，実際の地山に適合させる。　　　　　　　　よって，適当である。

(3)　観察調査結果の活用に関しては，観察調査結果や変位計測結果は，施工中のトンネルの現状を把握して，支保パターンの変更等施工に合理的に反映するために，速やかに整理しなければならない。　　　　　　　　　　　　　　　　　　　　　　　　　　　　　　　よって，適当である。

(4)　掘削に伴うトンネル周辺地山の挙動は，一般に，掘削直前から直後にかけて変化が大きく，切羽が離れるに従って変化が小さくなり収束に至る。そのため，変位計測の頻度は，地山と支保工の挙動の経時変化ならびに経距変化が把握できるように，**掘削前後は密に，切羽が離れるに従って疎になるように**設定しなければならない。　　　　　　　　　　よって，**適当でない。**

解答　(4)

(1)　養浜材に浚渫土砂等の混合粒径土砂を効果的に用いる場合や，シルト分による海域への濁りの発生を抑えるためには，あらかじめ投入土砂の粒度組成を調整することが望ましい。例としては，陸上で粒度選定を行う方法や，海上施工時に投入土砂による濁りの発生を極力抑える方法が実用化されている。　　　　　　　　　　　　　　　　　　　　　　　　よって，適当である。

(2)　投入する土砂の養浜効果には投入土砂の粒径が非常に重要であり，砂の平衡勾配は粒径に依存するもので，養浜場所にある砂よりも粗な粒径を用いた場合，その**平衡勾配が大きいため岸**向きの急速な移動が起こり，汀線付近に帯状に堆積する。　　　　　　　よって，**適当でない。**

(3)　養浜の施工においては，陸上であらかじめ汚濁の発生源となるシルト，有機物，ゴミ等を養浜材から取り除く等，適切な方法により汚濁の発生防止に努める必要がある。また，周辺海域において定期的に水質観測を実施するなど，養浜による環境への影響を監視することが望ましい。　　　　　　　　　　　　　　　　　　　　　　　　　　　　　　よって，適当である。

(4)　養浜の施工方法は，養浜材料の採取場所，運搬距離，社会的要因により設定され，最も効率的で周辺環境に影響を及ぼさない工法を選定することが必要である。養浜の陸上施工においては，工事用車両の搬入路の確保や，投入する養浜砂の背後地への飛散等，周辺への影響について十分検討し施工する必要がある。　　　　　　　　　　　　　　　　　よって，適当である。

解答　(2)

⑴　離岸堤の開口部や堤端部は，施工後の波浪によってかなり洗掘されることがあり，計画の1基分はなるべくまとめて施工することが望ましい。また，開口部や堤端部の正面位置にあたる汀線付近は波が収れんすることがあり，考慮しておく必要がある。　　　　　よって，適当である。

⑵　砕波帯付近に離岸堤を設置する場合は，沈下対策を講じる必要があり，従来の施工例からみれば**マット，シート類は破損する例もあるので捨石工を用いる方法が優れている。**ただし，比較的浅い水深に設置する場合は，前面の洗掘がそれほど大きくないと考えられるため，マットやシート類などの基礎工が，ある程度効果を発揮するものと期待できる。よって，**適当でない。**

⑶　離岸堤を大水深に設置する場合は，沈下の影響は比較的少ないが，荒天時に一気に沈下するおそれもあるので，海底変形や大幅な沈下が予想される場合は，容易に補強や嵩上げが可能な工法を選ぶ等の配慮が必要である。近傍の施工例から，大幅な沈下が予想されるときは，補強や嵩上げに代えて，あらかじめ天端を高くする方法も考えられる。　　　　　よって，適当である。

⑷　離岸堤の施工順序は，侵食区域の上手側（漂砂供給源に近い側）から設置すると下手側の侵食傾向を増長させることになるので，原則として下手側から着手し，順次上手に施工する。一般に離岸堤の下手側は侵食されやすいので，注意を要する。　　　　　よって，適当である。

解答　⑵

⑴　浚渫工事の施工方法を検討するための事前土質調査では，浚渫工事の浚渫能力が海底土砂の硬さや強さ，その締まり具合や粒の粗さ等に大きく影響することから，土質調査としては，一般に，粒度分析，**比重試験**，標準貫入試験を実施するが，これらの試験でほぼ必要な資料を得ることが可能とされている。　　　　　よって，**適当でない。**

⑵　水深の深い場所での深浅測量は音響測深機による場合が多く，連続的な記録が取れる利点があるが，海底の状況をよりきめ細かく測深する場合には，送受波器の素子数を多くして，未測深幅を狭くする必要がある。未測深幅が狭いほど測深制度は高くなるが，その反面労力と費用がかかるため，測量の目的と重要度によって測深間隔を決定する。　　　　　よって，適当である。

⑶　浚渫工事の計画は，気象，海象及び地理的，地形的条件を十分把握して行わなければならない。水質調査の目的は，海水汚濁の原因が，バックグラウンド値か浚渫による濁りか確認するために実施するもので，事前及び浚渫中の調査が必要である。　　　　　よって，適当である。

⑷　磁気探査を行った結果，一定値以上の磁気反応を示す異常点がある場合は，その位置を求め潜水探査を実施する。潜水探査では，異常物の除去を行うが，もし爆発物を発見した場合は工事発注者は港湾局長に，発見者は港長等に速やかに報告する。　　　　　よって，適当である。

解答　⑴

(1) 水中コンクリートは，トレミーもしくはコンクリートポンプを用いて打ち込むのを原則とする。水中コンクリートの打込みは，水と接触する部分のコンクリートの材料分離を極力少なくするため，打込み中はトレミー及びポンプの先端を固定しなければならない。

よって，適当である。

(2) 水中不分離性コンクリートは，多少の速度を有する流水中へ打ち込んだり，水中落下させても信頼性の高い性能を有しているが，不要な品質低下を避けるべきであり，トレミー及びポンプの筒先は打込まれたコンクリートに埋め込んだ状態で打ち込むことが望ましい。

よって，適当である。

(3) 水中不分離性コンクリートをポンプ圧送する場合は，通常のコンクリートに比べて**圧送圧力は 2〜3 倍大きく，打込み速度は 1/2 〜 1/3 程度と遅くなる**ので施工計画を立てる際には注意を要する。 よって，**適当でない。**

(4) 水中コンクリートの打込みを中断するときには，次のコンクリートの打込み開始前にコンクリートと表面のレイタンスを完全に取り除かなければならない。この作業を行うことは非常に困難であり，水中コンクリートの打込みは，打上がりの表面をなるべく水平に保ちながら所定の高さ又は水面上に達するまで中断してはならず，連続して打ち込まなければならない。

よって，適当である。

解答 (3)

鉄道のコンクリート路盤の施工に関しては，「鉄道構造物等設計標準・同解説 土構造物」[国土交通省鉄道局監修・平成 25 年改編] 5 章 路盤【解説】を参照のこと。

(1) コンクリート打込み前の粒度調整砕石層の締固めは，ロードローラ又は振動ローラ等にタイヤローラを併用し，所定の密度が得られるまで十分に締め固める。(同設計標準・同解説 5.4.3 砕石路盤の施工【解説】)

よって，適当である。

(2) プライムコートの施工は，コンクリート打設前の粒度調整砕石層を仕上げた後，速やかに散布し，粒度調整砕石に十分浸透させ砕石部を安定させる。(同設計標準・同解説 5.2.3 コンクリート路盤の施工【解説】)

よって，適当である。

(3) 鉄筋コンクリート版の鉄筋は，正しい位置に配置し，コンクリート打込み時に移動しないよう鉄筋相互を十分堅固に組み立て，スペーサーを介して型枠に接する状態とする。(同設計標準・同解説 5.2.3 コンクリート路盤の施工【解説】)

よって，適当である。

(4) 鉄筋コンクリート版のコンクリートは，傾斜部は**低い方から高い方へ**打ち込み，棒状バイブレータを用いて十分に締め固める。(同設計標準・同解説 5.2.3 コンクリート路盤の施工【解説】)

よって，**適当でない。**

解答 (4)

5 年度 問題 A 解説と解答

【No. 42】

(1) スラブ軌道は，プレキャストコンクリートスラブを堅固な路盤に据え付け，スラブと路盤との間に充填材を注入したものである。敷設位置の修正は困難であるが，軌道整備の頻度が少なくなり，保守作業の軽減が期待できる。 よって，適当である。

(2) 水準変位は，左右のレールの高さのことであり，曲線部は遠心力の作用によってカーブの外側に押されるかたちになり，**外側レール**が沈みやすく，一様に連続した水準変位が発生する傾向にある。 よって，**適当でない**。

(3) PC マクラギは，木のマクラギに比べ初期投資は多額となり，重量が大きく交換が困難であるが耐用年数が長いことから，維持管理の面で有利になり保守費の削減になる。また，交換に要する時間は変わらない。 よって，適当である。

(4) 軌道変位は列車の通過時の衝撃により日々増加し，脱線事故につながる可能性があるため，軌道変位の状態を常に把握し，不良箇所は速やかに補修する必要がある。よって，適当である。

解答 (2)

【No. 43】
「営業線工事保安関係標準仕様書（在来線）」（一般社団法人　日本鉄道施設協会）に示されている。

(1) 既設構造物等に影響を与えるおそれのある工事又は作業の施工にあたっては，異常の有無を検測し，これを監督員等に報告する。（同仕様書 Ⅳ 工事の施工　1 工事又は作業の施工 (10)）
よって，適当である。

(2) 建設用大型機械の留置場所は，直線区間の建築限界の外方1ｍ以上離れた場所で，かつ列車の運転保安及び旅客公衆等に対し安全な場所とする。（同仕様書 Ⅳ 工事の施工　3 建設用大型機械）
よって，適当である。

(3) 列車見張員の配置位置は，作業等の責任者及び従業員に対する列車接近の合図が可能な範囲内で安全が確保できる離れた場所とする。（同仕様書 Ⅶ 請負工事等従業員触車事故防止マニュアル　5−6 列車見張員等を配置して行う作業等の場合の列車見張員等の配置と従業員退避区分）　よって，適当である。

(4) **線閉責任者等は，工事管理者等に，**列車又は車両の運転に支障がないことを確認するとともに，自らも作業区間における建築限界内支障物の確認を行い，線路閉鎖工事等を終了すること。（同仕様書 Ⅴ 作業終了時の跡確認　1−3 線閉責任者等による建築限界確認）　よって，**適当でない**。

解答 (4)

【No. 44】

(1) 掘進にあたっては，掘削と推進速度を同調させ，土質，土被り等の変化に留意しながら，掘削土砂の取り込み過ぎやチャンバー内の閉塞を起こさないように切羽の安定を図らなければならない。 よって，適当である。

(2) セグメントの組立ては，所定の内空を確保するために正確かつ堅固に施工し，セグメントの目開きや目違い等の防止について，精度の高い管理を行う。また，セグメントが損傷した場合は，監督員と協議の上，補強，廃棄等の処置をとるものとする。　　　　よって，適当である。

(3) 裏込め注入工は，地山の緩みと沈下を防ぎ，セグメントからの漏水防止，トンネルの蛇行防止などに役立つため，**速やかに**行わなければならない。　　　　よって，**適当でない**。

(4) 地盤変位を防止するためには，掘進に伴うシールドと地山との摩擦を低減し，周辺地山をできるだけ乱さないようにヨーイングやピッチング等を少なくして蛇行を防止する。地盤変位の種類には，先行沈下，切羽前沈下，通過時沈下，後続沈下などがある。よって，適当である。

解答　(3)

【No. 45】

(1) 塗装は，鋼材表面に形成した塗膜が腐食の原因となる酸素や水や，塩類等の腐食を促進する物質を遮断して鋼材を保護する防食法である。塗装は，適切な時期に劣化した塗膜を更新することで，長期にわたって道路橋が必要とする機能の維持が可能となる。　　よって，適当である。

(2) 耐候性鋼材の防食原理は，適量の銅，リン，クロム（Cr）などの合金元素を普通鋼材に添加することで鋼材表面に緻密な錆層を形成し，錆の進展の抑制によって腐食速度を低下させる。耐候性鋼では，鋼材表面における緻密な錆層の生成には，鋼材の表面が大気中にさらされ適度な乾湿の繰返しを受ける必要がある。　　　　よって，適当である。

(3) 電気防食は，鋼材に電流を流して表面の電位差をなくし，鋼材が腐食する際に発生する腐食電流の回路を形成させない方法である。流電陽極方式と外部電源方式がある。よって，適当である。

(4) 金属溶射は，加熱溶融された微細な金属粒子を鋼材表面に吹き付けて被膜を形成する方法である。得られた皮膜の表面は必要な**粗さ**をもつ。　　　　よって，**適当でない**。

解答　(4)

【No. 46】

(1) 配水管は，維持管理の容易性への配慮から，原則として道路（公道）に布設するもので，この場合は道路法及び関係法令によるとともに，道路管理者との協議による。公道以外に管を布設する場合でも，当該管理者からの使用承認を得る。　　　　よって，適当である。

(2) 道路法施行令では，土被りの標準は1.2 mと規定されているが，水管橋取付部の堤防横断箇所や他の埋設物との交差の関係等で，土被りの標準又は規定値までとれない場合は道路管理者と協議して0.6 mまで減少できる。　　　　よって，適当である。

(3) 配水管を他の地下埋設物と交差又は近接して布設するときは，維持補修や漏水による加害事故発生のおそれに配慮し，少なくとも **0.3 m以上の間隔**を保つものとする。なお，0.3 m以上離すことにより，水道管の漏水によって生じるサンドエロージョンが発生しにくいことが報告されている。　　　　よって，**適当でない**。

5年度　問題A解説と解答

(4) 地下水位が高い場合又は高くなることが予想される場合には，管内空虚時に配水管の浮上防止のため最小土被りを確保する。また，寒冷地における管の埋設深さは，凍結深度よりも深くする。 よって，適当である。

解答 (3)

【No. 47】

(1) 製管工法は，**既設管渠内に硬質塩化ビニル樹脂材等をかん合し，その樹脂パイプと既設管渠との間隙にモルタル等の充填材を注入**することで更生管渠を構築する。 よって，適当でない。

(2) 形成工法は，硬化性樹脂を含浸させた材料や熱可塑性樹脂で形成した材料をマンホールから引込み，加圧し，拡張及び圧着後，硬化や冷却固化することで更生管渠を構築する。
よって，**適当である。**

(3) 反転工法は，**熱で硬化する樹脂を含浸させた材料をマンホールから既設管渠内に反転加圧しながら挿入し，加圧状態のまま樹脂が硬化する**ことで更生管渠を構築する。よって，適当でない。

(4) さや管工法は，**既設管渠より小さな管径で工場製作された二次製品をけん引挿入し，間隙にモルタル等の充填材を注入**することで更生管渠を構築する。 よって，適当でない。

解答 (2)

【No. 48】

(1) 小口径管推進工は，使用する推進管の種類により高耐荷力方式，低耐荷力方式，鋼製さや管管方式に3区分され，さらに，掘削及び排土方式により圧入方式，オーガ方式，泥水方式，泥土圧方式及びボーリング方式に大別される。圧入方式は，誘導管推進の途中で中断し時間をおくと，土質によっては推進管が周囲から強く締め付けられ推進が不可能となる場合があるため，推進中に中断せず一気に到達させなければならない。 よって，適当である。

(2) オーガ方式は，高地下水圧に対抗する装置を有していないので，地下水位以下の**砂質土地盤**に適用する場合は，取り込み土量に特に注意しなければならない。取り込み土量が多い場合は，補助工法の適用を検討することが必要になる。 よって，**適当でない。**

(3) ボーリング方式は，先導体前面が開放しているので，地下水位以下の砂質土地盤に適用する場合は，補助工法の使用を前提とする。しかし，補助工法の効果によっては取り込み過多となる場合があるので，取り込み土量には特に注意しなければならない。 よって，適当である。

(4) 泥水方式は，推進管又は誘導管先端に泥水式先導体を装着して掘削を行うが，掘進機の変位を直接制御することができないため，変位の小さなうちに方向修正を加えて掘進軌跡の最大値が許容値を超えないようにする。 よって，適当である。

解答 (2)

(1) 注入材料の搬入に際しては，監督員立会いのもとで納入された材料と数量が合っているかどうかを確認する。薬液の注入量が 500 kL 以上の大型の工事では，水ガラスの原料タンクと調合槽との間に流量積算計の設置が義務づけられているので，これにより水ガラスの使用量を確認することができる。   よって，適当である。

(2) 削孔時の施工管理項目は，深度，角度及び地表に戻ってくる削孔水の状態の管理があり，特に削孔中は削孔水の状態，その色や一緒に排出される土の状態等，削孔水をよく観察し，調査ボーリングで確認されている地盤と削孔時点で判定した地盤とが異なっていないか確認する。   よって，適当である。

(3) 材料の調合に使用する水は原則として水道水を使用するものとし，水道水が使用できない時は，水質基準の **pH が 5.8〜8.6の範囲内にある水**を使用することが望ましい。使用に際しては，pH のみならず，濁りなどがない水を選定する必要がある。   よって，**適当でない。**

(4) ボーリングによる地下埋設物の破損対策としては，綿密な調査によって埋設物の位置を明確にすることが基本であり，埋設位置図と現地の埋設位置の差異が見られることも多く，現地調査で確認することが大切である。埋設物の損傷等の防止として，埋設管がある深度においては，ロータリーによるボーリングを避け，ジェッティングによる削孔を行うことが望ましい。   よって，適当である。

解答　(3)

(1) 使用者は，労働契約の不履行について違約金を定め，又は損害賠償額を**予定する契約をしてはならない。**(労働基準法第 16 条)   よって，**誤っている。**

(2) 使用者は，労働者が出産，疾病，災害その他厚生労働省令で定める非常の場合の費用に充てるために請求する場合においては，支払期日前であっても，既往の労働に対する賃金を支払わなければならない。(労働基準法第 25 条)   よって，正しい。

(3) 出来高払制その他の請負制で使用する労働者については，使用者は，労働時間に応じ一定額の賃金の保障をしなければならない。(労働基準法第 27 条)   よって，正しい。

(4) 使用者は，労働契約の締結に際し，労働者に対して賃金，労働時間その他の労働条件を明示しなければならない。(労働基準法第 15 条) この場合において，賃金及び労働時間に関する事項その他の厚生労働省令で定める事項として，賃金の決定，計算及び支払の方法，賃金の締切り及び支払の時期並びに昇給に関する事項がある。(同法施行規則第 5 条第 1 項第 3 号)   よって，正しい。

解答　(1)

5年度 問題A解説と解答

57

【No. 51】

(1) 労働者が療養補償の規定による療養のため，労働することができないために賃金を受けない場合においては，使用者は，労働者の療養中平均賃金の 100 分の 60 の休業補償を行わなければならない。(労働基準法第 76 条第 1 項)　　　　　　　　　　　　　　よって，正しい。

(2) 労働者が業務上負傷し，又は疾病にかかり補償を受ける場合，療養開始後 3 年を経過しても負傷又は疾病がなおらない場合においては，使用者は，平均賃金の 1,200 日分の打切補償を行い，その後はこの法律の規定による補償を行わなくてもよい。(労働基準法第 81 条)　　よって，正しい。

(3) 労働者が業務上負傷し，又は疾病にかかった場合においては，使用者は，その費用で必要な療養を行い，又は**必要な療養の費用を負担**しなければならない。(労働基準法第 75 条第 1 項) **100 分の 50 ではない。全額である。**　　　　　　　　　　　　　　　　　　　　　　よって，**誤っている。**

(4) 労働者が重大な過失によって業務上負傷し，又は疾病にかかり，且つ使用者がその過失について行政官庁の認定を受けた場合においては，休業補償又は障害補償を行わなくてもよい。(労働基準法第 78 条)　　　　　　　　　　　　　　　　　　　　　　　　よって，正しい。

解答　(3)

【No. 52】

作業主任者の選任を必要とする作業については，本書 219 ページ「作業主任者一覧表」参照。
よって，**(2)は作業主任者の選任を必要とする作業である。**

解答　(2)

【No. 53】

(1) 事業者は，外壁，柱等の引倒し等の作業を行うときは，引倒し等について一定の合図を定め，関係労働者に周知させなければならない。(労働安全衛生規則第 517 条の 16 第 1 項)　　よって，正しい。

(2) 事業者は，コンクリート造の工作物の解体等作業主任者に，作業の方法及び労働者の配置を決定し，作業を直接指揮させなければならない。(労働安全衛生規則第 517 条の 18 第 1 号) よって，正しい。

(3) **事業者**は，高さが 5 m 以上のコンクリート造の工作物の解体又は破壊の作業を行うときは，作業を行う区域内には，関係労働者以外の労働者の立入りを禁止しなければならない。(労働安全衛生規則第 517 条の 15 第 1 号)　　　　　　　　　　　　　　　　　よって，**誤っている。**

(4) 事業者は，強風，大雨，大雪等の悪天候のため，作業の実施について危険が予想されるときは，当該作業を中止すること。(労働安全衛生規則第 517 条の 15 第 2 号)　　　　　　　よって，正しい。

解答　(3)

【No. 54】

(1) 元請負人は，その請け負った建設工事を施工するために必要な工程の細目，作業方法その他元請負人において定めるべき事項を定めようとするときは，あらかじめ，下請負人の意見をきかなければならない。(建設業法第24条の2)　　　　　　　　　　　　　　　　よって，**正しい。**

(2) 元請負人は，請負代金の出来形部分に対する支払又は工事完成後における支払を受けたときは，当該支払の対象となった建設工事を施工した下請負人に対して，当該元請負人が支払を受けた金額の出来形に対する割合及び当該下請負人が施工した出来形部分に相応する下請代金を，当該支払を受けた日から**1ヵ月以内**で，かつ，できる限り短い期間内に支払わなければならない。(建設業法第24条の3第1項)　　　　　　　　　　　　　　　　　　　　よって，**誤っている。**

(3) 元請負人は，前払金の支払を受けたときは，下請負人に対して，資材の購入，労働者の募集その他建設工事の着手に必要な費用を前払金として支払うよう適切な配慮をしなければならない。(建設業法第24条の3第3項)　　　　　　　　　　　　　　　　　　　　よって，**正しい。**

(4) 元請負人は，下請負人からその請け負った建設工事が完成した旨の通知を受けたときは，当該通知を受けた日から20日以内で，かつ，できる限り短い期間内に，その完成を確認するための検査を完了しなければならない。(建設業法第24条の4第1項)　　　　　　　　　　　　よって，**正しい。**

解答 (2)

【No. 55】

(1) 火薬類取扱所には，帳簿を備え，責任者を定めて，火薬類の受入い及び消費残数量をその都度明確に記録させること。(火薬類取締法施行規則第52条第3項第12号)　　　　　　　　よって，**正しい。**

(2) 火薬類を収納する容器は，木その他電気不良導体で作った丈夫な構造のものとし，**内面には鉄類を表さないこと。**(火薬類取締法施行規則第51条第1号)　　　　　　　　よって，誤っている。

(3) 火薬類取扱所には**平家建の建物**を設け，その構造は，火薬類を存置するときに見張人を常時配置する場合を除き，盗難及び火災を防ぎ得る構造とすること。(火薬類取締法施行規則第52条第3項第2号)　　　　　　　　　　　　　　　　　　　　　　　　　　　　よって，誤っている。

(4) 火薬類取扱所の周囲には，**適当な境界柵**を設け，かつ，「立入禁止」，「火気厳禁」等と書いた警戒札を掲示すること。(火薬類取締法施行規則第52条第3項第7号)　　　　　　　よって，誤っている。

解答 (1)

5年度 問題A解説と解答

59

【No. 56】

(1) 道路の構造又は交通に支障を及ぼすおそれのある工作物等として，土石，竹木，瓦その他の工事用材料は**道路管理者の許可を受ける必要がある。**(道路法第32条第1項第7号，同法施行令第7条第5号)

　　　　　　　　　　　　　　　　　　　　　　　　　　　　　　　　　よって，**誤っている。**

(2) 道路管理者以外の者が，民地への車両乗り入れのために歩道の切下げ工事を行う場合は，道路管理者の承認が必要である。(道路法第24条)　　　　　　　　　　よって，正しい。

(3) 道路占用者が電柱，電線，変圧塔，郵便差出箱，公衆電話所，広告塔その他これらに類する工作物，水管，下水道管，ガス管その他これらに類する物件を継続して道路を使用しようとする場合においては，道路管理者の許可を受けなければならない。(道路法第32条第1項第1号，第2号)

　　　　　　　　　　　　　　　　　　　　　　　　　　　　　　　　　よって，正しい。

(4) 道路占用者が，道路の構造又は交通に支障を及ぼすおそれのないと認められる重量の著しい増加を伴わない占用物件の構造を変更する場合は，軽易なものとして，改めて道路占用者の許可を受ける必要はない。(道路法施行令第8条第1号)　　　　　　　よって，正しい。

解答 (1)

【No. 57】

(1) 河川区域内の土地において土地の掘削，盛土若しくは切土その他土地の形状を変更する行為又は竹木の栽植若しくは伐採をしようとする者は，国土交通省令で定めるところにより，河川管理者の許可を受けなければならない。(河川法第27条第1項)　　　　よって，正しい。

(2) 河川区域内の土地において工作物を新築し，改築し，又は除却しようとする者は，国土交通省令で定めるところにより，**河川管理者の許可を受けなければならない。**(河川法第26条第1項)

　　　　　　　　　　　　　　　　　　　　　　　　　　　　　　　　　よって，**誤っている。**

(3) 河川区域内に設置されている取水施設又は排水施設の機能を維持するために行う取水口又は排水口の付近に積もった土砂等の排除は許可を受ける必要がない。(河川法施行令第15条の4第1項第2号)　　　　　　　　　　　　　　　　　　　　　　　　　　　　よって，正しい。

(4) 河川区域内の土地を占用しようとする者は，国土交通省令で定めるところにより，河川管理者の許可を受けなければならない。(河川法第24条)　　　　　　　　よって，正しい。

解答 (2)

【No. 58】

仮設建築物に対して建築基準法の適用除外（緩和）と適用規定を定めている。(建築基準法第85条第2項)工事現場に設置する仮設の現場事務所もこれに準ずる。

(1) 建築物の建築等に関する確認申請及び確認で，適用除外規定である。(建築基準法第6条)

　　　　　　　　　　　　　　　　　　　　　　　　　　　　　　　　　よって，誤っている。

(2)(3) 建築物の敷地の衛生及び安全に関する規定で，適用除外規定である。(建築基準法第19条)

　　　　　　　　　　　　　　　　　　　　　　　　　　　　　　　　　よって，誤っている。

(4) 建築物の自重，積載荷重，積雪荷重，風圧，土圧及び水圧並びに地震，衝撃等に対して安全な構造とすることに関する規定で，建築基準法の適用規定である。(建築基準法第20条)

よって，**正しい。**

解答 (4)

【No. 59】

特定建設作業の時間帯については，1日だけで終わる場合，災害その他非常事態の発生により緊急に行う必要がある場合，及び人の生命又は身体に対する危険を防止するために行う必要がある場合には規制されない。ただし，当該敷地の境界線において規制騒音 **85 dB** を超えてはならない。(本書 244 ページ表「指定地域と区分別規制時間」参照)　　　　　　　よって，(1)**は誤っている。**

解答 (1)

【No. 60】

特定建設作業とは，建設工事として行われる作業のうち，著しい振動を発生する作業で次に定めるものをいう。(振動規制法第2条第3項) ただし，当該作業がその作業を開始した日に終わるものを除く。(振動規制法施行令第2条，別表第2)

1　くい打機（もんけんを除く。），くい抜機又はくい打くい抜機（圧入式くい打くい抜機を除く。）を使用する作業（くい打機をアースオーガーと併用する作業を除く。）
　　※ディーゼルハンマはくい打機を使用する作業

2　鋼球を使用して建築物その他の工作物を破壊する作業

3　舗装版破砕機を使用する作業（作業地点が連続的に移動する作業にあっては，一日における当該作業に係る 2 地点間の最大距離が 50 m を超えない作業に限る。）

4　ブレーカー（手持式のものを除く。）を使用する作業（作業地点が連続的に移動する作業にあっては，一日における当該作業に係る 2 地点間の最大距離が 50 m を超えない作業に限る。）

　　　　　　　　　　　　　　　　　　　　　よって，(3)**は特定建設作業に該当しない。**

解答 (3)

【No. 61】

(1) 特定港内又は特定港の境界附近で工事又は作業をしようとする者は，**港長の許可を受けなければならない。**(港則法第31条第1項)　　　　　　　　　　　　　　よって，誤っている。

(2) 船舶は，特定港に入港したとき又は特定港を出港しようとするときは，国土交通省令の定めるところにより，**港長に届け出なければならない。**(港則法第4条)　　　　　　よって，誤っている。

(3) 特定港内において竹木材を船舶から水上に卸そうとする者及び特定港内においていかだをけい留し，又は運行しようとする者は，港長の許可を受けなければならない。(港則法第34条第1項)
　　　　　　　　　　　　　　　　　　　　　　　　　　　　よって，**正しい。**

(4) 船舶は，特定港内又は特定港の境界付近において危険物を運搬しようとするときは，**港長の許可を受けなければならない。**(港則法第22条第4項)　　　　　　　　よって，誤っている。

解答 (3)

5年度 問題A解説と解答

令和5年度（2023年）1級土木施工管理技術検定
第1次検定 問題B（必須問題）解説と解答

【No. 1】

TSでの測定に関しては「測量作業規程の準則」（国土交通省告示）に定められている。

(1) TSを使用する場合の鉛直角観測は，1視準1読定，望遠鏡正及び反の**観測を1対回**とする。
（同準則第37条第2項第1号ニ） よって，**適当でない。**

(2) TSを使用する場合の水平角観測は，1視準1読定，望遠鏡正及び反の観測を1対回とし，水平角観測において，対回内の観測方向数は，5方向以下とする。（同準則第37条第2項第1号ハ，ト）
よって，適当である。

(3) TSを使用する場合の距離測定は，1視準2読定を1セットとする。（同準則第37条第2項第1号ホ）
よって，適当である。

(4) TSを使用する場合は，水平角観測，鉛直角観測及び距離測定は，1視準で同時に行うことを原則とするものとする。（同準則第37条第2項第1号ロ） よって，適当である。

解答 (1)

【No. 2】

設問に関しては，「公共工事標準請負契約約款」において定められている。

(1) 工期の変更については，発注者と受注者とが協議して定める。ただし，協議開始の日から所定の期日以内に協議が整わない場合には，発注者が定め，受注者に通知する。（同約款第24条）
よって，適当である。

(2) 発注者は，必要があると認めるときは，設計図書の変更内容を受注者に通知して，設計図書を変更することができる。この場合において，発注者は，必要があると認められるときは工期若しくは請負代金額を変更し，又は受注者に損害を及ぼしたときは必要な費用を負担しなければならない。（同約款第19条） よって，適当である。

(3) **発注者**は，現場代理人の工事現場における運営，取締り及び権限の行使に支障がなく，かつ，発注者との連絡体制が確保されると認めた場合には，現場代理人について工事現場における常駐を要しないこととすることができる。**受注者の判断ではない。**（同約款第10条第3項）
よって，**適当でない。**

(4) 工事目的物の引渡し前に，天災等発注者と受注者のいずれの責めにも帰すことができないものにより，工事目的物などに損害が生じたときは，受注者は，その事実の発生後直ちにその状況を発注者に通知しなければならない。発注者はその通知を調査し，損害の状況が確認されたときは，損害による費用の負担を発注者に請求することができる。（同約款第29条第1項〜第3項）
よって，適当である。

解答 (3)

【No. 3】

(1) かかと部の引張鉄筋　　　　　　　　　　　　　　　　　　　　　　　よって，**該当する。**

(2)は**かかと部の圧縮鉄筋**，(3)は**たて壁の引張鉄筋**，(4)は**組立て鉄筋**　　　よって，該当しない。

> 解答　(1)

【No. 4】

(1) 振動ローラは，自重による重力に加え，転圧輪を強制振動させて締め固める機械であり，比較的小型でも高い締固め効果を得ることができる。一般的に粘性に乏しい砂利や砂質土の締固めに効果があるとされている。　　　　　　　　　　　　　　　　　　　よって，適当である。

(2) タイヤローラは，タイヤの空気圧を変えて輪荷重を調整し，接地圧を増加させ締め固め効果を大きくすることができる。一般的に砕石などの締固めには接地圧を高くし，粘性土などの場合は接地圧を低くして路床，路盤の施工に使用される。**バラストは付加しない。**

よって，**適当でない。**

(3) ロードローラは，鉄輪を用いた締固め機械でマカダム型とタンデム型があり，アスファルト混合物や路盤の締固め及び路床の仕上げ転圧などに使用される。高含水比の粘性土や均一な粒径の砂質土などには適さない。　　　　　　　　　　　　　　　　　　　よって，適当である。

(4) タンピングローラは，突起の先端に荷重を集中させることができ，土塊や岩塊等の破砕や締固めに効果があり，厚層の土の転圧に適している。土の摩擦力をせん断する力が強いため，粘質性の強い粘性土に適している。一方，鋭敏比の大きい高含水比粘性土では，突起で土をこね返し軟弱化させるので注意が必要である。　　　　　　　　　　よって，適当である。

> 解答　(2)

【No. 5】

(1) 市街地の工事や既設施設物に近接した工事の事前調査では，既設施設物の変状防止対策や使用区間の確保，周辺環境への対策などを施工計画に反映させることが必要である。

よって，適当である。

(2) 下請負業者の選定にあたっての調査は，施工管理の重要なポイントになる。各業者の技術力，過去の実績，労働力の供給，信用度，専門性などと安全管理能力を持っているかなどを調査する。

よって，適当である。

(3) 資機材の輸送調査では，事前に輸送ルートの道路状況や交通規制などを把握し，不明な点がある場合は，**道路管理者**や所轄警察署に相談して解決しておくことが重要である。

よって，**適当でない。**

(4) 現場条件の調査では，地形，地質，周辺環境など調査項目が多い。調査項目の落ちがないように選定し，複数人での調査，調査回数を重ねるといった，より精度を高める必要がある。

よって，適当である。

> 解答　(3)

【No. 6】

クリティカルパスは⓪→②→③→⑤→⑦で所要日数は 6+12+12＝30 日

作業 F に 4 日の遅れが生じると作業 F 8 日＋作業 G 6 日＝14 日となり，クリティカルパスの作業 E 12 日との差が 2 日であるから，2 日遅れることになる。したがって，当初の工期より 2 日遅れる。 **よって，⑵が適当である。**

解答 ⑵

【No. 7】

⑴ 特定元方事業者は，労働安全衛生法第 30 条第 1 項第 1 号の協議組織の設置及び運営については，特定元方事業者及びすべての関係請負人が参加する協議組織を設置すること。当該協議組織の会議を定期的に開催すること。(労働安全衛生規則第 635 条第 1 項) よって，正しい。

⑵ 特定元方事業者は，労働安全衛生法第 30 条第 1 項第 4 号の関係請負人が行う労働者の安全又は衛生のための教育に対する指導及び援助を行うこと。また，教育に対する指導及び援助については，当該教育を行なう場所の提供，当該教育に使用する資料の提供等の措置を講じなければならない。(労働安全衛生規則第 638 条) よって，正しい。

⑶ 特定元方事業者は，仕事の工程に関する計画及び作業場所における機械，設備等の配置に関する計画を作成するとともに，当該機械，設備等を使用する作業に関し関係請負人がこの法律又はこれに基づく命令の規定に基づき講ずべき措置についての指導を行うこと。(労働安全衛生法第 30 条第 5 項) よって，正しい。

⑷ 特定元方事業者は，労働安全衛生法第 30 条第 1 項第 3 号(特定元方事業者等の講ずべき措置)による作業場所の巡視については，**毎作業日に少なくとも 1 回**，これを行なわなければならない。(労働安全衛生規則第 637 条第 1 項) **作業前日ではない。** よって，**誤っている。**

解答 ⑷

【No. 8】

⑴ 元方事業者は，関係請負人の労働者も含め，常時 50 人以上となる事業場（ずい道，圧気工法，一定の橋梁工事は除く）では統括安全衛生責任者を選任する。(労働安全衛生法施行令第 7 条第 2 項) よって，正しい。

⑵ 元方事業者は，関係請負人の労働者も含め，常時 50 人以上となる事業場では安全管理者を選任する。(労働安全衛生法施行令第 3 条) よって，正しい。

⑶ 元方事業者は，関係請負人の労働者も含め，常時 50 人以上となる事業場では衛生推進者等を選任する。また衛生管理者数は右表のように事業場の規模により定められている。(労働安全衛生法施行令第 4 条，同規則第 7 条第 1 項第 4 号) よって，正しい。

事業場の規模（常時使用する労働者数）	衛生管理者数
10 人以上 200 人以下	1 人
200 人を超え 500 人以下	2 人
500 人を超え 1,000 人以下	3 人
1,000 人を超え 2,000 人以下	4 人
2,000 人を超え 3,000 人以下	5 人
3,000 人を超える場合	6 人

(4) 元方事業者は，関係請負人の労働者も含め，**常時10人以上50人未満**の労働者を使用する事業場で安全衛生推進者等を選任する。（労働安全衛生規則第12条の2）　　　　　　　　　　**よって，誤っている。**

【No. 9】

異常気象時の対策に関しては，「土木工事安全施工技術指針　第2章　安全措置一般　第7節」において定められている。

(1) 降雨により冠水流出のおそれがある仮設物等は，早めに撤去するか，水裏から仮設物内に水を呼び込み内外水位差による倒壊を防ぐか，補強するなどの措置を講じること。（4 大雨に対する措置 (4)）　　　　　　　　　　　　　　　　　　　　　**よって，適当である。**

(2) 警報及び注意報が解除され，**作業を再開する前**には，工事現場の地盤のゆるみ，崩壊，陥没等の危険がないか**入念に点検**すること。（3. 作業の中止，警戒及び各種点検 (8)）点検と併行しながら作業は再開しない。　　　　　　　　　　　　　　　　　　　　**よって，適当でない。**

(3) 強風の際には，クレーン，杭打機等のような風圧を大きく受ける作業用大型機械の休止場所での転倒，逸走防止には十分注意すること。（5 強風に対する措置 (1)）　　　**よって，適当である。**

(4) 事務所，現場詰所及び作業場所間の連絡伝達のための設備を必要に応じ設置すること。電話による場合は固定回線の他に，異常時の対応のために，複数の移動式受話器等で常に作業員が現場詰所や監視員と瞬時に連絡できるようにしておくこと。（2. 気象情報の収集と対応 (2)）

　　　　　　　　　　　　　　　　　　　　　　　　　　　　　　　　　よって，適当である。

【No. 10】

(1) 足場（一側足場を除く）における高さ2m以上の作業場所には作業床を設けなければならない。つり足場の場合を除き，幅，床材間の隙間及び床材と建地との隙間は，次に定めるところによること。

　　イ　幅は40cm以上とすること
　　ロ　床材間の隙間は3cm以下とすること
　　ハ　床材と建地との隙間は12cm未満とすること

（労働安全衛生規則第563条第1項第2号）　　　　　　　　　　　　　　　　　　**よって，正しい。**

(2) 高さ2m以上の足場（一側足場及びわく組足場を除く）の作業床であって墜落の危険のある箇所には，高さ85cm以上の手すり又はこれと同等以上の機能を有する設備を設けなければならない。（労働安全衛生規則第563条第1項第3号ロ，第552条第1項第4号イ）　**よって，正しい。**

(3) 高さ2m以上の足場（一側足場及びわく組足場を除く）の作業床であって墜落の危険のある箇所には，高さ35cm以上50cm以下の桟又はこれと同等以上の機能を有する設備を設けなければならない。（労働安全衛生規則第563条第1項第3号ロ，第552条第1項第4号ロ）　**よって，正しい。**

65

⑷　高さ2m以上の足場（一側足場及びわく組足場を除く）の作業床には，作業のため物体が落下することにより，労働者に危険を及ぼすおそれのあるときは，高さ**10cm以上**の幅木，メッシュシート若しくは防網又はこれらと同等以上の機能を有する設備を設けること。（労働安全衛生規則第563条第1項第6号）　　　　　　　　　　　　　　　　　**よって，誤っている。**

解答　⑷

【No. 11】

土工工事における明り掘削の作業の安全対策に関しては，「労働安全衛生規則第 355 条」以降に定められている。

⑴　地山の崩壊又は土石の落下による労働者の危険を防止するため，点検者を指名して，作業箇所及びその周辺の地山について，その日の作業を開始する前，大雨の後及び中震以上の地震の後，浮石及びき裂の有無及び状態並びに含水，湧水及び凍結の状態の変化を点検させること。（同規則第358条第1項第1号）　　　　　　　　　　　　　　　　　　　　　**よって，正しい。**

⑵　地山の崩壊又は土石の落下により労働者に危険を及ぼすおそれのあるときは，あらかじめ，土止め支保工を設け，防護網を張り，労働者の立入りを禁止する等の危険を防止するための措置を講じなければならない。（同規則第 361 条）　　　　　　　　　　　　　　　**よって，正しい。**

⑶　土止め支保工の部材の取付け等については，切りばり及び腹おこしは，脱落を防止するため，矢板，くい等に確実に取り付けること。圧縮材（火打ちを除く。）の継手は，**突合せ継手**とすること。（同規則第 371 条第 1 号，第 2 号）　　　　　　　　　　　　　　　　**よって，誤っている。**

⑷　運搬機械等が，労働者の作業箇所に後進して接近するとき，又は転落するおそれのあるときは，誘導者を配置し，その者にこれらの機械を誘導させなければならない。（同規則第365条第1項）　　　　　　　　　　　　　　　　　　　　　　　　　　**よって，正しい。**

解答　⑶

【No. 12】

⑴　高さが**2m以上**の作業床の端，開口部等で墜落により労働者に危険を及ぼすおそれのある箇所には，囲い，手すり，覆い等を設けなければならない。（労働安全衛生規則第519条第1項）　　　　　　　　　　　　　　　　　　　　　　　　　　　**よって，誤っている。**

⑵　高さが**2m以上**の箇所で囲い等を設けることが著しく困難なとき又は作業の必要上臨時に囲い等を取りはずすときは，防網を張り，労働者に要求性能墜落制止用器具を使用させる等墜落による労働者の危険を防止するための措置を講じなければならない。（労働安全衛生規則第 519 条第 2 項）　　　　　　　　　　　　　　　　　　　　　　　　　　**よって，誤っている。**

⑶　高さが**2m以上**の箇所で作業を行う場合において，労働者に要求性能墜落制止用器具等を使用させるときは，要求性能墜落制止用器具等を安全に取り付けるための設備等を設けなければならない。労働者に要求性能墜落制止用器具等を使用させるときは，要求性能墜落制止用器具等及びその取付け設備等の異常の有無について，随時点検しなければならない。（労働安全衛生規則第 521 条）　　　　　　　　　　　　　　　　　　　　**よって，誤っている。**

(4) 高さが2m以上の箇所で作業を行なうときは，当該作業を安全に行なうため必要な照度を保持しなければならない。(労働安全衛生規則第523条)　よって，**正しい。**

【No. 13】

(1) 圧砕機及び大型ブレーカによる取壊しでは，解体する構造物からコンクリート片の飛散，構造物の倒壊範囲を予測し，作業員，建設機械を安全作業位置に配置しなければならない。(建設機械施工安全マニュアル　第3編 構造物取り壊し工「圧砕機・大型ブレーカによる取壊し」) また，物体の飛来等により労働者に危険が生ずるおそれのある箇所に運転者以外の労働者を立ち入らせないこと。　よって，適当である。

(2) 転倒方式による取り壊しでは，解体する主構造物に複数本の引きワイヤを堅固に取り付け，引きワイヤで加力する際は，**一度に荷重をかける**ようにして行う必要がある。(土木工事安全施工技術指針 第19章 構造物の取りこわし工事)　よって，**適当でない。**

(3) カッタによる取り壊しでは，撤去側躯体ブロックへのカッター取付けを禁止するとともに，切断面付近にはシートを設置し，冷却水の飛散防止を図る。(建設機械施工安全マニュアル　第3編 構造物取り壊し工「カッターによる取壊し」)　よって，適当である。

(4) ウォータージェットによる取り壊しでは，取り壊し対象物周辺に防護フェンスを設置するとともに，病院，民家などが隣接している場合にはノズル付近に防音カバーをしたり，周辺に防音シートによる防音対策を実施する。　よって，適当である。

【No. 14】

(1) 管理結果を工程能力図にプロットし，その結果が管理の限界をはずれた場合，あるいは一方に片寄っている等の結果が生じた場合，直ちに試験頻度を増して異常の有無を確かめる。他に，作業員や施工機械などの組合せに変化が生じた場合も同様である。試験頻度を増し，新たな組合せにより品質を確認する。　よって，適当である。

(2) アスファルト舗装施工時に行う品質管理の合理化を図る。密度や含水比などを非破壊で測定する機器を用いたり，作業と同時に管理できる敷均し機械や締固め機械等を活用することが望ましい。　よって，適当である。

(3) 品質管理では，管理基準に定める試験項目がある。各工程の初期においては，試験項目に関する頻度を適切に増やす。また，その時点の作業員や施工機械などの組合せにおける作業工程を速やかに把握しておく。なお，作業の進行に伴い，管理の限界を十分満足できることがわかれば，それ以降試験の頻度は減らしてもよい。　よって，適当である。

(4) 下層路盤の締固め度の管理は，試験施工あるいは工程の初期におけるデータから，所定の締固め度を得るのに必要な転圧回数が求められた場合，**締固め回数により管理する**ことができる。　よって，**適当でない。**

【No. 15】

(1) 修正 CBR 試験は，所要の締固め度における路床材料の **CBR（%）** を知り，材料選定の指標として利用することを目的として実施する。　　　　　　　　　　　よって，**適当でない。**

(2) RI（ラジオアイソトープ）による密度の測定は，現場における締め固められた路床・路盤材料の密度及び含水比を求めることを目的としている。　　　　　　　　　よって，適当である。

(3) 平板載荷試験は，地盤に実際の条件に近い荷重を直接かけて地盤の強度を確認する方法で，地盤支持力係数 K 値を求め，路床や路盤の支持力を把握することを目的として実施する。
　　　　　　　　　　　　　　　　　　　　　　　　　　　　　　　　　　よって，適当である。

(4) プルーフローリング試験は，施工した路床や路盤面においてダンプトラック等を走行させ，輪荷重による表面の沈下量を観測する。有害な変形を起こす不良箇所の早期発見を目的としている。また，路床，路盤表面の浮き上がりや緩みを十分に締め固める。　よって，適当である。

解答　(1)

【No. 16】

レディーミクストコンクリートの受入れ検査に関しては，「コンクリート標準示方書［施工編：検査標準］5章」において定められている。

(1) 荷卸し時のフレッシュコンクリートは，技術者の目視によりワーカビリティーが良好で性状が安定していることを判定基準とする。（ワーカビリティーとは，コンシステンシーによる打込みやすさの程度，及び材料の分離に抵抗する程度を示す。）　　　　　よって，適当である。

(2) スランプ試験は，コンクリートのコンシステンシーを評価するために広く用いられている。（コンシステンシーとは主として水量などの多少による軟らかさの程度で示す。）
　　　　　　　　　　　　　　　　　　　　　　　　　　　　　　　　　　よって，適当である。

(3) フレッシュコンクリートの単位水量を推定する試験方法として，単位容積質量法のエアメータ法を用いた。単位水量を推定する試験方法として，加熱乾燥法等もある。よって，適当である。

(4) アルカリシリカ反応対策はアルカリ量が表示されたポルトランドセメント等を使用すること，抑制効果のある混合セメント等を使用すること，骨材のアルカリシリカ反応性試験の結果で無害と確認された骨材を使用することが主な対策である。**モルタルバー法は骨材の試験であり，レディーミクストコンクリートの受入れ検査ではない。**　　　　よって，**適当でない。**

解答　(4)

68

【No. 17】

(1) 発生した濁水は，沈砂池・沈殿池，ろ過装置等で浄化処理して放流するが，その際，濁水量が多いほど処理が困難となる。処理が不要な清水は，できるだけ濁水と分離する。 よって，**適当である。**

(2) 建設工事からの排出量が一時的であっても，明らかに河川，湖沼，海域等の公共水域を汚濁する場合，各都道府県及び市町村に事前に確認の上，必要に応じて申請する。**水質汚濁防止法の規制対象にはならない。** よって，適当でない。

(3) 濁水は，切土面や盛土面の表面水として発生することが多い。他の条件が許す限り，切土面や盛土面が**なるべく小さく**なるよう計画する。 よって，適当でない。

(4) 水質汚濁処理技術のうち，凝集処理には，**凝集剤を加えて沈殿分離する凝集沈殿処理**，遠心力を利用する遠心脱水機，加圧力を利用するフィルタープレスやベルトプレス脱水装置等による方法がある。 よって，適当でない。

解答 (1)

【No. 18】

(1) リバース工法では，適正な比重（掘削効率を高めるには高く，孔壁保護の観点からは低く）の泥水等を用いて孔壁の安定を図る。一方，**連続した砂層を掘削する場合や掘削速度を速く**すると，保護膜（マッドケーキ）が不完全となり，孔壁崩壊の原因となる。よって，**適当でない。**

(2) 既設杭工法には，打撃工法や振動工法がある。これらの工法は振動・騒音による周辺環境への影響が大きいため，都市部では減少傾向にある。 よって，適当である。

(3) 盛土工事による近接施工では，法先付近の地盤に深層撹拌混合処理工法などで改良体を造成することにより，盛土のすべり破壊に対する安定対策や周辺地盤への側方変位を抑制する。 よって，適当である。

(4) シールド工事における掘進時の振動は，特にシールドトンネルの土被りが少なく，シールド直上又はその付近に民家等があり，砂礫層等を掘進する場合は注意が必要である。騒音・振動の低減に対する効果が確実に認められる手法は確立されていないが，状況に応じて，スキンプレートと地山との間への滑剤の充填のほか，掘進速度の調整や，シールドジャッキの可動長を短い状態で運用することでジャッキの振れ幅の抑制を行うこと等により，極力，騒音・振動の低減に努めることが望ましい。 よって，適当である。

解答 (1)

(1) 元請業者は，建設工事の施工に当たり，適切な工法の選択等により，建設発生土の発生の抑制に努めるとともに，**その現場内利用の促進等により搬出の抑制**に努めなければならない。

<small>（建設副産物適正処理推進要綱第16）</small> よって，適当でない。

(2) 対象建設工事の元請業者は，工事に係る特定建設資材廃棄物の再資源化等が**完了したとき**は，その旨を発注者に書面で報告するとともに，再資源化等の実施状況に関する記録を作成し，これを保存しなければならない。<small>（建設工事に係る資材の再資源化等に関する法律第18条第1項）</small>

よって，適当でない。

(3) 排出事業者は，建設廃棄物の処理を他人に委託する場合，廃棄物処理法に定める委託基準に従い，収集運搬業者及び中間処理業者又は最終処分業者とそれぞれ事前に委託契約を書面にて行い，適正な処理費用の支払い等排出事業者として適正処理を確保しなければならない。<small>（建設廃棄物処理指針　2.1　排出事業者の責務と役割）</small> よって，**適当である。**

(4) 「建設資材」とは，土木建築に関する工事に使用する資材をいう。<small>（建設工事に係る資材の再資源化等に関する法律第2条第1項）</small> 伐採木，伐根材，木製の梱包材等は建設資材ではないため，**分別解体等・再資源化等の義務づけはない。**分別解体等実施義務 <small>（同法律第9条）</small>，再資源化等実施義務 <small>（同法律第16条）</small> により対象となるものは，特定建設資材等廃棄物である。ただし，伐採木，伐根材，木製の梱包材等は産業廃棄物に該当するため，適切な処理が必要である。よって，適当でない。

解答　(3)

【No. 20】

(1) 産業廃棄物収集運搬業の許可の基準に，産業廃棄物が飛散し，及び流出し，並びに悪臭が漏れるおそれのない運搬車，運搬船，運搬容器その他の運搬施設を有すること。<small>（廃棄物の処理及び清掃に関する法律施行規則第10条第1号）</small> よって，正しい。

(2) 排出事業者は，産業廃棄物の運搬又は処分を業とする者に委託した場合，**産業廃棄物の引渡しと同時に，**産業廃棄物管理票（マニフェスト）を交付しなければならない。処理終了後に受託者からその旨を記載したマニフェストの写しの送付を受けることにより，委託内容どおりに産業廃棄物が処理されたことを確認することで適正な処理を確保する。<small>（廃棄物の処理及び清掃に関する法律第12条の3）</small> よって，**誤っている。**

(3) 国，地方公共団体，事業者その他の関係者は，第2条の3に定める処理の原則にのっとり，非常災害時における廃棄物の適正な処理が円滑かつ迅速に行われるよう，適切に役割を分担するとともに，相互に連携を図りながら協力するよう努めなければならない。<small>（廃棄物の処理及び清掃に関する法律第4条の2）</small> よって，正しい。

(4) 事業者は，その事業活動に伴い産業廃棄物を事業場の外において，自ら保管を行おうとするときは，非常災害のために必要な応急措置として行う場合等を除き，その旨を都道府県知事に届け出なければならない。<small>（廃棄物の処理及び清掃に関する法律第12条第3項）</small> よって，正しい。

解答　(2)

【No. 21】

調達計画立案に関する問題

・資材計画では，特別注文品等，（イ）長い 納期を要する資材の調達は，施工に支障をきたすことのないよう品質や納期に注意する。

・下請発注計画では，すべての職種の作業員を常時確保することは極めてむずかしいので，作業員を常時確保するリスクを避けてこれを下請業者に（ロ）分散 するように計画することが多い。

・資材計画では，用途，仕様，必要数量，納期等を明確に把握し，資材使用予定に合わせて，無駄な費用の発生を（ハ）最小限 にする。

・機械計画では，機械が効率よく稼働できるよう （ニ）平均化して 所用台数を計画することが最も望ましい。

よって，(1)の組合せが正しい。

解答 (1)

【No. 22】

③ 公道上で掘削を行う工事の場合は，電気，ガス及び水道等の地下埋設物の保護が重要であり，施工計画段階で調査を行い，埋設物の位置，深さ等を確認する際は**各埋設物の所有者・管理者**の立ち合いを求める。　　　　　　　　　　　　　　　　　　　よって，適当でない。

①②④は**適当な記述である。**

よって，**適当なものの数は(3)の３つである。**

解答 (3)

【No. 23】

施工管理体制に関する問題

・元請負者は，すべての関係請負人の（イ）役割分担 を明確にして，これらのすべてを管理・監督しつつ工事の適正な施工の確保を図ることが必要である。

・元請負者は，下請負人の名称，当該下請負人に係る （ロ）工事の内容及び工期等 を記載した施工体制台帳を現場ごとに備え付け，発注者から請求があれば，閲覧に供しなければならない。

・元請負者は，下請負人に対して，その下請けした工事を他の建設業者に下請けさせた場合は，（ハ）再下請通知書 の提出を書面で義務づけ，その書面を工事現場の見やすい場所に掲示しなければならない。

・元請負者は，各下請負人の施工分担関係を表示した （ニ）施工体系図 を作成し，工事関係者全員に施工分担関係がわかるように工事現場の見やすい場所に掲示しなければならない。

よって，(2)の組合せが正しい。

解答 (2)

② コストコントロールとは，施工計画に基づきあらかじめ設定された予定原価に対し**品質を保持したまま**安価となることを採用し原価をコントロールすることにより，工事原価の低減を図るものである。 よって，適当でない。

①③④は**適当な記述である。**

よって，**適当なもののみを全てあげている組合せは(3)の①③④である。**

解答 (3)

①②③④**すべて適当な記述である。** よって，**適当なものの数は(4)の4つである。**

解答 (4)

工程管理に用いる各工程表の特徴に関する問題

・座標式工程表は，一方の軸に工事期間を，他の軸に工事量等を座標で表現するもので，**(イ) 路線に沿った**工事では工事内容を確実に示すことができる。

・グラフ式工程表は，横軸に工期を，縦軸に各作業の**(ロ) 出来高比率**を表示し，予定と実績の差を直視的に比較でき，施工中の作業の進捗状況もよくわかる。

・バーチャートは，横軸に時間をとり各工種が時間経過に従って表現され，作業間の関連がわかり，工期に影響する作業がどれであるか**(ハ) は掴みにくい**。

・ネットワーク式工程表は，1つの作業の遅れや変化が工事全体の工期にどのように影響してくるかを**(ニ) 正確に捉えることができる**。

よって，(1)が適当である。

解答 (1)

① 工程計画は，全工期に対して出来高を表すバナナ曲線の勾配が，工事の初期→ 中期→後期において，**緩→急→緩**となるようにする。 よって，適当でない。

③ 実施工程曲線がバナナ曲線の**下方限界**を超えたときは，工程遅延により突貫工事が不可避となるので，施工計画を再検討する。 よって，適当でない。

②④は**適当な記述である。**

よって，**適当なもののみを全てあげている組合せは(4)の②④である。**

解答 (4)

【No. 28】

① 車両系建設機械を用いて作業を行うときは，あらかじめ，使用する車両系建設機械の種類及び能力，運行経路，作業の方法を示した作業計画を定め，作業を行わなければならない。(労働安全衛生規則第 155 条) よって，**正しい。**

② 路肩，傾斜地等で車両系建設機械を用いて作業を行う場合で，当該車両系建設機械が転倒又は転落する危険性があるときは，誘導者を配置して誘導させなければならない。(労働安全衛生規則第 157 条第 2 項) よって，**正しい。**

③ 車両系建設機械を用いて作業を行うときは，運転中の車両系建設機械に接触することにより労働者に危険が生ずるおそれのある箇所に，労働者を立ち入らせてはならない。(労働安全衛生規則第 158 条第 1 項) よって，**正しい。**

④ 車両系建設機械の運転者が離席する時は，原動機を止め，**かつ**，走行ブレーキをかける等の逸走を防止する措置を講じなければならない。(労働安全衛生規則第 160 条第 2 項)

よって，**誤っている。**
よって，正しいものの数は(3)の 3 つである。

解答 (3)

【No. 29】

移動式クレーンの災害防止のために事業者が講じるべき措置に関する問題

・移動式クレーンの運転者及び玉掛けをする者が当該移動式クレーンの (イ) **定格荷重** を常時知ることができるよう，表示その他の措置を講じなければならない。(クレーン等安全規則第 70 条の 2)

・移動式クレーンの運転について一定の合図を定め，合図を行う者を (ロ) **指名** して，その者に合図を行わせなければならない。(クレーン等安全規則規則第 71 条)

・移動式クレーンを使用する作業において，クレーン上部旋回体と接触するおそれのある箇所や (ハ) **つり上げられている荷** の下に労働者を立ち入らせてはならない。(クレーン等安全規則第 74 条の 2)

・強風のため，移動式クレーンの作業の実施について危険が予想されるときは，当該作業を (ニ) **中止** しなければならない。(クレーン等安全規則第 74 条の 3)

よって，(4)の組合せが正しい。

解答 (4)

【No. 30】

① 発注者又は施工者は，施工に先立ち，埋設物の管理者等が保管する台帳と設計図面を照らし合わせて位置を確認した上で，細心の注意のもとで試掘等を行い，その埋設物の種類，位置，規格，構造等を原則として目視により確認しなければならない。(建設工事公衆災害防止対策要綱 [土木工事編] 第 42 埋設物の事前確認 2) よって，**適当である。**

② 発注者又は施工者は，試掘等によって埋設物を確認した場合においては，その位置や周辺地質の状況等の情報を道路管理者及び埋設物の管理者に報告しなければならない。(建設工事公衆災害防止対策要綱 [土木工事編] 第 42 埋設物の事前確認 3) よって，**適当である。**

③ 発注者又は施工者は，埋設物に近接して工事を施工する場合には，あらかじめその埋設物の管理者及び関係機関と協議し，埋設物の防護方法，立会の有無，緊急時の連絡先及びその方法等を決定するものとする。(建設工事公衆災害防止対策要綱〔土木工事編〕第44 埋設物の保安維持等 1)

よって，**適当である。**

④ 発注者又は施工者は，埋設物の位置，名称，管理者の連絡先等を記載した標示板を取り付ける等により明確に認識できるようにし，**工事関係者等**に確実に伝達しなければならない。

(建設工事公衆災害防止対策要綱〔土木工事編〕第 44 埋設物の保安維持等 1)　　　よって，適当でない。

よって，**適当なもののみを全てあげている組合せは(2)の①②③である。**

解答　(2)

【No. 31】

① 酸素欠乏危険場所においては，**その日の作業を開始する前に**，空気中の酸素の濃度を測定し，測定日時や測定方法及び測定結果等の記録を **3 年間**保存しなければならない。(酸素欠乏症等防止規則第3条)

よって，誤っている。

② 酸素欠乏危険作業に労働者を従事させる場合で，爆発，酸化等を防止するため換気することができない場合又は作業の性質上換気することが著しく困難な場合は，同時に就業する労働者の人数と同数以上の空気呼吸器等を備え，労働者に使用させなければならない。(酸素欠乏症等防止規則第 5 条の 2 第 1 項)

よって，**正しい。**

③ 酸素欠乏危険作業に労働者を従事させるときは，労働者を当該作業を行う場所に入場させ，及び退場させる時に，**人員**を点検しなければならない。(酸素欠乏症等防止規則第8条第1項)

よって，誤っている。

④ 酸素欠乏危険場所又はこれに隣接する場所で作業を行うときは，酸素欠乏危険作業に従事する労働者以外の労働者が当該酸素欠乏危険場所に立ち入ることを禁止し，かつ，その旨を見やすい箇所に表示しなければならない。(酸素欠乏症等防止規則第 9 条第 1 項)　　よって，**正しい。**

よって，**正しいものの数は(2)の 2 つである。**

解答　(2)

【No. 32】

② 品質管理は，施工計画立案の段階で管理特性を検討し，それを**施工段階**でチェックする考え方である。

よって，適当でない。

④ 品質特性を決める場合には，構造物の品質に及ぼす影響が**大きく**，測定しやすい特性であること等に留意する。

よって，適当でない。

①③は**適当な記述である。**

よって，**適当なもののみを全てあげている組合せは(2)の①③である。**

解答　(2)

【No. 33】

情報化施工における盛土の締固め管理に関する問題

・盛土材料を締め固める際には，モニタに表示される締固め回数分布図において，盛土施工範囲の (イ) 全面 について，規定回数だけ締め固めたことを示す色になるまで締め固める。

・盛土施工に使用する材料は，事前の土質試験で品質を確認し，試験施工でまき出し厚や (ロ) 締固め回数 を決定したものと同じ土質の材料であることを確認する。

・TS・GNSS を用いた盛土の締固め管理は，締固め機械の走行位置を (ハ) リアルタイム に計測し，(ロ) 締固め回数 を確認する。

・TS・GNSS を用いた盛土の締固め管理システムの適用にあたっては，(ニ) 地形条件 や電波障害の有無等を事前に調査して，システムの適用の可否を確認する。

よって，⑶が適当である。

解答 ⑶

【No. 34】

③ 鉄筋のかぶりは，鉄筋の**表面**から構造物表面までの距離とする。 よって，適当でない。
①②④は**適当な記述である。**

よって，**適当なものの数は⑶の３つである。**

解答 ⑶

【No. 35】

② ダクトの接合部に塗布する接着剤は，十分な量をダクト内に**流入させない。**

よって，適当でない。

④ モルタルやコンクリートを接合材料として用いる場合は，これらを打ち込む前に，接合面のコンクリートを**湿潤状態**にしておく必要がある。 よって，適当でない。
①③は**適当な記述である。**

よって，**適当なもののみを全てあげている組合せは⑵の①③である。**

解答 ⑵

「第1次検定」正答肢一覧

問題A

問題Aは選択問題。問題番号【No.1】〜【No.15】までの15問題のうちから12問題，問題番号【No.16】〜【No.49】までの34問題のうちから10問題，問題番号【No.50】〜【No.61】までの12問題のうちから8問題を選択し解答すること。

番号	1	2	3	4	5	6	7	8	9	10	11	12	13
解答	2	4	4	1	4	1	4	3	4	2	3	2	4
番号	14	15	16	17	18	19	20	21	22	23	24	25	26
解答	1	1	2	1	3	1	1	3	4	3	1	4	4
番号	27	28	29	30	31	32	33	34	35	36	37	38	39
解答	2	4	3	2	3	1	2	4	2	4	2	2	1
番号	40	41	42	43	44	45	46	47	48	49	50	51	52
解答	3	4	2	4	3	4	3	2	2	3	1	3	2
番号	53	54	55	56	57	58	59	60	61				
解答	3	2	1	1	2	4	1	3	3				

問題B

問題Bは必須問題。問題番号【No.1】〜【No.20】までの20問題は全問題解答すること。問題番号【No.21】〜【No.35】までの15問題は，施工管理法（応用能力）の必須問題で，全問題解答すること。

番号	1	2	3	4	5	6	7	8	9	10	11	12	13
解答	1	3	1	2	3	2	4	4	2	4	3	4	2
番号	14	15	16	17	18	19	20	21	22	23	24	25	26
解答	4	1	4	1	1	3	2	1	3	2	3	4	1
番号	27	28	29	30	31	32	33	34	35				
解答	4	3	4	2	2	2	3	3	2				

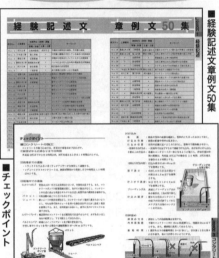

本書の内容についてお気づきの点は

　本書に記載された記述に限らせていただきます。**質問指導・受検指導**は行っておりません。

　必ず「**1級土木施工管理技術検定　第1次検定　2024年版　〇〇ページ**」と明記の上，郵便又はFAX（03-5800-5773）でお送りください。

　お問い合わせは，**2024年10月末日で締切**といたします。締切以降は，対応できませんのでご了承ください。

　回答までには**2～3週間程度**かかる場合があります。

　電話による直接の対応は一切行っておりません。あらかじめご了承ください。

══════ 著 者 紹 介 ══════

井上 國博 いのうえ くにひろ
日本大学 工学部 建築学科卒業
資　格：1級建築士/建築設備士/
　　　　1級造園施工管理技士

吉田 勇人 よしだ はやと
国土建設学院卒業
資　格：1級土木施工管理技士/RCCM（農業土木）

渡辺 彰 わたなべ あきら
東京農工大学 農学部 農業生産工学科卒業
資　格：1級土木施工管理技士/環境カウンセラー/
　　　　環境再生医（上級）/CEAR審査員補（ISO
　　　　14001）/JRCA審査員補（ISO 9001）

企画・取材・編集・制作■内藤編集プロダクション

ずかい
図解でよくわかる
いっきゅう どぼくせこうかんり ぎじゅつけんてい だい じけんてい　　ねんばん
1級土木施工管理技術検定 第1次検定 2024年版

2023年12月8日発　行　　　　　　　　　　　NDC 510

著　者　　　井上國博　　渡辺彰
　　　　　　 いの　うえ くに ひろ　　わた なべ あきら
　　　　　　 吉田勇人
　　　　　　 よし だ はや と

表紙・挿絵　　株式会社 エスツーピー

発行者　　　小川雄一

発行所　　　株式会社 誠文堂新光社
　　　　　　 〒113-0033　東京都文京区本郷3-3-11
　　　　　　 電話 03-5800-5780
　　　　　　 https://www.seibundo-shinkosha.net/

印刷・製本　　図書印刷 株式会社

ISBN978-4-416-72311-1